高等职业教育本科教材

无机化学
Inorganic Chemistry

王永丽　主　编

崔　英　张显策　副主编

化学工业出版社

·北京·

内容简介

《无机化学》分为理论部分和实验部分，理论部分共十一章，主要内容包括：绪论、分散系与溶液、原子结构与元素周期律、化学键和分子结构、化学热力学初步、化学反应速率与化学平衡、酸碱平衡、难溶电解质的沉淀溶解平衡、氧化还原反应与电化学、配位化合物、元素及其化合物简介。每章栏目包括：知识目标、能力目标、素质目标、拓展窗等。拓展窗内容涉及无机化学的发展前沿或相关领域的拓展内容。实验部分包括实验项目和实验技能考核项目两部分，完全满足了课内实验项目的开设和考核需要。此外，本书以二维码方式植入了部分微课，如实验操作微课及难点内容讲解微课等。

本书可作为职教本科药学、应用化学、食品、环境、中药学、卫生检验类、生物类等专业的教材，也可供其他相关专业的技术人员参考。

图书在版编目（CIP）数据

无机化学 / 王永丽主编；崔英，张显策副主编. —北京：化学工业出版社，2023.8
ISBN 978-7-122-43664-1

Ⅰ.①无… Ⅱ.①王… ②崔… ③张… Ⅲ.①无机化学
Ⅳ.①O61

中国国家版本馆 CIP 数据核字（2023）第 108189 号

责任编辑：旷英姿　刘心怡　　　　　　　　　文字编辑：王丽娜　林　丹
责任校对：王鹏飞　　　　　　　　　　　　　装帧设计：王晓宇

出版发行：化学工业出版社（北京市东城区青年湖南街 13 号　邮政编码 100011）
印　　装：三河市延风印装有限公司
787mm×1092mm　1/16　印张 18½　彩插 1　字数 477 千字　2023 年 11 月北京第 1 版第 1 次印刷

购书咨询：010-64518888　　　　　　　　　　售后服务：010-64518899
网　　址：http://www.cip.com.cn
凡购买本书，如有缺损质量问题，本社销售中心负责调换。

定　　价：49.80 元

编审人员名单

主　　编　王永丽

副 主 编　崔　英　张显策

编写人员（按姓氏笔画排序）

王永丽（广东食品药品职业学院）

白　静（河南应用技术职业学院）

刘纲勇（广东美妆教育科技有限公司）

张　珩（扬州市职业大学）

张显策（广东食品药品职业学院）

陈　念（中山火炬职业技术学院）

黄莹星（揭阳职业技术学院）

黄乾峰（揭阳职业技术学院）

崔　英（广东食品药品职业学院）

彭　琦（顺德职业技术学院）

主　　审　邰晓曦

前　言

　　无机化学是高等院校药学、应用化学、食品、环境、中药学、卫生检验类、生物类等专业的一门很重要的专业基础课，该课程注重培养学生基本的化学理论知识，同时重视培养学生基本的操作技能，为学生后续专业课的学习和以后的工作岗位奠定了基础。

　　本教材基于职业本科和应用型本科教育的特点编写而成，从教学内容看，内容选取突出了职业性、专业性和实践性。突出职业性，是指根据高等职业本科教育的特点，教学内容做到"理论够用，技能强化"，适用于应用型人才的培养；突出专业性，即教学内容的应用示例与面向专业相关，做到"内容服务专业"；突出实践性，即重视实践技能的培养，强化实践教学的地位。从教材的表现形式看，教材着力于向数字化方向发展，呈现出"立体化"的面貌，以二维码方式植入了部分微课，如实验操作微课及难点内容讲解微课，供学生课前预习及课后复习巩固。本书设计了知识目标、能力目标、素质目标、课堂练习、拓展窗、本章小结、习题等栏目，内容设计符合教学规律和学生的学习规律，可激发学生的学习积极性，进而提高学习效率。

　　党的二十大报告将教育、科技、人才合为一个部分进行论述，提出了关于"实施科教兴国战略，强化现代化建设人才支撑"的战略部署。本教材将党的二十大报告精神有机融入其中，以培养学生实事求是、严谨细致、认真探究的科学态度和爱岗敬业、团结合作的工作精神。教材内容坚持将立德树人作为教育的中心环节，并致力于提升思政教育与知识技能的融合性，使思政教育与专业课程同向而行，实现教书育人的根本任务。

　　本教材由广东食品药品职业学院王永丽主编，广东食品药品职业学院崔英、张显策任副主编，广东食品药品职业学院邵晓曦主审。编写具体分工为：王永丽编写第七章、第八章、第十章、附录和实验项目一～十一；陈念编写第一章；崔英编写第二章；张显策编写第三章；黄莹星编写第四章；彭琦编写第五章；黄乾峰编写第六章；张珩编写第九章；白静编写第十一章和实验项目十二～十九；刘纲勇编写实训技能考核。王永丽负责全书统稿。此外，化学工业出版社对本书的编写和出版给予了很大帮助，在此表示衷心的感谢！

　　由于编者水平有限，书中不妥之处在所难免，请各位读者批评指正！

编者

2023 年 5 月

目 录

──────────── 第一部分 理论部分 ────────────

———————————————— 第二部分 实验部分 ————————————————

第一部分　理论部分

第一章　绪　论

【知识目标】_____

1. 了解无机化学的研究内容、研究对象和发展趋势。
2. 了解无机化学的发展历史和新动态。
3. 了解无机化学在药学、应用化学、中药学、食品等方面的应用。
4. 掌握无机化学的学习方法。

【能力目标】_____

1. 能运用无机化学原理对一般无机化学问题进行理论分析和计算。
2. 能运用化学知识认识和改造世界、维护人体健康。

【素质目标】_____

培养学生的科学探究精神。

第一节　化学与无机化学

化学是研究物质的组成、结构、性质、变化规律及其应用的一门学科，也是药学、轻化、食品类等相关专业不可缺少的基础学科。

一、化学概述

化学在人类生存和社会发展中起着重要作用，已深入人类社会生活的各个领域，是人们认识和改造物质世界、维护人体健康、创造更加美好生活的有力武器。

简单讲，化学是研究物质变化的科学，化学研究的对象是化学物质。具体讲，化学是在分子、原子、离子层次上研究物质的组成、性质、结构及变化规律的一门科学。化学和人类的关系非常密切，化学的发展历经了古代化学、近代化学和现代化学三个时期。从古老的制陶、金属冶炼、造纸、炼丹术和火药的发明，到现代人类的衣食住行、环境的保护与改善、药品的开发与应用、食品的生产与加工、新型材料的研究与使用，以及工农业生产、国防建设等，无不与化学工业的发展密切相关。

化学是实用性和创造性的科学。化学家们从动植物体内分离提纯一些化学物质，并将其应用到人们的生产和生活中，这体现了化学实用性的一面；人们对提取、提纯的一些化学物质进行结构研究，进而合成出结构类似的物质，这体现了化学创造性的一面。化学具有创造性还体现在科学家利用化学知识设计和创造出新的分子，并让新的创造服务于人类，这些创造一定程度上改造了世界，让人们的生活变得越来越美好。

随着化学研究的领域变得越来越广泛，化学也在最早被划分的两个分支——无机化学（研究对象为除碳氢化合物及其衍生物外的所有元素及其化合物）和有机化学（研究对象为碳氢化合物及其衍生物）基础上，增加了分析化学（研究物质化学组成的鉴定方法及其原理）和物理化学（结合物理和数学方法研究物质及其反应的内在规律）两个新的分支。1935年，美国科学家卡罗瑟斯研制成功了世界上第一种合成纤维——尼龙，这是纺织品和合成纤维工业发展的重要里程碑。从此，高分子化合物（polymer）的大量出现和应用诞生了化学中的第五个分支学科——高分子化学。后面又陆续出现了环境化学、结构化学、化学工程等学科，这些学科相互渗透、交叉，并与其他学科融合，不断分化衍生出新的分支学科和边缘学科，如配位化学、生物无机化学、金属有机化学、量子有机化学、化学计量学、超分子化学、界面化学、海洋化学、材料化学、农业化学、工业化学和能源化学等，使化学从单一学科向综合学科方向发展。

当然，上述分支也存在交叉融合的情况。例如，配位化合物中就存在种类繁多的有机物配体；金属有机化合物和有机金属化合物界限模糊；"硅烷"虽然结构类似碳氢化合物，但性质却完全不同，因此又被称为"有机硅"；分析化学中的仪器分析在原理上则属于物理化学的范畴。

二、无机化学概述

无机化学是研究元素及其化合物的结构、性质、反应、制备及其相互关系的一门学科，是化学学科中发展最早的一个分支学科。具体讲，无机化学是研究除碳氢化合物及其衍生物之外的所有元素及其化合物的性质和反应的科学。

在古人看来，有机物主要来自动物和植物，因为是生命的产物，所以是神圣且难以改造的，所以人们更多认识并利用的主要是无机物。随着"元素、化合物、分解……"等概念的产生，无机化学进入萌芽阶段，尤其是天平的发明让化学研究进入定量时代，并推动了一系列基本定律和学说的出现，如质量守恒定律（1748年，罗蒙诺索夫），氧化理论（1744年，拉瓦锡），定比定律（1799年，普劳斯特），倍比定律、当量定律、原子学说和相对原子量（1803年，道尔顿），气体简比定律（1808年，盖·吕萨克），分子论（1811年，阿伏伽德罗），盖斯定律（1840年，盖斯）等。1869年，门捷列夫将当时已知的63种元素按原子量和化学性质间的递变规律排列组成了一个元素周期表并发现了元素周期律，这奠定了无机化学的理论基础。从19世纪末到20世纪初，物理学（如电子、原子核、放射性）和量子力学的发展，促进了物质结构理论的发展，使得从微观角度分析化合物的性能与结构的关系成为可能，也为无机物合成提供了理论指导。

目前无机化学仍是化学科学中最基础的部分，并形成了一套自己的理论体系，如原子结构理论、分子结构理论、酸碱理论、配位理论、氧化还原理论、晶体结构理论等。无机化学在自身发展的同时，也不断与其他学科进行交叉和渗透，例如，无机化学与有机化学的交叉形成了有机金属化学；无机化学与生物学的融合形成了生物有机化学；无机化学与固体物理的结合则形成了无机固体化学。相信在现代实验技术和科学理论基础上，无机化学将在天然资源开发、新型材料合成和高新技术应用等方面发挥越来越重要的作用。

第二节　无机化学发展简史

无机化学是化学中出现且发展最早的分支学科，因此早期的化学发展史可以说就是无机化学的发展史。根据化学发展的特征，可分为三个重要阶段。

一、远古至 17 世纪：古代化学

早期的化学知识主要来自人类的生产和生活实践活动，化学知识只是刚刚萌芽并不系统。主要领域包括制陶、冶金、造纸、食品（酿酒）、保健（药物）等，由此还产生了我国古代的重大发明——青铜器、火药、造纸、制瓷技术。刚开始，术士用炼丹炉提炼金银，试图用丹砂（硫化汞）炼制出"长生不老"的丹药，随后开始尝试提纯药剂并用于治疗疾病，仅《本草纲目》就记载了 266 种无机药物，如轻粉（Hg_2Cl_2）、密陀僧（PbO）。

二、17 世纪中叶到 19 世纪末：近代化学

在同传统的炼金术、燃素说观点斗争的过程中，近代化学知识体系逐渐建立，不仅形成了酸、碱、盐、元素、化合物等概念，还发现了硫酸、盐酸、氨和矾等化合物，这都为化学作为一门科学的建立和发展奠定了坚实的基础。

1661 年，英国科学家玻意耳首次提出"元素"概念，成为世界上第一个科学地给出元素定义的人。

1777 年，近代化学之父法国化学家拉瓦锡提出"氧化学说"，认为燃烧需要氧气存在，金属燃烧后被氧化，增加的质量就来自参加反应的氧气，否定了统治化学界近百年的"燃素说"，提出了燃烧是氧化过程的重大理论，揭开了困惑人类几千年的燃烧之谜；1783 年，拉瓦锡开创了定量分析的实验方法；1789 年，他又建立了质量守恒定律。

1803 年，英国化学家道尔顿应用观察、实验和数学相结合的科学方法提出了原子的概念，创立了"原子学说"，认为一切物质都是由不可再分割的原子组成，每种元素都代表着一种原子，不同原子性质和质量各异，该学说为人们进行物质结构的研究奠定了基础。此后，他通过测量反应物的质量比来推测组成化合物的元素比，并提出了"倍比定律"，即元素按一定的整数比组成物质，成为继"氧化学说"后化学论的又一次重大突破。道尔顿揭示了一切化学现象都是原子运动，明确了化学的研究对象，同时也奠定了化学真正成为一门学科的理论基础。

1869 年，俄国科学家门捷列夫在前人工作的基础上发表了第一张化学元素周期表，总结了元素周期律，不仅以此修正了某些原子的原子量，还预言了 15 种新的元素。元素周期律的发现，将自然界各种化学元素结合为有内在联系的统一整体，为现代无机化学的发展奠定了基础。

三、19 世纪末开始：现代化学

随着物质结构理论的发展和现代物理方法的引入，人们对各种无机物的结构和变化规律有了更系统的认识。X 射线（1895 年，伦琴）、铀的放射性（1896 年，贝克勒尔）、电子（1897 年，汤姆逊）、钋和镭的放射性（1898 年，居里夫妇）等系列新的发现开创了现代无机化学的新局面。各种物理学新技术的发展打破了旧的道尔顿原子学说的原子不可再分的观点，同时也将化学研究推进到更深入的微观结构层次。

20 世纪初，卢瑟福和玻尔提出了由原子核和电子组成的原子结构模型，揭示了原子的内部构造，提出了电子层结构的构想，为后人建立电子理论并利用其探索元素周期律奠定了基础。继离子键理论（1916 年，科塞尔）和共价键理论（1916 年，路易斯）合理解释了元素的化合价和化合物的结构等问题之后，1924 年，德布罗意提出电子等物质微粒具有波粒二象性

的理论；1926年，薛定谔建立微粒运动的波动方程；1930年，美国化学家鲍林把量子力学处理氢分子的成果推广到多原子分子体系，建立了价键理论。无机化学相关的诺贝尔化学奖及贡献见表1-1。

随着分子结构的本质不断被揭露，一个比较完整的具有理论和实验的现代化学科体系已经建立，并逐渐形成了现代无机化学的三大理论基础，即化学键价键理论、分子轨道理论和配位场理论。20世纪中叶，随着原子能工业、电子、计算机、宇航、激光等新兴工业与尖端技术的发展，对特殊性能的无机材料的需求日益增多，并进一步推动了无机化学的发展。

表 1-1 无机化学相关的诺贝尔化学奖

日期	诺贝尔奖获奖者	贡献
1904 年	威廉·拉姆齐爵士	发现了空气中的惰性气体元素，并确定了它们在元素周期表中的位置
1906 年	亨利·莫瓦桑	研究并分离了氟元素
1908 年	欧内斯特·卢瑟福	发现了放射性的半衰期，发现并命名了 α 射线和 β 射线
1911 年	玛丽亚·居里	发现了镭和钋，提纯并研究了镭的性质
1913 年	阿尔弗莱德·维尔纳	提出了过渡金属配合物八面体构型
1914 年	西奥多·威廉·理查兹	精确测量了大量元素的原子质量
1921 年	弗雷德里克·索迪	对放射性物质以及同位素进行了研究
1922 年	弗朗西斯·威廉·阿斯顿	借助其发明的质谱仪发现了大量非放射性元素的同位素，并阐明了整数法则
1934 年	哈罗德·克莱顿·尤里	发现了氢的同位素氘
1935 年	让·弗雷德里克·约里奥-居里与伊雷娜·约里奥-居里	发现了稳定的人工放射性
1943 年	乔治·查尔斯·德海韦西	在化学过程研究中使用同位素作为示踪物
1944 年	奥托·哈恩	发现重核的裂变
1951 年	埃德温·玛蒂森·麦克米伦和格伦·西奥多·西博格	发现了超铀元素
1960 年	威拉德·弗兰克·利比	发展了使用 ^{14}C 同位素进行年代测定的方法
1973 年	恩斯特·奥托·菲舍尔与杰弗里·威尔金森爵士	对金属有机化合物进行了研究
1976 年	威廉·纳恩·利普斯科姆	对硼烷结构进行了研究
1983 年	亨利·陶布	对金属配位化合物电子转移机理进行了研究
1996 年	罗伯特·弗洛伊德·柯尔与哈罗德·克罗托、理查德·斯莫利	发现了富勒烯
2011 年	丹·谢赫特曼	发现了准晶
2019 年	约翰·古迪纳夫、斯坦利·惠廷厄姆、吉野彰	在锂离子电池研发领域作出了贡献

第三节 无机化学的研究内容和发展趋势

一、研究内容

无机化学是研究元素的单质及其化合物（碳氢化合物及其衍生物除外）的组成、结构、性质、反应和应用的学科，是化学中发展最早的一个分支学科。无机化学的研究范围极其广泛，涉及化学基本原理和整个元素周期表中的元素及其化合物，其内容包括原子结构、分子结构、晶体结构、溶液、化学平衡、化学热力学基础、化学动力学、配位化学、元素化学等。

研究中还需用到光谱、电子能谱、核磁共振、X射线衍射等多种现代物理检测技术，对各类新型化合物的键型、立体化学结构、对称性等进行表征，对化学性质、热力学、动力学等参数进行测定。

无机化学在发展过程中还形成了许多分支学科，如无机高分子化学、元素无机化学、稀土元素化学、无机合成化学、配位化学等。以稀土元素为例，由于其特殊的电子构型及独特的电、光、磁性质，在新型永磁材料、高温超导材料、激光晶体领域具有重要应用价值。若从应用领域来看，则涉及药物无机化学、环境化学、地球化学、海洋化学等。

无机化学是一门为本科药学、食品、应用化学等相关专业开设的专业基础课程，具体内容包括溶液、氧化还原与电化学、配合物、酸碱平衡、沉淀-溶解平衡、原子结构和元素周期表、分子结构、化学反应基本理论、元素等基本理论及基本的实验操作技能等。

二、发展趋势

随着功能材料、新能源、催化、生物无机化学和稀土化学等领域的发展，无机化学在实践和理论方面都取得了新的突破。最活跃的研究领域主要有无机纳米功能材料、稀土新型材料、生物无机化学三个方面，其中生物无机化学是无机化学和生物化学的交叉科学，主要研究金属与生物配体间的相互作用，揭示生命过程中的生物无机化学过程。

回顾上百年无机化学的发展史，体现了"从描述性向推理性、从定性向定量、从宏观向微观、从稳态向亚稳态"不断发展的特点。近现代无机化学的发展始于化学键理论的建立、新的物理方法的发现和新型仪器的应用，并表现出了两个明显的发展趋势：

一是广度上拓宽。无机化学在为物质科学、生命科学、材料科学、信息科学、环境科学和能源科学等学科提供物质基础的同时，与其他学科的交叉融合将更加深入广泛。一方面，表现在无机化学在众多领域的广泛应用和学科间的相互渗透，产生了许多边缘学科，如化学和数学交叉形成了计算机化学；化学和生物之间的渗透形成了生物化学、化学仿生学；化学与地理、地质学的交叉产生了地球化学、海洋化学；化学与物理的结合形成了激光化学和核化学等。另一方面，随着有机化学、物理化学和电化学向无机化学的渗透和影响，又产生了以金属有机化学、无机固体化学、生物无机化学为代表的新的分支学科。

二是深度上推进。表现在无机化学研究正广泛采用新的物理和化学理论与实验手段，并深入原子、分子、分子聚集体等微观层次的研究。

【课堂练习】

化学的主要分支学科有哪些？讨论无机化学未来的发展趋势。

第四节　无机化学的应用

一、无机化学在药学方面的应用

药学是以人体为主要对象探索疾病发生和发展的规律，并寻找预防和治疗的途径。药学研究涉及药物的分离、合成、制剂、构效关系研究等方面。

从我国最早的药学专著《神农本草经》开始，人类就开始使用植物或矿物治疗疾病，其中一些无机物还可直接作为药物。《中华人民共和国药典》（简称《中国药典》）中就记载了几十种无机药物，以碳酸氢钠（$NaHCO_3$）为例，其片剂和注射液可作为抗酸药，用于治疗糖尿病昏迷和急性肾炎所引起的代谢性酸中毒。

无机药物包括简单的无机化合物药物、金属配合物药物等。如碳酸氢钠、乳酸钠，因其在水溶液中呈碱性，临床上被用作抗酸药，治疗糖尿病及肾炎等引起的代谢性酸中毒；临床上用生理氯化钠溶液治疗出血过多、严重腹泻等引起的脱水；溴化钠用作镇静剂；无水硫酸钠用作缓泻剂；氯化钾用于治疗低血钾症；硫代硫酸钠用作卤素、氰化物和重金属中毒时的解毒剂；碘化钾用于治疗甲状腺肿和配制碘酊；NO 有血管舒张作用；杂多酸有抗病毒作用。

生命元素在人体内各司其职，维持着生命体的各项正常活动，任何一种元素的短缺（例如在体液中浓度下降或储量不足）都会影响机体正常代谢，导致营养不良、发育不全，甚至患病。生物无机化学主要研究活性金属离子（含少数非金属）及其配合物的"结构-性质-生物活性"间的关系以及在生命环境内参与反应的机制，其中很多都具有药学应用的潜力。如依地酸钙（Ca-EDTA）可治疗铅中毒和作为人体内放射性元素的高效解毒剂；顺铂、卡铂等系列铂的配合物已用于治疗肿瘤；含铋化合物临床常用于治疗胃溃疡；依地酸二钠钙是铅中毒及某些放射性元素中毒的高效解毒剂，二巯丁二酸是锑、汞、铅、砷和镉等重金属中毒的特效解毒剂。

人们很早就发现金属配合物有抗菌和抗病毒活性，如铁、铑的菲咯啉配合物在低浓度就能强烈抑制流感病毒。1965 年，研究人员用铂电极往含氯化铵的大肠杆菌培养液中通入直流电，发现细菌不再分裂，后发现起作用的是由电极溶出的铂与培养液中的 NH_3 和 Cl^- 反应形成的顺二氯二氨合铂 $[PtCl_2(NH_3)_2]$ [简称"顺铂（DDP）"]。1967 年，顺铂的抗肿瘤活性被证实，由此研发出了第二及第三代铂类抗癌药物（如卡铂）。此外，合成的非铂系配合物（如有机锗、有机锡）也被用于治疗泌尿生殖系统、头颈部、食道、结肠等癌症。药理学研究发现，顺铂在体内水解后形成活泼的带正电的水化分子，通过结合鸟嘌呤 7 位上的 N 而引起 DNA 链间或链内交联，从而抑制肿瘤细胞 DNA 有丝分裂，且作用强而持久。

二、无机化学在中药学方面的应用

矿物类中药的主要成分是无机化合物或单质，其在中医药学的发展过程中体现出独特的作用。矿物类中药的分类常以矿物中含量最多的某种化合物为依据，常见矿物类中药见表 1-2。

我国地域辽阔，矿物药种类繁多，应用矿物药治病历史悠久，早在春秋战国时期就有矿物药的有关文字记载。《中国药典》收录了常用矿物药几十种。《全国中草药汇编》《中药大辞典》等专著也有矿物药记载（见表 1-3）。这些记载的矿物药有许多已被现代研究证明疗效确切。

表 1-2　常见矿物类中药

种类	实例
汞化合物类	朱砂（HgS）、红粉（HgO）、轻粉（Hg_2Cl_2）、白降丹（$HgCl_2$、Hg_2Cl_2）
砷化合物类	雄黄（As_4S_4）、雌黄（As_2S_3）、砒霜（As_2O_3）
铜化合物类	胆矾（$CuSO_4 \cdot 5H_2O$）、铜绿 [$CuCO_3 \cdot Cu(OH)_2$]、绿盐 [$CuCl_2 \cdot 3Cu(OH)_2$]
铅化合物类	密陀僧（PbO）、红丹（Pb_3O_4）、铅霜 [$Pb(Ac)_2 \cdot 3H_2O$]
铁化合物类	磁石（Fe_3O_4）、赭石（Fe_2O_3）、绿矾（$FeSO_4 \cdot 7H_2O$）
钙化合物类	珍珠（$CaCO_3$）、石膏（$CaSO_4 \cdot 2H_2O$）、钟乳石（$CaCO_3$）、紫石英（CaF_2）
钠化合物类	芒硝（$Na_2SO_4 \cdot 10H_2O$）、玄明粉（Na_2SO_4）、大青盐（NaCl）

表 1-3 常见的几种矿物药

名称	主要成分	功效	常用中成药
雄黄	As_2S_2	解毒、杀虫	牛黄解毒丸
石膏	$CaSO_4 \cdot 2H_2O$	清热、泻火	明目上清丸
胆矾	$CuSO_4 \cdot 5H_2O$	催吐、化痰、消淤	光明眼药水
朱砂	HgS	镇静、安神、解毒	朱砂安神丸
无名异	MnO_2	祛痰止痛、消肿生肌	跌打万花油

无机化学的基本理论，对于继承祖国传统中药，揭示其有效成分与作用机制的构效关系、发明创造更安全高效药物具有重要意义。虽然矿物药在近代的使用逐渐减少，尤其是含砷、汞化合物的药物逐渐被淘汰，但随着现代毒理学的发展，一些新的用途又开始得到重视。如利用三氧化二砷的促细胞凋亡作用治疗白血病，使人们对矿物药有了新的认识，并尝试通过控制剂型和剂量在药效和毒性之间达到平衡。

三、无机化学在应用化学方面的应用

无机化学在应用化学方面应用广泛，可用于精细化学品的研发、天然成分的提取、生产过程的控制等，尤其广泛应用于化妆品原料生产中。目前无机粉体原料已发展到近百种，在化妆品中起到遮盖、滑爽、吸收、美白、防晒及去角质等作用。近年来粉体技术的发展，更拓展了无机粉体在化妆品中的应用范围。无机粉体被作为颜料在化妆品中应用广泛，如氧化铁、炭黑、蓝群青、红群青、氧化铬绿及二氧化钛、氧化锌等，具体见表 1-4。无机粉体也可作为抗紫外线剂用于化妆品中，其中典型的抗紫外线粉体是超细透明的二氧化钛、氧化铁和氧化锌等。

表 1-4 常见无机粉体颜料

种类	实例
白色颜料	二氧化钛、氧化锌、硫酸钡、碳酸镁、氢氧化铝等
有色颜料	氧化铁（红色、黄色和黑色）、氧化铬（绿色）、群青蓝、炭黑等
体质颜料	胆矾（$CuSO_4 \cdot 5H_2O$）、铜绿 [$CuCO_3 \cdot Cu(OH)_2$]、绿盐 [$CuCl_2 \cdot 3Cu(OH)_2$]
铅化合物类	黏土、云母、滑石粉、高岭土等
复合无机颜料	云母钛、二氧化钛-云母-有色颜料等

四、无机化学在食品中的应用

人体的生长发育和生理活动需要 50 多种营养物质，包括碳水化合物、蛋白质、脂肪、维生素、无机盐和水等，这些大多可通过各种食物获取。例如，食盐是人们生存必需的物质，也是使用最广泛的调味料和防腐剂，能去掉食物异味，增加水果甜味，防止鲜鱼、鲜肉腐败；盐卤（主要成分为氯化镁和氯化钙）主要用于制作豆制品；$NaHCO_3$ 作为疏松剂，广泛用于生产饼干、糕点、馒头和面包；亚硝酸盐作为肉类食品防腐剂能抑制肉制品中微生物增殖，但因为有致癌作用对用量有严格要求。

第五节 无机化学课程的学习方法

无机化学是一门非常重要的专业基础课，该课程不但培养学生基本的化学理论知识，而且培养学生基本的操作技能。学好该课程，有利于后续课程的学习。要学好该课程需做到：

一、重视课堂，认真听讲，复习巩固

该课程内容比较多，课时又比较紧张，因此学起来难度比较大，需要学生课前预习，上课认真听讲，并多做练习。学习时，不要死记硬背，注重理解，善于发现并总结规律，实现由"点的记忆"到"线的记忆"。具体如下。

（1）培养兴趣　广泛了解无机化学的研究对象、学科发展特点与趋势，以及与人类社会经济发展的关系，从而激发起学习的兴趣。

（2）课前预习　先全面预习并了解课本知识，可利用与本书配套的PPT、视频、微课电子资源，完成课前自主探究，并对知识的重点和难点有一定的认识，把不理解的地方留到上课时重点解决。

（3）认真听讲　课堂上紧跟教师思路，将遇到的重点和难点内容及时做好记录，特别要注意弄清基本概念和原理，积极思考教师提出的问题，多向教师请教和探讨问题，学习老师分析和解决问题的思路和方法，培养思维能力。

（4）课后作业　课后完成作业有助于深入理解课堂内容，培养独立思考和分析问题、解决问题的能力。利用课后习题和精品课程在线习题和测验等加强对基本概念、化学原理及公式适用条件的理解和记忆，灵活运用、融会贯通。

（5）复习巩固、归纳总结　无机化学课程理论性强，有些概念、理论比较抽象，需要经过反复思考并应用一些原理去说明和解释才能逐渐理解和掌握。学习完每章节内容之后可先自己尝试归纳总结本章节所学内容，使知识更加精练、简约，便于理解和记忆。

二、重视实验，实事求是

无机化学是一门实践性很强的课程，单单死记硬背很难学好，需要加强实验。实验一方面可加深理论知识的理解和掌握，另一方面，也可训练基本的实验操作技能，同时实验也能潜移默化地培养学生独立思考的习惯。

实验课是理解和掌握课程内容、学习科学规范的实验方法、培养动手能力的重要环节。课前，学生可通过观看课程配套微课进行预习；课中，学生要认真操作，仔细观察实验现象并实事求是地记录实验数据；课后，要认真处理实验数据，分析实验现象和问题，得出正确结论，写好实验报告。

三、培养自学和独立解决问题的能力

进入高等学校，要改变学习方法，变被动为主动，即主动地去获取知识，这就要提高自我探究能力。学习方法是学习效率的重要保证，但学习方法并没有固定的通则，适合自己的就是最好的方法，应不断总结和交流学习方法，逐步形成最适合自己的学习方法。具体是：一方面，需要教师加以重视，为学生提供更多的自我探索资源，让学生有更多的机会参与自我探究；另一方面，学生应积极主动地思考，并独立自主地去解决一些问题，最终使自学能力不断提高。例如，学生可经常自主地查阅参考书和文献，阅读参考书是培养独立思考和自学能力的有效方法，不但能加深理解课程内容，还可以扩展知识面、活跃思维、激发学习兴趣和提高自学能力。

【拓展窗】

无机化学与人类健康——生命元素

无机化学与人类健康关系密切，尤其是构成生命有机体的各种生命元素，对人类高质量的健康生活具有重要的意义。

1. 生命元素的概念和分类

生命体的存在和发展与化学物质及其元素组成关系密切，人体内可检验出 81 种化学元素，其按生物学效应和含量差异可分为四大类，见表 1-5。在生命元素中，维持生命所必需的元素称必需元素，目前已发现 28 种，按在生物体内含量不同又分为宏量（常量）元素和微量（痕量）元素两大类。

表 1-5　生命元素

种类	功能和举例	描述
必需宏量元素	参与生物体的各种生理活动，占生物体总质量 0.01% 以上的元素，称为宏量元素，如 C、H、O、N、P、S、Cl、Na、K、Ca、Mg	组成人体组织和维持正常生命活动的必需元素
必需微量元素	占生物体总质量 0.01% 以下的元素，称为微量元素，如 Fe、Cu、Zn、Mn、Co、Ni、Cr、Sn、Mo、V、Se、Si、I、F	
非必需微量元素	目前既没有明显的生物作用，也未发现毒性的元素称为非必需微量元素，如 Ba、Rb	对于生命有益，但缺乏不会威胁生命
有害元素	主要包括重金属元素以及部分非金属元素，如 Cd、Pb、Hg、Al、Be、Ga、In、Tl、As、Sb、Bi、Te	威胁人体健康的有害元素

人体中的微量元素虽然含量低微，但作用却很关键，同时由于微量元素在人体中不能生成，主要通过食物摄入，如果饮食不均衡，极易造成不足或过量积累。

许多生命必需的微量元素当浓度过低时会引起营养缺乏，浓度过高则导致中毒，只有在浓度适宜时才能正常发挥生理功能。例如铜是必需微量元素，有利于血红蛋白及色素的合成，但过量积累对肝脏有伤害，甚至会致癌；缺铁会引起贫血，铁过多则会引起血红蛋白沉积，肝、肾受损；缺碘或碘过多会引起甲状腺肿大；缺硒会导致克山病和大骨节病，过量的硒摄入则会引起硒中毒，使相关酶失活；锌与性腺、胰腺和脑垂体等分泌活动有关，缺锌导致发育迟缓，形成侏儒，过多又会造成贫血、高血压和冠心病；缺钙骨骼畸形，过多会导致动脉硬化；缺锰易不孕、畸胎、死胎；缺铬易患糖尿病等。此外，石棉、砷化物、镍及其盐、铍及其化合物、六价铬和镉及其化合物等会致癌；废气、废水排放超标，也是恶性疾病产生的根源。

2. 生命必需元素的生物功能

生命元素在生物体内，除了作为重要的组成部分，还发挥着"开关、控制、调节、放大、传递"等各种生理功能，参与生物体"物质代谢、能量代谢、信息传递、生物解毒"等多方面的生命活动。生命必需元素在人体中的作用见表 1-6。

表 1-6　生命必需元素在人体中的作用

元素	缺乏引起的疾病	过量引起的疾病	补充该元素的食物
Fe	贫血	肝硬化	肉、蛋、水果
Cr	糖尿病、动脉硬化	肺癌	肉、蛋、粗粮
Ca	骨骼畸形	胆结石、动脉硬化	动物性食物
Cu	贫血、冠心病	癫痫	干果、葡萄干、茶
Zn	侏儒症	高热症、致癌	肉、蛋、奶、谷物
Mn	不孕、死胎	运动机能失调、头痛	豆、肉、奶
I	甲状腺肿、地方性呆小病	甲状腺肿	海带、奶、碘盐

习 题

一、单项选择题

1. 元素周期律的提出是化学发展史上的一个里程碑。提出元素周期律的科学家是（ ）。

A. 卢瑟福 　　 B. 玻意耳 　　 C. 道尔顿 　　 D. 门捷列夫

2. 20世纪30年代初，建立在量子力学基础上的现代原子结构模型及化学键理论揭示了（ ）的本质。

A. 原子核结构 　　 B. 原子结构 　　 C. 分子结构 　　 D. 晶体结构

3. "原子学说"的创立人是（ ）。

A. 道尔顿 　　 B. 拉瓦锡 　　 C. 玻意耳 　　 D. 门捷列夫

4. 下列不属于无机化合物的是（ ）。

A. CH_4 　　 B. CO_2 　　 C. CaC_2 　　 D. CS_2

5. 下列元素不属于人体必需的常量元素的是（ ）。

A. 碳 　　 B. 硫 　　 C. 氯 　　 D. 铁

6. 研究表明，某些无机药物对人体的某些疾病显示了强大的活力。其中具有抗癌作用的是（ ）。

A. 铂配合物 　　 B. 铁配合物 　　 C. 金配合物 　　 D. 铜配合物

二、简答题

1. 什么是化学？化学学科有哪些分类?化学家的工作是什么？
2. 简述无机化学的发展历史。
3. 无机化学与药学有什么联系？
4. 请简单阐述无机化学及分析化学在精细化学品、药学、食品及农业科学中的应用。
5. 根据自己的实际情况，谈谈你打算怎样学好无机化学？

第二章　分散系与溶液

第一节　分散系

溶液和胶体在自然界中普遍存在，与工农业生产及人类生命活动过程有着密切的联系。广大的江河湖海就是最大的水溶液，生物体和土壤中的液态部分大都为溶液或胶体。溶液和胶体是物质在不同条件下所形成的两种不同状态。例如 NaCl 溶于水就成为溶液，把它溶于酒精则成为胶体。那么，溶液和胶体有什么不同呢？它们各自又有什么样的特点呢？要了解上述问题，首先需要了解有关分散系的概念。

一、分散系的概念

将一种或几种物质分散在另一种物质中所形成的体系称为分散系。分散系由分散质和分散剂两部分组成，其中分散系中被分散的物质称为分散质（或分散相），容纳分散质的物质称为分散介质（或分散剂）。例如氯化钠溶液就是氯化钠分散在水中形成的分散体系，其中氯化钠为分散质，水为分散介质；泥浆是将泥土分散在水中形成的分散系，泥土为分散质，水是分散剂；此外，水滴分散在空气中形成的云雾，水滴为分散质，空气为分散剂。

二、分散系的分类

1. 根据分散质和分散介质的聚集状态分类

根据分散质或分散介质聚集状态的不同，分散系可分为 9 种类型，见表 2-1。

表 2-1　各种分散系的分类

分散质	分散介质	实例
气		空气、煤气
液	气	云、雾
固		烟、灰尘
气		肥皂泡沫、汽水
液	液	牛奶、豆浆、酒精的水溶液
固		泥浆、涂料
气		泡沫塑料
液	固	珍珠（包藏着水的碳酸钙）、硅胶、肉冻
固		有色玻璃、合金、红宝石

　　人们的日常生活、工农业生产和科学研究都与液态分散系密切相关，因此液态分散系是最重要最常见的分散系。

2. 根据分散质粒子的大小分类

　　根据分散质的颗粒大小，通常将分散系分为分子或离子分散系、胶体分散系和粗分散系，见表 2-2。

表 2-2　分散系的分类

分散系类型		分散质组成	粒径	性质	示例
分子或离子分散系	真溶液	小分子或小离子	<1nm	均相，透明，均匀，稳定，能透过滤纸和半透膜	蔗糖、食盐等的水溶液
胶体分散系	溶胶	分子、原子、离子的聚集体	1～100nm	非均相，不均匀，有相对稳定性，能透过滤纸，不能透过半透膜	$Fe(OH)_3$、As_2S_3 溶胶
	高分子溶液	高分子		均相，透明，均匀，稳定，能透过滤纸，不能透过半透膜	蛋白质、动物胶溶液
粗分散系	悬浊液	固体小颗粒	>100nm	非均相，不透明，不均匀，不稳定，不能透过滤纸和半透膜	牛奶、豆浆、泥浆
	乳浊液	液体小珠滴			

第二节　溶液浓度的表示方法

　　溶液是一种或几种物质分散在另一种物质中所形成的均匀稳定的分散体系。其中被分散的物质称为溶质，容纳溶质的物质称为溶剂。水是最常见的溶剂，如不特别指明，通常所说的溶液均为水溶液。在我们的生活、学习和生产中，经常接触各类溶液，如很多试剂必须配成一定浓度的溶液才能使用，食物和药物必须形成溶液才便于消化吸收，化学分析和检验工作的前提也都需要配制一定浓度的溶液。因此正确认识溶液、准确配制和使用一定浓度的溶液，是科学工作者必须掌握的基本知识和技能。

　　溶液浓度的表示有多种方法，可归纳成两大类：一类是质量浓度，表示一定质量的溶液（或溶剂）里溶质和溶剂的相对量，如质量分数、质量摩尔浓度等；另一类是体积浓度，表示一定量体积溶液（或溶剂）中所含溶质的量，如摩尔浓度、体积比浓度、质量体积浓度等。质量浓度的值不随温度的变化而变化，而体积浓度的值则随温度变化而相应变化。在实验室和生产实际中，根据溶液的用途和习惯，常采用不同的浓度表示方法，例如，用于进行化学反应的溶液，常用摩尔浓度；临床使用的溶液，常用质量浓度和体积分数；化学工业常用质量分数表示浓度等。常见的溶液浓度表示方法有以下几种：

一、摩尔浓度

物质的量是国际单位制 SI 规定的一个基本物理量，用符号"n"表示，其单位为摩尔（简称摩），符号 mol。1mol ^{12}C 所含的原子数称为阿伏伽德罗常数，其数值为 6.02×10^{23}。因此，1mol 任何物质均含有 6.02×10^{23} 个基本单元。使用物质的量表示的基本单元可以是分子、原子、离子、电子等，具体表述时应阐述清楚。

摩尔浓度是一种重要的浓度表示法，是以单位体积溶液中所含溶质 B（B 表示各种溶质）的物质的量来表示溶液组成的物理量，以符号 c_B 表示，表示溶质 B 的摩尔浓度，表达式为：

$$c_B = \frac{n_B}{V} \tag{2-1}$$

式中，n_B 为溶质 B 的物质的量；V 为溶液的体积。c_B 的常用单位为 $mol \cdot L^{-1}$。

摩尔浓度是最常用的溶液浓度的表示方法。在学习和实验中，经常进行有关摩尔浓度的计算。

【例 2-1】已知市售浓盐酸的密度 $\rho=1.19kg \cdot L^{-1}$、质量分数 $\omega=0.37$，计算该盐酸溶液的摩尔浓度。

解 假设浓盐酸的体积为 1L。

则溶液的质量为：$m = \rho V = 1.19 \times 10^3 g \cdot L^{-1} \times 1L = 1.19 \times 10^3 g$

故：$c_{HCl} = \dfrac{n_{HCl}}{V} = \dfrac{\dfrac{m_{HCl}}{M_{HCl}}}{V} = \dfrac{\dfrac{1.19 \times 10^3 \times 37\%}{36.5}}{1} = 12.06(mol \cdot L^{-1})$

二、质量摩尔浓度

质量摩尔浓度的含义是：1kg 溶剂 A 中所含溶质 B 的物质的量。溶质 B 的质量摩尔浓度在数值上等于溶液中溶质 B 的物质的量除以溶剂的质量，用符号 b_B 表示，即：

$$b_B = n_B/m_A \tag{2-2}$$

式中，n_B 为溶质 B 的物质的量，单位为 mol；m_A 为溶剂 A 的质量，单位为 kg。因此质量摩尔浓度的单位为 $mol \cdot kg^{-1}$。

【例 2-2】50g 水中溶解 0.585g NaCl，求该溶液的质量摩尔浓度（$M_{NaCl}=58.44g \cdot mol^{-1}$）。

解

$$b_{NaCl} = \frac{n_{NaCl}}{m_{H_2O}} = \frac{m_{NaCl}/M_{NaCl}}{m_{H_2O}}$$

$$= \frac{0.585/58.44}{50 \times 10^{-3}} = 0.2(mol \cdot kg^{-1})$$

三、体积分数

纯溶质 B 的体积与溶液的总体积之比称为溶质 B 的体积分数，用符号 φ_B 表示。即：

$$\varphi_B = V_B/V \tag{2-3}$$

式中，V_B 为纯溶质 B 的体积；V 为溶液的体积。体积分数的单位为 1。

当纯溶质为液态（如酒精、甘油等）时，常用体积分数表示溶液的组成。体积分数可用小数表示，亦可用百分数表示。例如，市售普通药用酒精为 $\varphi_{酒精}=0.95$ 或 $\varphi_{酒精}=95\%$ 的酒精溶液；临床上，$\varphi_{酒精}=0.75$ 或 $\varphi_{酒精}=75\%$ 的酒精溶液用作外用消毒剂，$\varphi_{酒精}=0.30\sim0.50$ 的酒精溶液用于高烧病人擦浴以降低体温。

四、质量分数

溶液中，溶质 B 的质量与溶液的质量之比称为溶质 B 的质量分数，用符号 w_B 表示，即

$$w_B=\frac{m_B}{m} \tag{2-4}$$

式中，m_B、m 分别表示溶质 B、溶液的质量。质量分数的单位为 1，可用小数表示，亦可用百分数表示。例如，市售浓硫酸为 $w_{硫酸}=0.98$ 或 $w_{硫酸}=98\%$ 的硫酸溶液。

五、摩尔分数

溶液中组分 B 的摩尔分数定义为：B 的物质的量除以溶液的总的物质的量，用符号 x_B 表示，即

$$x_B=\frac{n_B}{n}=\frac{n_B}{n_A+n_B+n_C+\cdots} \tag{2-5}$$

式中，n_A、n_B、n_C……分别为组分 A、B、C 等的物质的量；n 为溶液的总物质的量。x_B 的单位为 1。

【例 2-3】计算由 3.1g 己二醇（$C_2H_6O_2$）和 63g 水组成的溶液中，己二醇和水的摩尔分数。

解

$$n_{己二醇}=\frac{m_{己二醇}}{M_{己二醇}}=\frac{3.1}{62}=0.05(mol)$$

$$n_{水}=\frac{m_{水}}{M_{水}}=\frac{63}{18}=3.5(mol)$$

$$x_{己二醇}=\frac{n_{己二醇}}{n_{水}+n_{己二醇}}=\frac{0.05}{3.5+0.05}=0.014$$

$$x_{水}=\frac{n_{水}}{n_{水}+n_{己二醇}}=\frac{3.5}{3.5+0.05}=0.986$$

六、质量浓度

溶质 B 的质量浓度用符号 ρ_B 表示，其定义为：溶液中溶质 B 的质量除以溶液的体积，即

$$\rho_B=m_B/V \tag{2-6}$$

式中，m_B 为溶质 B 的质量；V 为溶液的体积。质量浓度的常用单位为 $g\cdot L^{-1}$ 或 $mg\cdot L^{-1}$。使用质量浓度表示溶液组成时，注意与密度（ρ）的区别：密度为溶液的质量与溶液的体积之比，即 $\rho=m/V$，单位为 $kg\cdot L^{-1}$ 或 $g\cdot mL^{-1}$。

【例2-4】《中国药典》规定，生理盐水的规格为：0.5L 生理盐水中含 NaCl 4.5g，计算生理盐水中氯化钠的质量浓度。

解
$$\rho_{NaCl}=m_B/V=4.5/0.5=9(g\cdot L^{-1})$$

医药上，由固态溶质配制溶液时，常用质量浓度表示溶液的组成。例如，$50g\cdot L^{-1}$ 葡萄糖溶液、$9g\cdot L^{-1}$ 氯化钠溶液、$12.5g\cdot L^{-1}$ 碳酸氢钠溶液等。

【例2-5】常温下，取 NaCl 饱和溶液 10.00mL，测得其质量为 12.0030g，将溶液蒸干，得 NaCl 固体 3.1730g。求：（1）饱和溶液中 NaCl 和 H_2O 的摩尔分数；（2）摩尔浓度；（3）质量摩尔浓度；（4）NaCl 饱和溶液的质量分数；（5）质量浓度。

解　（1）摩尔分数为：

$$n_{NaCl}=m_{NaCl}/M_{NaCl}=3.1730/58.44=0.0543(mol)$$

$$n_{H_2O}=m_{H_2O}/M_{H_2O}=(12.0030-3.1730)/18=0.4906(mol)$$

$$x_{NaCl}=\frac{n_{NaCl}}{n_{NaCl}+n_{H_2O}}=\frac{0.0543}{0.0543+0.4906}=0.10$$

$$x_{H_2O}=1-0.10=0.90$$

（2）摩尔浓度为：

$$c_{NaCl}=\frac{n_{NaCl}}{V}=\frac{0.0543}{10.00\times10^{-3}}=5.43(mol\cdot L^{-1})$$

（3）质量摩尔浓度为：

$$b_{NaCl}=\frac{n_{NaCl}}{m_{H_2O}}=\frac{0.0543}{(12.0030-3.1730)\times10^{-3}}=6.15(mol\cdot kg^{-1})$$

（4）质量分数为：

$$w_{NaCl}=\frac{m_{NaCl}}{m_{溶液}}=\frac{3.1730}{12.0030}=0.2644$$

（5）质量浓度为：

$$\rho_{NaCl}=\frac{m_{NaCl}}{V}=\frac{3.1730}{10.00\times10^{-3}}=317.3(g\cdot L^{-1})$$

【课堂练习】

1. 下列溶液使用了哪种组成表示法：
（1）0.75 酒精溶液_____；（2）$1mol\cdot L^{-1}$ 氢氧化钠溶液_____；（3）$9g\cdot L^{-1}$ 氯化钠溶液_____；（4）98%硫酸溶液_____；（5）$0.15mol\cdot kg^{-1}$ 甘油溶液_____。

2. 5.0g NaCl 与 497.5g 水混合所得溶液的密度 $\rho=1.002\ g\cdot mL^{-1}$。计算所得溶液的质量分数、摩尔分数、质量浓度、摩尔浓度、质量摩尔浓度。

第三节　稀溶液的依数性

溶质溶解形成溶液的过程中，不仅溶质的性质发生了改变，溶剂的性质，如蒸气压、沸点、凝固点等，也会发生相应的变化。当溶液较稀时，这些性质的改变值与溶质的本性无关，而仅仅取决于溶液中溶质的质点数，这一特性称为稀溶液的"依数性"。例如，本性不同的葡萄糖、甘油配成相同浓度的稀溶液，它们的沸点上升值、凝固点下降值、渗透压等几乎都相同。溶液的依数性只有在溶液的浓度较稀时才有规律，而且溶液越稀，其依数性的规律性越强。稀溶液的依数性包括溶液的蒸气压下降、沸点升高、凝固点降低和溶液的渗透压，其应用非常广泛。例如，可采用沸点升高和凝固点降低这两种依数性来测定物质的摩尔质量；严寒的冬天，为防止汽车水箱冻裂，常在水箱的水中加入甘油或乙二醇以降低水的凝固点，这里利用了稀溶液的凝固点降低的依数性；人体静脉输液所用的营养液（葡萄糖液、盐水等）应与血液具有相同的渗透压（约 780kPa），否则血细胞均将破坏等。

一、溶液的蒸气压下降

如果将纯溶剂水置于密闭容器中，如图 2-1 所示。液剂表面能量较高的分子，能够克服其他分子对它的引力而进入液面上的空间，这个过程称为蒸发。液面附近的蒸气分子有可能被吸引或受外界压力的作用回到液体中，重新凝结成液体分子，这个过程叫作凝聚。开始时，由于液面上蒸气分子较少，凝结速率较小，而蒸发速率较快。随着蒸发过程的进行，液面上蒸气分子逐渐增多，凝结速率逐渐增大，当蒸发速率等于凝结速率时，液体和它的蒸气达到动态平衡，此时蒸气所具有的压力就称为该温度下液体的饱和蒸气压（p^0），简称蒸气压。

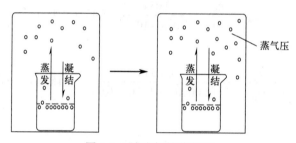

图 2-1 纯溶剂的蒸气压

蒸气压的大小与物质的本性有关，并随温度的升高而增大，在一定温度下是恒定值。例如，水的蒸气压在 0℃（273K）时为 610.50Pa，50℃（323K）时为 12334Pa，而在 100℃（373K）时蒸气压增大为 101325Pa。

如果向溶剂中加入少量难挥发非电解质物质即构成稀溶液，如图 2-2 所示，由于溶液的部分表面被溶质分子占据，单位时间逸出液面的溶剂分子数相应减少，所以，稀溶液的蒸气

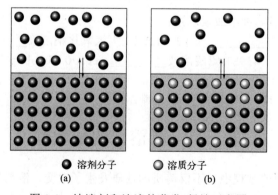

● 溶剂分子　　◐ 溶质分子
(a)　　　　　(b)
图 2-2 纯溶剂和溶液的蒸发-凝结示意图

压（p）必然低于纯溶剂的蒸气压（p^0），这种现象称为溶液的蒸气压下降。显然，稀溶液的浓度越大，单位体积溶液中溶质的粒子数越多，溶液的蒸气压就越低，溶液的蒸气压下降得就越多。

1887年，法国化学家拉乌尔在大量实验结果的基础上，总结出著名的拉乌尔律：在一定温度下，难挥发非电解质稀溶液的蒸气压（p），等于纯溶剂的蒸气压（p^0）乘以溶剂在溶液中的摩尔分数（x_A）。即：

$$p = p^0 x_A \qquad (2\text{-}7)$$

式中，p表示溶液的蒸气压；p^0表示纯溶剂的蒸气压。因为$x_A + x_B = 1$，则：

$$p = p^0(1-x_B) = p^0 - p^0 x_B$$
$$\Delta p = p^0 - p = p^0 x_B \qquad (2\text{-}8)$$

式中，Δp为溶液的蒸气压下降值，Pa；p^0为纯溶剂的蒸气压，Pa；p为稀溶液的蒸气压，Pa；x_B为溶质的摩尔分数。

因此，拉乌尔定律也可表述为：在一定温度下，难挥发非电解质稀溶液的蒸气压下降（Δp）与溶质的摩尔分数（x_B）成正比，而与溶质的本性无关。

对于稀溶液，n_A远远大于n_B，因此：

$$x_B = \frac{n_B}{n_A + n_B} \approx \frac{n_B}{n_A} = \frac{n_B}{m_A} M_A = \frac{n_B}{m_A/1000} \times \frac{M_A}{1000}$$

而

$$b_B = \frac{n_B}{m_A} \times 1000$$

即：

$$x_B = b_B M_A / 1000$$

则：

$$\Delta p = p^0 x_B = (p^0 M_A / 1000) b_B \qquad (2\text{-}9)$$

一定温度下，$p^0 M_A/1000$为一常数，用K表示，上式转变为：

$$\Delta p = K b_B \qquad (2\text{-}10)$$

式（2-10）表明，一定温度下，难挥发非电解质稀溶液的蒸气压下降Δp与溶液的质量摩尔浓度成正比，常数K取决于纯溶剂的蒸气压和摩尔质量。

二、溶液的沸点升高

液体的蒸气压随温度的升高而增大，当液体的蒸气压等于外界大气压时，液体开始沸腾，此时的温度就是液体的沸点（T_b^0）。显然，液体的沸点随外界压力而改变，外压愈大，沸点愈高。例如，外压为101.325kPa时，水的沸点为100℃；在高原地区，由于气压低，水的沸点则低于100℃；而在压力锅里，水的沸点可高达120℃。根据沸点的这一特点，实验室采用减压蒸馏法或减压浓缩装置，以避免蒸馏或浓缩过程中某些热稳定性差的有机化合物在温度较高时分解或氧化。此外，临床上采用在密闭高压消毒器内加热进行灭菌，以缩短灭菌时间，提高灭菌效能。如图2-3所示，溶剂形成溶液后，由于其蒸气压低于纯溶剂的蒸气压，在T_b^0时溶液的蒸气压小于外界压力，只有温度继续升高至T_b，溶液的蒸气压等于外压时，溶液才会沸腾，所以溶液的沸点高于纯溶剂的沸点，这一现象称为溶液的沸点升高。

溶液的沸点升高起因于溶液蒸气压的下降，故沸点的升高值与蒸气压的下降值成正比，即：

$$\Delta T_b = T_b - T_b^0 = K_1 \Delta p$$

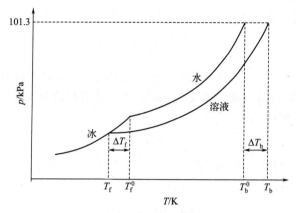

图 2-3　溶液的沸点升高和凝固点降低

对于难挥发非电解质的稀溶液，将式（2-10）代入上式，得：

$$\Delta T_b = K_1 K b_B = K_b b_B$$

即：

$$\Delta T_b = T_b - T_b^0 = K_b b_B \qquad (2\text{-}11)$$

式中，ΔT_b 为溶液的沸点升高值；K_b 为溶剂的摩尔沸点升高常数，该常数取决于溶剂的性质，而与溶质的本性无关，$K \cdot kg \cdot mol^{-1}$；$b_B$ 为溶质的质量摩尔浓度，$mol \cdot kg^{-1}$。

由式（2-11）可知：在一定温度下，难挥发非电解质稀溶液的沸点升高值与溶液的质量摩尔浓度成正比，而与溶质的本性无关。

每一种溶剂的摩尔沸点升高常数 K_b 为一定值，常用溶剂的 K_b 和标准压力下的沸点 T_b^0 见表 2-3。

表 2-3　常用溶剂的 T_b^0、T_f^0、K_b 和 K_f

溶剂	T_b^0/K	$K_b/K \cdot kg \cdot mol^{-1}$	T_f^0/K	$K_f/K \cdot kg \cdot mol^{-1}$
水	373.0	0.52	273.0	1.86
苯	353.1	2.53	278.5	5.10
萘	491.0	5.80	353.0	6.90
氯仿	334.2	3.63	209.5	4.68
乙酸	391.0	2.93	290.0	3.90
乙醇	351.4	1.22	155.7	1.99

【例 2-6】将 2.69g 萘溶于 100 苯中配制溶液，测得溶液的沸点升高了 0.531K，求萘的摩尔质量。

解　查表 2-3 得：苯的 $K_b = 2.53$

$$\Delta T_b = K_b b_B = K_b \times \frac{m_B}{M_B m_A} \times 1000$$

$$M_B = \frac{K_b m_B \times 1000}{m_A \Delta T_b}$$

$$= \frac{2.53 \times 2.69 \times 1000}{100 \times 0.531}$$

$$= 128.2 (g \cdot mol^{-1})$$

三、溶液的凝固点降低

物质的凝固点是指在一定的外界压力下，该物质的液相和固相蒸气压相等、固液两相能够平衡共存时的温度。凝固点与外界压力有关，若没有特别说明，表示外界大气压为一个标准大气压。例如，在标准大气压（101.325kPa）下、273K 时，水与冰的蒸气压相等，此时冰和水能够平衡共存，所以水的凝固点 T_f^0 为 273K。

如图 2-3 所示，在温度为 T_f^0（273K）时，溶液的蒸气压低于纯溶剂的蒸气压，所以水溶液在 273K 时不会结冰。如果使温度降低，由于冰的蒸气压的下降率比水溶液大，当温度降到某一定值 T_f 时，冰的蒸气压就会等于水溶液的蒸气压，此时的温度即为溶液的凝固点。显然，溶液的凝固点低于纯溶剂的凝固点，这一现象称为溶液的凝固点降低。

与溶液的沸点升高一样，溶液的凝固点降低亦起因于溶液的蒸气压下降，故难挥发非电解质稀溶液的凝固点降低值与溶液的质量摩尔浓度也成正比，而与溶质的本质无关，即：

$$\Delta T_f = T_f^0 - T_f = K_f b_B \qquad (2\text{-}12)$$

式中，ΔT_f 为溶剂的凝固点降低值，K；K_f 为溶剂的摩尔凝固点降低常数，$K\cdot kg\cdot mol^{-1}$，该常数取决于溶剂的性质，与溶质的性质无关；b_B 为溶质的质量摩尔浓度，$mol\cdot kg^{-1}$。

常用溶剂的 K_f 和标准压力下的凝固点 T_f^0，见表 2-3。

【例 2-7】计算例 2-6 所得溶液的凝固点。

解 查表 2-3 得：苯的 $K_f = 5.10$，$T_f^0 = 278.5K$。

$$\Delta T_f = T_f^0 - T_f = K_f b_B = K_f \times \frac{m_B}{M_B m_A} \times 1000$$

$$T_f = T_f^0 - \frac{K_f m_B}{M_B m_A} \times 1000$$

$$= 278.5 - \frac{5.10 \times 2.69 \times 1000}{128.2 \times 100}$$

$$= 277.43(K)$$

由计算结果可见，溶液的凝固点降低值大于沸点升高值，这是因为同一溶剂的 K_f 总是大于 K_b。所以，实验室中 ΔT_f 比 Δp 和 ΔT_b 更容易测准，因此运用凝固点降低法测定物质的摩尔质量比蒸气压法和沸点升高法准确度更高、实验误差更小。

【例 2-8】溶解 2.76g 甘油于 200g 水中，所得溶液的凝固点为 272.72K。计算甘油的摩尔质量。

解 查表 2-3 得：水的 $K_f = 1.86$，$T_f^0 = 273.0$。

$$\Delta T_f = K_f \times \frac{m_B}{M_B m_A} \times 1000$$

$$M_B = \frac{K_f m_B}{m_A \Delta T_f} \times 1000$$

$$= \frac{1.86 \times 2.76 \times 1000}{200 \times (273.0 - 272.72)}$$

$$= 92(g\cdot mol^{-1})$$

【课堂练习】

为使汽车散热水箱中的凝固点降低 0.28K，需要在 200g 水中加入甘油多少克？（$M_{甘油} = 92g \cdot mol^{-1}$）

四、溶液的渗透压

1. 渗透现象和渗透压

如图 2-4 所示，用半透膜如细胞膜、肠衣、萝卜皮等，将蔗糖溶液与纯溶剂（水）隔开，将会看到：溶液一侧的液面慢慢上升到一定高度 h。

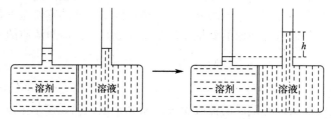

图 2-4　溶液的渗透压

半透膜是一种特殊的多孔性薄膜，只允许分子较小的溶剂水分子自由通过，而分子较大的蔗糖分子很难通过，见图 2-5。图 2-4 中，溶液一侧液面之所以上升是由于溶剂分子通过半透膜进入了溶液。若将纯溶剂换成蔗糖的稀溶液，原溶液换成浓溶液，也会出现浓溶液一侧液面上升的情况。这种溶剂分子通过半透膜由纯溶剂（或稀溶液）进入溶液（或浓溶液）的现象称为渗透。

可见，渗透现象产生的特定条件是：

①有半透膜存在；②半透膜两侧液体存在浓度差。

渗透的产生是因为单位体积液体内，纯溶剂的分子数比溶液中的溶剂分子数多，单位时间内从纯溶剂（或稀溶液）进入溶液（或浓溶液）的溶剂分子数必然大于由溶液（或浓溶液）进入纯溶剂（或稀溶液）的分子数，结果溶液液面缓缓上升并同时产生静水压。随着液面的不断升高，静水压逐渐增大，当液面上升到一定高度 h 时，静水压大到恰能使水分子进出半透膜的速率相等，即渗透达到平衡，此时液面就会停止上升。这种恰能阻止渗透现象继续发生而达到动态平衡的压力称为溶液的渗透压（π）。当向溶液的一边施加超过溶液渗透压的压力时，如图 2-6 所示，溶液中的水分子就会被压过半透膜而流向纯水的一边，这一过程称为反渗透。

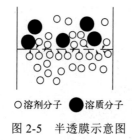

○溶剂分子　●溶质分子

图 2-5　半透膜示意图

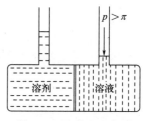

图 2-6　反渗透示意图

2. 渗透压与浓度和温度的关系

渗透压是溶液的一个重要性质，其单位是 Pa（帕斯卡），医学上常用 kPa（千帕）。1886年荷兰物理学家范特荷夫（Van't Hoff）根据实验结果，总结出稀溶液的渗透压与溶液的浓度、温度之间的关系为：

$$\pi = c_BRT \tag{2-13}$$

式中，π 为溶液的渗透压，kPa；c_B 为溶质质点的摩尔浓度，$mol\cdot L^{-1}$；R 为摩尔气体常数，$8.314 kPa\cdot L\cdot mol^{-1}\cdot K^{-1}$；$T$ 为热力学温度，K。

对于稀溶液，其摩尔浓度近似等于质量摩尔浓度，故渗透压的公式可表述为：

$$\pi = b_BRT \tag{2-14}$$

由式（2-13）和式（2-14）可知：在一定条件下，非电解质稀溶液的渗透压只取决于溶质的浓度（c_B 或 b_B），而与溶质的本性无关。

【例 2-9】 人体的血浆在 272.44K 时结冰，计算在体温为 310K（37℃）时人体血浆的渗透压和摩尔浓度。

解　查表 2-3 得水的 $K_f = 1.86$，$T_f^0 = 273.0$。

$$\Delta T_f = T_f^0 - T_f = K_f b_B$$

$$b_B = (T_f^0 - T_f) / K_f = (273.0-272.44)/1.86$$

$$= 0.301(mol\cdot kg^{-1})$$

由式（2-14）得：$\pi = b_BRT = 0.301\times8.314\times310 = 776(kPa)$

稀溶液中，$c_B \approx b_B = 0.301(mol\cdot L^{-1})$

五、电解质稀溶液的依数性

难挥发电解质溶液与难挥发非电解质稀溶液一样具有蒸气压下降、沸点升高、凝固点降低和渗透压等依数性，但是由于电解质在溶液中会发生解离，所以电解质溶液的依数性必须引入校正因子 i，即

$$\Delta p = iKb_B \qquad \Delta T_b = iK_b b_B \qquad \Delta T_f = iK_f b_B \qquad \pi = ib_BRT$$

溶液越稀，i 越大。在极稀的溶液中，不同类型强电解质的校正因子 i 值趋近于 2、3、4……的数值；非电解质的 i 值为 1。例如，对于 AB 型电解质（如 KCl、KNO_3、$MgSO_4$ 等），其 i 值趋近于 2；对于 AB_2 或 A_2B 型电解质（如 $MgCl_2$、Na_2SO_4 等），其 i 值趋近于 3，其余照此类推。

六、依数性的应用与示例

1. 沸点升高的应用

在钢铁冶炼工业生产中，技术人员为了配比一定比率的固溶体需要不断取样测定，这种重复作业不仅带来了很大的工作量，而且存在高温采样引起的潜在危险。若在熔炉中安装一个温度测量仪，通过观测测量仪的温度确定每个状态时的沸点，即可确定合金中其他金属的含量。依据是溶液沸点升高的性质，在纯铁水中加入另外一种金属后会使得沸点升高，组分含量不同则沸点不同，即可通过沸点变化值计算出某一沸点时另一种金属的含量。

根据前面的例题，可见也可利用沸点升高的依数性来测定某物质的摩尔质量，但对于摩尔质量特别的物质，如血红素等生物大分子，需采用渗透压法。

2. 凝固点降低的应用

在冰雪天的道路上撒融雪剂可快速除冰融雪，依据的就是依数性中溶液凝固点降低的原理。将冰雪看作固态纯水，融雪剂溶解在水中后即成为稀溶液，因溶液的凝固点要低些，根据固相与液相的平衡条件，当白天温度稍回升时，平衡即向溶液方向移动，冰雪就会加速溶解变成液体，从而达到除冰融雪的目的。此外，在严寒的冬天，为防止汽车水箱冻裂，常在水箱的水中加入甘油或乙二醇以降低水的凝固点，这样可防止水箱中的水因结冰而体积膨大，胀裂水箱，这也是依据溶液凝固点降低的依数性。

3. 渗透压的应用

（1）在医药学上的应用 溶液中产生渗透效应的溶质微粒称为渗透活性物质，渗透活性物质的摩尔浓度称为渗透浓度，以 c_{os} 表示，单位为 mol·L^{-1} 或 mmol·L^{-1}。

人体血浆中含有许多盐类离子和各种蛋白质，所以血浆具有相当大的渗透压。其中由盐类离子产生的渗透压叫作晶体渗透压，占血浆渗透压的绝大部分；而由各种蛋白质产生的渗透压叫作胶体渗透压，仅占血浆渗透压的极小部分。正常人血浆渗透浓度为 303.7mmol·L^{-1}，因此临床上规定：渗透浓度在 280～320mmol·L^{-1} 范围内的溶液称为生理等渗溶液，高于 320mmol·L^{-1} 为高渗溶液，低于 280mmol·L^{-1} 为低渗溶液。

【例 2-10】试计算临床静脉滴注用的 50g·L^{-1} 葡萄糖溶液和 9g·L^{-1}NaCl 生理盐水的渗透浓度。

解 葡萄糖（$C_6H_{12}O_6$）的摩尔质量为 180g·mol^{-1}，50g·L^{-1} $C_6H_{12}O_6$ 溶液的渗透浓度为

$$c_{os} = \frac{50g \cdot L^{-1}}{180g \cdot mol^{-1}} \times 1000 = 278(mmol \cdot L^{-1})$$

NaCl 的摩尔质量为 58.5g·mol^{-1}，NaCl 溶液中渗透活性物质为 Na$^+$ 和 Cl$^-$，因此 NaCl 的渗透浓度为

$$c_{os} = \frac{9g \cdot L^{-1}}{58.5g \cdot mol^{-1}} \times 1000 \times 2 = 308(mmol \cdot L^{-1})$$

渗透压和渗透现象在医药上具有重要意义。由于细胞膜具有半透膜的性质，正常情况红细胞膜内的细胞液与膜外的血液等渗，当给失水的病人静脉滴注大量补水时，如果输入溶液的渗透压高于血液的渗透压，将会导致血浆中可溶物浓度增大，红细胞内的细胞液向血浆渗透，结果使红细胞萎缩；反之，若输入渗透压比血液渗透压低的溶液，则使血浆中可溶物浓度减小、血浆稀释，血浆中的水分将向红细胞渗透，结果使红细胞膨胀，严重时可使红细胞破裂出现溶血现象。因此静脉输液时，要求输入生理等渗溶液，常用的有 50g·L^{-1} 葡萄糖溶液和 9g·L^{-1}NaCl 的生理盐水。配制眼用制剂时，由于眼组织比较敏感，为防止刺激而疼痛或损伤眼组织，必须调节至与眼黏膜细胞等渗。

（2）在环境化学中的应用 随着人类社会的快速发展，淡水资源不断匮乏，因此海水的淡化技术有着非常大的经济价值和非常重要的研究意义。实验室和工业上进行的水的净化、废水的处理和海水的淡化所用的反渗透技术，就是基于渗透压的原理。由于细菌、病毒、大部分有机污染物和水合离子均比水分子大得多，应选用孔大小与水分子大小相当的半透膜，通过施加大于原水渗透压的外压力，水分子便可通过半透膜而流出。例如，一般海水的渗透

压约为 3MPa，只要对海水加压超过此压力，就可以将海水转变为淡水。可见，寻找性能优良且能长期经受高压而不被破坏的半透膜是该技术的关键。

【课堂练习】

比较四种溶液：①0.1mol·L^{-1} 蔗糖；②0.2mol·L^{-1} KCl；③0.1mol·L^{-1} 氨水；④0.02mol·L^{-1} BaCl$_2$。沸点由高到低的排列顺序为：_____；凝固点由高到低的排列顺序为：_____；渗透压由高到低的排列顺序为：_____。

第四节　胶体溶液

胶体分散系按照分散相和分散介质聚集态的不同可分为溶胶和高分子化合物溶液等多种类型，其中以固体分散在水中的溶胶最为重要。溶胶中粒径在 1～100 nm 之间，含有百万甚至过亿个原子，是一类难溶的多分子聚集体。

一、胶团的结构

胶团由胶粒和扩散层两部分组成，胶粒带正电或负电，扩散层的电荷与胶粒相反，数值相同，所以胶团不带电。通常所说的正溶胶或负溶胶是针对胶粒而言的，胶粒的中心是胶核，它是由许多分散质分子或原子聚集而成。胶核与分散介质之间存在巨大的界面，所以胶核表面非常容易吸附其他离子或分子而形成吸附层，且胶核优先吸附与其有相同成分的离子（称为电位离子），被胶核吸附的离子又吸引溶液中过剩的带相反电荷的离子（称为反离子）。反离子一方面受到电位离子的静电吸引，有靠近胶核的倾向，而另一方面又因本身的热运动有扩散分布到整个溶液中的倾向，两种作用的结果是：只有一部分反离子紧密地围绕在电位离子周围，这部分反离子和电位离子组成吸附层，吸附层和胶核构成胶粒。由于反离子的数目少于电位离子的数目，所以胶粒带电。在吸附层的外面，还有一部分反离子疏散地分布在胶粒周围形成扩散层。

以用 AgNO$_3$ 和 KI 制备正溶胶为例，使 AgNO$_3$ 过量：

$$AgNO_3 + KI =\!=\!= AgI\downarrow + K^+ + NO_3^-$$

因 AgNO$_3$ 过量，此时胶核 AgI 优先吸附与其有相同成分的 Ag$^+$ 而形成带正电的 AgI 胶体粒子。由于静电作用，部分反离子 NO$_3^-$ 被吸引在带电胶核周围形成吸附层；由于热运动，部分反离子 NO$_3^-$ 分散在紧密层外，形成扩散层。整个胶团为电中性，AgI 正溶胶的胶团结构示意图见图 2-7，AgI 正溶胶的胶团结构表示式见图 2-8。

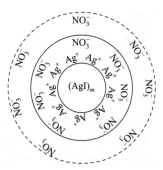

图 2-7　AgI 正溶胶的胶团结构示意图

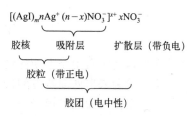

图 2-8　AgI 正溶胶的胶团结构表示式

当 KI 过量时，胶核 AgI 优先吸附与其有相同成分的 I⁻而最终形成 AgI 负溶胶。AgI 负溶胶的胶团结构示意图见图 2-9，AgI 负溶胶的胶团结构表示式见图 2-10。

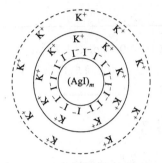

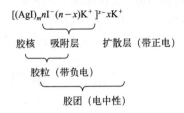

图 2-9　AgI 负溶胶的胶团结构示意图　　　图 2-10　AgI 负溶胶的胶团结构表示式

【例 2-11】Fe(OH)$_3$ 溶胶常用 FeCl$_3$ 水解的方法制备，水解反应如下：

$$FeCl_3+3H_2O \xlongequal{\quad} Fe(OH)_3+3HCl$$

$$FeCl_3+2H_2O \xlongequal{\quad} Fe(OH)_2Cl+2HCl$$

$$Fe(OH)_2Cl \xlongequal{\quad} FeO^+ +Cl^-+H_2O$$

则胶核 Fe(OH)$_3$ 优先吸附溶液中与之有相同成分的 FeO⁺而形成正溶胶，其胶团结构表示式为：

$$\{[Fe(OH)_3]_m nFeO^+(n{-}x)Cl^-\}^{x+} xCl^-$$

二、溶胶的性质

溶胶的性质主要有动力学性质、光学性质和电学性质。

1. 动力学性质

在超显微镜下，可观察到溶胶的胶体粒子在不断地做不规则运动。这种运动是英国植物学家布朗在观察花粉悬浮液时最早发现的，故叫作布朗运动，见图 2-11。

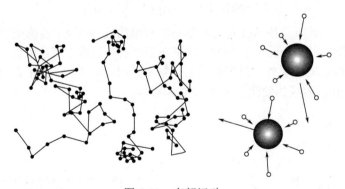

图 2-11　布朗运动

胶粒的布朗运动实质上是不断热运动的介质分子对粒子撞击的结果。悬浮在分散介质中的任何粒子都会受到来自四面八方的分散介质分子的撞击。对于较大的粒子，由于本身质量较大，粒子从一个方向受到的撞击力会被相反方向受到的相等撞击力所抵消，因此撞击后而产生的运动并不明显。但对于胶体粒子来说，由于质量较小，这种撞击力足以使胶粒产生能量，并且在胶粒相反两侧同时发生相等碰撞的概率很小，撞击力难于抵消，粒子就会沿合力的方向移动，在另一瞬间又沿另一合力的方向移动，见图 2-11。因而胶粒便不断地做不规则运动。正是因为布朗运动的存在，胶粒具有一定的能量，可以克服重力的影响而不易发生沉降。

2. 光学性质

在暗室里，将一束聚焦的光线透过溶胶时，在入射光的垂直方向，可看到一条发亮的光柱，见图 2-12。

这一现象是英国物理学家丁铎尔首先发现的，故称为丁铎尔现象，丁铎尔现象是胶体粒子对光散射的结果。丁铎尔现象与分散质粒子的大小和入射光的波长有关。当入射光的波长小于分散介质粒子的直径时，发生反射，光线无法透过，观察到的粗分散系是混浊不透明的；当入射光的波长大于分散介质粒子的直径时，发生散射，可观察到明亮的光柱，即丁铎尔效应。在胶体分散系中，胶粒的直径为 1~100nm，而可见光的波长是 400~700nm，显然会发生光的散射。而真溶液的分散质粒子的直径小于 1nm，由于粒径很小，光的散射很弱，可见光几乎全部透过，导致整个溶液呈透明状。丁铎尔现象是溶胶的特征，可用来区分三类分散系。

3. 电学性质

在一 U 形管中加入 $Fe(OH)_3$ 溶胶，管的两端插入电极并通电，可看到红色的 $Fe(OH)_3$ 溶胶向负极移动。这种在外电场作用下，分散质粒子在分散介质中定向移动的现象称为电泳。如图 2-13 所示，$Fe(OH)_3$ 溶胶向负极移动，说明 $Fe(OH)_3$ 溶胶带正电荷。

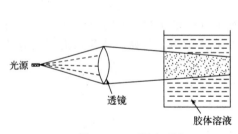

图 2-12　丁铎尔现象

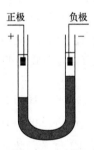

图 2-13　电泳

由于胶体溶液是电中性的，因此，胶粒带正电荷（或负电荷），则分散介质必带负电荷（或正电荷）。

三、溶胶的稳定性和聚沉

1. 溶胶的稳定性

溶胶具有一定的稳定性。有的溶胶可以保持数月、数年，甚至更长的时间也不会沉降，其主要原因有以下几方面：

（1）布朗运动　溶胶的分散度大、粒子小，布朗运动剧烈，由它产生的扩散作用能克服重力影响不下沉，而保持均匀分散状态，这种性质就是溶胶的动力学稳定性。胶粒越小，分散度越大，布朗运动越剧烈，扩散力越强，动力学稳定性也越大，则胶粒也越不容易聚沉。

（2）胶粒带电　胶粒带电是溶胶稳定的主要原因。同种胶粒在相同条件下带同种电荷，相互排斥，阻止了胶粒间相互碰撞而聚集成较大的颗粒，也进而减少了发生沉降的可能性，从而使溶胶具有一定的稳定性。溶胶所带电荷越多，则溶胶越稳定。

（3）水化膜 包围着胶核吸附层上的电位离子和反离子的水化能力都很强，从而在胶粒的表面形成一个水化层（即水化膜），水化膜的形成有效地阻止了胶粒在运动时相互聚集成较大的颗粒而沉降。

2. 溶胶的聚沉

溶胶的稳定性一旦被削弱或破坏，胶粒就会聚集成较大的颗粒从介质中析出。胶粒聚集成较大颗粒从溶液中沉淀下来的现象称为聚沉。常用的聚沉方法有以下几种：

（1）加入电解质 在溶胶中加入适量的电解质就会引起明显的聚沉现象。这是因为电解质的加入，增加了溶胶中离子的总浓度，从而给带电荷的胶粒提供了吸引相反电荷离子的有利条件，减少甚至中和了胶粒所带的电荷。胶粒电荷被中和后，水化膜也被破坏，从而使溶胶的稳定性降低，发生聚沉。

所有电解质达到一定浓度时，都可使溶胶发生聚沉，但不同电解质对溶胶的聚沉能力是不同的。把使定量溶胶在一定时间内明显聚沉所需电解质的最低浓度，称为该电解质的聚沉值，单位为 $mmol \cdot L^{-1}$。可见，电解质的聚沉值越小，则聚沉能力越强；电解质的聚沉值越大，则聚沉能力越弱。电解质的聚沉能力一般有如下规律：

电解质对溶胶的聚沉能力，主要取决于和胶粒所带电荷相反的离子的总价数，反离子的总价数越高，聚沉能力越强。例如，对于 AgI 正溶胶，聚沉能力顺序为：$K_3[Fe(CN)_6] > K_2SO_4 > NaCl$；$CaCl_2 > NaCl$。而对于 AgI 负溶胶，聚沉能力顺序为：$AlCl_3 > CaCl_2 > KCl$；$K_2SO_4 > NaCl$。

一般来说，一价离子的聚沉值为 $25 \sim 150 mmol \cdot L^{-1}$，二价离子的聚沉值为 $0.5 \sim 2.0 mmol \cdot L^{-1}$，三价离子的聚沉值为 $0.01 \sim 0.1 mmol \cdot L^{-1}$，该规律称为叔采-哈迪规则，可根据该规则比较某些电解质的聚沉能力。

【例 2-12】将 12mL $0.10mol \cdot L^{-1}$ KI 溶液和 100 mL $0.005mol \cdot L^{-1}$ 的 $AgNO_3$ 溶液混合以制备 AgI 溶胶，写出胶团结构式，问 $MgCl_2$ 与 $K_3[Fe(CN)_6]$ 这两种电解质对该溶胶的聚沉值哪个大？

解 因 $n_{KI} = 0.10 \times 12 \times 10^{-3} = 1.2 \times 10^{-3}$(mol)

$n_{AgNO_3} = 0.005 \times 100 \times 10^{-3} = 0.5 \times 10^{-3}$(mol)

可知，KI 过量，故形成 AgI 负溶胶。

所以，胶团结构式：$[(AgI)_m nI^- (n-x)K^+]^{x-} xK^+$

根据叔采-哈迪规则，聚沉值大小顺序为：$MgCl_2 < K_3[Fe(CN)_6]$。

（2）加入带相反电荷的溶胶 加入相反电荷的胶体溶液，也会发生聚沉，这种聚沉称为相互聚沉。发生聚沉的原因是两种溶胶所带电荷相反，不同电性的胶粒相互吸引，胶粒所带电荷相互中和。注意，两种溶胶的量只有使所带总电荷量相同时，才会完全聚沉，否则聚沉不完全，甚至不聚沉。例如，过去曾用明矾净水，其原理就是利用胶体的相互聚沉，明矾在水中可产生带正电的 $Al(OH)_3$ 胶体，而水中的污物一般是带负电荷的黏土及 SiO_2 等胶体，利用两者发生相互聚沉，即可达到净水的目的。由于明矾中含有的 Al^{3+} 对人体有害，长期饮用明矾净化的水，会导致脑萎缩，可能会引起老年痴呆。因此，目前已经不用明矾作净水剂了。

（3）加热 加热能增大胶粒的运动速率，增加胶粒相互碰撞的机会，从而加速了溶胶的聚沉；另外，温度的升高一定程度上降低了胶粒对离子的吸附作用，减少了胶粒所带的电荷，降低了水化程度，有利于胶粒碰撞而发生聚沉。

【课堂练习】

1．单项选择题

（1）将 10ml 0.1mol·L^{-1} 的 AgNO$_3$ 与 20mL 0.1mol·L^{-1} 的 KI 溶液混合制备 AgI 溶胶。下列电解质中，对 AgI 溶胶聚沉能力最强的是（　　　）。

A．NaCl
B．CaSO$_4$
C．KBr
D．AlCl$_3$

（2）在 Fe(OH)$_3$ 溶胶（正溶胶）中加入等体积、等浓度的下列电解质溶液，使溶胶聚沉最快的是（　　　）。

A．KCl
B．MgCl$_2$
C．AlCl$_3$
D．K$_4$[Fe(CN)$_6$]

2．判断题

（1）因为 NaCl 和 CaCl$_2$ 都是强电解质，所以两者对 As$_2$O$_3$ 溶胶（负溶胶）的聚沉能力相同。（　　　）

（2）胶核优先吸附与自身具有相同成分的离子。（　　　）

四、溶胶的净化和溶胶性质的应用

溶胶通常含有分子、离子等杂质，过量的电解质会影响溶胶的稳定性，所以需要净化除去。最常用的净化方法是渗析，具体做法是：把需要净化的胶体溶液放入半透膜袋内，然后将半透膜袋浸入盛有大量蒸馏水的容器中。由于半透膜只允许小的分子和离子透过而不允许溶胶离子通过，则溶胶内的电解质通过半透膜向蒸馏水扩散，然后不断更换蒸馏水，就可使溶胶得以净化。这种利用半透膜净化溶胶的方法称为渗析。实验室常用的半透膜为火棉胶膜，也可采用羊皮纸、动物肠衣及其他化学材料，如醋酸纤维膜等。溶胶的渗析净化一般需要持续几天，为了加快渗析速度、缩短净化周期，可采用电渗析法，它广泛应用于水的纯化、海水的淡化以及污水的处理等。

溶胶在日常生活、临床、药品生产和科研过程中都有着广泛应用，例如，利用溶胶的稳定性，人们将墨水制成胶体溶液从而使墨水不会很快沉淀堵塞笔尖；利用胶粒不能透过半透膜而半径较小的离子、分子能透过半透膜的性质，在临床上借助人工肾对肾功能衰竭患者的血液进行渗析，从而除去血液中的毒素；中草药注射剂常因存在微量胶体状态的杂质，在放置过程中变混浊，利用渗析法可改变其澄清度；在药物制剂上，有的药物溶解度较小，不利于病人的吸收，将其制成胶体溶液后问题就可得到解决；在中草药的提炼过程中，常利用聚沉的方法除去胶体杂质；江河入海口处形成了三角洲，其形成原理是海水中的电解质使江河泥砂所形成胶体发生聚沉。此外，胶体科学也是现代化妆品科学和技术的基础，对胶体科学的深刻理解有助于开发出新的产品，化妆品里的膏霜和乳液都是胶体，它们形成了化妆品最重要的门类。在食品中，越来越多的植物胶体用于低热量食品的生产，如植物胶体的使用既可减少高能原料如脂肪、糖等的用量，同时也可增加口感。

【拓展窗】

高分子化合物溶液

高分子化合物通常是指分子量在 10^4 以上的化合物，如蛋白质、核酸、多糖等。高分子化合物可分为天然和人工合成两类，见表 2-4。

表 2-4　高分子化合物分类

分类		示例
合成高分子化合物	加聚聚合物 缩聚聚合物	聚乙烯 尼龙
天然高分子化合物	蛋白质 {纤维状蛋白质 球状蛋白质	丝纤蛋白 血红蛋白
	核酸	脱氧核糖核酸（DNA）
	多糖	纤维素
	聚戊二烯	天然橡胶

一、高分子化合物溶液的特性

1. 稳定性高

高分子化合物溶液在无菌、溶剂不挥发的条件下，无需加稳定剂，可以长期放置而不会发生沉降。这是因为高分子化合物的分子中有很多强的亲水基团，如羟基（—OH）、羧基（—COOH）、氨基（—NH_2）等，溶剂化能力很强。一方面这些基团与水结合，产生溶剂化作用，在高分子表面形成很厚的水化膜，阻止高分子之间的聚集；另一方面，这些基团在水中发生解离而带电，也进一步阻止高分子之间的聚集从而使高分子溶液稳定。

2. 黏度较大

高分子化合物溶液的黏度比一般溶胶和溶液大得多，这与高分子化合物具有链状或分枝状结构有关，当它运动时，必然过多地受到介质分子的阻碍。

二、高分子化合物溶液对溶胶的保护作用

1. 高分子化合物溶液对溶胶的保护作用的定义

向溶胶中加入适量高分子化合物溶液，能大大提高溶胶的稳定性，这种作用叫作高分子化合物溶液对溶胶的保护作用。高分子很容易吸附在胶粒的表面上，这样卷曲后的高分子就包住了溶胶粒子；另外，高分子的高度溶剂化作用，在溶胶粒子的外面形成了很厚的保护膜，阻碍了胶粒间因相互碰撞而发生凝聚，从而大大提高了溶胶的稳定性。

2. 高分子化合物溶液对溶胶的保护作用在生理过程中的意义

高分子化合物溶液对溶胶的保护作用在生理过程中具有一定的意义。如健康人的血液中所含的难溶物质［$MgCO_3$、$Ca(PO_4)_2$］等都是以溶胶状态存在的，并被血清蛋白等高分子化合物保护着。一旦发生某些病变，这些高分子化合物在血液中的含量就会减少，于是溶胶发生凝结，因而在体内的某些器官内形成结石，如常见的肾结石、胆结石等。

本章小结

一、分散系

按分散质或分散剂聚集状态的不同，分散系可分为 9 种类型，见表 2-1。

根据分散粒子的大小不同，分散系可分为分子或离子分散系（溶液）、胶体分散系（溶

胶和高分子溶液）和粗分散系（悬浊液和乳浊液）三种，见表 2-2。

二、溶液组成的表示方法

常用的溶液组成表示方法如表 2-5 所示。

表 2-5　常用的溶液组成表示方法

表示方法	符号	定义	表达式	常用单位
体积分数	φ_B	溶质的体积/溶液的体积	$\varphi_B = V_B/V$	
质量分数	w_B	溶质的质量/溶液的质量	$w_B = m_B/m$	
摩尔分数	x_B	溶质的物质的量/溶液的总物质的量	$x_B = n_B/n$	
质量摩尔浓度	b_B	溶质的物质的量/溶剂的质量	$b_B = n_B/m_A$	$mol \cdot kg^{-1}$
质量浓度	ρ_B	溶质的质量/溶液的体积	$\rho_B = m_B/V$	$g \cdot L^{-1}$
摩尔浓度	c_B	溶质的物质的量/溶液的体积	$c_B = n_B/V$	$mol \cdot L^{-1}$

三、稀溶液的依数性

一定温度下，难挥发非电解质稀溶液的蒸气压下降值、沸点升高值、凝固点降低值、渗透压仅与溶液中溶质质点的浓度（c_B 或 b_B）成正比，而与溶质的本性无关，它们之间的关系为：

蒸气压下降：$\Delta p = K b_B$　　　式中，$K = p^0 M_A/1000$。

沸点升高：$\Delta T_b = K_b b_B$　　　式中，K_b 为摩尔沸点升高常数。

凝固点降低：$\Delta T_f = K_f b_B$　　　式中，K_f 为摩尔凝固点降低常数。

溶液的渗透压：$\pi = c_B RT$　　　式中，R 为摩尔气体常数（$8.314 kPa \cdot L \cdot mol^{-1} \cdot K^{-1}$）；$T$ 为热力学温度（$273+t℃$，K）。

强电解质溶液中，溶质质点的总浓度为 $c_总 = ic_B$（或 $b_总 = ib_B$），i 值可近似看成 1mol 电解质能够解离出的离子的物质的量，据此进行依数性的定性比较和计算。

四、胶体溶液

1. 溶胶的性质

① 光学性质——丁铎尔现象；

② 动力学性质——布朗运动；

③ 电学性质——电泳。

2. 溶胶稳定的原因

① 布朗运动——具有能量；

② 胶粒带电——同性排斥；

③ 水化膜——保护层。

3. 常用的使溶胶聚沉的方法

① 加入少量的电解质，电解质中和胶粒电荷相反的离子可使胶体聚沉，即负离子使正溶胶聚沉，正离子使负溶胶聚沉。同价离子的聚沉能力几乎相同，不同价态离子的聚沉能力则随价数的增加而增大。

使定量溶胶在一定时间内明显聚沉所需电解质的最低浓度称为该电解质的聚沉值。电解质的聚沉值越小，则聚沉能力越强；电解质的聚沉值越大，则聚沉能力越小。

② 加入相反电荷的胶体溶液，也会发生聚沉，这种聚沉称为相互聚沉。

③ 加热增加了胶粒相互碰撞的机会，降低了水化程度，有利于胶粒碰撞而发生聚沉。

习　题

一、单项选择题

1. 稀溶液的依数性的本质是（　　　）。

A．蒸气压下降　　　B．沸点升高　　　　C．凝固点下降　　　　D．渗透压

2. 100g 水溶解 20g 非电解质的溶液，经实验测得该溶液在 $-5.85℃$ 凝固，该溶质的分子量为（　　　）。（已知水的 $K_f = 1.86 K·kg·mol^{-1}$）

A．33g·mol^{-1}　　　B．50g·mol^{-1}　　　C．67g·mol^{-1}　　　D．64g·mol^{-1}

3. 将浓度均为 0.1mol·mL^{-1} 的葡萄糖、氯化钠、氯化钡、氯化铝溶液同时加热，首先沸腾的是（　　　）。

A．葡萄糖　　　B．氯化钠　　　C．氯化钡　　　D．氯化铝

4. 将上述四种溶液同时冷却，最后结冰的是（　　　）。

A．葡萄糖　　　B．氯化钠　　　C．氯化钡　　　D．氯化铝

5. 将 0.002mol 非电解质溶于 25g 无水 HAc 中，所得溶液的凝固点降低值为 0.312K，则无水 HAc 的摩尔凝固点降低常数 K_f 为（　　　）。（已知 HAc 的摩尔质量为 60g·mol^{-1}）

A．0.39　　　B．3.9　　　C．1.86　　　D．0.082

6. 质量相同的下列物质作为防冻剂时，防冻效果最好的是（　　　）。

A．蔗糖（$M = 342$ g·mol^{-1}）　　　　B．甘油（$M = 92$ g·mol^{-1}）

C．乙醇（$M = 46$ g·mol^{-1}）　　　　D．葡萄糖（$M = 180$ g·mol^{-1}）

7. 将 4.5g 某非电解质溶解于 100g 水中，所得溶液于 $-0.465℃$ 时结冰，该非电解质的分子量为（　　　）。

A．90g·mol^{-1}　　　B．135g·mol^{-1}　　　C．172g·mol^{-1}　　　D．180g·mol^{-1}

8. 由 10mL 0.05mol·L^{-1}KCl 溶液与 100mL 0.002mol·L^{-1}AgNO$_3$ 溶液混合制得 AgCl 溶胶。若分别用下列电解质使其聚沉，则聚沉值大小次序为（　　　）。

A．AlCl$_3$＜ZnSO$_4$＜KCl　　　　　　B．KCl＜ZnSO$_4$＜AlCl$_3$

C．ZnSO$_4$＜KCl＜AlCl$_3$　　　　　　D．KCl＜AlCl$_3$＜ZnSO$_4$

二、填空题

1. 由 FeCl$_3$ 水解制得的 Fe(OH)$_3$ 溶胶，由于胶粒带_____电，因此当加入等量的 NaCl 和 Na$_2$SO$_4$ 使它聚沉时，_____的聚沉能力强。

2. 发生渗透现象的条件是：（1）_____；（2）_____。

3. 比较下列溶液渗透压的大小：0.10mol·L^{-1} C$_6$H$_{12}$O$_6$_____0.010mol·L^{-1} C$_{12}$H$_{22}$O$_{11}$；1.0%的 C$_{12}$H$_{22}$O$_{11}$_____1.0%的 C$_3$H$_6$O$_3$。

4. 在制备 AgI 胶体过程中，若 KI 过量，则胶核优先吸附_____而带负电荷。整个胶团结构可以表示为_____。

5. 由 FeCl$_3$ 水解制得的 Fe(OH)$_3$ 溶胶的胶团结构式为_____，在电

泳中胶粒向_____极移动，NaCl、Na_2SO_4、$CaCl_2$ 中对其聚沉能力较大的是_____。

6．300K、$0.1mol \cdot L^{-1}$ 葡萄糖水溶液的渗透压约为_____kPa。

三、简答题

1．在 $Al(OH)_3$ 溶胶中加入 KCl，其最终浓度为 $80mmol \cdot L^{-1}$ 时恰能完全聚沉，加入 $K_2C_2O_4$，浓度为 $0.4mmol \cdot L^{-1}$ 时也恰能完全聚沉。问：（1）$Al(OH)_3$ 胶粒的电荷符号是正还是负？（2）为使该溶胶完全聚沉，大约需要 $CaCl_2$ 的浓度为多少？

2．写出下列条件下制备的溶胶的胶团结构：（1）向 25mL $0.1mol \cdot L^{-1}$ KI 溶液中加入 70mL $0.005mol \cdot L^{-1}$ 的 $AgNO_3$ 溶液；（2）向 25mL $0.01mol \cdot L^{-1}$ KI 溶液中加入 70mL $0.005mol \cdot L^{-1}$ 的 $AgNO_3$ 溶液。

3．将下列水溶液按照沸点由低到高的顺序排列。

（1）$0.1mol \cdot kg^{-1}$ NaCl 溶液；（2）$0.1mol \cdot kg^{-1}$ $MgCl_2$ 溶液；（3）$0.1mol \cdot kg^{-1}$ $AlCl_3$ 溶液；（4）$0.1mol \cdot kg^{-1}$ HAc 溶液；（5）$0.1mol \cdot kg^{-1}$ 葡萄糖溶液。

四、计算题

1．在 298.15K 下，150mL 硝酸钾饱和溶液的质量为 168g，蒸干该溶液可得到硝酸钾固体 68g，计算该溶液的质量分数、摩尔分数、质量浓度、摩尔浓度和质量摩尔浓度。

2．孕酮是一种雌激素，经分析得知其中 H、O、C 含量分别为 9.5%、10.2% 和 80.3%，将 1.5g 孕酮溶于 10.0g 苯中，测得溶液的凝固点下降至 276.06K，求孕酮的分子量和分子式。（苯的凝固点为 278.5K，$K_f = 5.10K \cdot kg \cdot mol^{-1}$）

3．为防止水在仪器中结冰，可在水中加入甘油降低凝固点。如果将凝固点降至 $-2℃$，每 100g 水中应加入甘油多少克？（甘油的分子量为 $92g \cdot mol^{-1}$，水的 $K_f = 1.86K \cdot kg \cdot mol^{-1}$）

4．实验测得泪水的凝固点为 272.48K，试计算泪水的质量摩尔浓度和 310.15K 时泪水的渗透压。（水的凝固点为 273.0K，水的 $K_f = 1.86K \cdot kg \cdot mol^{-1}$）

第三章　原子结构与元素周期律

【知识目标】

1. 理解电子云、原子轨道的概念。
2. 理解描述原子核外电子运动状态的四个量子数的意义，并掌握其取值规则。
3. 理解原子轨道能级图。
4. 掌握原子核外电子的排布规律原理。
5. 掌握元素性质周期性变化规律。

【能力目标】

1. 会用四个量子数来描述原子核外电子的运动状态。
2. 会书写核外电子的排布式。
3. 会分析原子的电子层结构与元素周期表中周期、区、族之间的关系。
4. 会分析原子结构与元素性质周期性变化规律之间的关系。

【素质目标】

1. 培养学生的民族意识及科学精神。
2. 激发学生的历史使命感和进取心。

第一节　原子核外电子的运动状态

19 世纪初，英国化学家道尔顿提出物质是由原子构成且原子不可再分的学说之后，在相当长一段时间，人们都认为原子是不可再分的。直到 19 世纪末，人们逐渐打破了道尔顿的学说，对原子结构有了新的认识。随着理论上的一些重大突破，在 20 世纪初，人们逐渐对微观粒子的运动有了新的认识。

一、氢原子光谱和玻尔模型

1. 氢原子光谱

一束白光通过三棱镜折射后，可得到红、橙、黄、绿、青、蓝、紫连续分布的带状光谱，称为连续光谱。以火焰、电弧、电火花等方法灼烧化合物时，化合物发出不同频率的光线，光线经三棱镜折射后，由于折射率不同，在屏幕上得到一系列不连续的谱线，称为线状光谱。而气态原子被电火花或电弧等激发后，得到的是一条条离散的谱线，即原子光谱。氢原子光谱是最简单的原子光谱。如图 3-1、图 3-2 所示，在真空管中充入少量氢气，通过高压放电，氢原子被激发发光，这些光通过三棱镜后得到一系列按波长大小排列的线状光谱。

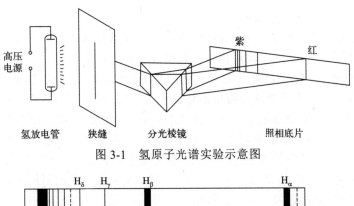

图 3-1　氢原子光谱实验示意图

图 3-2　氢原子的线状光谱

从氢原子光谱（图 3-2）可看到可见光区有四条分立的谱线，分别是 H_α、H_β、H_γ、H_δ，这四条谱线称为巴尔麦线系。1883 年瑞士物理学家巴尔麦（Balmer）提出了计算波长的经验公式：

$$\lambda = B \frac{n^2}{n^2 - 4} \tag{3-1}$$

式中，λ 为波长；B 为常数。当 n 分别取 3、4、5、6 时，代入式（3-1）中，可分别得到这四条谱线的波长。

1913 年瑞典物理学家里德堡（Rydberg）进一步总结了谱线波数之间的联系，提出了里德堡公式：

$$\nu = \frac{1}{\lambda} = R_H \left(\frac{1}{n_1^2} - \frac{1}{n_2^2} \right) \tag{3-2}$$

式中，ν 为波数，是谱线波长的倒数；λ 为波长；R_H 为常数；n_1、n_2 为正整数，且 $n_1 < n_2$。

此后科学家相继发现了氢原子在紫外光区和红外光区的谱线，谱线的频率也都符合里德堡公式。氢原子的光谱特点是不连续的线状谱，而按照经典电磁理论，原子发射的光谱应该是连续光谱，这使人们关注到原子光谱与原子结构之间必然存在内在的联系，进一步推动了原子结构理论的发展。

2. 波尔模型

1900 年，德国物理学家普朗克（M.Plank）提出了能量量子化的概念。普朗克指出，物质吸收（辐射）能量是不连续的，而是按照一个恒定量或恒定量的整数倍吸收（辐射）能量。这种吸收（辐射）能量的最小值为量子。量子的能量可表示为：

$$E = h\nu \tag{3-3}$$

式中，E 为量子的能量，J；h 为普朗克常数，$h = 6.626 \times 10^{-34} J \cdot s$；$\nu$ 为频率，s^{-1}。

物质吸收（辐射）能量与量子的能量关系可以表示为

$$E_{吸收(辐射)} = nE = nh\nu \tag{3-4}$$

式中，n 为正整数，$n = 1, 2, 3 \cdots$

1913 年，丹麦物理学家波尔（N.Bohr）在氢原子光谱和普朗克量子理论的基础上，提出了关于原子结构的假设，建立了波尔模型。其假设主要内容如下：

① 原子中的电子在原子核外只能沿着特定的轨道运动，这些轨道的半径和能量状态是确定的，不随时间改变。电子在这些特定的轨道上运动时，能量不发生变化，既不吸收能量，也不放出能量，原子处于稳定状态，这些特定的轨道称为定态，每一定态对应一定的能量称为能级（E）。定态离核越近，能量越低；定态离核越远，能量越高。电子尽可能处于离核近、能量较低的定态上，此时原子体系能量最低，称为基态，其余状态称为激发态。

② 当电子从某一定态 E_1 跃迁到另一定态 E_2 时，会吸收（放出）能量。当 $E_2 > E_1$ 时，电子吸收能量，这种从低能态向高能态的跃迁称为激发；反之，当 $E_1 > E_2$ 时，电子放出能量。

波尔模型成功地解释了氢原子光谱的不连续性，还引入了能级概念，开启了原子微观结构研究的新方向。但它在解释多电子原子发射的原子光谱及解释氢原子光谱的精细结构方面仍然有局限性，究其原因，微观粒子的运动除了能量量子化以外，还具有波粒二象性的特征。

二、核外电子运动的波粒二象性

光在传播过程中会产生干涉、衍射等现象，表现出与波长和频率相关的波动性；而光在与实物作用中会产生光的发射、吸收等现象，表现出与动量和能量相关的粒子性。光的这种具有波动性和粒子性的特征，称为光的波粒二象性。

1924 年，法国物理学家德布罗意在光的波粒二象性启发下，提出了一个大胆的假设：认为微观粒子的运动也具有波粒二象性。并给出了德布罗意关系式：

$$\lambda = \frac{h}{P} = \frac{h}{mv} \tag{3-5}$$

式中，波长 λ 表示物质波的波动性；动量 P、质量 m、速率 v 表示物质的粒子性。德布罗意关系式通过普朗克常数将物质的粒子性和波动性定量地联系起来。

1927 年，德布罗意的假设被美国物理学家戴维逊采用电子衍射实验证实。戴维逊电子衍射实验中，将经过加速后的一束高速电子流通过起光栅作用的晶体粉末后，投射到荧光屏上，此时在荧光屏上得到明暗相间的衍射环纹。说明电子的运动与光相似，也具有波动性。此后的科学家对 α 粒子、质子、中子等其他微观粒子进行试验，都能得到相似的衍射现象，这充分说明微观粒子运动具有波动性的特征。

电子衍射实验表明，用较强的电子流在较短的时间内即可得到电子衍射环纹，若用较弱的电子流，经过足够长的时间，也能得到衍射环纹。由此可见，微观粒子的波动性是大量粒子统计行为而形成的结果，它遵循统计规律。明条纹的地方，反映电子出现的概率大，暗条纹的地方反映电子出现的概率小。微观粒子的波动性是统计规律上呈现的结果，微观粒子这种运动没有确定运动轨迹，但可以用空间中某处的波强度和该处粒子出现的概率来进行描述。

三、核外电子运动状态的近代描述

1. 波函数与原子轨道

为了描述具有波粒二象性的微观粒子的运动状态，1926 年奥地利物理学家薛定谔提出了描述核外电子运动状态的波动方程，称为薛定谔方程。

$$\frac{\partial^2\psi}{\partial^2 x}+\frac{\partial^2\psi}{\partial^2 y}+\frac{\partial^2\psi}{\partial^2 z}+\frac{8\pi^2 m}{h^2}(E-V)\psi=0 \tag{3-6}$$

式中，x、y、z 为电子在空间中的坐标；m 为电子的质量；E 为电子的总能量；V 为电子的势能；h 为普朗克常数；ψ 为波函数，是该方程的解。量子力学采用波函数 $\psi(x,y,z)$ 和其相应的能量 E 来描述电子的运动状态及能量的高低，每一个 $\psi(x,y,z)$ 的解即对应电子的一种运动状态。但求解薛定谔方程涉及较深的数理知识，本课程不作详细介绍。

在薛定谔方程中，可将直角坐标 (x,y,z) 转换成球坐标 (r,θ,φ)，即将波函数表达式 $\psi(x,y,z)$ 转换成 $\psi(r,\theta,\varphi)$。再令 $\psi(r,\theta,\varphi)=R(r)Y(\theta,\varphi)$，可见 $\psi(x,y,z)$ 是描述电子运动状态的函数，也是空间坐标 r、θ、φ 的函数。波函数 ψ 是描述核外电子在空间运动状态的数学函数式，波函数 ψ 的空间图像就是所谓的原子轨道，因此该函数也称为原子轨道函数，简称原子轨道。注意，量子力学中的原子轨道只是描述核外电子运动的一种运动状态，并不像宏观物体运动轨道有固定轨迹的概念。

波函数 $\psi(r,\theta,\varphi)=R(r)Y(\theta,\varphi)$ 中的 $R(r)$ 称为波函数的径向部分，与离核的远近有关，而 $Y(\theta,\varphi)$ 称为波函数的角度分布。若将波函数的角度 Y 分布随 θ、φ 的变化作图，则得到的图像就是原子轨道的角度分布图。薛定谔将100 多种元素的角度分布图归纳为 4 类，并用符号 s、p、d、f 表示，s、p、d 原子轨道角度分布如图 3-3 所示。

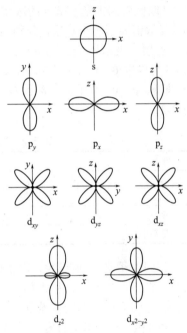

2. 概率密度与电子云

波函数 ψ 本身的物理意义并不明确，但 $|\psi|^2$ 的物理意义表示电子在原子核外空间单位体积内出现的概率，即电子在原子核外某处出现的概率密度，$|\psi|^2$ 的空间图像就是电子云。人们常用小黑点在空间中分布的疏密来表示电子在核外某处出现的概率密度的大小，用这种方法表示的空间图像就像云雾一样，被形象地称为电子云。

3. 四个量子数

由薛定谔方程可知，薛定谔方程的每一组解都对应一组相应的量子数 n、l、m，此时原子轨道就确定了，

图 3-3 　s、p、d 原子轨道
角度分布图

即 $|\psi(n, l, m)|^2$ 也确定了，因此一般用量子数 n、l、m 来描述电子的运动状态。后面发现电子还存在自旋现象，故又引入了第四个量子数 m_s。由此可用主量子数（n）、角量子数（l）、磁量子数（m）、自旋量子数（m_s）四个量子数来描述原子核外电子的运动状态，即描述电子所在的电子层、电子亚层、伸展方向和电子自旋状态等。

（1）主量子数 n　主量子数 n 确定核外电子离原子核的远近，反映了电子运动能量的高低。主量子数 n 相同的电子，电子出现概率最大的区域离原子核的远近几乎相同，具有相近的能量，习惯上把它称为电子层。n 值越大，核外电子离原子核的平均距离越远，对应的能量越高。n 的取值是除 0 以外的正整数，即 $n=1,2,3,\cdots$。$n=1$，表示离核最近、能量最低的第一电子层；$n=2$，表示离核次近、能量次低的第二电子层；其余的依次类推。此外，在光谱学上通常采用 K、L、M、N、O、P、Q 等光谱符号表示电子层。主量子数、光谱符号、离核距离、电子能量之间的关系见表 3-1。

表 3-1　主量子数、光谱符号、离核距离、电子能量之间的关系

项目名称	相互关系							
主量子数（n）	1	2	3	4	5	6	7	…
光谱符号	K	L	M	N	O	P	Q	…
离核距离	近 ←——————————————————→ 远							
电子能量	低 ←——————————————————→ 高							

（2）角（副）量子数 l　根据光谱实验，在分辨力较高的分光镜下，可观察到一些原子光谱的一条谱线往往是由两条、三条或更多条非常靠近的细谱线构成的。这说明即使在同一电子层内，电子的运动状态和所具有的能量还稍微有点差异，或者说在某一电子层内，还存在若干个能量差别很小的亚层。因此引入一个来描述这种不同亚层的量子数，称为角（副）量子数 l，它是决定电子能量的次因素。

l 取值受到主量子数 n 的限制，可以取从 0 到 $n-1$ 的正整数，即 $l \leqslant n-1$，共有 n 个取值。每个 l 取值表示一个亚层，分别用 s、p、d、f 等光谱符号对应表示。当 $n=1$ 时，l 只能取 0，即 s 亚层，表示为 1s；当 $n=2$ 时，l 可以取 0、1，即 s、p 亚层，表示为 2s、2p；当 $n=3$ 时，l 可以取 0、1、2，即 s、p、d 亚层，表示为 3s、3p、3d；当 $n=4$ 时，l 可以取 0、1、2、3，即 s、p、d、f 亚层，表示为 4s、4p、4d、4f。主量子数、角量子数取值与亚层的关系见表 3-2。

表 3-2　主量子数、角量子数取值与亚层的关系

项目	取值									
n	1	2		3			4			
l	0	0	1	0	1	2	0	1	2	3
亚层	1s	2s	2p	3s	3p	3d	4s	4p	4d	4f
能量变化	同层亚层能量依次升高									

相同电子层，l 值越大，电子能量越高，即 $E_{ns} < E_{np} < E_{nd} < E_{nf}$。因此从能量的角度来讲，不同亚层有不同的能量，称为相应的能级。与主量子数决定的电子层间的能量差别相比，角量子数决定的亚层间的能量差别要小得多。

角（副）量子数 l 的另一层物理意义是描述原子轨道和电子云角度分布的形状。s 亚层呈球形分布；p 亚层呈哑铃形分布；d 亚层呈花瓣形分布。

（3）磁量子数 m　实验发现，激发态原子在外磁场作用下，线状光谱中的谱线会发生分裂现象。这说明，在同一亚层中包含着若干个空间伸展方向不同的原子轨道。故引入磁量子数 m 来描述原子轨道在空间的伸展方向。

磁量子数 m 的取值，受角（副）量子数 l 的制约。其取值是从 $-l$ 到 $+l$ 的整数，即 $m=0$，$\pm 1, \pm 2, \cdots, \pm l$。亚层中 m 的取值个数为 $2l+1$，m 的每个取值表示具有某种空间伸展方向的原子轨道。所以一个亚层 m 有几个取值，就表示该亚层有几个不同空间伸展方向的原子轨道。n、m、l 三个量子数关系见表 3-3。当角（副）量子数 $l=0$ 时，$m=0$，即 s 亚层只有一个原子轨道；$l=1$ 时，$m=-1$，0，+1，即 p 亚层有三个不同伸展方向的原子轨道，分别表示为 p_x、p_y、p_z，这三个原子轨道的方向相互垂直；$l=2$ 时，$m=-2$，-1，0，+1，+2，即 d 亚层有五个不同伸展方向的原子轨道；对于 n、l 相同，m 不同的原子轨道，即同一亚层上、不同空间伸展方向的原子轨道，在没有外加磁场情况下，它们的能量是相等的，称为等价轨道。

表 3-3　m、l、n 三个量子数与原子轨道的关系

项目	取值									
n	1	2		3			4			
l	0	0	1	0	1	2	0	1	2	3
亚层符号	1s	2s	2p	3s	3p	3d	4s	4p	4d	4f
m	0	0	0, ±1	0	0, ±1	0, ±1, ±2	0	0, ±1	0, ±1, ±2	0, ±1, ±2, ±3
该亚层等价轨道数	1	1	3	1	3	5	1	3	5	7
电子层轨道数	1	4		9			16			

可见，薛定谔方程的每一组合理的解 $\psi(n,l_i,m_i)$ 代表一个原子轨道，即用 n、m、l 三个量子数就可以确定一个原子轨道的分布区域、形状和空间伸展方向。

（4）自旋量子数 m_s　当用高分辨率的光谱仪研究氢原子的原子光谱时，发现线状谱中的一条谱线是由两条靠得很近的谱线组成的，说明这是两种不同的运动状态。因此引入第四个量子数——自旋量子数 m_s 来描述电子的自旋状态。因电的自旋转状态只有两种：顺时针和逆时针，所以自旋量子数 m_s 只有两个取值：+1/2 或−1/2。通常也可用向上的箭头"↑"或向下的箭头"↓"来表示。

综上所述，电子的核外运动状态需要用主量子数 n、角（副）量子数 l、磁量子数 m、自旋量子数 m_s 四个量子数才能准确地描述，缺一不可。

【课堂练习】

1．3d 亚层的空间伸展方向有（　　）种。
A．1　　　　　　　B．3　　　　　　　C．5　　　　　　　D．7
2．主量子数 $n = 2$ 的电子层有（　　）个亚层。
A．1　　　　　　　B．2　　　　　　　C．3　　　　　　　D．4
3．下列各组量子数中，不可能存在的是（　　）。
A．3，2，2，−1/2　　　　　　　B．3，1，−1，−1/2
C．3，2，0，+1/2　　　　　　　D．3，3，0，−1/2
4．$n = 3$ 电子层有多少亚层？各亚层有多少轨道？
5．判断下列各组量子数合理吗？
（1）$n = 1$，$l = 0$，$m = −1$，$m_s = +1/2$　　（2）$n = 4$，$l = 3$，$m = 1$，$m_s = −1/2$
（3）$n = 2$，$l = 1$，$m = +1$，$m_s = +1/2$　　（4）$n = 3$，$l = 2$，$m = 2$，$m_s = +1/2$

第二节　原子核外电子排布和元素周期表

一、核外电子排布原理

根据光谱实验结果分析，原子核外的电子排布遵循三个基本规律。

1. 泡利不相容原理

1925 年，奥地利物理学家泡利提出，同一个原子中不存在四个量子数完全相同的电子，或者说同一个原子中不存在运动状态完全相同的电子，这就是泡利（W. Pauli）不相容原理。当量子数 n、l、m 完全相同时，也就是处在同一个原子轨道上，磁量子数 m_s 就不能相同，即每

一个原子轨道上最多容纳两个自旋方向相反的电子。结合前面所述的量子数 n、l、m 之间的关系，可知主量子数为 n 的电子层内，其原子轨道的总数为 n^2 个，该电子层所能容纳电子的最大数量为 $2n^2$ 个。

2．能量最低原理

在不违背泡利不相容原理的前提下，电子的排布方式应使体系的能量处于最低才稳定。即电子应尽可能优先占据能量低的原子轨道，只有当能量最低的原子轨道占满之后，电子才依次进入能量较高的原子轨道，这就是能量最低原理。

3．洪德规则

1925 年，德国科学家洪德从大量的光谱实验数据中总结出，当电子进入能量相同的等价轨道时，总是尽可能地以自旋平行（自旋量子数相同）的方式占据不同的轨道，使得原子的能量最低，这就是洪德规则。如 N 原子的三个 2p 电子，分别占据三条 2p 等价轨道，并且自旋方向相同。如图 3-4（a）所示。这是因为按照这种方式排布电子，原子的能量最低，系统最稳定。如果按图 3-4（b）的方式填充电子，也就是一个 2p 轨道上出现两个自旋方向相反的电子，则必须提供额外的能量以克服电子间因占据同一轨道而产生的相互排斥力。

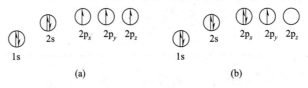

图 3-4　N 原子核外电子的不同排布方式

此外，在等价轨道处于全充满（s^2、p^6、d^{10}、f^{14}）、半充满（s^1、p^3、d^5、f^7）或者全空（s^0、p^0、d^0、f^0）时，原子体系的能量相对较低，原子结构比较稳定，这是洪德规则的特例。例如，24 号元素 Cr 和 29 号元素 Cu，它们的原子核外电子排布式分别为：

$$^{24}Cr \quad 1s^22s^22p^63s^23p^63d^54s^1$$
$$^{29}Cu \quad 1s^22s^22p^63s^23p^63d^{10}4s^1$$

而不是：

$$^{24}Cr \quad 1s^22s^22p^63s^23p^63d^44s^2$$
$$^{29}Cu \quad 1s^22s^22p^63s^23p^63d^94s^2$$

上述三个规律是从大量事实中概括出来的，它适用于大多数基态原子核外电子的排布，但不能解释所有元素的原子核外电子排布的所有问题。例如部分副族元素不能用上述三个规律予以圆满的解释，这说明电子排布规律还有待于进一步发展和完善。

二、原子轨道能级图

由于氢原子或类氢离子（如 He^+）的原子核外只有一个电子，只存在原子核与电子之间的作用，因此决定氢原子或类氢离子原子轨道的能量高低的只有主量子数 n。但是对于多电子原子来说，除了原子核对电子的吸引作用外，还存在电子与电子的排斥作用，原子轨道的能量除了与主量子数 n 有关外，还与角（副）量子数 l 有关，因此多电子的原子轨道能级关系比较复杂。美国化学家鲍林（L.Pauling）根据光谱实验的结果，总结出了多电子原子中原子轨道能量相对高低的一般情况，用图示法近似表示，这就是鲍林近似能级图（图 3-5）。

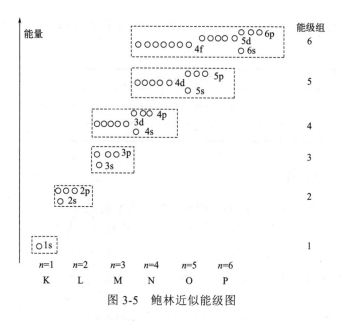

图 3-5　鲍林近似能级图

图 3-5 中每个小圆圈表示一个原子轨道，小圆圈位置高低，表示轨道能级高低；处于同一水平高度的小圆圈，表示能级相同的等价轨道。箭头所指方向表示轨道能量升高的方向。根据轨道能量的大小将能量接近的若干轨道划为一组，并用虚线方框框出，这样的能级组共有七组（图中第七能级组未画出）。第一能级组也称 1s 能级；第二能级组包括 2s 和 2p 能级；第三能级组包括 3s 和 3p 能级；第四能级组包括 4s、3d、4p 能级；第五能级组包括 5s、4d、5p 能级；第六能级组包括 6s、4f、5d、6p 能级；第七能级组包括 7s、5f、6d、7p 能级。相邻能级组之间的能量差较大。

从图 3-5 可看出：

① 当 n 和 l 相等时，原子轨道的能量也相同，称为等价轨道；

② 当 n 相同，l 不同时，即同一电子层中，不同的亚层间，l 值越大原子轨道能量越高，如：

$$E_{ns} < E_{np} < E_{nd} < E_{nf}$$

③ 当 n 不同，l 相同时，即不同电子层中，相同类型的亚层之间，n 值越大原子轨道能量越高，如：$E_{2p} < E_{3p} < E_{4p}$，$E_{3d} < E_{4d} < E_{5d}$。

④ 当 n 和 l 都不相同时，不同类型的亚层之间，可能出现某些主量子数较大的原子轨道的能级比主量子数小的原子轨道能级低的现象，这种现象称为能级交错现象。例如：$E_{4s} < E_{3d}$，$E_{5s} < E_{4d}$，$E_{6s} < E_{4f} < E_{5d}$。

【课堂练习】

1. 电子排布式 $1s^2 2s^2 2p^6 3s^2 3p^6 3d^4 4s^2$ 违背了（　　）。

A. 能量最低原理　　　　　　　　　　B. 洪德规则

C. 洪德规则特例　　　　　　　　　　D. 泡利不相容原理

2. 电子排布式 $1s^2 2s^2 2p^6 3s^2 3p^6 3d^2$ 违反了（　　）。

A. 能量最低原理　　　　　　　　　　B. 泡利不相容原理

C. 洪德规则　　　　　　　　　　　　D. 洪德规则特例

3. 电子排布式 $1s^2 2s^3$ 违背了（　　）。

A. 能量最低原理　　　　　　　　　　B. 洪德规则

C. 洪德规则特例   D. 泡利不相容原理

4. 完成下表

原子序数	电子排布式	电子层数
15		
26		
30		

三、原子核外电子排布

多电子的原子核外电子遵循泡利不相容原理、能量最低原理、洪德规则三个基本规律，按照近似能级图依次分布在各个轨道上。例如，^{21}Sc 核外电子进入原子轨道的排布顺序是：

$$1s^2 \rightarrow 2s^2 \rightarrow 2p^6 \rightarrow 3s^2 \rightarrow 3p^6 \rightarrow 4s^2 \rightarrow 3d^1$$

注意在写电子排布式时，应将同一电子层（主量子数 n 相同）的各亚层写在一起，并由小到大依次进行排序，则调整后的电子排布式为：

$$^{21}Sc \qquad 1s^2 2s^2 2p^6 3s^2 3p^6 3d^1 4s^2$$

由于参与化学反应的只是原子的外层电子，内层电子的电子结构一般不发生变化，因此，可以用"原子实"来表示原子的内层电子结构。当内层电子结构与该元素对应的前一周期的稀有气体元素的电子结构相同时，就采用该稀有气体元素符号加方括号代替相应的内层电子结构。例如：

^{3}Li $1s^2 2s^1$ 可以表示成 $[He] 2s^1$

^{13}Al $1s^2 2s^2 2p^6 3s^2 3p^1$ 可以表示成 $[Ne] 3s^2 3p^1$

^{26}Fe $1s^2 2s^2 2p^6 3s^2 3p^6 3d^6 4s^2$ 可以表示成 $[Ar] 3d^6 4s^2$

这种稀有气体元素符号加方括号部分就称为"原子实"。附录四列出了原子序数 1～110 的元素的基态原子电子排布，可查阅参考。

【课堂练习】

1. 某元素原子序数是 24，问：

（1）该元素有几个电子层，每层有几个电子？

（2）写出该元素的核外电子排布式。

2. 判断题

（1）电子在进行核外电子排布时，总是尽可能占据序数小的电子层，然后才依次进入序数大的电子层。（　　）

（2）当等价轨道数大于要填充进入的电子数时，电子可以自由进入其中任一轨道。（　　）

（3）电子排布式 $1s^2 2s^2 2p_x^2 2p_y^2$ 违背了泡利不相容原理。（　　）

（4）3d 轨道的能量比 4s 要高。（　　）

四、元素周期律和元素周期表

人们根据大量实验事实总结得出，元素性质随原子序数（核电荷数）递增而呈现周期性的变化，这一规律称为元素周期律。为什么元素性质会呈现周期性的变化呢？因为随着原子序数（核电荷数）的增加，原子的电子层结构出现周期性变化。

1. 原子的电子层结构与周期的划分

随着原子序数（核电荷数）的增加，不断地有新的电子层出现，并且最外层电子的填充始终是从 ns^1 到 ns^2np^6 结束（从 $n = 2$ 开始），原子最外层电子结构呈现周期性变化。元素周期表中有 7 个横行，每一横行即为一个周期，因此共有 7 个周期，各个周期所含的元素数目分别是：第一周期 2 种元素，称为特短周期；第二、第三周期各有 8 种元素，称为短周期；第四、第五周期各有 18 种元素，称为长周期；第六、第七周期各有 32 种元素，称为特长周期。每个周期的元素数量与其对应的能级组中各个原子轨道所能容纳的电子总数相一致。元素周期表中元素所处的周期数等于原子的电子层数或最外电子层的主量子数 n，也等于最高能级组的序数。

周期与能级组的关系为：

周期序数 = 最外层电子层序数 = 核外电子所处的最高能级组序数

各周期元素的数目 = 对应能级组内各轨道所能容纳的电子总数

2. 原子的电子层结构与族的划分

价电子是指原子参与化学反应时，能成键的电子。价电子所在的亚层称为价电子层。原子的价层电子构型，是指价层电子的排布式。在元素周期表中，共有 18 个纵列，每个纵列元素虽然电子层数不相同，但是价层电子构型基本相同（个别例外），这是元素周期表中族划分的依据。

目前周期表中族的分法，主要采用两种形式。第一种是，1988 年由 IUPAC 建议的方法。该法是将周期表中的 18 个纵列，以阿拉伯数字为族号，从左到右，依次为第 1 族～第 18 族。该方法的优点是使价层电子构型与元素所在的族号密切地联系起来。第二种是，美国化学会（CAS）建议的方法。该方法将周期表中的 18 个纵列，分为 8 个 A 族（也称为主族）和 8 个 B 族（也称为副族）。本书采用主副族分类法进行介绍。

（1）主族元素　元素周期表中共有 8 个主族，用罗马数字（Ⅰ、Ⅱ、Ⅲ、Ⅳ、Ⅴ、Ⅵ、Ⅶ、Ⅷ）加上 A 表示族号，即ⅠA～ⅧA（其中ⅧA 族也称为 0 族）。凡是原子核外最后一个电子进入 ns 或 np 亚层上的元素，都是主族元素，主族序数等于其价电子总数。

（2）副族元素　在元素周期表中共占 10 列，共有 8 个副族（铁、钴、镍所在的三列合为一族），用罗马数字母加上 B 表示族号，即ⅠB～ⅧB（其中ⅧB 族也称为第Ⅷ族）。凡是原子核外最后一个电子进入 $(n-1)$d 或 $(n-2)$f 亚层上的元素，都是副族元素，也称为过渡族元素。原子核外最后一个电子进入 $(n-2)$f 亚层上的元素称为内过渡族元素。副族元素的价层电子构型为 $(n-1)$d$^{1\sim10}$$ns^{1\sim2}$。副族序数同价层电子总数关系可以分为三种情况：

① 当价电子层上电子总数少于 8 时，族序数 = 价电子总数。

例如，^{24}Gr　$1s^22s^22p^63s^23p^63d^54s^1$，价电子构型为 $3d^54s^1$，价电子总数为 6，故其族序数为ⅥB 族。

② 当价电子层上电子总数等于 8～10 时，族序数为Ⅷ。

例如，^{27}Co　$1s^22s^22p^63s^23p^63d^74s^2$，价电子构型为 $3d^74s^2$，价电子总数为 9，故其族序数为ⅧB 族。

③ 当价电子层上电子总数超过 10 时，族序数 = 价电子总数的个位数值。

例如，^{29}Cu　$1s^22s^22p^63s^23p^63d^{10}4s^1$，价电子构型为 $3d^{10}4s^1$，价电子总数为 11，其个位数值为 1，故其族序数为ⅠB 族。

3. 原子的电子层结构与区的划分

根据元素原子外围电子构型的不同，可以把元素周期表中元素所在的位置分为 s、p、d、ds、f 五个区，如图 3-6 所示。

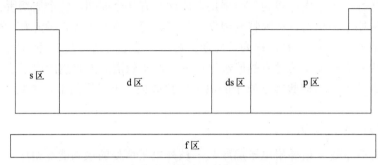

图 3-6　元素周期表中元素分区示意图

（1）s 区　最后一个电子填充在 ns 轨道上，其价层电子构型为 $ns^{1\sim2}$，包括 ⅠA 族和 ⅡA 族。

（2）p 区　元素原子核外电子排布时，最后一个电子填充在 np 轨道上的所有元素，其价电子构型是 $ns^2np^{1\sim6}$，包括 ⅢA～ⅧA 族元素。

（3）d 区　元素原子核外电子排布时，最后一个电子填充在（$n-1$）d 轨道上且（$n-1$）d 轨道未充满的元素，其价电子构型是（$n-1$）$d^{1\sim9}ns^{1\sim2}$，包括 ⅢB～ⅧB 族元素。这些元素大多是金属元素，常有多变化合价。

（4）ds 区　元素原子核外电子排布时，次外层 d 轨道是充满的，最外层 s 轨道有 1～2 个电子，它们既不同于 s 区，又不同于 d 区，故归为 ds 区。其价电子构型是（$n-1$）$d^{10}ns^{1\sim2}$，包括 ⅠB 和 ⅡB 族元素。

（5）f 区　最后一个电子基本上填充在（$n-2$）f 轨道上，其价层电子构型一般为（$n-2$）$f^{0\sim14}$（$n-1$）$d^{1\sim2}ns^2$，包括镧系和锕系元素。

综上所述，原子的电子排布式与元素在周期表中的位置密切相关，掌握了这种关系，就可以从原子序数开始，按照核外电子排布规律，写出元素原子的电子排布式，推知元素在周期表中的位置（周期、族和区）；反之，从元素在周期表中的位置也可推算出原子的电子排布式，进而确定该位置的原子序数。

【例 3-1】已知某元素的原子序数为 21，试写出该元素原子的电子排布式，并判断它属于哪个周期，哪个族，哪个区。

解　该元素的原子核外有 21 个电子，它的电子排布式为 $1s^22s^22p^63s^23p^63d^14s^2$。

由电子排布式可知，其最外层电子层序数 $n=4$，故它应属于第 4 周期的元素；最后一个电子落在 3d 轨道上，且 3d 轨道未充满，故属于 d 区元素；价电子构型为 $3d^14s^2$，价电子总数为 3，故它应位于 ⅢB。

【课堂练习】

1. ^{20}Ca 在元素周期表中的哪一周期，哪一族，哪一区？

2. 若某元素最外层只有一个电子（4，0，0，+1/2），问：

（1）符合上述条件的原子有多少种？原子序数为多少？

（2）写出该元素原子的核外电子排布式，并指出该元素在哪个周期，哪个族，哪个区。

五、屏蔽效应和钻穿效应

原子轨道能级图中能级高低的顺序，可以从屏蔽效应和钻穿效应方面加以说明。

1. 屏蔽效应

氢原子核外只有一个电子，电子仅受到原子核的吸引，因此电子运动的能量主要取决于主量子数 n。在多电子原子中，核外电子不仅受到原子核的吸引作用，而且同时受到其他电子的排斥作用，这两种作用的结果，相当于抵消了一部分原子核对电子的吸引作用。这种在多电子原子中，其他电子削弱原子核对该电子的吸引作用称为屏蔽效应，实际起到吸引作用的核电荷称为有效核电荷，用 Z^* 表示。即

$$Z^* = Z - \delta \tag{3-7}$$

式中，Z 表示核电荷数；Z^* 表示有效核电荷数；δ 表示屏蔽常数，表示由于其他电子间的斥力而使原核电荷减少的部分。

离原子核近的电子层内的电子受到其他电子层的屏蔽作用小，Z^* 大，受核场的引力较大，因此势能较低；反之，对于离原子核远的外层电子，则受到的屏蔽作用大，Z^* 小，因此势能较高。因此，同一亚层，n 值越大，则能量越高。如 $E_{1s}<E_{2s}<E_{3s}<E_{4s}<E_{5s}<E_{6s}$。

在同一电子层中，屏蔽常数的大小与原子轨道的几何形状有关，大小次序为：s<p<d<f。因此，同一电子层内，l 值越大的电子具有的能量越高，即，$E_{3s}<E_{3p}<E_{3d}$。

2. 钻穿效应

外层电子钻到内层空间而靠近原子核的现象，通常称为钻穿作用。钻穿作用的大小对轨道的能量有明显影响，若电子钻得越深，则它受到其他电子的屏蔽作用就越小，而受原子核的吸引力越大，因此本身的能量就越低，即钻穿作用大的电子具有的能量低。这种由电子钻穿作用不同而造成其能量不同的现象，称为钻穿效应。同一电子层 n 内，电子的钻穿能力为：$ns>np>nd>nf$，钻穿能力强的电子受原子核的吸引力比较大，则能量较低，因此轨道能级为：$E_{ns}<E_{np}<E_{nd}<E_{nf}$。

由于钻穿效应影响，某些主量子数较大的原子轨道能级反而比某些主量子数小的原子轨道能级小，这种现象称为能级交错。例如：$E_{4s}<E_{3d}$；$E_{5s}<E_{4d}$；$E_{6s}<E_{4f}<E_{5d}$。

第三节 元素性质的周期性

一、原子半径

依据量子力学的观点，核外电子在核外空间的运动是概率分布的，因而这种分布没有明确的界限，这样就很难确定原子的实际大小。但是原子之间以化学键的形式结合，可以通过实验测得相邻两原子之间的距离，间接地表示原子的半径。根据原子间形成的化学键类型不同，原子半径通常有以下三种：

（1）共价半径　两个相同原子形成共价键时，其核间距离的一半，称为该原子的共价半径。

（2）金属半径　金属单质晶体中，相邻两个金属原子核间距离的一半，称为金属原子的金属半径。

（3）范德华半径　分子晶体中，分子间是靠较弱的范德华力结合的，相邻分子核间距的

一半,称为该分子的范德华半径。

图 3-7 列出了各元素的原子半径,可看出各元素的原子半径在周期表中有如下变化规律:

(1)同一周期内原子半径的变化 同周期内,原子半径受两方面因素影响。一方面,核电荷数增加,原子对外层电子的吸引增强,使得原子半径变小;另一方面,核外电子数增加,电子间的排斥作用增强,使得原子半径变大。这两方面的综合作用可归结为有效核电荷数随原子序数增加对原子半径的影响,即同一周期内,原子半径主要受到有效核电荷数的影响。

在短周期中,从左到右核电荷和核外电子均同时增加,但增加的电子不足以屏蔽增加的核电荷,因此有效核电荷数从左到右依次明显递增,原子半径则随之递减。在长周期中,ⅠA~ⅡA 主族及ⅢA~ⅦA 主族,与短周期变化一致,原子半径逐渐明显递减。但ⅢB~ⅧB族的过渡元素原子半径减少得却非常缓慢,这是因为从左到右,新增加的电子开始填入($n-1$)d 亚层,对核的屏蔽影响加大,有效核电荷数增加变少,因此原子半径减小变缓慢。ⅠB 及ⅡB 副族元素,由于 d 亚层填满 10 个电子,屏蔽效应显著,超过了核电荷增加的影响,以致原子半径反而略有增大。

在特长周期镧系、锕系中,新增加电子填入($n-2$)f 亚层,屏蔽效应更大,原子半径减小更缓慢,镧系元素原子半径这种缓慢减小的现象称为镧系收缩。镧系收缩使镧系元素之间半径相近,性质相似,很难分离。

H																	He
37																	93
Li	Be											B	C	N	O	F	Ne
123	89											82	77	74	74	72	131
Na	Mg											Al	Si	P	S	Cl	Ar
154	136											118	117	110	104	99	174
K	Ca	Sc	Ti	V	Cr	Mn	Fe	Co	Ni	Cu	Zn	Ga	Ge	As	Se	Br	Kr
203	174	144	132	122	118	117	117	116	115	117	125	126	124	121	117	114	189
Rb	Sr	Y	Zr	Nb	Mo	Tc	Ru	Rh	Pd	Ag	Cd	In	Sn	Sb	Te	I	Xe
216	191	162	145	134	130	127	125	125	128	134	138	142	142	139	137	133	209
Cs	Ba	La	Hf	Ta	W	Re	Os	Ir	Pt	Au	Hg	Tl	Pb	Bi	Po	At	Rn
235	198	169	144	134	130	128	126	127	130	134	139	144	150	151	146	145	220

La	Ce	Pr	Nd	Pm	Sm	Eu	Gd	Tb	Dy	Ho	Er	Tm	Yb	Lu
169	165	164	164	163	162	185	162	161	160	158	158	158	170	156

图 3-7 元素周期表中各元素原子半径(部分元素原子)

(2)同一族内原子半径的变化 同一主族元素,从上到下,由于电子层数的增加,原子半径明显增大。同一副族元素,从上到下,第五周期元素的原子半径明显大于第四周期元素的原子半径。第五周期和第六周期同一副族的元素,由于镧系收缩的影响,它们的原子半径非常接近。例如,Zr 与 Hf、Nb 与 Ta 等,因半径接近,性质相似,非常难分离。

二、电离能

某元素的气态原子要失去一个电子变成气态阳离子，必须克服核电荷对电子的吸引力而消耗能量，这种能量称为电离能，也称电离势。基态的气态原子失去第一个电子形成一价气态阳离子所需要的能量，称为该元素的第一电离能，用 I_1 表示；由一价气态阳离子再失去一个电子形成二价气态阳离子所需要的能量，称为该元素的第二电离能，用 I_2 表示；其余依次类推。对于同一元素各级电离能依次增大，通常所称的电离能没有特别说明的情况下，就是指第一电离能。电离能大小反映了原子失去电子的难易程度，因此，电离能越小，越容易失去电子，元素的金属性越强。图 3-8 列出了元素的第一电离能。

H																	He
1312.0																	2372.3
Li	Be											B	C	N	O	F	Ne
520.0	899.5											800.6	1086.4	1402.3	1314.0	1681.0	2080.7
Na	Mg											Al	Si	P	S	Cl	Ar
495.8	737.7											577.6	786.5	1011.8	999.6	1251.1	1520.5
K	Ca	Sc	Ti	V	Cr	Mn	Fe	Co	Ni	Cu	Zn	Ga	Ge	As	Se	Br	Kr
413.9	589.8	631	658	650	652.8	717.4	759.4	758	736.7	745.5	906.4	578.8	762.2	944	940.9	1140	1350.7
Rb	Sr	Y	Zr	Nb	Mo	Tc	Ru	Rh	Pd	Ag	Cd	In	Sn	Sb	Te	I	Xe
403.0	549.5	616	660	664	685.0	702	711	720	805	731.0	867.7	558.3	708.6	831.6	869.3	1008.4	1170.4
Cs	Ba		Hf	Ta	W	Re	Os	Ir	Pt	Au	Hg	Tl	Pb	Bi	Po	At	Rn
375.7	502.9		654	761	770	760	840	880	870	890.1	1007.0	589.3	715.5	703.3	812		1037.6

图 3-8 元素的第一电离能（部分元素）

元素的第一电离能大小，同原子核外的电子层数、原子半径、有效核电荷数有关。

① 同一周期的主族元素，从左到右随着有效核电荷数的增加，原子半径逐渐减小，则原子核对核外电子的吸引作用增强，失去电子逐渐困难，因此电离能呈增大的趋势。每一周期末尾稀有气体元素的电离能都最大，部分原因是稀有气体元素的原子具有稳定的 8 电子结构。也有反常情况，如 O 和 S 元素，失去一个电子后会变为较稳定的 p^3 半充满状态，所以这两种元素的第一电离能，比同周期的 N 和 P 要小一些。

② 同一主族元素，从上到下核外电子层数逐渐增加，原子半径增加明显，因此，原子核对核外电子的吸引力逐渐减弱，容易失去电子，故电离能逐渐减小。

③ 副族元素电离能的变化幅度较小，且规律性较差。一般，同一周期从左到右或同一副族从上到下，电离能稍有增加。

三、电负性

为了衡量分子中原子对成键电子的吸引能力，1932 年，鲍林首先提出了元素电负性的概念。元素电负性是指在分子中原子吸引电子的能力，用 χ 来表示。他指定最活泼的非金属元素 F 的电负性值为 $\chi_F = 4.0$，然后通过相关计算，得出其他元素的电负性值，见图 3-9。元素电负性越大，表示该元素的非金属性越强，金属性越弱；元素的电负性值越小，表示该元素的非金属性越弱，金属性越强。

H 2.18																
Li 0.98	Be 1.57											B 2.04	C 2.55	N 3.04	O 3.44	F 3.98
Na 0.93	Mg 1.31											Al 1.61	Si 1.90	P 2.19	S 2.58	Cl 3.16
K 0.82	Ca 1.00	Sc 1.36	Ti 1.54	V 1.63	Cr 1.66	Mn 1.55	Fe 1.80	Co 1.88	Ni 1.91	Cu 1.90	Zn 1.65	Ga 1.81	Ge 2.01	As 2.18	Se 2.55	Br 2.96
Rb 0.82	Sr 0.95	Y 1.22	Zr 1.33	Nb 1.60	Mo 2.16	Tc 1.90	Ru 2.28	Rh 2.20	Pd 2.20	Ag 1.93	Cd 1.69	In 1.78	Sn 1.96	Sb 2.05	Te 2.10	I 2.66
Cs 0.79	Ba 0.89	Lu 1.20	Hf 1.30	Ta 1.50	W 2.36	Re 1.90	Os 2.20	Ir 2.20	Pt 2.28	Au 2.54	Hg 2.00	Tl 2.04	Pb 2.33	Bi 2.02	Po 2.00	At 2.20

图 3-9　元素的电负性（部分元素）

从图 3-9 可见，元素的电负性呈周期性变化。同一周期主族元素从左到右，电负性依次递增，表示元素的非金属性逐渐增强，金属性逐渐减弱。原因在于，原子的有效核电荷数逐渐增大，半径依次减小，从而使原子在分子中对成键电子的吸引能力逐渐增强。在同一主族中，从上到下，随着电子层数的增加，原子半径逐渐增大，电负性逐渐减小，说明元素的金属性逐渐增强，而非金属性逐渐减弱。

副族元素电负性变化规律性较差，因此金属性变化也没有明显规律。

【拓展窗】

关于原子结构模型的演变历程

原子结构模型发展是指从 1803 年道尔顿提出的第一个原子结构模型开始，经过一代代科学家不断地发现和提出新的原子结构模型的过程。

一、道尔顿模型

英国自然科学家约翰·道尔顿 1803 年提出了世界上第一个原子结构模型。该理论认为：①原子都是不能再分的粒子；②同种元素的原子的各种性质和质量都相同；③原子是微小的实心球体。虽然，经过后人证实，这是一个失败的理论模型，但道尔顿第一次将原子从哲学带入化学研究中，明确了今后化学家们努力的方向，使化学真正从古老的炼金术中摆脱出来，道尔顿也因此被后人誉为"近代化学之父"。

二、葡萄干蛋糕模型

约瑟夫·约翰·汤姆森在 1897 年发现了电子，否定了道尔顿的"实心球模型"。1904 年约瑟夫·约翰·汤姆森提出了葡萄干蛋糕模型，认为原子是一个带正电荷的球，电子镶嵌在里面，原子好似一块"葡萄干布丁"，故名"葡萄干蛋糕模型"。葡萄干蛋糕模型是第一个存在着亚原子结构的原子模型。

三、卢瑟福行星模型

汤姆森的学生卢瑟福完成了 α 粒子轰击金箔实验（散射实验），否认了葡萄干蛋糕模型的正确性。1911 年卢瑟福提出行星模型：原子的大部分体积是空的，电子按照一定轨道围绕着一个带正电荷的很小的原子核运转。行星模型由卢瑟福提出，以经典电磁学为理论基础，主要内容有：①原子的大部分体积是空的；②在原子的中心有一个很小的原子核；③原子的全部正电荷在原子核内，且几乎全部质量均集中在原子核内部，带负电的电子在核空间进行绕核运动。

四、玻尔模型

1913 年玻尔提出了玻尔模型，认为电子不是随意占据在原子核的周围，而是在固定的层面上运动，当电子从一个层面跃迁到另一个层面时，原子便吸收或释放能量。为了解释氢原子线状光谱这一事实，玻尔在行星模型的基础上提出了核外电子分层排布的原子结构模型。玻尔原子结构模型的基本观点是：①原子中的电子在具有确定半径的圆周轨道（orbit）上绕原子核运动，不辐射能量。②在不同轨道上运动的电子具有不同的能量（E），且能量是量子化的，轨道能量值随 n（1,2,3,…）的增大而升高，n 称为量子数。而不同的轨道则分别被命名为 K（$n=1$）、L（$n=2$）、M（$n=3$）、N（$n=4$）、O（$n=5$）、P（$n=6$）。③当且仅当电子从一个轨道跃迁到另一个轨道时，才会辐射或吸收能量。如果辐射或吸收的能量以光的形式表现并被记录下来，就形成了光谱。

五、现代电子云模型

20 世纪 20 年代以来，现代模型（电子云模型）普遍被接受，即电子绕核运动形成一个带负电荷的云团。

本章小结

一、核外电子运动状态的近代描述

1. 概率密度

在原子核外，某处单位微体积内电子出现的概率，称为概率密度 ρ。

2. 电子云

为描述核外电子运动的概率密度的分布，人们常用小黑点在空间中分布的疏密来表示电子在核外某处出现的概率密度大小。用这种方法表示得到的空间图像就像云雾一样，被形象地称为电子云。

3. 四个量子数

（1）主量子数 n　主量子数 n 确定了核外电子离原子核的远近，是反映电子运动能量高低的因素。

（2）角（副）量子数 l　描述不同亚层的量子数，它是决定电子能量的次因素。

（3）磁量子数 m　描述原子轨道在空间的伸展方向。

（4）自旋量子数 m_s　描述电子的自旋状态。

二、核外电子排布原理

1. 泡利不相容原理

同一原子轨道上最多容纳两个自旋方向相反的电子。

2. 能量最低原理

多电子在原子核外电子排布时，电子总是优先占据能量最低的轨道，只有能量最低的轨道占满后，电子才依次进入能量较高的轨道。

3. 洪德规则

当电子进入能量相同的等价轨道时，总是尽可能地以自旋相同的方式占据不同的轨道，使得原子的能量最低。

洪德规则的特例：当等价轨道处于全充满（s^2、p^6、d^{10}、f^{14}）、半充满（s^1、p^3、d^5、f^7）、全空（s^0、p^0、d^0、f^0）状态时，原子体系的能量相对较低，原子结构比较稳定。

三、元素周期表

1. 周期

周期序数 = 最外层电子层序数 = 核外电子所处的最高能级组序数。

2. 族

周期表中共有 18 个纵列，分为 16 个族，族的序数用罗马数字表示，分为 8 个主族和 8 个副族，主族和副族分别用符号 A 和 B 代表。

主族元素族序数 = 其价电子总数。

副族元素族序数的判断分三种情况：

① 当价电子层上电子总数少于 8 时，族序数 = 价电子总数；

② 当价电子层上电子总数等于 8～10 时，族序数为Ⅷ；

③ 当价电子层上电子总数超过 10 时，族序数 = 价电子总数的个位数值。

3. 区

s 区：最后一个电子填充在 ns 轨道上的所有元素。

p 区：最后一个电子填充在 np 轨道上的所有元素。

d 区：最后一个电子填充在（$n-1$）d 轨道上，且价电子构型为（$n-1$）$d^{1\sim9}ns^{1\sim2}$ 的元素。

ds 区：次外层 d 轨道是充满的，最外层 s 轨道有 1～2 个电子的元素。

f 区：最后一个电子填充在（$n-2$）f 轨道上的所有元素。

四、屏蔽效应和钻穿效应

1. 屏蔽效应

在多电子原子中，其他电子削弱原子核对该电子的吸引作用称为屏蔽效应，实际起到吸引作用的核电荷称为有效核电荷，用 Z^* 表示：

$$Z^* = Z - \delta$$

2. 钻穿效应

外层电子钻到内层空间而靠近原子核的现象，称为钻穿作用。由电子钻穿作用不同而造成其能量不同的现象，称为钻穿效应。

同一电子层 n 内，电子的钻穿能力为：$ns>np>nd>nf$；轨道能级为：$E_{ns}<E_{np}<E_{nd}<E_{nf}$。

由于钻穿效应影响，某些主量子数较大的原子轨道能级反而比某些主量子数小的原子轨道能级小，这种现象称为能级交错。例如：$E_{4s}<E_{3d}$；$E_{5s}<E_{4d}$；$E_{6s}<E_{4f}<E_{5d}$。

五、元素性质的周期性

性质	有效核电荷数	原子半径	电离能	电负性
同周期主族元素从左到右	增大	减小	增大	增大
同族主族元素从上到下	减小	增大	减小	减小

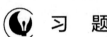

习 题

一、单项选择题

1. 基态钠原子的最外层电子的四个量子数可能是（　　）。

A. 3，0，0，+1/2　　　　　　　　B. 3，1，0，+1/2

C. 3，2，1，+1/2　　　　　　　　D. 3，2，0，−1/2

2. 下列价层电子构型中，电离能最小的是（　　）。

A. ns^2np^3　　　　B. ns^2np^4　　　　C. ns^2np^5　　　　D. ns^2np^6

3. 基态多电子原子中，$E_{3d}>E_{4s}$ 的现象，称为（　　）。

A. 能级交错　　　B. 屏蔽效应　　　C. 泡利不相容原理　　　D. 洪德规则

4. 第三周期只有 8 个元素的原因是（　　）。

A. $E_{3d}>E_{4s}$　　　B. $E_{3p}>E_{4s}$　　　C. $E_{3d}<E_{4s}$　　　D. $E_{3p}<E_{4s}$

5. 已知某元素+3 价离子的核外电子排布式为：$1s^22s^22p^63s^23p^63d^5$，该元素在周期表中属于（　　）。

A. ⅧB 族　　　　B. ⅢA 族　　　　C. ⅢB 族　　　　D. ⅤA 族

6. 某元素的价电子构型为 $3d^14s^2$，则该元素的原子序数为（　　）。

A. 20　　　　　　B. 21　　　　　　C. 30　　　　　　D. 25

7. 最外层为 $5s^1$，次外层 d 轨道全充满的元素在（　　）。

A. ⅠA　　　　　B. ⅠB　　　　　C. ⅡA　　　　　D. ⅡB

8. 下列量子数中不合理的是（　　）。

A. 1，0，0，−1/2　B. 2，1，0，+1/2　C. 4，3，0，+1/2　D. 3，0，−1，−1/2

9. 在 ^{25}Mn 原子的基态电子排布中，未成对电子数为（　　）。

A. 2　　　　　　B. 5　　　　　　C. 8　　　　　　D. 1

10. 某原子的电子构型为 $3s^23p^2$，则该元素在（　　）。

A. ⅡA　　　　　B. ⅡB　　　　　C. ⅤA　　　　　D. ⅣA

二、判断题

1. 每个电子层中，最多只能容纳两个自旋方向相反的电子。（　　　）

2. 4s 亚层，又称为 4s 能级。（　　　）

3. 原子轨道只需用三个量子数 n、l、m 来描述。（　　　）

4. 等价轨道是指能量相同的原子轨道。（　　　）

5. 原子半径大小同电子层数有关，电子层数越大，原子半径一定越大。（　　　）

6. 电子云图中黑点越密的地方表示电子数量越多。（　　　）

三、填空题

1. 波粒二象性是指物质既具有_____，又具有_____。

2. 角量子数相同时，主量子数越大，轨道的能量_____。主量子数相同时，角量子数越大，轨道的能量_____。

3. 具有下列电子构型的元素位于周期表中哪一区？

ns^2 _____；ns^2np^5 _____；

$(n-1)d^5ns^2$ _____；$(n-1)d^{10}ns^1$ _____。

4. 写出下列原子或离子的核外电子排布式：

^{26}Fe：_____；Fe^{3+} _____；

^{29}Cu：_____；Cu^{2+} _____；

^{24}Cr：_____；Cr^{3+} _____。

5. 补齐下列各组中缺少的量子数：

（1）n_____，$l = 2$，$m = 1$，$m_s = -1/2$

（2）$n = 2$，$l =$ _____，$m = -1$，$m_s = -1/2$

（3）$n = 4$，$l = 2$，$m =$ _____，$m_s = -1/2$

四、简答题

1. 比较下列各组元素的性质并说明理由：

（1）K 和 Ca 的原子半径；

（2）Al 和 Mg 的第一电离能；

（3）As 和 P 的第一电离能；

（4）Si 和 Al 的电负性。

2. 同周期主族元素的第一电离能从左到右的变化规律是什么？为何 O 元素比 N 元素的第一电离能要低？

3. 某元素的价层电子构型为 $3s^23p^4$，判断该元素在元素周期表中哪个周期，哪个族，哪个区。并分析理由。

4. 写出 27 号元素原子的核外电子排布式，并判断该元素在哪个周期，哪个族，哪个区。

第四章 化学键和分子结构

【知识目标】

1. 理解离子键和共价键的本质、形成过程和特点。
2. 掌握共价键理论要点。
3. 理解分子间作用力及氢键的形成，理解其对物质性质的影响规律。

【能力目标】

1. 能准确判断分子的极性。
2. 能用杂化轨道理论解释常见分子的结构。
3. 能准确判断简单分子的空间构型。

【素质目标】

1. 培养学生的团结合作精神。
2. 培养学生的科学担当、责任与使命感。

第一节 离子键

一、离子键的形成

1916 年，德国科学家科塞尔依据稀有气体的稳定结构，提出了离子键理论，认为金属原子与非金属原子在相互作用时通过电子得失形成稳定的阴阳离子，然后依靠阴阳离子之间的静电引力结合成离子型化合物。这种阴阳离子之间的静电作用力称为离子键。

活泼金属原子与活泼非金属原子在一定条件下相互作用时，都倾向于形成稀有气体的稳定结构，即活泼金属原子失去电子变成阳离子，活泼非金属原子得到电子变成阴离子，两者都具有稀有气体的稳定结构。然后，这两种阴、阳离子靠静电作用相互结合，即可形成稳定的化学键——离子键。

以 NaCl 的形成为例：

$$nNa(1s^2 2s^2 2p^6 3s^1) - ne^- \longrightarrow nNa^+ (1s^2 2s^2 2p^6)$$

$$nCl(1s^2 2s^2 2p^6 3s^2 3p^5) + ne^- \longrightarrow nCl^- (1s^2 2s^2 2p^6 3s^2 3p^6)$$

钠原子失去一个电子变为 Na^+，Cl 原子得到一个电子变为 Cl^-，两者均达到稀有气体原子的稳定结构，然后，钠离子和氯离子通过静电引力相互结合形成 NaCl。

一般由离子键形成的化合物称为离子化合物，典型的离子化合物有：碱金属和碱土金属（Be 除外）的氧化物及氟化物、某些氯化物等，如：CaO、MgO、NaF、NaCl 等。

二、离子键的本质及特点

离子键的本质是阴阳离子间的相互作用，即阴阳离子之间的静电作用力。一般，离子所带电荷越多，离子键的长度越短，则所形成离子键的强度越大，离子化合物也越稳定。根据库仑定律，阴阳离子间的静电引力 F 可表示为：

$$F = -\frac{q^+ q^-}{r^2} \tag{4-1}$$

式中，q^+、q^- 表示阴阳离子所带的电荷；r 表示阴阳离子的核间距。

离子键既没有方向性，又没有饱和性。阴阳离子可看成电荷均匀分布的球体，可以吸引在其任何方向的带相反电荷的离子，因此，离子键没有方向性。在空间允许下，每个离子可以吸引尽可能多的带相反电荷的离子，阴阳离子之间可以形成尽可能多的离子键，进而在空间内形成巨大的离子晶体。而实际上，一种离子所能结合的带相反电荷的离子数目是固定的，如：NaCl 晶体中，每个钠离子（Na^+）周围等距离地排列 6 个带相反电荷的氯离子（Cl^-），同样，每个氯离子（Cl^-）周围也等距离地排列着 6 个带相反电荷的钠离子（Na^+），但这并不是说每个 Na^+ 吸引 6 个 Cl^- 就饱和了，或者说每个 Cl^- 吸引 6 个 Na^+ 就饱和了，实际上，Na^+ 吸引 6 个 Cl^- 后，还可以与更远距离的 Na^+、Cl^- 产生静电作用，只是由于距离的增大，静电引力作用相对较弱而已。由此可见，离子键并不具有饱和性。

三、离子键的特征

离子键具有以下三大特征：离子的电荷、离子半径、离子的电子构型，这三大特征是决定离子化合物性质的重要因素。

1. 离子的电荷

离子的电荷数是指原子在形成离子化合物时所得到或失去的电子数。离子化合物中，阳离子的电荷通常在+1～+4 范围内；阴离子的电荷通常为-1、-2，含氧酸根、配离子的电荷则可达到-3、-4。对于离子半径相同的离子，所带电荷数越多，则与反电荷离子的静电作用越强，所形成的离子键强度也越大，即离子键越牢固。离子所带电荷数越多，形成的离子化合物越稳定，离子化合物的熔沸点也越高。离子电荷不但影响离子化合物的物理性质，还会影响离子化合物的化学性质。例如 Fe^{2+} 水合离子具有还原性，呈浅绿色；而 Fe^{3+} 水合离子具有氧化性，呈棕色。

2. 离子半径

通常将离子晶体中的阴、阳离子近似地看成球体，离子的核间距 r 便是阴、阳离子的半径之和。离子核间距的大小可由 X 射线衍射（XRD）分析测定。

离子半径的变化规律如下：

① 阴离子半径较大，且大于其相应原子的半径；阳离子的半径较小，且小于其相应原子的半径。

② 同一周期电子层结构相同的阴离子的半径随核电荷数的增加而增大，阳离子的半径则随核电荷数的增加而减小，如：$r(O^{2-}) > r(F^-)$、$r(Na^+) > r(Mg^{2+})$。

③ 同一主族元素具有相同电荷的离子，离子半径一般随着电子层数的增加而增大，如：$r(F^-) < r(Cl^-) < r(Br^-)$、$r(Li^+) < r(Na^+) < r(K^+)$。

④ 由同一元素所形成的不同电荷的阳离子，离子所带的电荷数越多，则原子半径越小，

如：$r(Sn^{2+})>r(Sn^{4+})$。

3. 离子的电子构型

原子形成阴离子时，一般会得到同周期稀有气体的 8 电子稳定结构。而原子形成阳离子时，则有以下几种构型：

① 2 电子构型，如：Li^+、Be^{2+}；

② 8 电子构型，如：Na^+、Ca^{2+}；

③ 18 电子构型，如：Cu^+、Zn^{2+}、Ag^+、Hg^{2+}；

④（18+2）电子构型，如：Sn^{2+}、Pb^{2+}、Sb^{3+}；

⑤ 不规则（9~17）电子构型，如：Fe^{3+}、Mn^{2+}、Fe^{3+}。

一般来说，其他条件相同时，电子构型不同，阴离子和阳离子的结合能力也不同。离子的电子构型会影响化合物的物理性质，如熔沸点、溶解性、反应性等。例如，NaCl 和 CuCl，由于 Na^+ 为 8 电子构型，而 Cu^+ 为 18 电子构型，两者电子构型不同，它们的熔沸点、溶解性和反应性也有很大差异。

四、离子键的强度

离子键的强度通常用晶格能的大小来表示。晶格能是指在标准状态下，1mol 离子晶体分解成 1mol 气态阴阳离子所需要的能量，通常用 U 表示，常用单位为 $kJ·mol^{-1}$。以 NaCl 为例：

$$NaCl(s) \longrightarrow Na^+(g)+Cl^-(g) \qquad U = 770kJ·L^{-1}$$

一般，晶格能 U 越大，表示晶体分解成离子所需要的能量越多，说明离子键结合得越牢固，所形成的离子化合物也越稳定。在晶体类型相同的情况下，晶格能 U 与离子的电荷数呈正比关系，与核间距则呈反比关系。表 4-1 为常见离子型化合物的晶格能及理化性质。

表 4-1　常见离子型化合物的晶格能及理化性质

NaCl 型晶体	离子电荷	r^+/pm	r^-/pm	$U/kJ·mol^{-1}$	熔点/℃	摩氏硬度
NaF	1	95	136	920	992	3.2
NaCl	1	95	181	770	801	2.5
NaBr	1	95	195	773	747	<2.5
NaI	1	95	216	683	662	<2.5
MgO	2	65	140	4147	2800	5.5
CaO	2	99	140	3557	2576	4.5
SrO	2	113	140	3360	2430	3.5
BaO	2	135	140	3091	1923	3.3

第二节　共价键理论

1916 年，美国科学家路易斯提出了经典的共价键理论，该理论认为分子是通过原子间共用电子对形成的，原子通过共用电子对而形成的化学键称为共价键。在分子中，每个原子都倾向于通过共用电子形成稀有气体的 8 电子稳定结构（除 He 外），习惯上称为八隅体规则。例如：

$$H· + ·H \longrightarrow H:H$$

自 20 世纪 30 年代至今，价键理论得到了广泛的发展及应用。1932 年，美国科学家和德国科学家提出了分子轨道理论，该方法的分子轨道具有较普通的数学形式，较易程序化，是现代共价键理论之一。

一、价键理论

价键理论，即电子配对法，以量子力学为基础，假定分子是由原子组成的，原子在化合前含有未成对的电子，若这些未成对的电子自旋方向相反，则可以两两偶合构成"电子对"，每一对电子的偶合便形成了一个共价键。

（一）共价键的形成与本质

1. 量子力学对 H_2 分子形成的解释

以 H_2 分子为例，采用量子力学处理 H_2 分子成键时，得到了 H_2 分子的能量（E）和核间距（r）的关系曲线，如图 4-1 所示。

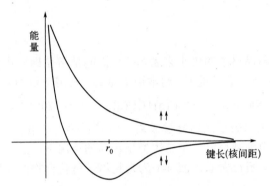

图 4-1　氢分子形成过程能量随核间距的变化

若两个氢原子成单电子的自旋方向相反，当这两个氢原子相互靠近时，两个原子的电子分别受到自身原子核的引力以及对方原子核的吸引，整个体系的能量比两个氢原子单独存在时低，而当核间距 r 达到平衡距离 $r_0 = 87\text{pm}$（实际实验值为 74pm）时，整个体系的能量达到最低点，也就是说，两个氢原子在核间距为平衡距离 r_0 时形成了稳定的化学键，这便是氢分子的形成过程，这种状态称为 H_2 的基态。H_2 的基态相当于两个氢原子轨道互相叠加后，两个原子核间出现了一个概率密度最大的区域，利于整个体系能量的降低，利于共价键的形成。

若两个氢原子的电子自旋方向相同，当这两个氢原子相互靠近时，将会产生互相排斥作用，整个体系的能量高于两个氢原子单独存在的能量之和，且两原子越靠近体系能量越高，这种不稳定的状态称为 H_2 的排斥态。H_2 的排斥态相当于两个氢原子轨道重叠的部分相互抵消，两核间出现一个空白区，两原子核的排斥能增大，体系的能量升高，因此无法形成稳定的氢分子。

2. 共价键的成键原理

1930 年，科学家以量子力学处理 H_2 的成键方法为基础，进行推广应用，从而建立了现代价键理论。

（1）电子配对成键原理　若 A、B 原子各有一个自旋方向相反的未成对电子，则它们可相互配对形成稳定的共价单键，且这对电子为两个原子共有。

若 A、B 两个原子各有两个或三个自旋方向相反的未成对电子时，则自旋相反的单电子可以两两配对，形成共建双键或三键。

例如：
$$:\overset{\cdot}{N}\cdot+\overset{\cdot}{\underset{\cdot}{N}}:\longrightarrow :N::N:$$

若原子 A 有两个或三个单电子，原子 B 只有 1 个单电子，则 1 个原子 A 可以跟 2 个或 3 个原子 B 形成 AB_2 或 AB_3 型的分子。

例如：
$$H\cdot+\cdot\overset{\cdot}{\underset{\cdot}{O}}\cdot+H\longrightarrow H:\overset{\cdot}{\underset{\cdot}{O}}:H$$

若 A、B 原子没有单电子或者有单电子但自旋方向相同，那么它们不能形成共价键。例如，氦原子有两个 1s 电子，但不能形成 He_2 分子。

（2）原子轨道最大重叠原理　两个原子形成化学键时，未成对电子的原子轨道一定要发生重叠，从而在成键两原子间形成电子云较为密集的区域。原子轨道重叠的部分越大，则两原子核间的电子概率密度越大，所形成的共价键越牢固，分子也越稳定。因此，成键时未成对电子的原子轨道应尽可能按最大程度的重叠方式进行重叠，即需要遵循原子轨道最大重叠原理。同时，根据量子力学原理，成键的原子轨道重叠部分波函数符号（正、负）必须相同，原子轨道对称性相匹配，原子相互靠近时核间电子云密集，此时系统的能量最低，可得到稳定的化学键。

综上所述，根据价键理论，共价键是通过自旋方向相反的电子配对和原子轨道的最大重叠而形成的。

3. 共价键的特点

（1）方向性　共价键的方向性指的是一个原子与周围的原子形成的共价键具有一定的角度。根据原子轨道最大重叠原理，原子间形成共价键时总是尽可能地沿着使原子轨道发生最大重叠的方向成键。轨道重叠越多，电子在两核间的概率密度也越大，所形成的共价键越稳定。

除了 s 轨道呈球形对称外，p 轨道、d 轨道、f 轨道在空间上均有一定的伸展方向。因此在形成共价键时，s 轨道和 s 轨道在任何方向都能实现最大程度重叠，而其他原子轨道的重叠只有沿着一定方向才能实现最大程度重叠，才能形成稳定的化学键，因此，共价键是有方向性的。

以氯化氢分子（HCl）成键为例，氢原子（H）的 1s 电子与氯原子（Cl）的一个未成对的 $2p_x$ 电子形成一个共价键，而 s 电子只有沿 p_x 轨道的对称轴方向才能发生最大程度的重叠，才能形成稳定的共价键。如图 4-2 所示，采用（a）种方式重叠才能形成稳定的 HCl 分子。

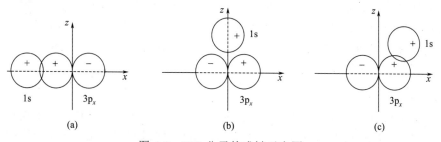

图 4-2　HCl 分子的成键示意图

（2）饱和性　共价键的饱和性指的是每个原子成键的总数或者以单键相连的原子数目是一定的。共价键形成的一个重要条件是成键原子中必须有未成对电子，且未成对电子的自旋方向必须相反。一个原子的一个未成对电子只能与另一个未成对电子配对形成共价单键，因此，一个原子有几个未成对电子，便可与几个自旋方向相反的未成对电子配对成键，即所形成的共用电子对（即共价键）的数目是一定的。

共价键是由原子间的轨道重叠和共用电子对形成的，而每个原子所能提供的原子轨道数及未成对电子数是一定的，因此，共价键具有饱和性。

（二）共价键的类型

（1）σ键和π键　原子轨道重叠的情况不同，原子所形成的共价键类型也不相同。根据原子轨道重叠方式的不同，共价键可分为σ键和π键两种类型。

如果两个成键原子轨道沿着键轴（两核间的连线）方向以"头碰头"的方式发生重叠，原子轨道重叠部分沿键轴呈现圆柱形对称分布，这种键称为σ键。由于成键轨道在轴向上重叠，因此成键时原子轨道能够发生最大程度的重叠，所以σ键的键能大且稳定性高。

如果两个原子轨道垂直键轴以平行或者"肩并肩"的方式发生轨道重叠，这种键称为π键。与σ键相比，π键轨道重叠部分重叠程度较小，故π键的键能较小、稳定性较差、电子活动性较高，易于发生化学反应。

（2）一般共价键和配位共价键　按照成键原子提供共用电子对的方式不同，共价键分为一般共价键和配位共价键。一般共价键的共用电子对是由两个成键原子分别提供一个电子形成的；而若共价键的共用电子对不是由两个成键原子提供，而是由一个成键原子提供电子对为两个成键原子共用，这样形成的共价键称为配位共价键。配位共价键的形成条件为：其中一个原子的价电子层有孤对电子（未共用的电子对），而另一个原子的价电子层有空轨道。例如，CO 分子中，碳原子两个单的 $2p$ 电子可以和氧原子两个单的 $2p$ 电子形成一个 σ 键和一个 π 键，另外，氧原子的一对已成对的 $2p$ 电子还可以与碳原子的一个 $2p$ 空轨道形成一个配位键。

（三）共价键参数

共价键的性质可用键能、键长、键角等物理量来描述，这些表征化学键性质的物理量统称为键参数。

1．键能

键能是表示化学键牢固程度的重要参数。一般，键能越大，则共价键越牢固。在绝对零度条件下，将处于基态的双原子分子 AB 拆成处于基态的原子 A 和原子 B 所需要的能量称为分子 AB 的解离能（D），例如 H_2 的解离能为 $432kJ\cdot mol^{-1}$。对于双原子分子，键能与解离能相等。而对于多原子分子，键能与解离能则有所区别，例如 NH_3 分子中三个等价 N—H 键的解离能并不相等，而 N—H 键的键能则是三个等价 N—H 键解离能的平均值。一些常见共价键的键长和键能如表 4-2 所示。

2．键长

键长指的是形成共价键的两个原子核的核间距。键长的大小与其稳定性密切相关，一般而言，两个原子间所形成的键越短，则说明键能越高，键越牢固。在不同化合物中，同样两种原子间的键长也有所差别。对于相同两个原子所形成的共价键而言，单键键长>双键键长>三键键长。例如，C—O 单键键长为 143pm，C=O 双键键长为 121pm，而 C≡O 三键键长为 113pm。

表 4-2　一些常见共价键的键长和键能

共价键	键长/pm	键能/kJ·mol^{-1}	共价键	键长/pm	键能/kJ·mol^{-1}
H—H	74.2	436	F—F	141.8	154.8
H—F	91.8	569	Cl—Cl	198.8	239.7
H—Cl	127.4	431.2	Br—Br	228.4	190.16
H—Br	140.8	362.3	I—I	266.6	148.95
H—I	160.8	294.6	C—C	154	345.6
O—H	96	458.8	C=C	134	623
S—H	134	368	C≡C	120	835.1
N—H	101	376	O=O	120.7	493.59
C—H	109	418	N≡N	109.8	941.69

3. 键角

分子中键与键之间的夹角称为键角。键角可以表明分子形成时原子在空间的相对位置，是反映分子空间构型的一大重要因素。以 CO_2 为例，CO_2 分子的键长为 116.2pm，而 O—C—O 的键角为 180°，则可以推断 CO_2 为直线形的非极性分子；以 CH_4 为例，CH_4 分子中每个 C—H 键长均为 109.1pm，C—H 之间的夹角均为 109°28′，则可以推断 CH_4 为正四面体构型。

二、杂化轨道理论与分子的几何构型

价键理论可以简明地阐述共价键的形成及其本质，也能成功地解释共价键的方向性、饱和性等特点。但是价键理论无法解释某些分子的空间构型，有一定的局限性。以 CH_4 为例，碳原子的价电子层结构为 $2s^2 2p_x^1 2p_y^1$，仅有两个未成对电子，按照价键理论，只能与两个 H 原子形成两个共价单键。若将 C 原子的 1 个 2s 电子激发到 2p 轨道上，则有四个未成对电子，可与四个 H 原子的 1s 电子配对形成四个 C—H 键，由于 C 原子的 2s 电子和 2p 电子能量不同，因此，这四个 C—H 键应该是不等同的，但这与事实不符。实际上，甲烷（CH_4）分子为正四面体结构，碳原子 C 位于正四面体的中心，四个 H 原子为正四面体的四个顶点，四个 C—H 键的强度是相同的，而价键理论无法解释这个事实。1931 年，Pauling 以价键理论为基础，提出了杂化轨道理论，该理论可以解释共价分子的空间构型问题。

1. 杂化轨道理论要点

在形成分子过程中，由于原子间的相互影响，同一原子能量相近的几个原子轨道可以"混合"起来，重新分配能量和空间取向，这个过程称为杂化。杂化后所形成的新轨道称为杂化轨道，杂化轨道与其他原子的原子轨道发生重叠即可形成化学键。在形成分子时，通常存在激发、杂化、轨道重叠等过程，但原子轨道的杂化仅在分子形成过程才会发生，孤立的原子不可能发生杂化，同时，只有能量相近的原子轨道才能发生杂化。

杂化轨道理论的基本要点可归纳如下：

① 只有同一原子中能量相近的轨道，才能形成杂化轨道。

② 新的杂化轨道与杂化前的轨道相比，形状、能量和方向都有改变，但总的轨道数目不变，即杂化前的原子轨道数与杂化后新生成的杂化轨道数相等。例如，NH_3 分子形成时，氮原子（N）的一个具有孤对电子的 2s 轨道和三个具有单电子的 2p 轨道进行 sp^3 不等性杂化，形成了四个 sp^3 杂化轨道，杂化轨道数与杂化前的原子轨道数相等。

③ 杂化轨道成键时，遵循原子轨道最大重叠原理，即原子轨道重叠越多，所形成的化学键越稳定。杂化轨道的成键能力比杂化前各原子轨道的成键能力强，所形成的分子也更稳定。不同类型的杂化轨道成键能力的大小次序为：$sp^3 > sp^2 > sp$。

④ 杂化轨道成键时，需满足化学键间最小排斥原理。化学键之间的排斥力大小取决于杂化轨道之间的夹角。杂化轨道之间的夹角越大，形成的化学键的键角越大，化学键之间的排斥力越小，生成的分子越稳定。杂化轨道类型不同，杂化轨道间的夹角及成键时的键角也不同，因此，杂化轨道的类型与分子的空间构型有关。

⑤ 杂化轨道可分为等性杂化轨道和不等性杂化轨道。

若杂化后形成的杂化轨道和原来原子轨道的成分比例相等、能量相同，这类杂化称为等性杂化。若参加杂化的原子轨道中有不参与成键的孤对电子存在，杂化后所形成的杂化轨道的能量不完全等同，所含的 s 成分和 p 成分也不相同，这类杂化称为不等性杂化。例如，甲烷（CH_4）分子中，C 原子为 sp^3 杂化，每个 sp^3 杂化轨道是等同的，均含有 1/4s 和 3/4p 的成分，这样的杂化为等性杂化；而在 H_2O 分子中，氧原子 O 的价电子层结构式为 $2s^2 2p^4$，2s 和 2p 电子已经成对（孤电子对），不参与成键，在形成 H_2O 分子时，氧原子 O 采取了 sp^3 不等性杂化，形成了 4 个 sp^3 杂化轨道，其中，两个 sp^3 杂化轨道上各填充了一对电子，另外两个 sp^3 杂化轨道各填充了一个电子，这种由孤电子对的存在而造成不完全等同的杂化即为不等性杂化。此外，NH_3、PCl_3 等分子中的 N、P 原子均采取的是不等性杂化。

2. 杂化轨道类型

由于杂化时原子轨道种类及数目不同，杂化轨道类型可分为：sp 杂化、sp^2 杂化、sp^3 杂化、sp^3d 杂化、sp^3d^2 杂化等。

（1）等性 sp 杂化 同一原子的 1 个 ns 轨道和 1 个 np 轨道杂化形成 2 个 sp 杂化轨道，每个 sp 杂化轨道含有 1/2s 和 1/2p 轨道成分，这类杂化称为等性 sp 杂化。例如，$BeCl_2$ 分子形成过程中，Be 原子的价电子结构为 $2s^2 2p^0$，在形成 $BeCl_2$ 分子过程中，基态 Be 原子的 1 个 2s 电子被激发到一个空的 2p 轨道上，形成含有两个未成对电子的激发态。然后，Be 原子的 1 个 2s 轨道和 1 个 2p 轨道杂化，形成 2 个等价的 sp 杂化轨道。Be 原子的 sp 杂化过程如图 4-3 所示。

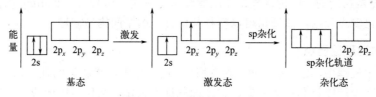

图 4-3 Be 原子的 sp 杂化

形成的两个 sp 杂化轨道呈直线形结构，如图 4-4 所示，轨道夹角为 180°。每个 sp 杂化轨道分别与 Cl 原子的 3p 轨道重叠，即形成了 $BeCl_2$ 分子。

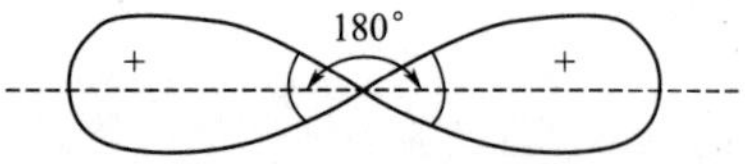

图 4-4 sp 杂化轨道夹角

（2）等性 sp^2 杂化 同一原子的 1 个 ns 轨道和 2 个 np 轨道杂化形成 3 个 sp^2 杂化轨道，每个 sp^2 杂化轨道含有 1/3s 和 2/3p 轨道成分，这类杂化称为等性 sp^2 杂化。新生成的 3 个 sp^2 杂化轨道之间的夹角为 120°，结构呈平面三角形。例如，BF_3 形成过程中，B 原子的价电子结构为 $2s^2 2p^1$，在形成 BF_3 分子的过程中，基态 B 原子的 1 个 2s 电子被激发到一个空的 2p 轨道上，形成含有三个未成对电子的激发态。然后，B 原子的 1 个 2s 轨道和 2 个 2p 轨道进行杂化，形成 3 个等价的 sp² 杂化轨道。B 原子的 sp² 杂化过程如图 4-5 所示。

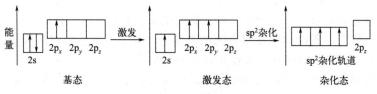

图 4-5 B 原子的 sp² 杂化

sp² 杂化轨道呈平面三角形结构，如图 4-6 所示，轨道夹角为 120°。三个 sp² 杂化轨道分别与 3 个 F 原子的 2p 轨道重叠，就形成了 BF_3 分子，且 BF_3 分子的空间结构呈平面三角形，如图 4-6 所示。

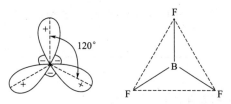

图 4-6 sp² 杂化轨道和 BF_3 的空间构型

（3）等性 sp³ 杂化 同一原子的 1 个 ns 轨道和 3 个 np 轨道杂化形成 4 个 sp³ 杂化轨道，每个 sp³ 杂化轨道含有 1/4s 和 3/4p 轨道成分，这类杂化称为等性 sp³ 杂化。新生成的 4 个 sp³ 杂化轨道之间的夹角为 109°28′，结构呈四面体。例如，CH_4 分子形成过程中，C 原子的价电子结构为 $2s^2 2p_x^1 2p_y^1$，形成 CH_4 分子时，C 原子的 1 个 2s 电子被激发到一个空的 $2p_z$ 轨道上，形成含有四个未成对电子的激发态。然后，C 原子的 1 个 2s 轨道和 3 个 2p 轨道进行 sp³ 杂化，形成 4 个能量相等、成分相同 sp³ 杂化轨道。C 原子的 sp³ 杂化过程如图 4-7 所示。

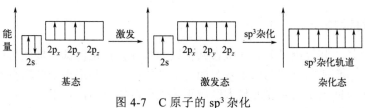

图 4-7 C 原子的 sp³ 杂化

新生成的 4 个 sp³ 杂化轨道呈正四面体形，如图 4-8 所示，轨道夹角为 109°28′。每个 sp³ 杂化轨道与 H 原子的 1s 轨道重叠形成 4 个 σ 键，即形成了正四面体形状的 CH_4 分子。

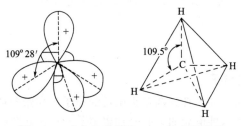

图 4-8 sp³ 杂化轨道和 CH_4 的空间构型

（4）不等性 sp³ 杂化　原子轨道杂化后形成的各轨道成分不完全相同，为不等性杂化。例如，在 NH_3 中，N 原子的价电子结构为 $2s^22p^3$，当 N 与 H 原子形成分子时，N 原子采用 sp³ 杂化方式，形成的 4 个 sp³ 杂化轨道中有一个被成对电子占有，这种有孤对电子参与形成的杂化轨道，其能量和成分不完全相同。由于孤对电子不参与成键，离核较近，对其余成键轨道有较大的排斥作用，所以 N—H 键之间的夹角为 107.3°，分子的空间构型为三角锥形。N 原子的不等性 sp³ 杂化及 NH_3 的空间构型如图 4-9 所示。

类似的还有 H_2O、H_2S、PH_3、NF_3 等分子，其中心原子都采用不等性 sp³ 杂化。

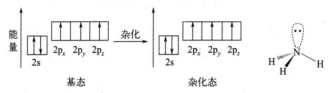

图 4-9　NH_3 分子杂化及空间结构示意图

【课堂练习】

1．判断题

（1）共价键具有饱和性和方向性。（　　　）

（2）离子键具有饱和性和方向性。（　　　）

2．填空题

（1）同一原子中，由一个 ns 轨道和两个 np 轨道发生的杂化，叫作_____杂化。杂化后组成了_____个完全相同的杂化轨道。

（2）CH_4 分子中 C 原子的杂化轨道类型为_____，其分子的空间构型为_____。

（3）共价键类型有_____和_____。其中键能较大的是_____键。

第三节　分子间力和氢键

一、化学键的极性

根据键的极性，共价键可分为非极性共价键和极性共价键。键的极性与形成化学键元素的电负性有关。若形成共价键的原子双方的电负性相同，则共用电子对均衡地出现在两原子中间，即两原子核间电子云密度的最大区域正好处于两核中间，正电荷重心与负电荷重心相互重合，这种键称为非极性共价键，如 H_2、N_2、O_2、Cl_2 等。若形成共价键的原子双方电负性不同，共用电子对则偏向电负性较大的原子，电荷分布不对称，此时正电荷重心与负电荷重心不重合，共价键的一端呈现正电性，另一端呈现负电性，这种键称为极性共价键，如 HF、HCl、HBr、HI 等。一般，成键原子元素的电负性相差越大，则所形成的共价键的极性也越大。

二、分子的极性

1. 极性分子与非极性分子

任何以共价键结合的分子中，都存在带正电荷的原子核和带负电荷的电子。尽管整个分子呈电中性，但可设想分子中两种电荷的中心分别集中于一点，分别称为负电荷中心和正电荷中心。根据正、负电荷中心是否重合将分子分为极性分子和非极性分子。正、负电荷中心重合的分子为非极性分子，如 H_2、N_2、Cl_2 等；正、负电荷中心不重合的分子为极性分子，如 HCl、H_2O 等。

双原子分子的极性与其化学键的极性一致。由非极性键结合的分子称为非极性分子，由极性键结合的分子称为极性分子。如 H_2、O_2、N_2、Cl_2 等为非极性分子，HF、HCl、H_2O 等为极性分子。

多原子分子是否为极性分子除了与键的极性有关外，还与分子的空间构型有关。若分子构型对称，则为非极性分子；若分子构型不对称，则为极性分子。例如，CO_2 和 CH_4 分子，分子中化学键 C—O 键和 C—H 键都是极性键，但是由于它们的分子空间结构分别是直线形和正四面体形的对称结构，各个键的极性相互抵消，使分子中的正、负电荷中心重合，所以都是非极性分子（CO_2 分子的正、负电荷分布如图 4-10 所示）。H_2O 和 NH_3 分子中化学键 O—H 键和 N—H 键都是极性键，由于它们的分子空间结构分别是角型和三角锥形，呈不对称结构，各个键的极性不能相互抵消，分子中的正、负电荷中心不重合，所以都是极性分子（H_2O 分子的正、负电荷分布如图 4-11 所示）。

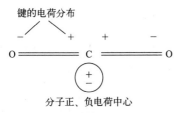

图 4-10 CO_2 分子的正、负电荷分布

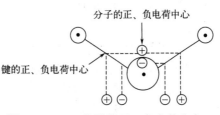

图 4-11 H_2O 分子的正、负电荷分布

2. 分子偶极矩 μ

分子极性的大小通常用偶极矩来衡量。偶极矩为分子中正电荷中心或负电荷中心的电量与正、负电荷中心间距离的乘积。即

$$\mu = qd \tag{4-2}$$

式中，μ 为偶极距，C·m；q 为分子中正、负电荷中心的电量，C；d 为正、负电荷中心的距离，m。

偶极矩是矢量，规定方向由正电荷指向负电荷中心。偶极矩可由实验测定，根据 μ 的大小，可判断分子的极性。当 $\mu = 0$，为非极性分子；当 $\mu \neq 0$，为极性分子。并且 μ 越大，分子的极性越大。因此，可以通过比较偶极矩 μ 的大小来比较分子极性的强弱。

偶极矩 μ 也可以用来判断分子的空间结构。例如，NH_3 和 BCl_3 均为四原子分子，这类分子的空间结构一般为平面三角形或三角锥形。因 $\mu(NH_3) = 4.94 \times 10^{-30} C·m$，$\mu(BCl_3) = 0$，说明 NH_3 为极性分子，而 BCl_3 为非极性分子，由此可判定 NH_3 为三角锥形，BCl_3 为平面三角形。一些常见分子的偶极矩如表 4-3 所示。

3. 分子的极化

在外界电场作用下，分子结构及电荷分布发生的变化称为分子的极化。由于极性分子正负电荷中心不重合，所以分子中始终存在一个正极和一个负极，极性分子的这种固有的偶极叫作永久偶极或固有偶极。当极性分子受到外电场作用时，分子自身的偶极会按电场的方向进行定向排列，即正极一端移向电场的负极，负极一端移向电场的正极，这个过程称为分子的定向极化。

表 4-3　常见分子的偶极矩

分子式	偶极矩/10^{-30}C·m	分子式	偶极矩/10^{-30}C·m
H_2	0	H_2S	3.67
N_2	0	NH_3	4.90
CO_2	0	HF	6.37
CH_4	0	HCl	3.57
CO	0.40	HBr	2.67
H_2O	6.17	HI	1.40

在外电场的影响下，非极性分子可以变成具有一定偶极的极性分子，极性分子则表现为偶极间距离的增大，这种在外电场影响下所产生的偶极称为诱导偶极，其偶极矩称为诱导偶极矩。诱导偶极的大小与外电场的强度成正比，若外电场消失，则诱导偶极也随之消失；若分子越容易变形，则其在外电场的影响下产生的诱导偶极也越大。

在某个瞬间，分子的正电荷中心和负电荷中心会发生不重合的现象，此时所产生的偶极称为瞬间偶极，其偶极矩为瞬间偶极矩。瞬间偶极的大小与分子变形有关，一般，分子越大，越容易变形，其瞬间偶极也越大。

【课堂练习】

（1）下列物质中，由非极性键形成的非极性分子是（　　），由极性键形成的极性分子是（　　），由极性键形成的非极性分子是（　　）。

A．CO_2　　　　　B．Br_2　　　　　C．H_2O　　　　　D．HCl

E．CH_4

（2）下列分子中属于极性分子的是（　　）。

A．NH_3　　　　　B．CH_4　　　　　C．CO_2　　　　　D．O_2

（3）下列分子中属于极性分子的是（　　）。

A．CO_2　　　　　B．CH_4　　　　　C．H_2　　　　　D．CH_3Cl

（4）下列分子中偶极矩不等于零的是（　　）。

A．O_2　　　　　B．CO_2　　　　　C．SO_2　　　　　D．$BeCl_2$

三、分子间作用力

除了离子键、金属键、共价键等原子间较强的作用之外，分子间还存在一种较弱的相互作用力，即分子间作用力，又称为范德华力。分子间作用力是决定物质熔点、沸点、溶解度、表面吸附等物理化学性质的重要因素。

1. 分子间作用力的类型

分子间作用力一般包括以下三种：

（1）取向力　取向力发生在极性分子与极性分子之间。当极性分子与极性分子相互靠近时，由于固有偶极而发生异极相吸、同极相斥的取向排列，如图 4-12 所示。这种由固有偶极的取向而产生的分子间作用力，称为取向力。

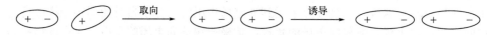

图 4-12　极性分子间的相互作用

取向力的本质是静电引力，只存在于极性分子之间。取向力和极性分子的偶极矩的平方成正比，偶极矩越大，取向力则越大；分子的极性越强，取向力则越大。取向力与绝对温度成反比，温度越高，取向力则越弱。此外，分子间的距离越大，取向力则递减得越快。

（2）诱导力　极性分子的固有偶极是一个微小电场，当非极性分子与极性分子靠近时，极性分子的固有偶极会诱导非极性分子产生诱导偶极；同时此诱导偶极又反过来作用于极性分子，使其也产生诱导偶极，如图 4-13 所示。极性分子之间也会互相诱导，产生诱导偶极。这种由诱导偶极而产生的分子间作用力称为诱导力。诱导力存在于极性分子与极性分子之间、极性分子与非极性分子之间。

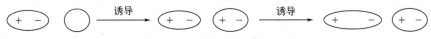

图 4-13　极性分子与非极性分子间的相互作用

一般，诱导力与极性分子的偶极矩的平方成正比，与被诱导分子的变形性成正比；分子间距离越大，诱导力越小；另外，诱导力的大小与温度的高低无关。

（3）色散力　分子内的电子和原子核在不断运动，瞬间会出现正、负电荷中心发生相对位移而产生偶极，称为瞬时偶极。非极性分子和极性分子都能产生瞬时偶极。由于瞬时偶极的出现，相邻分子会在瞬间产生异极相吸的作用力，这种由瞬时偶极而产生的分子间作用力称为色散力。色散力存在于极性分子之间、非极性分子之间及极性分子与非极性分子之间。尽管瞬时偶极存在的时间极短，但它不断地重复，因此，色散力是始终存在的。

一般，相互作用分子的变形性越大，色散力越大；色散力与分子间距的七次方成反比；色散力也与相互作用分子的电离能有关。

综上所述，非极性分子之间只有色散力；极性分子和非极性分子之间有诱导力和色散力；极性分子和极性分子之间取向力、诱导力、色散力三种都有。

2. 分子间作用力的特点

① 分子间作用力本质上是一种静电引力，永远存在于分子之间。

② 分子间作用力是一种表现为近距离的吸引力，作用范围很小，通常为 300～500pm，且随着分子间距的增大而迅速减弱。因此，对于液态、固态物质，分子间作用力较为明显，而对于气态物质，其分子间作用力往往可以忽略。

③ 分子间作用力没有方向性及饱和性。

④ 分子间作用力强度较弱，一般只有 2～20kJ·mol⁻¹，远远小于化学键。

一些物质的分子间作用力的分配见表 4-4，可见三种力的相对大小为：色散力>>取向力>诱导力。

表 4-4　分子间作用力的分配

分子	取向力/kJ·mol⁻¹	诱导力/kJ·mol⁻¹	色散力/kJ·mol⁻¹	总和/kJ·mol⁻¹
Ar	0.000	0.000	8.49	8.49
CO	0.0029	0.0084	8.74	8.75
HI	0.025	0.1130	25.86	26.00
HBr	0.686	0.502	21.92	23.11
HCl	3.305	1.004	16.82	21.13
NH₃	13.31	1.548	14.94	29.80
H₂O	36.38	1.929	8.996	47.31

四、氢键

1. 氢键的形成

分子组成及结构相似的物质,其熔点、沸点一般随着分子量的增大而升高,但 NH_3、H_2O、HF 的熔沸点反而高于同族其他元素氢化物的熔沸点。例如,H_2O、H_2S、H_2Se 和 NH_3、PH_3、AsH_3,这两组物质结构相似,分子量逐渐增大,熔沸点应逐渐升高,但事实是分子量最小的 H_2O、NH_3 的熔沸点却是最高的。这主要是因为 H_2O、NH_3 分子间除了分子间作用力以外,还存在着一种特殊的作用力——氢键。这种作用力比化学键弱,但比分子间作用力强。以水为例,水的熔沸点较高,比热容较大,水结冰后密度反而变小,这些物理性质的反常现象都与氢键有关。

以卤族元素氢化物的沸点为例,从表 4-5 可看出 HF 的沸点最高,原因是 HF 分子之间可以形成氢键,氟化氢分子间的氢键如图 4-14 所示。

表 4-5 卤族元素氢化物的沸点

氢化物	HF	HCl	HBr	HI
沸点/℃	19.4	−84.9	−67	−35.1

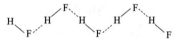

图 4-14 氟化氢分子间的氢键示意图

当 H 原子与电负性较大而半径较小的原子(如 F、O、N 等)形成共价键氢化物时,由于原子间共用电子对强烈移动,H 原子几乎呈"裸"质子状态。这个 H 原子可和另一个电负性大且含有孤对电子的原子产生静电吸引作用,这种吸引力称为氢键。氢键通常用 X—H…Y 来表示,其中,X 和 Y 均代表电负性大且原子半径较小的原子,如:F、O、N 等原子,X 和 Y 可以是相同的原子,也可以是不同的原子,例如:O—H…O、F—H…F、N—H…O。

氢键的强度可用键能来表示,表 4-6 列出了一些常见氢键的键能和键长。

表 4-6 一些常见氢键的键能和键长

氢键	键能/kJ·mol⁻¹	键长/pm	化合物
F—H…F	28.0	255	(HF)$_n$
O—H…O	18.8	276	冰
N—H…F	20.9	266	NH$_4$F
N—H…O	—	286	CH$_2$CONH$_2$
N—H…N	5.4	358	NH$_3$

2. 氢键形成的条件

分子形成氢键必须具备两个基本条件:

① 分子中必须有一个与电负性很强的原子形成强极性键的氢原子。氢原子结构简单、原子半径小、核外电子只有一个,且无内层电子,氢原子和电负性大的原子形成共价键后,电子对更强烈偏向电负性大的原子,进而氢原子几近成为赤裸的质子,呈现极强的正电性,易于与另外一个分子中电负性大的原子靠近,形成氢键。

② 分子中必须有带孤电子对、电负性强且原子半径较小的原子,如 F、O、N 等。氢键

具有方向性，在一定范围内，氢键的方向需要与 Y 中孤电子对的对称轴相同，以使 Y 原子中负电荷分布最多的部分最接近氢原子，因此，只有电负性强且原子半径较小的原子才能够形成氢键。

3. 氢键的特点

（1）氢键具有方向性　由于 H 原子的体积很小，为降低两个带负电的原子 X 和 Y 之间的斥力，X 和 Y 会尽量远离，使得 X—H⋯Y 在同一条直线上，这样 X 和 Y 的距离最远，两原子电子云间的斥力最小，所形成的氢键较强，体系也较稳定。

（2）氢键具有饱和性　由于 H 原子的体积很小，其与两个体积较大的带负电的 X、Y 原子靠近后，第二个体积较大的 Y 则会受到 X—H⋯Y 中 X 和 Y 的排斥，且这种排斥力比来自正电的 H 原子的吸引力强，因此，X—H⋯Y 上的氢原子不可能与第二个 Y 原子再形成第二个氢键，即每一个 X—H 只能和一个 Y 原子形成氢键，这就是氢键的饱和性。

4. 氢键的种类

氢键可分为两种类型：分子间氢键、分子内氢键。分子间氢键指的是一个分子的 X—H 键和另一个分子中的 Y 原子相结合的氢键，例如：水和水、甲醇和水、氨和氨、氨和水之间形成的氢键。分子内氢键指的是一个分子的 X—H 键和该分子内部的 Y 原子相互结合的氢键，例如：苯酚邻位上有—CHO、—COOH、—OH、—NO_2 等基团时，可以形成分子内氢键。

5. 氢键对物质性质的影响

分子间形成氢键后，分子间会产生较强的结合力，性质上表现为物质熔沸点的显著升高。这主要是因为当固体熔化或液体汽化时，需要给予额外的能量来破坏分子间的氢键。例如，HF、NH_3、H_2O 等由于分子间存在氢键，表现出异常高的熔沸点。

【课堂练习】

1. 含有极性键的非极性分子是（　　）。
A. H_2O 　　　　　B. Cl_2 　　　　　C. NH_3 　　　　　D. CCl_4

2. 下列分子中分子间作用力最大的是（　　）。
A. F_2 　　　　　B. Cl_2 　　　　　C. Br_2 　　　　　D. I_2

3. 下列分子间只存在色散力的是（　　）。
A. H_2O 　　　　　B. HF 　　　　　C. I_2 　　　　　D. HBr

4. 能与水形成氢键的是（　　）。
A. HCl 　　　　　B. NH_3 　　　　　C. H_2S 　　　　　D. CH_4

【拓展窗】

价层电子对互斥理论

1940 年，美国科研人员将原子结构的泡利不相容原理推广至分子结构中，提出在一些简单共价分子（AB_n）中，中心原子 A 的价层轨道电子对环绕中心原子 A 排列成对称的几何结构，这种结构使得各电子对相互远离，电子对之间的净斥力达到最小，即分子体系的能量达到最低。这种方法适用于主族元素间形成的 AB_n 型分子或离子。价层电子对是指形成 σ 键的电子对及孤对电子。孤对电子的存在，可以增加电子对间的排斥力，影响分子键角，进而影响分子构型。

根据这个理论，可以推测一些简单分子中中心原子价电子对的几何分布情况，进一步推测分子的几何构型。这种定性解释分子几何构型的近似方法称为价层电子对互斥理论（valence shell electron pair repulsion theory），简称 VSEPR 法。

价层电子对互斥理论的基本要点：①在 AB_n 型分子中，中心原子 A 周围配置的原子或原子团的几何构型，主要取决于中心原子 A 价电子层中的电子对的互斥作用，分子的几何构型总是采取电子对互斥最小的结构。②对于 AB_n 型共价分子，其分子的几何构型主要取决于中心原子 A 的价层电子对的数目和类型。③若 AB_n 分子中，A 和 B 之间是通过两对电子（双键）或三对电子（三键）结合而成的，则价层电子对互斥理论依然适用，可把双键或三键看成一个电子对。④价层电子对之间排斥力的大小取决于电子对在中心原子周围分布的夹角和电子对的成键类型。

相对而言，VSEPR 法较为简单，容易理解。对于绝大多数简单 AB_n 型共价分子、离子的几何构型，均可以应用这一方法进行几何构型的推测，得到了较为广泛的运用。

本章小结

一、离子键

按照原子或离子间的相互作用方式不同，分为离子键、共价键、金属键三种类型。

1. 离子键的定义

金属原子与非金属原子在相互作用时通过电子得失形成稳定的阴阳离子，然后依靠阴阳离子之间的静电引力结合成离子型化合物，这种阴阳离子之间的静电作用力称为离子键。

2. 离子键的本质和特点

根据库仑定律，阴阳离子间静电引力 F 可表示为：

$$F = -\frac{q^+ q^-}{r^2}$$

式中，q^+、q^- 表示阴阳离子所带的电荷；r 表示阴阳离子的核间距。

离子键既没有方向性，又没有饱和性。

二、共价键理论

1. 共价键的成键原理

（1）电子配对原理　若 A、B 原子各有一个自旋方向相反的未成对电子，则它们可相互配对形成稳定的共价单键，且这对电子为两个原子共有。

（2）原子轨道最大重叠原理　两个原子形成化学键时，原子轨道重叠的部分越大，则所形成的共价键越牢固，分子也越稳定。

2. 共价键的特点

共价键具有方向性和饱和性。

三、杂化轨道理论

在形成分子的过程中，由于原子间的相互影响，同一原子能量相近的几个原子轨道可"混合"起来，重新分配能量和空间取向，这个过程称为杂化。

1. 杂化轨道理论的基本要点

① 只有同一原子中能量相近的轨道，才能形成杂化轨道。

② 新的杂化轨道与杂化前的轨道相比，形状、能量和方向都有改变，但总的轨道数目不变，即杂化前的原子轨道数与杂化后新生成的杂化轨道数相等。

③ 杂化轨道成键时，遵循原子轨道最大重叠原理，即原子轨道重叠越多，所形成的化学键越稳定。

④ 杂化轨道成键时，需满足化学键间最小排斥原理。

⑤ 杂化轨道可分为等性杂化轨道和不等性杂化轨道。

2. 杂化轨道的类型

（1）等性 sp 杂化　例如 $BeCl_2$ 分子，直线形。

（2）等性 sp^2 杂化　例如 BF_3，平面正三角形。

（3）等性 sp^3 杂化　例如 CH_4 分子，正四面体形。

（4）不等性 sp^3 杂化　例如 NH_3 分子，三角锥形。

四、分子的极性

根据正、负电荷中心是否重合将分子分为极性分子和非极性分子。正、负电荷中心重合的分子为非极性分子；正、负电荷中心不重合的分子为极性分子。分子极性的大小通常用偶极矩来衡量。即：

$$\mu = qd$$

式中，μ 为偶极距，$C \cdot m$；q 为分子中正、负电荷中心的电量，C；d 为正、负电荷中心的距离，m。

五、分子间作用力

分子间作用力可以分为三种类型：取向力、诱导力和色散力。

非极性分子之间只有色散力；极性分子和非极性分子之间有诱导力和色散力；极性分子和极性分子之间取向力、诱导力、色散力三种力都有。

六、氢键

当 H 原子与电负性较大而半径较小的原子（如 F、O、N 等）形成共价键氢化物时，这个 H 原子还可和另一个电负性大且含有孤对电子的原子产生静电吸引作用，这种吸引力称为氢键。

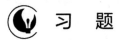 习　题

一、单项选择题

1. 下列分子中中心原子采取 sp 杂化的是（　　　）。

A．NH_3　　　　　　B．CH_4　　　　　　C．BF_3　　　　　　D．$BeCl_2$

2．下列各键中，具有饱和性和方向性特征的是（　　　）。

A．氢键　　　　　　B．金属键　　　　　　C．离子键　　　　　　D．肽键

3．下列分子中，采取 sp^2 杂化轨道成键，且具有平面三角形结构的是（　　　）。

A．C_2H_2　　　　　B．BCl_3　　　　　C．CH_4　　　　　D．CCl_4

4．PH_3 的分子构型为（　　　）。

A．平面三角形　　　B．三角锥形　　　　C．正四面体形　　　D．不确定

5．下列物质存在氢键的是（　　　）。

A．NaCl　　　　　　B．SO_2　　　　　C．CO_2　　　　　D．HF

6．下列说法正确的是（　　　）。

A．sp^2 杂化轨道是指 1s 轨道与 2p 轨道混合而成的轨道

B．由极性键组成的分子一定是极性分子

C．氢键只能在分子间形成

D．任何分子都存在色散力

7．下列分子中，属于非极性分子的是（　　　）。

A．H_2O　　　　　B．CO_2　　　　　C．CH_3Cl　　　　D．SO_2

8．下列分子中，含有极性键的是（　　　）。

A．H_2　　　　　　B．N_2　　　　　C．HCl　　　　　D．Cl_2

9．根据电负性的数据判断下列分子中键极性最强的是（　　　）。

A．HI　　　　　　　B．HBr　　　　　C．HCl　　　　　　D．HF

10．下列化合物中，属于极性共价化合物的是（　　　）。

A．NaCl　　　　　　B．CH_4　　　　　C．HCl　　　　　D．CCl_4

11．H_2O 的沸点高于 H_2S 的主要原因是（　　　）。

A．H—O 键的极性大于 H—S 键　　　B．S 的原子半径大于 O

C．H_2O 的分子量比 H_2S 小　　　D．H_2O 分子间氢键的存在

二、判断题（正确的打"√"，错误的打"×"）

1．离子键具有饱和性和方向性。（　　）

2．共价键的强度取决于原子轨道成键时重叠的多少、共用电子对的数目和原子轨道重叠的方式等因素。（　　）

3．分子极性的大小，通常用偶极矩来表示，一般偶极矩越大，分子的极性越弱。（　　）

4．晶格能越大，离子键越强，离子晶体越稳定。（　　）

5．NH_3 分子的空间构型为三角锥形，属于不等性杂化。（　　）

6．极性分子中一定含有极性键，但含有极性键的分子不一定是极性分子。（　　）

7．BCl_3 分子采取的是 sp^3 杂化方式，其空间构型为正四面体。（　　）

8．分子间作用力属于静电引力，没有方向性和饱和性。（　　）

9．只要分子中有氢原子就可以形成氢键。（　　）

10．只有同一原子能量相接近的轨道才能进行杂化。（　　）

三、填空题

1．根据共用电子对的偏移程度可将共价键分为_____和_____。

2．BF_3 分子的空间构型为_____，中心原子 F 的杂化轨道类型为_____。

3. NH_3 中 N 原子采取不等性 sp^3 杂化，NH_3 分子的空间构型为＿＿＿＿＿＿＿＿，NH_4^+ 中的 N 原子采取＿＿＿＿＿＿杂化，NH_4^+ 的空间构型为＿＿＿＿＿＿＿＿。

4. CO_2 和 H_2O 分子间作用力有＿＿＿＿＿＿＿＿＿＿＿＿＿＿；H_2 和 CO_2 分子间存在的分子间作用力有＿＿＿＿＿＿＿＿＿＿＿＿＿＿＿＿＿；苯和四氯化碳分子间存在的分子间作用力有＿＿＿＿＿＿＿＿＿＿＿＿＿＿。

第五章　化学热力学初步

【知识目标】

1. 掌握化学热力学的基本概念。
2. 掌握焓、熵和吉布斯自由能等概念。
3. 掌握吉布斯-亥姆霍兹方程的相关计算。
4. 掌握化学反应自发性的判断方法。

【能力目标】

1. 能计算标准摩尔反应焓变、标准摩尔反应熵变及标准摩尔反应吉布斯自由能变。
2. 能利用盖斯定律间接计算出某些化合物的标准摩尔反应焓。
3. 能判定化学反应的自发性。

【素质目标】

1. 培养学生的科学探究精神。
2. 培养学生与时俱进、绿色发展的意识。

第一节　热力学的基本概念

一、系统和环境

1. 系统

为便于研究，化学上通常把研究对象从周围的环境中划分出来，则划分为研究对象的这部分物质所组成的整体就称为系统，系统就是所研究的对象。

2. 环境

系统以外并与之密切相关的那部分物质称为环境，环境是系统的环境。例如，研究烧杯中溶液进行的化学反应，则烧杯中溶液发生的反应为系统，而烧杯和外界的空气为环境。注意，系统与环境之间的界面可以是实际存在的，也可以是假设的。

3. 系统和环境的联系

在热力学研究中，确定系统和环境并明确系统的类型是十分重要的。根据系统与环境之间物质交换和能量传递的情况不同，将系统分为三种类型：

（1）敞开系统　系统和环境之间既有物质交换，也有能量传递。

（2）封闭系统　系统与环境之间有能量传递，但无物质交换。

（3）孤立系统　系统与环境之间既无能量传递，也无物质交换。

二、系统的状态和状态函数

系统中宏观可测的物理量，如温度、压力、质量、体积、黏度等所描述的状态称为系统的状态。只要系统中所有物理量是确定的，系统的状态就是确定的。如果其中任意一个发生变化，那系统的状态也随之发生变化。而用来描述系统状态的这些物理量就叫作状态函数，如 P、V、T 等。当系统处于某一状态时，各状态函数之间是相互关联的。例如，对于某一状态下的纯水，若温度和压力一定，则密度、黏度也有确定值。

状态函数的特征指的是，当系统从一种状态（始态）变化到另一种状态（终态）时，状态函数的变化值仅取决于系统的始态和终态，而与系统状态的变化过程无关。

三、过程和途径

系统的状态发生了变化，即是说系统经历了一个变化过程。系统从某一状态变化到另一状态的经历，称为过程。把过程前的状态称为始态，把过程后的状态称为终态或末态，而把实现变化过程的具体步骤称为途径。实现同一始末态的过程可以有多个不同途径，一个途径也可以由一个或多个步骤组成。

例如，1mol 理想气体由始态（100kPa，298K）变化到终态（200kPa，398K），可采取两种不同途径：①先等温升压，再恒压升温到达终态。即先从 100kPa、298K 变化到 200kPa、298K，再变化到 200kPa、398K。②先恒压升温，再等温升压到达终态。即先从 100kPa、298K 变化到 100kPa、398K，再由此变化到 200kPa、398K。虽然系统经历了两条不同的变化路线，但发生的却是同一变化过程，$\Delta T = T_终 - T_始 = 398 - 298 = 100（K）$，$\Delta p = p_终 - p_始 = 200 - 100 = 100（kPa）$。

根据特定条件不同，变化过程主要有以下几种：

（1）恒温过程　在整个过程中，始态和终态温度相同，即 $T = T_{环境} = 定值$。

（2）恒压过程　系统的压力始终恒定不变，即 $p = p_{环境} = 定值$。

（3）恒容过程　系统的体积始终恒定不变，即 $V = 定值$，一般指在容积不变的密闭容器中进行的过程。

（4）绝热过程　系统与环境无热交换。

（5）循环过程　系统从始态出发经一系列步骤又回到始态的过程。

四、热和功

热和功是系统状态发生变化时，系统与环境之间能量传递的两种不同形式。如果系统和环境存在温度差，两者之间传递的能量叫作热，用符号 Q 表示，单位为 J。若系统从环境吸热，$Q>0$；若系统向环境放热，$Q<0$。如图 5-1 所示。

除热外，系统与环境之间以其他形式传递的非辐射能量称为功，用符号 W 表示，单位为 J。若系统对环境做功，$W<0$；若环境对系统做功，$W>0$。功有不同种类，如机械功、电功、表面功、体积功等。所谓体积功就是指系统对抗外压、体积膨胀时所做的功，用符号 W_V 来表示。化学上把体积功以外的其他功都称为非体积功。

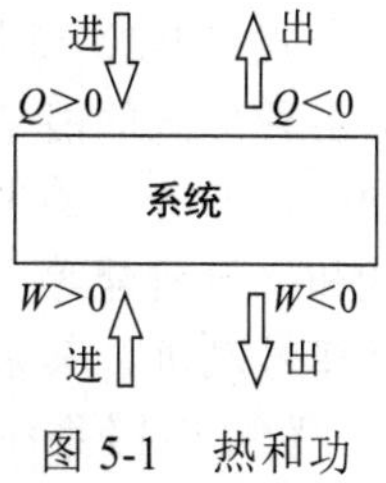

图 5-1　热和功

$$W_V = -p_外 \Delta V \tag{5-1}$$

式中，$p_外$ 为外压；ΔV 为系统的体积变化。如果 $p_外 < p_内$，则系统体积膨胀，$\Delta V > 0$，此时，体积功 $W_V < 0$，系统对环境做功；如果 $p_外 > p_内$，则系统体积被压缩，$\Delta V < 0$，此时，体积功 $W_V > 0$，环境对系统做功。

热和功的数值不仅取决于系统始态和终态的状态变化，还取决于变化的途径，因此热和功都是非状态函数。

五、热力学能

热力学能也称为内能，用符号 U 表示，单位为 J。它是系统内部所有能量的总和，包括分子运动的平动能、转动能、电子及核的能量及分子与分子间相互作用的势能等，但不包括系统整体运动的动能和系统整体处于外力场中所具有的势能。

热力学能是状态函数。系统的状态一定，其热力学能也一定；系统的状态改变，热力学能也随之改变，其变化值只与系统的始态和终态有关，与变化过程的途径无关。虽然热力学能的绝对值无法准确测定，但当系统从始态变化到终态时，可通过环境的变化来间接判定系统热力学能的变化值 ΔU。

【课堂练习】

1. 填空：状态函数的变化值与体系的＿＿＿＿＿＿有关，而与＿＿＿＿＿＿无关。
2. 判断：
(1) 系统的状态发生改变时，状态函数均发生了变化。（　　）
(2) 热的物体比冷的物体含有更多的热量。（　　）
(3) 甲物体的温度比乙物体的温度高，说明甲物体比乙物体的热力学能大。（　　）
(4) 物体的温度越高，则所含热量越高。（　　）
3. 简答：热力学上，对于热和功的正负号是如何规定的？

第二节　热力学第一定律和热化学

一、热力学第一定律

热力学第一定律又称为能量守恒定律，是指能量既不能自生，也不会消失，只能从一种形式转化为另一种形式，而在转化和传递的过程中能量的总值保持不变。

假设一封闭系统，若环境对系统做功 W，系统从环境吸收热 Q，则系统的能量必有增加。根据能量守恒与转化定律，系统增加的这部分能量等于 W 与 Q 之和。

$$\Delta U = Q+W \tag{5-2}$$

式（5-2）就是热力学第一定律的数学表式，其中 ΔU 为系统的热力学能，是热力学系统内各种形式的能量的总和（系统自身的性质），是状态函数。热力学能包括系统的各种粒子的动能，如分子的平动能、振动能和转动能及粒子间相互作用的势能，如分子的吸引能、排斥能和化学键能等。热力学第一定律表明：当系统经历变化时，系统从环境吸收的热除用于对环境做功外，其余全部用于增加了系统的热力学能。

【例 5-1】系统从始态到终态，放出热量 50J，环境对系统做功 30J，则系统内能变化为多少？
解　$\Delta U = -50J+30J = -20J$，即系统内能净减少 20J。

根据热力学第一定律，系统经由不同途径发生同一过程时，不同途径中的功和热不一定相同，但热和功的代数和却只与过程有关，与途径无关。此外，式（5-2）只适用于封闭系统，不适用于敞开系统，因为敞开系统和环境之间有物质交换。

此外，根据热力学第一定律，循环过程因系统回到始态，故 $\Delta U = 0$，有 $-W = Q$。若要系统对环境做功，必然系统要从环境吸收相等数量的热。因此，不消耗能量而不断做功的机器是不可能存在的，第一类永动机是不可能制造成功的。

二、反应热和焓

当系统发生化学反应后，假定系统不做非体积功，使生成物的温度回到反应前的温度，此过程中系统放出或吸收的热量叫作该反应的反应热。化学反应通常在密闭容器（恒容）或敞口容器（恒压）条件下进行。

1. 恒容反应热

系统在恒容且不做非体积功的情况下与环境交换的热称为恒容反应热，用符号 Q_V 表示。因为系统只做体积功，且系统的变化是在定容下进行的，故 $\Delta V = 0$，体积功 $W = 0$，所以：

$$\Delta U = Q_V \tag{5-3}$$

式（5-3）表明恒容反应热在数值上等于过程的热力学能变。虽然恒容反应热数值上只与过程有关，与途径无关，但恒容反应热不是状态函数。

2. 恒压反应热

若系统在变化过程中保持作用于系统的外压力恒定，此时系统与环境交换的热称为恒压反应热，用符号 Q_p 表示。如果系统的变化是在恒压下进行的，即 $p_{始} = p_{终} = p$，则 $W = -p\Delta V$，由热力学第一定律可得：

$$Q_p = \Delta U - W = \Delta U + p\Delta V = (U_2-U_1)+p(V_2-V_1) = (U_2+pV_2)-(U_1+pV_1) \tag{5-4}$$

令：
$$H = U+pV \tag{5-5}$$

则：
$$Q_p = H_2-H_1 = \Delta H \tag{5-6}$$

式中，Q_p 为恒压反应热；H 为热力学中的焓。由于不能得到系统 U 的绝对值，所以焓的绝对值也无法确定，但可以通过系统和环境之间的热量传递来衡量焓的变化。因 H 是 U、p、V 的组合，因此 H 也是状态函数，故焓的变化值（焓变）只与系统始态和终态有关，与变化过程的路径无关。

由式（5-6）可知，恒压反应热等于化学反应的焓变，用符号 $\Delta_r H$ 表示为：$\Delta_r H = Q_p$。

三、热化学

化学反应过程中，常伴随有吸热或放热现象，对这些以热的形式吸收或放出的能量的研究，称为热化学。

（1）化学计量数　将任一化学反应方程式：$a\text{A}+b\text{B} \longrightarrow c\text{C}+d\text{D}$，写为：$0 = -a\text{A}-b\text{B}+c\text{C}+d\text{D}$；并表示为：$0 = \sum_B \nu_B B$。

式中，B 表示化学反应中的分子、原子或离子；ν_B 为 B 的化学计量数，其量纲为 1。由 $\nu_A = -a$，$\nu_B = -b$，$\nu_C = c$，$\nu_D = d$，可知反应物 A、B 化学计量数为负，产物 C、D 的化学计量数为正，这与化学反应过程中反应物减少、产物增多是一致的。

注意：化学反应方程式写法不同，则同一物质的化学计量数也不同。

（2）反应进度　化学反应在过程中放热或吸热多少及焓变值都与反应进行的程度有关，为了表示反应进行的程度引入了一个物理量，就是反应进度，用符号 ξ 表示，以 mol 为单位。

对于反应 $0 = \sum_B \nu_B B$，反应进度定义为：

$$d\xi = dn_B / \nu_B \tag{5-7}$$

式中，n_B 为反应方程式中物质 B 的物质的量；ν_B 为该物质在反应方程式中的化学计量数。

对于一个确定化学反应，反应进度与选用哪种物质表示无关。若规定反应开始时 $\xi = 0$，则

$$\xi = \Delta n_B / \nu_B \tag{5-8}$$

对于同一反应，物质 B 的 Δn_B 一定时，因化学反应方程式写法不同，ν_B 不同，反应进度 ξ 也不同。所以在应用反应进度时，必须指明具体的化学反应方程式。

【例 5-2】一定温度压力下，合成氨的反应：

$$N_2(g) + 3H_2(g) \rightleftharpoons 2NH_3(g)$$

某一时刻消耗掉 10mol N_2，则此时必然消耗掉 30mol H_2，同时生成 20mol NH_3，试计算分别用 N_2、H_2 和 NH_3 表示的反应进度。

解

$$\xi_{N_2} = \frac{\Delta n_{N_2}}{\nu_{N_2}} = \frac{-10}{-1} = 10(mol)$$

$$\xi_{H_2} = \frac{\Delta n_{H_2}}{\nu_{H_2}} = \frac{-30}{-3} = 10(mol)$$

$$\xi_{NH_3} = \frac{\Delta n_{NH_3}}{\nu_{NH_3}} = \frac{20}{2} = 10(mol)$$

可见反应进度与反应式中物质的选择无关，而与化学反应方程式的书写形式有关。

（3）反应的摩尔焓变　在恒压只做体积功时，系统吸收或放出的热等于化学反应的焓变。热化学中将反应焓变 $\Delta_r H$ 与反应进度 ξ 之比引入，用于研究反应的摩尔焓变：

$$\Delta_r H_m = \frac{\Delta_r H}{\xi} \tag{5-9}$$

$\Delta_r H_m$ 就是按照所给反应方程式进行 1mol 反应，即反应进度 $\xi = 1mol$ 时的焓变，称为反应的摩尔焓变，单位为 $J \cdot mol^{-1}$。符号 $\Delta_r H_m$ 下标小写的"r"代表化学反应之意，"m"指反应进度 $\xi = 1mol$。

根据反应进度的定义可知，$\Delta_r H_m$ 的数值与反应方程式的写法有关。所以在给出 $\Delta_r H_m$ 时，必须同时指明反应方程式，以明确反应系统的始态和终态各是什么物质，还要注明各物质所处的状态，用热化学方程式表示反应热。

（4）热化学方程式　热化学方程式是表示化学反应及其热效应关系的化学方程式。考虑到即使同一种物质在不同状态下的性质也是不同的，为了便于比较，对物质的状态作了统一规定，即化学热力学中常用的标准状态，简称标准态。具体如下：

① 对于纯液体和纯固体物质，规定压力为 100kPa、温度为指定温度 T 的状态为标准态。标准压力用 $p^\ominus = 100kPa$ 表示，右上角"$\ominus$"代表标准态。

② 对于纯气体，以指定温度 T、压力为 $p^\ominus$ 时，具有理想气体性质的状态为标准态。由于实际气体在压力为 $p^\ominus$ 时的性质与理想气体的性质还有差异，故纯气体的标准态是一种假想状态。

③ 对于溶液中的溶质，标准态是指在温度 T、压力 $p^\ominus$ 下，溶质质量摩尔浓度为 b_B =1mol·kg^{-1} 或标准摩尔浓度为 c_B = 1mol·L^{-1}（稀溶液）时，具有理想溶液性质的状态，以 $b^\ominus$ = 1mol·kg^{-1} 或 $c^\ominus$ = 1mol·L^{-1} 来表示，也是一种假想的状态。

确定了标准态后，可将标准状态下反应的摩尔焓变称为标准摩尔反应焓变，用 $\Delta_r H_m^\ominus(T)$ 表示，单位为 kJ·mol^{-1}。

书写热化学方程式时应注意以下几点：

① 注明反应的温度和压力。由于大多数反应是在 $p^\ominus$ 下进行的，且压力对热效应的影响不大，故一般情况下不注明压力大小。而同一化学反应在不同温度下进行时的热效应不同，所以可用 $\Delta_r H_m^\ominus(T)$ 表示温度为 T 时的标准摩尔反应焓变。如果温度是 298K，可以不注明。

② 注明参加反应的各物质的状态。水合离子状态、气态、液态、固态分别用 aq、g、l、s 表示，对于固体还要注明其晶型，如硫有 s（单斜）、s（斜方）。

$$2H_2(g)+O_2(g) \Longrightarrow 2H_2O(g) \qquad \Delta_r H_m^\ominus = -483.68\text{kJ·mol}^{-1}$$

$$2H_2(g)+O_2(g) \Longrightarrow 2H_2O(l) \qquad \Delta_r H_m^\ominus = -571.66\text{kJ·mol}^{-1}$$

③ 明确写出该反应的化学计量方程式。因反应进度 ξ 的表示方法与反应方程式的书写形式有关。同一反应，反应方程式的写法不同，$\Delta_r H_m^\ominus$ 值也不同。如：

$$H_2(g)+1/2O_2(g) \Longrightarrow H_2O(g) \qquad \Delta_r H_m^\ominus = -241.84\text{kJ·mol}^{-1}$$

$$2H_2(g)+O_2(g) \Longrightarrow 2H_2O(g) \qquad \Delta_r H_m^\ominus = -483.68\text{kJ·mol}^{-1}$$

（5）标准摩尔生成焓　为计算标准摩尔反应焓变，引入了化合物的标准摩尔生成焓，用符号 $\Delta_f H_m^\ominus$ 表示，"f"表示生成的意思。其定义为：在恒温和标准态下，由指定的稳定单质生成 1mol 纯物质的反应焓变，即为该物质的标准摩尔生成焓。根据定义可知，指定的稳定单质的标准摩尔生成焓等于零。例如，碳的单质有石墨和金刚石两种，指定石墨的 $\Delta_f H_m^\ominus$（石墨）= 0，而金刚石的 $\Delta_f H_m^\ominus$ 不等于零。又如：

$$H_2(g)+1/2O_2(g) \Longrightarrow H_2O(g) \qquad \Delta_f H_m^\ominus = -241.84\text{kJ·mol}^{-1}$$

$$H_2(g)+1/2O_2(g) \Longrightarrow H_2O(l) \qquad \Delta_f H_m^\ominus = -285.83\text{kJ·mol}^{-1}$$

$$C(\text{石墨})+O_2(g) \Longrightarrow CO_2(g) \qquad \Delta_f H_m^\ominus = -393.51\text{kJ·mol}^{-1}$$

在一定温度下，各种物质的 $\Delta_f H_m^\ominus$ 是个常数值，可以从手册中查出。本书在附录八中列出了 298.15K 时常见化合物的 $\Delta_f H_m^\ominus$ 值。

可通过附录八查出 298.15K 时所有反应物及产物的标准摩尔生成焓，然后按照式（5-10）计算出该反应的标准摩尔反应焓变。

$$\Delta_r H_m^\ominus = \sum_B \nu_B \Delta_f H_m^\ominus(B) \qquad\qquad (5\text{-}10)$$

式中，ν_B 为物质 B 的化学计量数，反应物的 ν_B 取"−"，生成物的 ν_B 取"+"。

式（5-10）表明，在一定温度下化学反应的标准摩尔反应焓变，等于同样温度下反应前后各物质的标准摩尔生成焓与其化学计量数的乘积之和。

【例 5-3】计算 298K 下反应：$CO(g)+H_2O(g) \Longrightarrow CO_2(g)+H_2(g)$ 的标准摩尔反应焓变。

解　　　　　　　$CO(g)$　+　$H_2O(g)$　$\Longrightarrow$　$CO_2(g)$　+　$H_2(g)$

查表得 $\Delta_f H_m^\ominus / kJ \cdot mol \cdot L^{-1}$　　-110.52　　-241.83　　-393.52　　0

$$\Delta_r H_m^\ominus (298K) = -393.52 + 0 + (-110.52) \times (-1) + (-241.813) \times (-1)$$
$$= -41.16 (kJ \cdot mol^{-1})$$

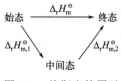

图 5-2　盖斯定律图示

（6）盖斯定律及其应用　1880 年，盖斯在研究了大量实验事实后，总结出一条规律：化学反应不管是一步完成的，还是多步完成的，其热效应都是相同的。即化学反应的热效应只决定于反应物的始态和生成物的终态，与反应经历的过程无关，这就是盖斯定律。如图 5-2 所示。

则：$\Delta_r H_m^\ominus = \Delta_r H_{m,1}^\ominus + \Delta_r H_{m,2}^\ominus$

利用盖斯定律可以间接计算一些难以测定的化合物的标准摩尔生成焓。例如，C 和 O_2 化合成 CO 的反应，因难以控制使 C 燃烧只生成 CO 不生成 CO_2，所以 C 和 O_2 化合成 CO 的反应热无法直接测量，但可以根据盖斯定律间接求得。

【例 5-4】求反应：$C(石墨,s)+1/2O_2(g) \Longrightarrow CO(g)$（1）的标准摩尔焓变 $\Delta_r H_m^\ominus$。

已知 298.15K、100KPa 时：

$$C(石墨,s)+O_2(g) \Longrightarrow CO_2(g) \qquad \Delta_r H_m^\ominus = -393.5 kJ \cdot mol^{-1} \qquad (2)$$

$$CO(g)+1/2O_2(g) \Longrightarrow CO_2(g) \qquad \Delta_r H_m^\ominus = -283.0 kJ \cdot mol^{-1} \qquad (3)$$

解　以上 3 个反应的关系可用热化学循环图 5-3 表示：

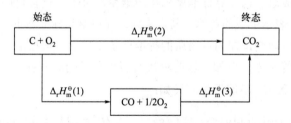

图 5-3　由 $C+O_2$ 转变成 CO_2 的两种途径

根据盖斯定律可得：

$$\Delta_r H_m^\ominus (2) = \Delta_r H_m^\ominus (1) + \Delta_r H_m^\ominus (3)$$

则：$\Delta_r H_m^\ominus (1) = \Delta_r H_m^\ominus (2) - \Delta_r H_m^\ominus (3) = -393.5 - (-283.0) = -110.5 (kJ \cdot mol^{-1})$

用盖斯定律计算反应热时，利用反应式之间的代数关系进行计算更为方便。必须指出在计算过程中，把相同物质项消去时，不仅物质种类必须相同，而且状态（即物态、温度、压力）也要相同，否则不能消去。

【课堂练习】

1. 下列反应中，表示 $\Delta_r H_m^\ominus = \Delta_f H_{AgBr(s)}^\ominus$ 的反应是（　　　）。

A. $Ag^+(aq)+Br^-(aq) \Longrightarrow AgBr(s)$　　　B. $2Ag(s)+Br_2(l) \Longrightarrow 2AgBr(s)$

C. $Ag(s)+1/2Br_2(l) \Longrightarrow AgBr(s)$　　　D. $Ag(s)+1/2Br_2(s) \Longrightarrow AgBr(s)$

2．已知 298K，标准状态下

（1）$4NH_3(g)+3O_2(g)\Longrightarrow 2N_2(g)+6H_2O(l)$ $\Delta_rH_1^{\ominus}=-1523kJ\cdot mol^{-1}$

（2）$H_2(g)+1/2O_2(g)\Longrightarrow H_2O(l)$ $\Delta_rH_2^{\ominus}=-287kJ\cdot mol^{-1}$

求反应：$N_2(g)+3H_2(g)\Longrightarrow 2NH_3(g)$的 $\Delta_rH^{\ominus}$。

3．计算反应 $2NO(g)\Longrightarrow N_2(g)+O_2(g)$ 在 298K 时的标准摩尔焓变。（已知 $\Delta_rH_{m,NO}^{\ominus}=90.25kJ\cdot mol^{-1}$）

第三节　化学反应的方向

在自然界中，一切变化在一定条件下都有一定的方向性，如水会自动地从高处流向低处，物体的温度会自动地从高温降至低温。这些过程都是自发进行的，无需借助外力，这种不需借助外力能自动进行的过程称为自发过程。自发过程的逆过程叫作非自发过程，非自发过程需要借助外力的帮助才能进行。如用抽水机做功才能把水从低处引向高处，通过加热才能使物体的温度从低温升至高温。因此，自发过程具有一定的方向性，且它们不会自动逆转。

水之所以能自发地从高处流向低处，是因为存在着水位差，整个过程中势能是降低的。同样，物体的温度从高温降至低温过程中，热能也在散失。通常，物质变化向着使系统能量降低的方向自发进行，且能量越低，系统的状态就越稳定。因此有人曾提出，既然放热可使系统的能量降低，那么自发进行的反应应该是放热的，即以反应的焓变小于零（$\Delta_rH<0$）作为化学反应自发性的判据。实验表明，许多$\Delta_rH<0$的反应确实可以自发进行。但也有一些吸热反应过程也可自发进行，例如，硝酸钾晶体溶解在水中的过程是吸热的，N_2O_5常温下进行自发分解的过程也是吸热的。这些说明，只用反应的热效应来判断化学反应的自发性是不全面的，一定还有其他的因素在起作用。

一、熵

硝酸钾溶解在水中和 N_2O_5 分解反应的共同点就是变化之后系统的粒子数目增多了，混乱程度增大了。在 KNO_3 晶体中，K^+和 NO_3^-是有规则地排列的，然而溶于水后，K^+和 NO_3^-形成水合离子分散在水中，并做无规则的热运动，使系统的混乱程度明显增大。同样，N_2O_5固体分解成气体后，系统的粒子数增多，气体分子运动的混乱程度也增大了。据此，又有人以系统的混乱程度增加作为导致自发变化发生的判据。

把物质中一切微观粒子在相对位置和相对运动方面的不规则程度称为混乱度，并且引入了熵这个概念来衡量系统混乱度的大小。熵用符号 S 来表示，熵值越大，系统的混乱度就越大。

在热力学零度（0K）时，任何纯净的完美晶体中粒子的排列处于完全有序的状态（图5-4），此时系统的混乱度最小，熵值规定为零（$S_0=0$）。物质的熵值有零起点，因而物质的熵是有绝对值的。熵是状态函数，当系统一定时，就有确定的熵值。

某一纯物质从 0K 升温至 T 时，可测得该过程的熵值变化（熵变）$\Delta S=S_T-S_0=S_T$，过程熵变只取决于系统的始态和终态，而与途径无关。式中，S_T 就是温度 T 时该物质的熵值，称为绝对熵或规定熵。把一定温度下，1mol 纯物质在标准条件下的规定熵称为标准摩尔熵，简称标准熵，用符号 $S_m^{\ominus}$ 表示。本书附录八中也列出了一些

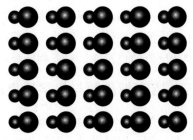

图 5-4　0K 时纯净完美晶体中粒子的排列

单质和化合物在 298.15K 时的标准摩尔熵 $S_m^\ominus$（298.15K）的数据。

熵的大小与温度、物质聚集状态等因素有关，其规律总结如下：

① 同一物质处于不同聚集状态时，熵值的大小顺序为：$S_m^\ominus(g) > S_m^\ominus(l) > S_m^\ominus(s)$。

② 同一物质在相同聚集状态时，温度升高时，$S_m^\ominus$ 增大。

③ 同类物质，分子量越大，物质的熵值 $S_m^\ominus$ 越大。例如，$S_m^\ominus(F_2) < S_m^\ominus(Cl_2) < S_m^\ominus(Br_2) < S_m^\ominus(I_2)$。

④ 相同聚集状态的不同物质，组成分子的原子越多，系统的熵值越大。例如，$S_m^\ominus(NaCl) < S_m^\ominus(Na_2SO_4)$。

二、化学反应的熵变

由于熵是一个状态函数，化学反应的熵变就只与反应的始态和终态有关。当系统从状态 1 变到状态 2 时，其熵值的变化值为：$\Delta S = S_2 - S_1$，即 ΔS 就是熵变。在标准态下，按反应方程式进行反应，当反应进度 $\xi = 1mol$ 时的熵变就是标准摩尔反应熵变，用符号 $\Delta_r S_m^\ominus$ 来表示，单位是 $J \cdot mol^{-1} \cdot K^{-1}$。化学反应的熵变与反应的标准焓变类似，对于任一反应：

$$aA + bB \Longrightarrow cC + dD$$

都有：

$$\Delta_r S_m^\ominus = c S_m^\ominus(C) + d S_m^\ominus(D) - a S_m^\ominus(A) - b S_m^\ominus(B) = \sum_B \nu_B S_m^\ominus(B) \qquad (5-11)$$

注意，虽然物质的标准熵和温度有关，但 $\Delta_r S_m^\ominus$ 与焓变类似，受温度影响不大，可认为 $\Delta_r S_m^\ominus(T) = \Delta_r S_m^\ominus(298K)$。

【例 5-5】试计算石灰石（$CaCO_3$）热分解反应的 $\Delta_r H_m^\ominus$ 和 $\Delta_r S_m^\ominus$，并初步分析该反应的自发性。

解

	$CaCO_3(s)$	$\Longrightarrow$	$CaO(s)$	$+$	$CO_2(g)$
$\Delta_f H_m^\ominus / kJ \cdot mol^{-1}$	−1206.92		−635.09		−393.50
$S_m^\ominus / J \cdot mol^{-1}$	92.9		39.75		213.64

$$\Delta_r H_m^\ominus = \sum_B \nu_B \Delta_f H_m^\ominus(B) = \Delta_f H_m^\ominus(CaO,s) + \Delta_f H_m^\ominus(CO_2,g) - \Delta_f H_m^\ominus(CaCO_3,s)$$
$$= -635.09 + (-393.50) + 1206.92 = 178.33(kJ \cdot mol \cdot L^{-1})$$

$$\Delta_r S_m^\ominus = \sum_B \nu_B \Delta_f S_m^\ominus(B) = S_m^\ominus(CaO,s) + S_m^\ominus(CO_2,g) - S_m^\ominus(CaCO_3,s)$$
$$= 39.75 + 213.64 - 92.9 = 160.5(J \cdot mol^{-1})$$

上面例题中的 $\Delta_r H_m^\ominus$ 为正值，表明此反应为吸热反应，从系统倾向于取得最低的能量这一因素来看，吸热不利于反应的自发进行。但根据计算可知 $\Delta_r S_m^\ominus$ 为正值，说明反应过程中系统的熵在增加，即混乱程度在增加，从系统倾向于取得最大的混乱度这一因素来看，这有利于反应的自发进行。因此，该反应的自发性究竟如何，单纯地根据 $\Delta_r H_m^\ominus$ 和 $\Delta_r S_m^\ominus$ 无法准确地判断反应的自发性，若要判断反应的自发性，需要将两者结合起来。

三、吉布斯函数与化学反应的方向

1878 年，美国物理化学家吉布斯（J. W. Gibbs）在总结大量实验的基础上，把焓与熵综合在一起，同时考虑了温度的因素，提出了一个新的函数——吉布斯函数，并用吉布斯函数的变化值来判断反应的自发性。

吉布斯函数用符号 G 来表示，其定义为：

$$G = H - TS \tag{5-12}$$

式中，H、T、S 都是状态函数，所以吉布斯函数 G 也是状态函数。吉布斯函数的单位是能量单位。在恒温、恒压的条件下，化学反应的吉布斯函数变化为：

$$\Delta_r G = \Delta_r H - T\Delta_r S \tag{5-13}$$

$\Delta_r G$ 又称为吉布斯自由能变。对于标准状态下且反应进度 $\xi = 1\text{mol}$ 时，有：

$$\Delta_r G_m^\ominus = \Delta_r H_m^\ominus - T\Delta_r S_m^\ominus \tag{5-14}$$

式（5-13）和式（5-14）称为吉布斯-亥姆霍兹方程，$\Delta_r G_m^\ominus$ 称为标准摩尔吉布斯自由能变，常用单位为 $kJ \cdot mol^{-1}$。式中，$\Delta_r G_m^\ominus$ 是标准摩尔反应吉布斯函数变。由式（5-14）可以看出，通过计算化学反应的 $\Delta_r H_m^\ominus$ 和 $\Delta_r S_m^\ominus$，可得到 $\Delta_r G_m^\ominus$ 值。应该注意的是，在恒压及参与反应的物质自身不产生相变的情况下，$\Delta_r H_m^\ominus$ 和 $\Delta_r S_m^\ominus$ 随温度变化产生的变化量很小，常可忽略。而 $\Delta_r G_m^\ominus$ 却是一个随温度变化而变化的量，不同的温度条件下，$\Delta_r G_m^\ominus$ 的数值也不相同。

吉布斯提出，在恒温、恒压的封闭系统内，系统不做非体积功的条件下，可以用 $\Delta_r G$ 来判断反应的自发性，自发进行的判据如下：

① $\Delta_r G < 0$，反应能正向自发进行；

② $\Delta_r G = 0$，反应处于平衡状态；

③ $\Delta_r G > 0$，反应不能正向自发进行，但逆反应可自发进行。

表明在恒温、恒压的封闭系统内，系统不做非体积功的条件下，任何自发的反应总是朝着吉布斯函数减小的方向进行的，直到 G 值降至最小，达到平衡为止，即：当 $\Delta_r G = 0$ 时，反应达到平衡，系统的吉布斯函数降至最小值。这一判据称为吉布斯自由能减小原理，也是热力学第二定律的自由能表述。

注意：在恒温下，当反应物和生成物都处于标准态时，有 $\Delta_r G_m = \Delta_r G_m^\ominus$，因此，系统的反应方向可由 $\Delta_r G_m^\ominus$ 值的正、负来确定。但若是非标准状态，则须用 $\Delta_r G_m$ 判断。

四、吉布斯自由能变的计算

（1）标准摩尔生成吉布斯函数　恒温和标准态下，由指定的稳定单质生成 1mol 某物质时反应的吉布斯自由能变称为该物质的标准摩尔生成吉布斯函数，也称为标准摩尔吉布斯自由能，用符号 $\Delta_f G_m^\ominus$ 来表示。根据定义可知，热力学稳定单质的标准摩尔生成吉布斯函数等于零。一些常见化合物的 $\Delta_f G_m^\ominus$ 见附录八。

（2）利用标准摩尔生成吉布斯自由能计算化学反应的标准摩尔吉布斯自由能变　使用标准摩尔生成吉布斯函数 $\Delta_f G_m^\ominus$ 计算标准摩尔吉布斯自由能变 $\Delta_r G_m^\ominus$ 的方法，类似于由标准摩尔生成焓计算标准摩尔反应焓变。

$$\Delta_r G_m^\ominus = \sum_B \nu_B \Delta_f G_m^\ominus(B) \tag{5-15}$$

即化学反应的标准摩尔吉布斯自由能变等于各反应物和产物的标准摩尔生成吉布斯自由能与相应化学计量数的乘积之和。从附录八可以看出，绝大多数物质的标准摩尔生成吉布斯自由能 $\Delta_f G_m^\ominus$ 为负值，这意味着由标准状态的单质生成某种物质通常情况下是自发的，但也有少数物质的 $\Delta_f G_m^\ominus$ 为正值。

【例 5-6】计算反应：$2NaOH(aq) \Longrightarrow Na_2O(s) + H_2O$ 在 298K 时的标准摩尔吉布斯自由能

变，并说明 NaOH 的稳定性。

解　查表计算如下：

$$2NaOH(aq) \Longrightarrow Na_2O(s) \quad + \quad H_2O$$

$$\Delta_f G_m^\ominus / kJ \cdot mol^{-1} \qquad\quad -419.7 \qquad -375.46 \qquad -237.13$$

$$\Delta_r G_m^\ominus = \sum_B \nu_B \Delta_f G_m^\ominus(B) = \Delta_f G_m^\ominus(Na_2O,s) + \Delta_f G_m^\ominus(H_2O,l) - 2 \times \Delta_f G_m^\ominus(NaOH,aq)$$

$$= [-273.13 + (-375.46)] - 2 \times (-419.7) = 190.81(kJ \cdot mol^{-1})$$

因 $\Delta_f G_m^\ominus > 0$，则在 298K 下 NaOH 比较稳定，不会自发分解。

（3）利用吉布斯-亥姆霍兹方程计算化学反应的吉布斯自由能变　利用物质在 298K 时的标准摩尔焓变和标准摩尔熵变，可计算出反应的标准摩尔生成吉布斯自由能变，进而可判断 298K、标准态下等温等压时反应的可能性。注意，反应的摩尔吉布斯自由能变和反应的摩尔焓变和摩尔熵变不同，反应的摩尔焓变和摩尔熵变受温度的影响可忽略，但反应的摩尔吉布斯自由能变受温度的影响比较大，因此可将 298K 时的焓变和熵变代入吉布斯-吉布斯-亥姆霍兹方程，通过计算求得其他温度 T 时的 $\Delta_r G_m^\ominus$。公式为：

$$\Delta_r G_{m,T}^\ominus = \Delta_r H_{m,298K}^\ominus - T \Delta_r S_{m,298K}^\ominus \tag{5-16}$$

【例 5-7】 已知 298K 时：$C_2H_5OH(l) \Longrightarrow C_2H_5OH(g)$

$$\Delta_f H_m^\ominus / kJ \cdot mol^{-1} \qquad\qquad -277.6 \qquad\qquad -235.3$$

$$S_m^\ominus / J \cdot mol^{-1} \cdot K^{-1} \qquad\qquad 161 \qquad\qquad 282$$

求：①在 298K 和标准态下，$C_2H_5OH(l)$能否自发地变成 $C_2H_5OH(g)$？②在 373K 和标准态下，$C_2H_5OH(l)$能否自发地变成 $C_2H_5OH(g)$？③估算乙醇的沸点。

解　① 298K 和标准态下：

$$\Delta_r H_m^\ominus = (-235.3) - (-277.6) = 42.3(kJ \cdot mol^{-1})$$

$$\Delta_r S_m^\ominus = 282 - 161 = 121(J \cdot mol^{-1} \cdot K^{-1})$$

因：$\Delta_r G_m^\ominus = \Delta_r H_m^\ominus - T \Delta_r S_m^\ominus$

$$= 42.3 - 298 \times 121 \times 10^{-3} = 6.24(kJ \cdot mol^{-1}) > 0$$

所以 298K 和标准态下，$C_2H_5OH(l)$不能自发地变成 $C_2H_5OH(g)$。

② ΔH、ΔS 随温度变化可忽略，则：

$$\Delta_r G_m^\ominus \approx \Delta_r H_m^\ominus - T \Delta_r S_m^\ominus$$

$$= 42.3 - 373 \times 121 \times 10^{-3}$$

$$= -2.83(kJ \cdot mol^{-1}) < 0$$

所以 373K 和标准态下，$C_2H_5OH(l)$能自发地变成 $C_2H_5OH(g)$。

③ 假设乙醇在温度 T 时沸腾，则此时处于气液两相平衡状态。

因此：

$$\Delta_r G_m^\ominus \approx \Delta_r H_m^\ominus - T \Delta_r S_m^\ominus = 0$$

$$T = \frac{\Delta_r H_m^\ominus}{\Delta_r S_m^\ominus} = \frac{42.3}{121 \times 10^{-3}} = 349.6(K)$$

所以沸点为 349.6K。

【拓展窗】

吉布斯——热力学大师与统计物理奠基人

吉布斯被爱因斯坦称为"美国历史上最杰出的英才"，他一生致力于物理光学、热力学以及后来他首创的统计力学的研究。吉布斯 1839 年出生于美国，他 15 岁时进入耶鲁大学就读。1863 年，他完成了学位论文《论直齿轮轮齿的样式》，成为美国第一个工程学博士。毕业后他留校当助教。

1873 年，34 岁的吉布斯开始发表学术论文。他在小杂志 *Transactions of the Connecticut Academy* 上刊登了两篇文章，论述了如何利用几何方法表示热力学的量，这项研究得到了麦克斯韦的高度评价。

吉布斯首创了"统计力学"这一术语，并引入了用以描述物理系统的一些关键概念及它们相应的数学表述，特别是 1873 年引入的吉布斯能、1876 年引入的化学势、1902 年引入的系综。吉布斯还运用支配体系性质的统计原理阐明了他独辟蹊径导出的热力学方程，并通过多粒子系统的统计性质对热力学的唯象理论给出了完美的解释。

无论在物理学还是化学的发展中，吉布斯都建立了丰功伟绩，使他成为人类历史上当之无愧的伟大科学家。

本章小结

一、热力学的基本概念

系统是所研究的对象，系统以外的部分统称为环境。

状态函数的特征指的是当系统从始态变化到终态，状态函数的变化值仅取决于系统的始态和终态，而与系统状态的变化过程无关。

二、热力学第一定律和热化学

1. 热力学第一定律

$$\Delta U = Q + W$$

能量既不能自生，也不会消失，只能从一种形式转化为另一种形式，而在转化和传递的过程中能量的总值是不变的。

2. 反应热

① 恒容反应热，用符号 Q_V 表示，$\Delta U = Q_V$。

② 恒压反应热，用符号 Q_p 表示，$Q_p = \Delta H$。

3. 焓

① 焓，状态函数，符号 H 表示，$H = U + pV$。

② 反应的摩尔焓变，$\Delta_r H_m = \Delta_r H / \xi$，单位为 $J \cdot mol^{-1}$。

③ 标准摩尔生成焓，用符号 $\Delta_f H_m^\ominus$ 表示。

④ 计算反应的标准摩尔反应焓变，$\Delta_r H_m^{\ominus} = \sum_B \nu_B \Delta_f H_m^{\ominus}(B)$。

4. 盖斯定律

化学反应的热效应只取决于反应物的始态和生成物的终态，与反应经历的过程无关，即化学反应不管是一步完成还是分几步完成，其反应热总是相同的。

三、化学反应的方向

1. 熵

衡量系统混乱度的大小，用符号 S 来表示。

2. 标准摩尔反应熵变

用符号 $\Delta_r S_m^{\ominus}$ 来表示，$\Delta_r S_m^{\ominus} = \sum_B \nu_B S_m^{\ominus}(B)$，单位是 $J \cdot mol^{-1} \cdot K^{-1}$。

3. 吉布斯-亥姆霍兹方程

$$\Delta_r G = \Delta_r H - T\Delta_r S$$

4. 化学反应自发性的判定

在恒温、恒压的封闭系统内，系统不做非体积功的条件下：
① $\Delta_r G < 0$，反应能正向自发进行；
② $\Delta_r G = 0$，反应处于平衡状态；
③ $\Delta_r G > 0$，反应不能正向自发进行，但逆反应可自发进行。

 习　题

一、单项选择题

1. 对于封闭系统，下列叙述正确的是（　　）。
A. 不做非体积功条件下，Q_V 与途径无关，故其为状态函数
B. 不做非体积功条件下，Q_p 与途径无关，故其为状态函数
C. 系统发生一确定变化，不同途径中，热肯定不相等
D. 系统发生一确定变化，则 $Q+W$ 与途径无关

2. 已知在标准状态下，反应 $N_2(g)+2O_2(g) \Longrightarrow 2NO_2(g)$，$\Delta_r H_m^{\ominus} = 67.8kJ \cdot mol^{-1}$，则 $NO_2(g)$ 的标准摩尔生成焓为（　　）$kJ \cdot mol^{-1}$。
A. -67.8　　　　　B. 33.9　　　　　C. -33.9　　　　　D. 67.8

3. 根据 $\Delta G_f(NO,g) = 86.5kJ \cdot mol^{-1}$，$\Delta G_f(NO_2,g) = 51.3kJ \cdot mol^{-1}$。判断反应：（1）$N_2(g)+O_2(g) \Longrightarrow 2NO(g)$，（2）$2NO(g)+O_2(g) \Longrightarrow 2NO_2(g)$ 的自发性，结论正确的是（　　）。
A.（2）自发，（1）不自发　　　　　B.（1）和（2）都不自发
C.（1）自发，（2）不自发　　　　　D.（1）和（2）都自发

4. 已知 $\Delta_f G_m^{\ominus}(AgCl) = -109.8kJ \cdot mol^{-1}$，则反应 $2AgCl(s) \Longrightarrow 2Ag(s)+Cl_2(g)$ 的 $\Delta_r G_m^{\ominus}$ 为（　　）$kJ \cdot mol^{-1}$。
A. 109.8　　　　　B. 219.6　　　　　C. -109.8　　　　　D. -219.6

5．在 298K 时，反应 $N_2(g)+3H_2(g)\Longrightarrow 2NH_3(g)$，则标准状态下该反应（　　）。

A．任何温度下均可自发进行　　　　　B．任何温度下均不能自发进行

C．高温自发　　　　　　　　　　　　D．低温自发

二、判断题

1．化学反应的恒压热不是状态函数，与途径无关。（　　　）

2．指定温度下，元素稳定单质的 $\Delta_f G_m^\ominus$、$\Delta_f H_m^\ominus$、$\Delta S_m^\ominus$ 均为零。（　　　）

3．$\Delta_r G_m^\ominus < 0$ 的反应一定能自发进行。（　　　）

4．KNO_3 固体溶于水后熵增大。（　　　）

5．乙醇从液态变成气态熵值增大。（　　　）

三、填空题

（1）热和功是体系状态发生变化时与环境交换能量的两种方式：环境对体系做功，则 W____0；体系向环境放热，则 Q____0。

（2）同一物质所处的聚集状态不同，熵值大小次序是：气态_____液态_____固态。

（3）某系统吸收了 1.00×10^3J 热量，并对环境做了 5.4×10^2J 的功，则系统的热力学能变化 $\Delta U = $_____J。若系统吸收了 2.8×10^2J 的热量，同时环境对系统做了 4.6×10^2J 的功，则系统的热力学能的变化为 $\Delta U = $_____J。

（4）298K 时，反应 $2HCl(g)\Longrightarrow Cl_2(g)+H_2(g)$的 $\Delta_r H = 184.6$kJ·mol^{-1}，则该反应的逆反应的 $\Delta_r H = $_____kJ·mol^{-1}，$\Delta_f H(HCl,g) = $_____kJ·mol^{-1}。

（5）反应①：$2M(s)+C(s)\Longrightarrow MO(s)$和反应②：$2C(s)+O_2(g)\Longrightarrow 2CO(g)$，随温度升高摩尔吉布斯自由能增大的是_____，降低的是_____。因此，金属氧化物 MO 和 C 的反应：$MO(s)+C(s)\Longrightarrow M(s)+CO(g)$在高温条件下向_____方向自发进行。

四、计算题

1．计算说明反应 $2HgO\Longrightarrow 2Hg(l)+O_2(g)$在标准状态下，298K 及 900K 时的反应方向。已知：$\Delta_f H_m^\ominus(H_2O) = -90.83$kJ·mol^{-1}，$S_m^\ominus(HgO,s) = 70.29$J·mol^{-1}·K^{-1}，$S_m^\ominus(Hg,l) = 76.02$J·mol^{-1}·K^{-1}，$S_m^\ominus(O_2,g) = 205.03$J·mol^{-1}·K^{-1}。

2．已知 298K 时有下列热力学数据：

化合物	NO(g)	NO$_2$(g)
$\Delta_f G_m^\ominus$/kJ·mol^{-1}	86.6	51.3

现有反应：$2NO(g)+O_2\Longrightarrow 2NO_2(g)$，试计算该反应的 $\Delta_r G_m^\ominus$，并判断该反应在标准状态下能否自发进行。

第六章　化学反应速率与化学平衡

【知识目标】

1. 掌握化学反应速率的概念及其影响因素。
2. 理解反应速率理论和反应机理。
3. 掌握化学平衡的特征、标准平衡常数的概念及应用。
4. 掌握影响化学平衡的因素、化学平衡的相关计算。

【能力目标】

1. 能判断各影响因素（如温度、浓度、压力、催化剂）对化学反应速率的影响。
2. 能根据反应式正确书写标准平衡常数的表达式。
3. 能利用标准平衡常数判断反应程度和反应方向。
4. 能判断浓度、压力、温度等对化学平衡的影响。

【素质目标】

1. 培养学生学以致用的能力。
2. 帮助学生树立社会主义核心价值观，培养学生的可持续发展观及科技报国的家国情怀。

　　化学动力学对化学反应的研究主要涉及两个问题：第一，反应进行的快慢，即反应速率问题；第二，反应进行的程度，即化学平衡问题。这两者在工厂生产中直接影响产品的质量、产量和原料转化率，因此具有重要的理论指导意义和实用价值。

第一节　化学反应速率

　　化学反应速率各不相同，有些反应很快，如酸碱中和反应可瞬间完成，血红蛋白同氧结合的反应可在15s内达到平衡；有些反应则进行得很慢，如乙烯的聚合需要几小时或者几天。有的反应用热力学预见是可以发生的，但却因反应速率太慢而事实上并不发生，如常温下氢气和氧气混合放置多年也不会生成一滴水，金刚石在常温常压下也不会转化为石墨等。化学热力学只讨论反应的可能性、趋势与程度，未讨论反应的速率问题。要比较反应的快慢，首先要引入反应速率的概念。

一、化学反应速率及表示方法

　　化学反应速率常用单位时间内反应物浓度的减少或生成物浓度的增加来表示。浓度常用单位为 $mol \cdot L^{-1}$，时间常用单位为 s、min、h 等，而速率常用单位为 $mol \cdot L^{-1} \cdot s^{-1}$、$mol \cdot L^{-1} \cdot min^{-1}$ 等。绝大多数的化学反应不是等速率进行的，因此，化学反应速率又分为平均速率和瞬时速率。

1. 平均速率

化学反应的平均速率是指在某段时间内浓度变化的平均值。对于恒容反应，可采用单位时间内、单位体积中反应物或生成物的物质的量的变化来表示反应速率，即采用反应物或生成物浓度的变化速率表示反应速率。化学反应速率可表示为：

$$\bar{v} = \left| \frac{\Delta c}{\Delta t} \right| \tag{6-1}$$

式中，$\bar{v}$ 为平均速率，常用单位为 $mol \cdot L^{-1} \cdot s^{-1}$；$\Delta c$ 为反应物或者生成物的浓度变化值，常用单位为 $mol \cdot L^{-1}$；Δt 为反应时间，常用单位为 s。

以在四氯化碳溶液中，五氧化二氮的分解反应为例：

$$N_2O_5(CCl_4) \Longrightarrow N_2O_4(CCl_4) + 1/2O_2(g)$$

产物 N_2O_4 与反应物 N_2O_5 均溶解于溶剂 CCl_4 中，而 O_2 在 CCl_4 中溶解度极低，可以收集气体产物并测定其体积，从而推算出各组分的浓度变化，求出反应速率，有关数据见表 6-1。

表 6-1　CCl_4 中 N_2O_5 的分解速率实验数据（40℃）

t/s	V_{O_2}/mL	$c_{N_2O_5}/mol \cdot L^{-1}$	$v/mol \cdot L^{-1} \cdot s^{-1}$
0	0.000	0.200	7.29×10^{-5}
300	1.15	0.180	6.46×10^{-5}
600	2.18	0.161	5.80×10^{-5}
900	3.11	0.144	5.21×10^{-5}
1200	3.95	0.130	4.69×10^{-5}
1800	5.36	0.104	3.79×10^{-5}
2400	6.50	0.084	3.04×10^{-5}
3000	7.42	0.068	2.44×10^{-5}
4200	8.75	0.044	1.59×10^{-5}
5400	9.62	0.028	1.03×10^{-5}
6600	10.17	0.018	
7800	10.53	0.012	
∞	11.20	0.000	

由表 6-1 可知：

$t_0 = 0s$，当 $t = 900s$ 时，N_2O_5 的浓度从 $0.200 mol \cdot L^{-1}$ 减少到 $0.144 mol \cdot L^{-1}$，即

$$\bar{v} = -\frac{\Delta c_{N_2O_5}}{\Delta t}$$

$$= -\frac{(0.144 - 0.200)mol \cdot L^{-1}}{(900 - 0)s} = 6.22 \times 10^{-5} mol \cdot L^{-1} \cdot s^{-1}$$

上面所求 $\bar{v}$ 表示的是从反应开始到反应进行到 900s 这段时间内的平均反应速率。对于大部分化学反应，化学反应速率在反应过程中不断变化，平均反应速率不能确切地反映这种变化。要想知道某个具体时间点的反应速率，就要用瞬时反应速率来表示。表 6-1 中的 v 即表示该反应的瞬时速率。

2. 瞬时速率

所谓瞬时速率（v）是指在一定条件下，当 $\Delta t \rightarrow 0$ 时反应物浓度的减少量或者生成物浓度的增加量。瞬时速率等于时间间隔无限趋于 0 时平均速率的极限值，表达式为：

$$v = \lim_{\Delta t \to 0} \left| \frac{\Delta c}{\Delta t} \right| = \left| \frac{dc}{dt} \right|$$

瞬时速率通常用作图法求取。以 c 为纵坐标，以 t 为横坐标画出曲线，如图 6-1 所示。曲线上某一点切线斜率的绝对值，即为相应时刻化学反应的瞬时速率。

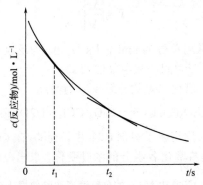

图 6-1　反应物浓度变化同时间的关系

【课堂练习】

某化学反应 $2A+B \longrightarrow C$ 是一步完成的，开始 A 的浓度是 $2mol \cdot L^{-1}$，B 的浓度是 $4mol \cdot L^{-1}$，1s 后 A 的浓度下降为 $1mol \cdot L^{-1}$，该反应的反应速率 v_A 应为（　　）。

A．$1mol \cdot L^{-1} \cdot s^{-1}$　　　　　　　　　　B．$2mol \cdot L^{-1} \cdot s^{-1}$

C．$0.5mol \cdot L^{-1} \cdot s^{-1}$　　　　　　　　　D．$4mol \cdot L^{-1} \cdot s^{-1}$

二、化学反应速率理论

化学反应速率千差万别，其本质原因在于物质本身的性质是微观粒子相互作用的结果。为了阐述微观现象的本质，提出了各种揭示化学反应内在联系的理论。其中应用最广泛的是有效碰撞理论和过渡态理论。

1. 有效碰撞理论

1918 年，路易斯运用分子运动论的成果，提出了反应速率的碰撞理论。碰撞理论认为，反应物分子间的相互碰撞是反应进行的必要条件，反应物分子碰撞频率越高，反应速率越快。但并不是每次碰撞都能引起反应，碰撞是分子间发生反应的必要条件但不是充分条件，这种能发生化学反应的碰撞称为有效碰撞。气体动力学理论表明，单位时间内分子的碰撞次数是很大的，在标准状况下，每秒钟每升体积内分子间的碰撞可达 10^{32} 次，甚至更多（碰撞频率与温度、分子大小、分子的质量及浓度等因素有关）。碰撞频率如此之快速，显然不可能每次碰撞都导致反应的发生，否则反应就会在瞬间完成。实际上，在无数次的碰撞中，大多数碰撞并没有导致反应的发生，只有少数分子间的碰撞才会发生反应。能否发生有效碰撞，取决于碰撞分子间的取向和平均动能。例如下列反应：

$$CO(g)+NO_2(g) == CO_2(g)+NO(g)$$

当反应物 CO 分子和 NO_2 分子碰撞时，只有合适的取向碰撞才能发生氧原子的转移，取向不合适反应就无法进行。如图 6-2 所示。

此外，互相碰撞的分子必须具有足够的能量碰撞时才能发生反应，即只有具有较高能量

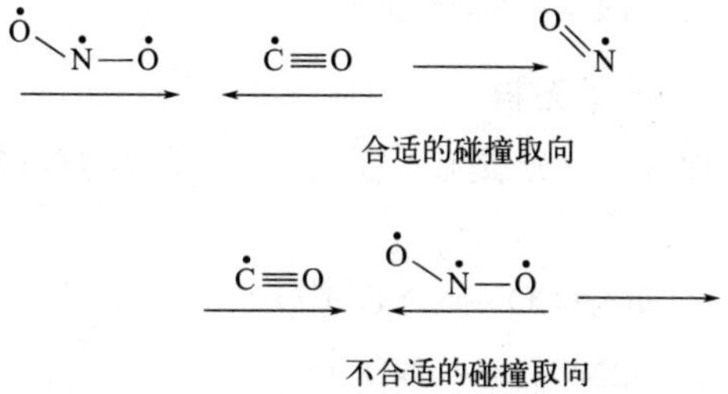

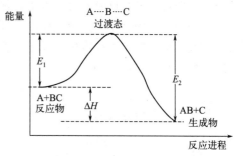

图 6-2 分子碰撞取向图例

的分子在取向合适的前提下，才能够克服碰撞分子间电子的相互斥力，完成化学键的改组，并最终完成化学反应。这种必须具备的最低能量称为临界能，具有等于或大于临界能且能够发生有效碰撞的分子称为活化分子。活化分子占分子总数的百分数称为活化分子百分数，用符号 f 表示。活化分子百分数越大，有效碰撞次数越多，反应速率也越大。

能量低于临界能的分子称为非活化分子或普通分子，活化分子具有的平均能量与反应物分子的平均能量之差称为反应的活化能，用符号 E_a 表示，单位为 $kJ \cdot mol^{-1}$。相同条件下，E_a 越大，活化分子百分数（f）越小，反应越慢；反之，E_a 越小，f 越大，反应越快。

综上所述，反应物分子发生有效碰撞有两个前提条件：①反应物分子碰撞必须具有合适的方向；②反应物分子发生碰撞时必须具备足够的能量。

2. 过渡态理论

20 世纪 30 年代，艾林和佩尔采在碰撞理论的基础上将量子力学应用于化学动力学，提出了过渡态理论。过渡态理论认为：反应物之间的反应不是通过反应物分子的简单碰撞就能完成的，而是要经过一个具有较高能量的中间过渡状态，处于过渡态的分子即为活化配合物。活化配合物是一种高能量的不稳定的反应物原子组合体，它能较快地分解为能量较低的更稳定的产物。

当具有一定能量的反应物分子沿着一定方向相互接近时，分子中的化学键发生重排，能量重新分配，继而形成活化配合物再转化为产物。例如反应物 A 和 BC 的反应：

$$A+BC \Longleftrightarrow [A \cdots B \cdots C] \longrightarrow AB+C$$

活化配合物所具有的最低能量与反应物分子的平均能量之差即为活化能。因此，不管是放热反应还是吸热反应，反应物经过过渡态变成生成物，都必须越过一个能量障碍，即能垒。能垒越高，活化能越大，活化分子越少，反应速率越慢；反之，能垒越低，活化分子越多，活化能越小，反应速率越快。反应历程与势能的关系如图 6-3 所示，反应热 ΔH 等于正逆反应活化能之差，当 $E_1 < E_2$ 时，$\Delta H < 0$ 是放热反应；当 $E_1 > E_2$ 时，$\Delta H > 0$，是吸热反应。这就是化学动力学参数活化能与热力学参数反应焓的联系。

图 6-3 反应历程与势能关系图

三、影响化学反应速率的因素

反应速率大小主要取决于反应物的本性，如反应物结构、组成等；此外，反应速率还受外界因素影响，如反应物浓度、反应温度、催化剂等。

1. 浓度对反应速率的影响——速率方程

（1）基元反应及其动力学方程式——质量作用定律　由反应物直接一步反应生成产物，这种反应称为基元反应，如：

$$NO_2+CO \Longrightarrow NO+CO_2$$

$$2NO_2 \Longrightarrow 2NO+O_2$$

大量的实验表明：一定温度下，基元反应的反应速率与各反应物浓度幂的乘积成正比，幂指数等于化学方程式中相应反应物的系数，这一规律称为质量作用定律。

例如，恒温下，某基元反应：

$$aA+bB \Longrightarrow dD+eE$$

其反应速率可表示为：

$$v=kc_A^a c_B^b \tag{6-2}$$

式中，c_A、c_B 为反应物 A、B 的浓度，$mol \cdot L^{-1}$；v 为反应速率；k 为反应速率常数，是表明化学反应速率大小的物理量。k 越大反应速率越快，k 越小反应速率越慢。速率常数的大小与反应物的本性有关，与反应物的浓度无关，但受温度、溶剂、催化剂等的影响。k 在数值上等于各反应物浓度为单位浓度时的反应速率。

（2）非基元反应及其动力学方程　实验证明，绝大多数化学反应实际上是分步进行的，总反应方程式只反映了反应物与终产物之间的化学计量关系，并不代表反应的实际历程。例如，氢气和碘蒸气合成气态碘化氢的反应：

$$H_2(g)+I_2(g) \Longrightarrow 2HI(g)$$

实际上分两步完成：

$$I_2(g) \Longrightarrow 2I(g) \quad （第一步，快）$$

$$H_2(g)+2I(g) \Longrightarrow 2HI \quad （第二步，慢）$$

这种由两个或者两个以上的基元反应构成的化学反应称为非基元反应。化学反应是否为基元反应需通过实验检验才能证实。在非基元反应中，各步反应速率是不相同的，其中最慢的一步反应决定了总反应的反应速率，称为定速步骤。

非基元反应的总反应方程式标出的只是反应物与最终产物，其速率方程式需要通过实验获得有关数据，然后进行数据处理才能求得反应级数，进而确定速率方程。

例如，某反应：

$$aA+bB \Longrightarrow dD+eE$$

其反应速率可假设为：

$$v=kc_A^x c_B^y \tag{6-3}$$

注意：非基元反应的反应级数通常不等于化学反应方程中该物质的化学计量数，即 $x \neq a$，$y \neq b$。复杂反应速率方程中反应物浓度的指数一般通过实验测定得到，与化学方程式中的计量系数无关。如果 $x=1$，表示该反应对 A 为一级反应；$y=2$ 时，表示该反应对 B 是二级反应；二者之和为反应的总级数。

速率方程中浓度的指数（即反应级数），即反应速率方程中的 x、y，必须由实验确定。反应级数确定之后，即可确定反应速率常数 k。实验时为计算方便，可保持反应物 A 的浓度不变，而改变 B 的浓度，则根据实验数据可确定 y；然后保持 B 的浓度不变，而改变 A 的浓度，则可通过实验数据计算得到 x。

【例 6-1】在碱性溶液中，次磷酸根离子（$H_2PO_2^-$）分解为亚磷酸根离子（HPO_3^{2-}）和氢气。反应方程式为：

$$H_2PO_2^-(aq)+OH^-(aq) \rightleftharpoons HPO_3^{2-}(aq)+H_2(g)$$

一定温度下，测得的实验数据如下所示：

实验编号	$c(H_2PO_2^-)/mol \cdot L^{-1}$	$c(OH^-)/mol \cdot L^{-1}$	$v/mol \cdot L^{-1} \cdot s^{-1}$
1	0.10	0.10	5.30×10^{-9}
2	0.50	0.10	2.67×10^{-8}
3	0.50	0.40	4.25×10^{-7}

求：（1）反应级数；（2）速率常数 k。

解 （1）设该反应的速率方程为：

$$v = kc_{H_2PO_2^-}^x c_{OH^-}^y$$

将表格中的三组数据代入：

$$5.30 \times 10^{-9} = k \times 0.10^x \times 0.10^y \qquad ①$$

$$2.67 \times 10^{-8} = k \times 0.50^x \times 0.10^y \qquad ②$$

$$4.25 \times 10^{-7} = k \times 0.50^x \times 0.40^y \qquad ③$$

②式除以①式：

$$\frac{2.67 \times 10^{-8}}{5.30 \times 10^{-9}} = \left(\frac{0.50}{0.10}\right)^x$$

计算得：$x = 1$

③式除以②式：

$$\frac{4.25 \times 10^{-7}}{2.67 \times 10^{-8}} = \left(\frac{0.40}{0.10}\right)^y$$

计算得：$y = 2$

所以该反应的速率方程为：$v = kc_{H_2PO_2^-} c_{OH^-}^2$ ，为 3 级反应。

（2）将表中任意一组数据代入求得的速率方程，即可求得 k。现代入第一组数据得：

$$5.30 \times 10^{-9} = k \times 0.10 \times 0.10^2$$

求得：$k = 5.3 \times 10^{-6} L^2 \cdot mol^{-1} \cdot s^{-1}$

反应级数既适用于基元反应，也适用于非基元反应。不同的是基元反应的反应级数是正整数，与反应分子数一致；复杂反应的反应级数则可能是零、正整数、分数或负数。一般一级和二级反应比较常见，如果是零级反应，反应物浓度不影响反应速率。部分反应的反应级数及速率方程见表 6-2。

表 6-2　部分反应的反应级数及速率方程

化学反应计量式	速率方程	反应级数
$2HI(g) \xrightarrow{Au} H_2(g)+I_2(g)$	$v = k$	0
$SO_2Cl_2(g) \longrightarrow SO_2(g)+Cl_2(g)$	$v = kc(SO_2Cl_2)$	1
$H_2+Cl_2 \longrightarrow 2HCl$	$v = kc(H_2)c(Cl_2)^{1/2}$	1.5
$H_2(g)+I_2(g) \longrightarrow 2HI(g)$	$v = kc(H_2)c(I_2)$	2

可见，无论基元反应还是非基元反应，速率方程式都定量表示了浓度对反应速率的影响，增大反应物浓度，反应速率则增大；减小反应物的浓度，反应速率减小。

2. 温度对反应速率的影响——阿仑尼乌斯方程

温度对化学反应速率的影响特别显著，一般来说，温度升高，化学反应速率增大。这是因为温度升高，反应速率常数 k 增大，故反应速率增大。1889 年，瑞典化学家阿仑尼乌斯在总结了大量实验结果的基础上，提出了化学反应速率与温度间的定量关系式——阿仑尼乌斯方程，其表达式为：

$$k = Ae^{-\frac{E_a}{RT}} \tag{6-4}$$

式中，k 为温度 T 时的反应速率常数；A 指碰撞频率因子，也称为阿仑尼乌斯常数，单位与 k 相同；E_a 称为实验活化能，当温度变化范围不大时，可视为与温度无关的常数，单位为 $kJ \cdot mol^{-1}$；T 为绝对温度，单位为 K；R 为气体摩尔常数，为 $8.314J \cdot mol^{-1} \cdot K^{-1}$；e 是自然对数的底。

将式（6-4）两边取对数得：

$$\ln k = -\frac{E_a}{RT} + \ln A \tag{6-5}$$

或

$$\lg k = \lg A - \frac{E_a}{2.303RT} \tag{6-6}$$

由阿仑尼乌斯方程可知，反应速率 k 与热力学温度 T 之间为指数关系，说明只要温度有轻微变化，k 值就有非常大的变化，而且也说明了活化能对反应速率的影响。式（6-5）表明 $[\ln k]$ 与 $[1/T]$ 之间存在直线关系，其斜率为 $-\frac{E_a}{T}$，截距为 $\ln A$。以 CCl_4 中 N_2O_5 分解反应（表 6-3）的 $[\ln k]$ 为纵坐标，以 $[1/T]$ 为横坐标作图，得一直线（见图 6-4），从图可看出两者关系，即速率常数随温度升高而快速增大。

表 6-3　不同温度下 N_2O_5 在 CCl_4 中分解生成 N_2O_4 和 O_2 的 k 值

T/K	k/s^{-1}	$1/T$	$\ln k$
293.15	0.235×10^{-4}	3.41×10^{-3}	-10.659
298.15	0.469×10^{-4}	3.35×10^{-3}	-9.967
303.15	0.933×10^{-4}	3.30×10^{-3}	-9.280
308.15	1.82×10^{-4}	3.25×10^{-3}	-8.612
313.15	3.62×10^{-4}	3.19×10^{-3}	-7.924
318.15	6.29×10^{-4}	3.14×10^{-3}	-7.371

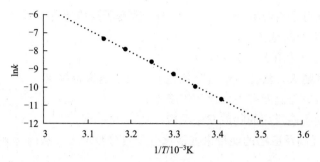

图 6-4　CCl₄ 中 N₂O₅ 分解反应[ln$k$]-[1/T]关系图

3. 催化剂对反应速率的影响

催化剂是一种能够在化学反应中改变反应速率，但本身的质量和化学性质在反应前后均不改变的物质。

从催化剂加快还是减慢反应速率的角度，可把催化剂分为正催化剂和负催化剂两大类。一般无特别说明情况下，催化剂都是指的正催化剂。催化剂能改变反应速率的作用称为催化作用。

过渡态理论认为，催化剂改变化学反应速率的机理在于催化剂改变了原来反应的途径，降低了反应的活化能，从而使活化分子百分数增加，分子间的有效碰撞次数增多。如图 6-5 所示，从图中可看出，加入催化剂后，反应途径发生了改变，有催化剂的活化能 E_2 明显比无催化剂的活化能 E_1 低，所以反应速率增大。

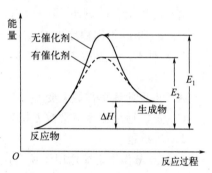

图 6-5　催化反应历程示意图

催化剂具有以下特征：

① 催化剂只能对热力学上可能发生的反应起作用，不能催化热力学上不可能发生的反应。

② 催化剂只能改变反应途径（又称机理），不能改变反应的始态和终态。它同时改变正、逆反应的速率，改变达到平衡的时间，但不能改变平衡状态。

③ 催化剂有专一的选择性，不同反应采用的催化剂不同，即每个反应采用特有的催化剂。同种反应物如果能生成多种不同产物时，选用不同的催化剂会有利于不同产物的生成。

④ 对于可逆反应，催化剂可同等程度地加快正、逆反应的速率。

⑤ 催化剂只有在特定条件下才具有活性，否则将失活。

另外，酶也称为生物催化剂，是具有催化功能的生物大分子，大部分为蛋白质，其分子量可高达 1200～120000 甚至更大。几乎所有的生物体内的生化反应都是在酶的催化下进行的。不同于一般的催化剂，酶具有以下特征：酶具有相比之下极高的催化效率；酶催化反应所需的条件比较温和，在常温、常压、接近中性的条件下就能有效起到催化作用；酶具有极高的专一性，一种酶只对某一种或者某一类反应起作用；酶的稳定性是相对的，酶容易受到外界的影响，如高温、强酸、强碱等可使酶失活，其中温度和 pH 值的影响最为显著。

【课堂练习】

1. 单项选择题

（1）升高温度能使化学反应速率加快的原因是（　　　）。

A. 降低了反应的活化能　　　　　　B. 增加了反应物分子数

C．增加了活化分子百分数　　　　D．改变了反应历程

（2）下列说法正确的是（　　）。

A．质量作用定律适用于一切化学反应

B．反应物浓度越大，活化分子百分数越大，反应速率也越快

C．反应速率常数与温度有关，而与浓度无关

D．催化剂能使不能反应的物质发生反应

（3）下列通过提高反应物的能量来使活化分子百分数增大，从而达到反应速率加快的目的的选项是（　　）。

A．增大某一组分的浓度　　　　　B．增大体系的压力

C．使用合适的催化剂　　　　　　D．升高体系的温度

（4）对于可逆反应：$2SO_2+O_2 \rightleftharpoons 2SO_3(g)+Q(Q>0)$，升高温度后，下列说法正确的是（　　）。

A．$v_正$增大，$v_逆$减小　　　　　　B．$v_正$减小，$v_逆$增大

C．$v_正$和$v_逆$不同程度地增大　　　D．$v_正$和$v_逆$同等程度地增大

（5）对于一定温度下的反应 $3A(g)+2B(g) \longrightarrow 4C(g)$，随着反应的进行，下列叙述正确的是（　　）。

A．正反应速率常数 k 变小　　　　B．逆反应速率常数 k 变大

C．正、逆反应速率常数 k 相等　　D．正、逆反应速率常数 k 不变

2．判断题

（1）质量作用定律适用于所有反应。（　　　）

（2）一定温度下，反应的活化能越小，其反应速率就越快。（　　　）

（3）对于一个给定反应，升高温度时，活化能减小，活化分子数目增多，因此，反应速率加快。（　　　）

第二节　化学平衡

化学反应能否进行及进行到什么程度，即反应物可以转化为产物的最大限度是多少，这就要讨论化学平衡问题。研究化学平衡的规律对生产实践有重要的意义，生产实践中人们总是希望将原料尽可能地转化成产品，以获得最大的经济效益。这就要研究化学反应的平衡问题，研究什么条件下能够获得最大的产率。

一、可逆反应与化学平衡

1. 可逆反应与不可逆反应

化学反应分为可逆反应和不可逆反应。在一定条件下反应物几乎可完全转变为生成物，而同样条件下生成物几乎不能转变回反应物的反应，即只能向一个方向进行的单向反应，称为不可逆反应。在一定条件下，即能向正反应方向进行又能向逆反应方向进行的反应，称为可逆反应。

到目前为止，绝大多数反应都是可逆反应，只有少数反应为不可逆反应，如 $KClO_3$ 的分解反应为不可逆反应。通常把按化学反应方程式从左到右进行的反应称为正反应，从右向左进行的反应称为逆反应，通常在方程式中用符号"$\rightleftharpoons$"表示反应是可逆的。

2. 化学平衡

化学平衡的建立是以可逆反应为前提的。当可逆反应进行到正、逆反应速率相等时的状态叫化学平衡。化学反应达到平衡时，反应物和生成物的浓度或者分压都不再改变，反应好像"停止"了，但这只是表观上的，本质上无论正反应还是逆反应都还在继续进行着，只是正逆反应的速率相等，因此，化学平衡是一种"动态平衡"。

例如，在一定条件下，将氢气和碘蒸气在密闭容器中混合，反应如下：

$$H_2(g)+I_2(g) \rightleftharpoons 2HI(g)$$

最初时刻，氢气和碘蒸气的浓度很大，正反应速率很大，此时容器中还没碘化氢，所以逆反应速率为零；随着正反应的进行，反应物不断消耗，氢气和碘蒸气的浓度逐渐减小，根据反应速率同浓度的关系，正反应速率逐渐减小，同时，碘化氢浓度逐渐增加，逆反应速率逐渐增大。经过一段时间后，正、逆反应速率相等。把可逆反应在一定条件下，正、逆反应速率相等时体系所处的状态称为化学平衡。达到平衡状态时，各物质的浓度称为平衡浓度，用符号"[]"表示。图 6-6 表示可逆反应的反应速率变化。

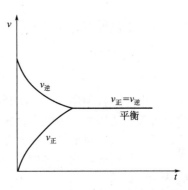

图 6-6 可逆反应的反应速率变化

化学平衡具有以下特征：

① 化学平衡是动态平衡。反应处于平衡时，$v_{正}=v_{逆}$，反应仍在进行。

② 平衡的组成与达到平衡的途径无关，在条件一定时，平衡组成不随时间发生变化。

③ 平衡状态是可逆反应达到的最大限度。反应条件不变，到达平衡的途径无论如何变化，最终所处的平衡状态都是相同的。

④ 外界条件一旦改变，原来的平衡状态将被破坏，直到形成新的平衡。

不同化学反应所能达到的最大限度是不同的。平衡常数定量地描述了一定条件下可逆反应所能达到的最大限度。

二、平衡常数

1. 实验平衡常数

通过实验测定平衡状态时各组分的浓度或者分压求得的平衡常数称为实验平衡常数。

（1）浓度平衡常数 可逆反应达到平衡时，各物质的浓度之间存在着定量关系。以 1200℃ 时，在 1L 密闭容器中进行的化学反应：$CO_2(g)+H_2(g) \rightleftharpoons CO(g)+H_2O(g)$ 为例来说明达到平衡时各物质的浓度之间存在的定量关系。有关实验数据见表 6-4。

表 6-4 反应 $CO_2(g)+H_2(g) \rightleftharpoons CO(g)+H_2O(g)$ 的实验数据（1200℃）

实验序号	初始浓度 mol·L^{-1}				平衡浓度 mol·L^{-1}				$\dfrac{[CO][H_2O]}{[CO_2][H_2]}$
	c_{CO_2}	c_{H_2}	c_{CO}	c_{H_2O}	c_{CO_2}	c_{H_2}	c_{CO}	c_{H_2O}	
1	0.010	0.010	0	0	0.0040	0.0040	0.0060	0.0060	2.3
2	0.010	0.020	0	0	0.0022	0.0122	0.0078	0.0078	2.4
3	0.010	0.010	0.0010	0	0.0041	0.0041	0.0069	0.0059	2.4
4	0	0	0.020	0.020	0.0078	0.0078	0.0122	0.0122	2.4

从表 6-4 中可以看出：在一定温度下，虽然起始浓度不同，达到平衡时各物质的浓度也不同。但把平衡浓度代入 $\dfrac{[CO][H_2O]}{[CO_2][H_2]}$ 中，其结果是一个常数。

总结大量实验得出结论：在一定温度下，可逆反应达到平衡时，生成物浓度幂的乘积与反应物浓度幂的乘积之比为一个常数。这一平衡常数称为化学平衡常数，用符号 K 表示。以浓度表示的平衡常数，称为浓度平衡常数，用 K_c 表示。

对于任意可逆反应：

$$aA+bB \Longleftrightarrow cC+dD$$

在一定温度下达到平衡时，有：

$$K_c = \frac{[C]^c \cdot [D]^d}{[A]^a [B]^b} \tag{6-7}$$

式中，[A]、[B]、[C]、[D]分别表示 A、B、C、D 各物质的平衡浓度。该式称为平衡常数表达式，适用于一切可逆反应。

（2）压力平衡常数　对于有气体参加的反应：$aA(g)+bB(g) \Longleftrightarrow cC(g)+dD(g)$，在一定温度下达到平衡时，用气体的分压代替式（6-7）中的浓度，即可得到压力平衡常数，用符号 K_p 表示，如下：

$$K_p = \frac{p_C{}^c p_D{}^d}{p_A{}^a p_B{}^b} \tag{6-8}$$

由于浓度平衡常数和压力平衡常数都是通过实验测定得到的，因此合称为实验平衡常数或经验平衡常数。实验平衡常数 K_c 或者 K_p 一般是有单位的，取决于平衡常数的表达式，但使用时通常只有数值，不标出单位。

2. 标准平衡常数

根据热力学函数求得的平衡常数称为标准平衡常数，也称热力学平衡常数，用符号 $K^\ominus$ 表示。在使用实验平衡常数时，经常不标出单位，为了避免误解引入标准平衡常数，其表达方式与实验平衡常数类似，不同之处在于标准平衡常数表达式中相关物质的浓度用相对浓度（$c/c^\ominus$），分压用相对分压（$p/p^\ominus$），其中，$c^\ominus = 1mol \cdot L^{-1}$，$p^\ominus = 100kPa$。

对任一可逆反应：

$$aA(g)+bB(aq)+cC(s) \Longleftrightarrow dD(g)+eE(aq)+fF(l)$$

在一定温度下达到化学平衡时，其标准平衡常数的表达式为：

$$K^\ominus = \frac{[p_D/p^\ominus]^d [c_E/c^\ominus]^e}{[p_A/p^\ominus]^a [c_B/c^\ominus]^b} \tag{6-9}$$

式（6-9）中 p 和 c 代表平衡时的分压或者浓度。该式表明：在一定温度下任一可逆反应达到平衡时，生成物的相对浓度（或分压）以其化学方程式的化学计量数的绝对值为指数幂的乘积，除以反应物的相对浓度（或分压）以其反应方程式中的化学计量数的绝对值为指数幂的乘积，得到的商为一常数，即为标准平衡常数。在标准平衡常数表达式中，各组分均以各自标准态为参考态。如果某组分是气体（g），就用相对分压表示（$p/p^\ominus$）；若是溶液中的某溶质（aq），要用相对浓度（$c/c^\ominus$）表示；若是纯液体（l）或纯固体（s），因标准态就是对应的纯液体或纯固体，故对应的物理量不出现在表达式中。标准平衡常数与经验平衡常数不同，标准平衡常数 $K^\ominus$ 没有量纲，$K^\ominus$ 值越大，说明反应进行的程度越大，也就是反应越完全；$K^\ominus$ 值越小，说明反应进行的程度越小，也就是反应越不完全。不同的可逆反应有不同的标准平衡常数，其值与温度有关，但与浓度、压力无关。

应用标准平衡常数表达式时，应注意以下几点：

① 实验平衡常数或标准平衡常数表达式中各物质的浓度和压力是指平衡时的数值。

② 如果在反应物或生成物中有固体或纯液体，不要把它们写入表达式中，如 $CaCO_3(s) \rightleftharpoons CaO(s)+CO_2(g)$，反应有固体参与，不写入平衡表达式中。

$$K^\ominus = \frac{p_{CO_2}}{p^\ominus}$$

③ 在稀溶液中进行的反应，若溶剂 H_2O 参与反应，由于溶剂的量很大，浓度基本不变，可看成常数，不写入表达式中，如：$NaAc(aq)+H_2O(l) \rightleftharpoons NaOH(aq)+HAc(aq)$

$$K^\ominus = \frac{\dfrac{[NaOH]}{c^\ominus} \times \dfrac{[HAc]}{c^\ominus}}{\dfrac{[NaAc]}{c^\ominus}}$$

④ 标准平衡常数表达式必须与化学反应计量式相对应。同一化学反应，反应方程式写法不同，其 $K^\ominus$ 的表达式也不同。如：

$$N_2(g)+3H_2(g) \rightleftharpoons 2NH_3(g)$$

$$K^\ominus = \frac{\left(\dfrac{p_{NH_3}}{p^\ominus}\right)^2}{\dfrac{p_{N_2}}{p^\ominus}\left(\dfrac{p_{H_2}}{p^\ominus}\right)^3}$$

$$1/2N_2(g)+3/2H_2(g) \rightleftharpoons NH_3(g)$$

$$K^\ominus = \frac{\dfrac{p_{NH_3}}{p^\ominus}}{\left(\dfrac{p_{N_2}}{p^\ominus}\right)^{\frac{1}{2}}\left(\dfrac{p_{H_2}}{p^\ominus}\right)^{\frac{3}{2}}}$$

⑤ 正、逆反应的标准平衡常数互为倒数。

3. 标准平衡常数的应用

标准平衡常数的应用可总结为以下几点：

（1）判断反应进行的程度　在一定条件下，化学反应达到平衡状态时，正、逆反应速率相等，平衡组成不再改变，这表明在平衡条件下反应物向产物转化达到了最大限度。如果该反应的标准平衡常数很大，其表达式的分子（对应产物的分压或浓度）比分母（对应反应物的分压或浓度）要大得多，说明大部分反应物转化为了产物，反应进行得比较完全。反之，如果 $K^\ominus$ 值很小，表明平衡时产物的相关量对反应物的相关量的比例很小，反应正向进行的程度很小，反应进行得很不完全。

反应达到平衡时，反应进行的程度可以用平衡转化率来表示，符号为 α。它表示反应平衡时反应物转化为生成物的百分率，可用表达式定义为：

$$\alpha = \frac{n_0 - n_{eq}}{n_0} \tag{6-10}$$

式中，n_0 为反应开始时对应反应物的物质的量；n_{eq} 为平衡时对应反应物的物质的量。$K^{\ominus}$ 越大，α 也随之越大，α 越大，表示反应进行的程度越大。平衡常数和平衡转化率都能表示反应进行的程度，但两者又有差别，平衡常数与系统的起始状态无关，只与反应温度有关；平衡转化率除与反应温度有关外，还与系统的起始状态有关，并须指明物质的种类。

（2）预测反应方向　在特定温度 T 下，标准平衡常数 $K^{\ominus}$ 具有对应的确定值。对于反应：

$$a\text{A(g)} + b\text{B(aq)} + c\text{C(s)} \rightleftharpoons d\text{D(g)} + e\text{E(aq)} + f\text{F(l)}$$

可以得到：

$$Q = \frac{\left(\dfrac{p_D}{p^{\ominus}}\right)^d \left(\dfrac{c_E}{c^{\ominus}}\right)^c}{\left(\dfrac{p_A}{p^{\ominus}}\right)^a \left(\dfrac{c_B}{c^{\ominus}}\right)^b} \tag{6-11}$$

式中，p 和 c 分别代表不同组分的分压和浓度；Q 称为反应商。Q 与 $K^{\ominus}$ 在数学形式上是相同的，但是两者的意义不同，$K^{\ominus}$ 是在系统平衡下测算所得，而当系统处于非平衡时，$Q \neq K^{\ominus}$，表明反应仍在继续。随着时间的推移，Q 在不断地变化，直到 $Q = K^{\ominus}$，反应达到平衡。一定温度下，比较反应商 Q 和标准平衡常数 $K^{\ominus}$ 的大小即可判断可逆反应的方向。可概括为：

① 若 $Q = K^{\ominus}$，可逆反应处于平衡状态，此时正反应速率与逆反应速率相同，系统组成不再改变。

② 若 $Q < K^{\ominus}$，此时正反应速率大于逆反应速率，可逆反应向正向进行，直到 $Q = K^{\ominus}$。

③ 若 $Q > K^{\ominus}$，此时正反应速率小于逆反应速率，可逆反应向逆向进行，直到 $Q = K^{\ominus}$。

（3）计算平衡组成　若已知某反应开始时系统的组成，利用标准平衡常数即可计算出平衡时系统的组成。

【例6-2】25℃时，可逆反应 $\text{Pb}^{2+}\text{(aq)} + \text{Sn(s)} \rightleftharpoons \text{Pb(s)} + \text{Sn}^{2+}\text{(aq)}$ 的标准平衡常数 $K^{\ominus} = 2.2$，若 Pb^{2+} 的起始浓度为 0.10mol·L^{-1}，计算 Pb^{2+} 和 Sn^{2+} 的平衡浓度及 Pb^{2+} 的转化率。

解　设 Sn^{2+} 的平衡浓度为 $x\text{mol·L}^{-1}$，由反应式可知 Pb^{2+} 的平衡浓度为 $(0.10-x)\text{mol·L}^{-1}$

$$\text{Pb}^{2+}\text{(aq)} + \text{Sn(s)} \rightleftharpoons \text{Pb(s)} + \text{Sn}^{2+}\text{(aq)}$$

起始浓度	0.10mol·L^{-1}	0
变化浓度	x	x
平衡浓度	$(0.10\text{mol·L}^{-1} - x)$	x

则：

$$K^{\ominus} = \frac{[\text{Sn}^{2+}]/c^{\ominus}}{[\text{Pb}^{2+}]/c^{\ominus}} = \frac{[\text{Sn}^{2+}]}{[\text{Pb}^{2+}]}$$

将数据代入上式得：

$$2.2 = \frac{x}{0.10\,\text{mol}\cdot\text{L}^{-1}-x}$$

$$x = 0.069\,\text{mol}\cdot\text{L}^{-1}$$

因此，Sn^{2+}和Pb^{2+}的平衡浓度为：

$$c_{Sn^{2+}} = 0.069\,\text{mol}\cdot\text{L}^{-1} \qquad c_{Pb^{2+}} = 0.10-x = 0.031\,\text{mol}\cdot\text{L}^{-1}$$

Pb^{2+}的转化率为：

$$\alpha = \frac{0.10-0.031}{0.10}\times100\% = 69\%$$

【课堂练习】

1．写出下列反应的标准平衡常数表达式：

$$Fe_3O_4(s)+4H_2(g) \rightleftharpoons 3Fe(s)+4H_2O(g)$$

2．有平衡反应：$3Fe(s)+4H_2O(g) \rightleftharpoons Fe_3O_4(s)+4H_2(g)$，写出该反应的标准平衡常数表达式。

三、多重平衡

某些复杂的可逆反应可表示为两个或多个基元反应的总和，在特定条件下，所有基元反应都达到了化学平衡，这种平衡体系称为多重平衡。例如多元弱酸弱碱的解离、配位化合物的生成等。在多重平衡体系中，如果某反应可由几个反应相加减得到，则该反应的平衡常数等于几个反应的平衡常数的积或商，这种关系即是多重平衡规则。

特定条件下，CO_2与H_2在同一反应器中存在着以下的平衡：

$$CO_2(g) \rightleftharpoons CO(g)+1/2O_2(g) \tag{1}$$

$$K_1^\ominus = \frac{(p_{O_2}/p^\ominus)^{1/2}(p_{CO}/p^\ominus)}{p_{CO_2}/p^\ominus}$$

$$H_2(g)+1/2O_2(g) \rightleftharpoons H_2O(g) \tag{2}$$

$$K_2^\ominus = \frac{p_{H_2O}/p^\ominus}{(p_{O_2}/p^\ominus)^{1/2}(p_{H_2}/p^\ominus)}$$

（1）+（2）=（3）：

$$CO_2(g)+H_2(g) \rightleftharpoons CO(g)+H_2O(g) \tag{3}$$

$$K_3^\ominus = \frac{(p_{CO}/p^\ominus)(p_{H_2O}/p^\ominus)}{(p_{CO_2}/p^\ominus)(p_{H_2}/p^\ominus)}$$

可得：$K_3^\ominus = K_1^\ominus K_2^\ominus$

【例6-3】已知反应：$NO(g)+1/2Br_2(l) \rightleftharpoons NOBr(g)$在25℃时的平衡常数$K^\ominus = 3.6\times10^{-15}$，液态溴在25℃时的饱和蒸气压为28.4kPa。求在25℃时反应：$NO(g)+1/2Br_2(g) \rightleftharpoons NOBr(g)$的平衡常数。

解　　　　$NO(g)+1/2Br_2(l) \rightleftharpoons NOBr(g)$　　（1）　$K_1^\ominus = 3.6\times10^{-5}$

因：$\qquad$ $Br_2(l) \longrightarrow Br_2(g)$ $\qquad$ （2） $\qquad$ $K_2^{\ominus} = \dfrac{p_{Br_2(g)}}{p^{\ominus}} = \dfrac{28.4}{100} = 0.284$

则：$\qquad$ $\dfrac{1}{2}Br_2(l) \longrightarrow \dfrac{1}{2}Br_2(g)$ $\qquad$ （3） $\qquad$ $K_3^{\ominus} = \sqrt{K_2^{\ominus}} = \sqrt{0.284} = 0.533$

（1）－（3）得到反应：$NO(g) + 1/2Br_2(g) \Longleftrightarrow NOBr(g)$

所以：$K^{\ominus} = \dfrac{K_1^{\ominus}}{K_3^{\ominus}} = \dfrac{3.6 \times 10^{-15}}{0.533} = 6.75 \times 10^{-15}$

【课堂练习】

1. 已知反应 $2NH_3(g) \Longleftrightarrow N_2(g) + 3H_2(g)$ 在等温条件下，标准平衡常数为 0.25，那么，在此条件下，氨的合成反应 $1/2N_2(g) + 3/2H_2(g) \Longleftrightarrow NH_3(g)$ 的标准平衡常数为_____。

2. 当可逆反应处于平衡状态时，下列说法正确的是（　　）。

A．正、逆反应已经停止 $\qquad$ B．各物质的浓度不随时间而改变

C．反应物和生成物的平衡浓度相等 $\qquad$ D．反应物和生成物的消耗量相等

3. 已知平衡反应：$3Fe(s) + 4H_2O(g) \Longleftrightarrow Fe_3O_4(s) + 4H_2(g)$，该反应的实验平衡常数表达式正确的是（　　）。

A．$K_c = [Fe_3O_4][H_2]/[Fe][H_2O]$ $\qquad$ B．$K_c = [Fe_3O_4][H_2]^4/[Fe]^3[H_2O]^4$

C．$K_c = [Fe_3O_4][H_2]^4/[Fe]^3[H_2O]$ $\qquad$ D．$K_c = [H_2]^4/[H_2O]^4$

第三节　化学平衡的移动

化学平衡是一种在特定条件下的动态平衡，但当外界条件（如浓度、压力和温度等）发生改变时，原平衡状态将被破坏，平衡将发生移动，直到达到新的平衡。外界条件发生改变时，可逆反应从一种平衡状态转化为另外一种平衡状态的过程称为化学平衡的移动。化学平衡移动的规律可概括为：如果改变平衡系统的条件之一，如浓度、压力和温度，平衡就向能减弱这种改变的方向移动，这就是勒夏特列原理。本节主要讨论浓度、压力、温度的变化对化学平衡的影响。

一、浓度对化学平衡的影响

可根据反应商 Q 推测化学平衡移动的方向。浓度的变化不能改变标准平衡常数的数值，因为在一定的温度下，$K^{\ominus}$ 一定，但浓度的变化却可以改变反应商 Q 的数值。改变平衡体系中任一反应物或产物的浓度，都会使反应商发生改变，导致 $Q \neq K^{\ominus}$，引起化学平衡的移动。增大反应物的浓度或减小产物的浓度，使 $Q < K^{\ominus}$，可逆反应向正反应方向进行，直至反应商重新等于标准平衡常数，反应达到新的平衡，在新的平衡状态下，各物质的浓度均发生了改变。反之，减小反应物的浓度或增大产物的浓度，都会使反应商增大，使 $Q > K^{\ominus}$，可逆反应向逆反应方向进行。

【例 6-4】25℃时，下列反应：$Fe^{2+}(aq) + Ag^+(aq) \Longleftrightarrow Fe^{3+}(aq) + Ag(s)$ 的平衡常数 $K^{\ominus} = 2.98$，当 Fe^{2+}、Ag^+ 的浓度为 $0.1000mol \cdot L^{-1}$，Fe^{3+} 的浓度为 $0.0100mol \cdot L^{-1}$ 时，判断反应自发进行的方向，并求出反应平衡时 Fe^{2+}、Ag^+、Fe^{3+} 的浓度。如果再向平衡系统加入 $0.1000mol \cdot L^{-1}$ Fe^{2+}，计算达到新平衡时，Fe^{2+}、Ag^+、Fe^{3+} 的浓度。

解　（1）$Q = \dfrac{[Fe^{3+}]/c^{\ominus}}{\{[Ag^+]/c^{\ominus}\}\{[Fe^{2+}]/c^{\ominus}\}} = \dfrac{0.0100/1}{(0.1000/1)\times(0.1000/1)} = 1$，因为 $Q < K^{\ominus}$，所以反应自发向正反应方向进行。设当反应达到平衡时，Ag^+ 的转化浓度为 x（$mol \cdot L^{-1}$）。则

$$Fe^{2+}(aq) \quad + \quad Ag^+(aq) \quad \Longleftrightarrow \quad Fe^{3+}(aq) \quad + \quad Ag(s)$$

开始浓度	$0.1000mol \cdot L^{-1}$	$0.1000mol \cdot L^{-1}$	$0.0100mol \cdot L^{-1}$
变化浓度	x	x	x
平衡浓度	$0.1000mol \cdot L^{-1} - x$	$0.1000mol \cdot L^{-1} - x$	$0.0100mol \cdot L^{-1} + x$

由　$K^{\ominus} = \dfrac{[Fe^{3+}]/c^{\ominus}}{\{[Ag^+]/c^{\ominus}\}\{[Fe^{2+}]/c^{\ominus}\}}$

可得：$2.98 = \dfrac{(0.0100mol \cdot L^{-1} + x)/1mol \cdot L^{-1}}{[(0.1000mol \cdot L^{-1} - x)/1mol \cdot L^{-1}]^2}$

$\qquad x = 0.0130mol \cdot L^{-1}$

则：$c(Fe^{3+}) = (0.0100 + 0.0130)mol \cdot L^{-1} = 0.0230mol \cdot L^{-1}$

$\qquad c(Fe^{2+}) = (0.1000 - 0.0130)mol \cdot L^{-1} = 0.0870mol \cdot L^{-1}$

（2）设加入 $0.1000mol \cdot L^{-1}$ Fe^{2+} 后反应达到新平衡时，Ag^+ 的转化浓度为 $y\,mol \cdot L^{-1}$。则

$$Fe^{2+}(aq) \quad + \quad Ag^+(aq) \quad \Longleftrightarrow \quad Fe^{3+}(aq) \quad + \quad Ag(s)$$

开始浓度	$0.0870mol \cdot L^{-1} + 0.1000mol \cdot L^{-1}$	$0.0870mol \cdot L^{-1}$	$0.0230mol \cdot L^{-1}$
变化浓度	y	y	y
平衡浓度	$0.1870mol \cdot L^{-1} - y$	$0.0870mol \cdot L^{-1} - y$	$0.0230mol \cdot L^{-1} + y$

由　$K^{\ominus} = \dfrac{[Fe^{3+}]/c^{\ominus}}{\{[Ag^+]/c^{\ominus}\}\{[Fe^{2+}]/c^{\ominus}\}}$

可得：$2.98 = \dfrac{(0.0230mol \cdot L^{-1} + y)/1mol \cdot L^{-1}}{[(0.0870mol \cdot L^{-1} - y)/1mol \cdot L^{-1}][(0.1870mol \cdot L^{-1} - y)/1mol \cdot L^{-1}]}$

$\qquad y = 0.0140mol \cdot L^{-1}$

则：$c(Ag^+) = (0.0870 - 0.0140)mol \cdot L^{-1} = 0.0730mol \cdot L^{-1}$

$\qquad c(Fe^{3+}) = (0.0230 + 0.0140)mol \cdot L^{-1} = 0.0370mol \cdot L^{-1}$

$\qquad c(Fe^{2+}) = (0.1870 - 0.0140)mol \cdot L^{-1} = 0.1730mol \cdot L^{-1}$

二、压力对化学平衡的影响

压力的变化对液体或固体的体积影响极小，所以压力变化对液体和固体化学平衡的影响甚微，但对有气体参加的反应影响较大。

如果可逆反应 $aA(g) + bB(g) \Longleftrightarrow dD(g) + eE(g)$ 在一密闭系统中达到平衡，温度维持不变。达到化学平衡后：

$$Q = K^{\ominus} = \dfrac{\left(\dfrac{p_D}{p^{\ominus}}\right)^d \left(\dfrac{p_E}{p^{\ominus}}\right)^e}{\left(\dfrac{p_A}{p^{\ominus}}\right)^a \left(\dfrac{p_B}{p^{\ominus}}\right)^b}$$

如果将系统的体积缩小到原来的 $1/x$（$x > 1$），则系统的总压力为原来的 x 倍，这时各组分气体的分压也分别增大至原来的 x 倍，此时反应商为：

$$Q = \frac{\left(\frac{xp_D}{p^\ominus}\right)^d \left(\frac{xp_E}{p^\ominus}\right)^e}{\left(\frac{xp_A}{p^\ominus}\right)^a \left(\frac{xp_B}{p^\ominus}\right)^b} = \frac{\left(\frac{p_D}{p^\ominus}\right)^d \left(\frac{p_E}{p^\ominus}\right)^e}{\left(\frac{p_A}{p^\ominus}\right)^a \left(\frac{p_B}{p^\ominus}\right)^b} x^{(e+d)-(a+b)} = K^\ominus x^{\Delta\nu}$$

$$\Delta\nu = (e+d) - (a+b)$$

① 当 $\Delta\nu > 0$，$x^{\Delta\nu} > 1$，则 $Q < K^\ominus$，平衡向逆方向移动，即增大压力，平衡向气体计量数之和减小的方向移动。例如：

$$N_2O_4(g) \Longleftrightarrow 2NO_2(g)$$

无色　　　　红棕色

② 当 $\Delta\nu < 0$，$x^{\Delta\nu} < 1$，则 $Q > K^\ominus$，平衡向正方向移动，即增大压力，平衡向气体计量数之和减小的方向移动。例如：

$$N_2 + 3H_2 \Longleftrightarrow 2NH_3$$

③ 当 $\Delta\nu = 0$，$x^{\Delta\nu} = 1$，则 $Q = K^\ominus$，平衡不发生移动，即对于反应前后气体计量系数之和相等的反应，改变压力平衡不发生移动。

总之，一定温度下，增大平衡体系的总压力，平衡向气体化学计量数之和减少的方向移动；减小总压力时，平衡向气体化学计量数之和增大的方向移动。而对于反应前后气体化学计量数之和相等的反应，压力的变化对平衡没有影响。

如果在恒温条件下加入不参与反应的惰性气体，则总压力对平衡的影响有以下几种情况：

① 在恒温恒容下引入惰性气体后，虽然系统的总压力增大，但各反应物和产物的分压不变，Q 仍等于 $K^\ominus$，平衡不移动。

② 在恒温定压下引入惰性气体后，为了保持总压不变，系统的体积必然增大。在这种情况下，$\Delta\nu \neq 0$ 和 $Q \neq K^\ominus$ 的条件下，各组分气体分压相应减小，平衡向气体分子数增多的方向移动。

综上所述，压力对平衡移动的影响，关键在于各反应物和产物的分压是否改变，同时要考虑反应前后气体分子数是否改变。

三、温度对化学平衡的影响

温度对化学平衡的影响与浓度、压力对化学平衡的影响有本质的区别。在一定温度下，浓度或压力改变时，因系统组成改变而使平衡发生移动，平衡常数并未改变。而温度变化时，平衡常数发生改变，使 $Q \neq K^\ominus$，从而导致化学平衡的移动。

根据范特霍夫化学反应等温方程式：$\Delta_r G_m = \Delta_r G_m^\ominus + RT \ln Q$

当反应平衡时，$\Delta_r G_m = 0$，$Q = K^\ominus$，可得：$\Delta_r G_m^\ominus = -RT \ln K^\ominus$

又因为：$\Delta_r G_m^\ominus = \Delta_r H_m^\ominus - T\Delta_r S_m^\ominus$

可得：$-RT \ln K^\ominus = \Delta_r H_m^\ominus - T\Delta_r S_m^\ominus$

整理得到：

$$\ln K^\ominus = -\frac{\Delta_r H_m^\ominus}{RT} + \frac{\Delta_r S_m^\ominus}{R} \tag{6-12}$$

假设温度 T_1 时的平衡常数为 $K_1^\ominus$，温度 T_2 时的平衡常数为 $K_2^\ominus$，且 $\Delta_r H_m^\ominus$ 和 $\Delta_r S_m^\ominus$ 随温度的变化可忽略。

则： $\ln K_1^{\ominus} = -\dfrac{\Delta_r H_m^{\ominus}}{RT_1} + \dfrac{\Delta_r S_m^{\ominus}}{R}$

$\ln K_2^{\ominus} = -\dfrac{\Delta_r H_m^{\ominus}}{RT_2} + \dfrac{\Delta_r S_m^{\ominus}}{R}$

两式相减得： $$\ln \dfrac{K_2^{\ominus}}{K_1^{\ominus}} = \dfrac{\Delta_r H_m^{\ominus}}{R}\left(\dfrac{1}{T_1} - \dfrac{1}{T_2}\right) \tag{6-13}$$

根据式（6-13）可得出结论：

① 若正方向为吸热反应（ $\Delta_r H_m^{\ominus} > 0$ ），升高温度（ $T_2 > T_1$ ）时， $K_2^{\ominus} > K_1^{\ominus}$ ，即平衡向右（吸热）方向移动；

② 若正方向为放热反应（ $\Delta_r H_m^{\ominus} < 0$ ），升高温度（ $T_2 > T_1$ ）时， $K_2^{\ominus} < K_1^{\ominus}$ ，即化学平衡向左（吸热）方向移动。

由此得出结论：升高温度，化学平衡向吸热方向移动；降低温度，化学平衡向放热方向移动。

四、催化剂对化学平衡的影响

向体系中加入催化剂，不改变标准平衡常数和反应商，因此不能使化学平衡发生移动，只能同等改变正、逆方向反应速率，缩短到达反应平衡的时间。

五、勒夏特列原理

根据浓度、压力、温度、催化剂对化学平衡移动的影响，1887年法国科学家勒夏特列概括出一条普遍规律：如果改变平衡系统的条件之一，如浓度、压力和温度等，平衡就向能减弱这种改变的方向移动，这个规律又称为勒夏特列原理。但要注意，勒夏特列原理只适用于已经达到平衡的体系，对于未达到平衡的体系是不能应用的。

【课堂练习】

有平衡体系 $CO(g) + 2H_2(g) \Longleftrightarrow CH_3OH(g) + Q$ ，为了增加甲醇的产量工厂应采取的正确措施是（   ）。

A．高温高压　　　　　　　B．适宜温度、高压、催化剂

C．低温低压　　　　　　　D．低温高压、催化剂

【拓展窗】

化学平衡在工业上的应用

工业合成氨： $N_2(g) + 3H_2(g) \Longleftrightarrow 2NH_3(g)$ 是一个体积缩小的、放热的可逆反应。从反应速率的角度看，高温、高压和使用催化剂都有利于加快反应速率；从化学平衡的角度看，低温、高压有利于平衡向正反应方向移动，以便提高产率。而实际生产中则还要考虑生产成本和催化剂的活性温度。由于铁催化剂的活性温度为500℃，所以工业上采用500℃左右的适宜温度；又由于压强越大，所需动力也就越大，对材料和设备的制造要求也就越高，所以工业上一般采用 $2 \times 10^7 \sim 5 \times 10^7 Pa$ 的高压。为加快反应速率，工业上还采用铁催化剂。实际生产中，还需将生成的 NH_3 及时分离出来，并不断向体系中补充 N_2 、 H_2 以增加反应物浓度，使反应向合成氨的方向进行。

本章小结

1. 化学反应速率

（1）化学反应的平均速率指某段时间浓度变化的平均值。

（2）瞬时速率 v 是指在一定的条件下，当 $\Delta t \to 0$ 时反应物浓度的减少量或者生成物浓度的增加量。瞬时速率等于时间间隔无限趋于 0 时平均速率的极限值。

2. 标准平衡常数

（1）实验平衡常数

① 浓度平衡常数 对于任意可逆反应在一定温度下达到平衡时：$a\text{A}+b\text{B} \rightleftharpoons c\text{C}+d\text{D}$，有：

$$K_c = \frac{[\text{C}]^c[\text{D}]^d}{[\text{A}]^a[\text{B}]^b}$$

K_c 为浓度平衡常数。

② 压力平衡常数 对于有气体参加的反应：$a\text{A}(g)+b\text{B}(g) \rightleftharpoons c\text{C}(g)+d\text{D}(g)$，在一定温度下达到平衡时：

$$K_p = \frac{p_\text{C}{}^c \, p_\text{D}{}^d}{p_\text{A}{}^a \, p_\text{B}{}^b}$$

K_p 为压力平衡常数。

（2）标准平衡常数 对任一可逆反应：$a\text{A}(g)+b\text{B}(aq)+c\text{C}(s) \rightleftharpoons d\text{D}(g)+e\text{E}(aq)+f\text{F}(l)$，在一定温度下达到化学平衡时，其标准平衡常数的表达式为：

$$K^\ominus = \frac{\left(\dfrac{p_\text{D}}{p^\ominus}\right)^d \left(\dfrac{c_\text{E}}{c^\ominus}\right)^e}{\left(\dfrac{p_\text{A}}{p^\ominus}\right)^a \left(\dfrac{c_\text{B}}{c^\ominus}\right)^b}$$

3. 多重平衡

在多重平衡体系中，如果某反应可由几个反应相加减得到，则该反应的平衡常数等于几个反应的平衡常数的积或商，这种关系即是多重平衡规则。

4. 反应方向的判断

① 若 $Q = K^\ominus$，可逆反应处于平衡状态，此时正反应速率与逆反应速率相同，系统组成不再改变。

② 若 $Q < K^\ominus$，此时正反应速率大于逆反应速率，可逆反应向正向进行，直到 $Q = K^\ominus$。

③ 若 $Q > K^\ominus$，此时正反应速率小于逆反应速率，可逆反应向逆向进行，直到 $Q = K^\ominus$。

5. 影响化学反应速率的因素

（1）浓度对反应速率的影响 增大反应物浓度，会增大化学反应速率；减小反应物浓度，会减小化学反应速率。

（2）温度对反应速率的影响 一般，升高温度，反应速率增大；降低温度，反应速率减小。

（3）压力对反应速率的影响　对于有气体参加的反应，增大压力，会增大化学反应速率；减小压力，会减小化学反应速率。

（4）催化剂对反应速率的影响　催化剂能有效改变化学反应速率。

6. 化学平衡的移动

化学平衡移动原理：改变平衡系统的条件，平衡将向减弱这个改变的方向移动，此原理称为勒夏特列原理。

（1）浓度对化学平衡的影响　增加反应物浓度，平衡向右移动；增加生成物浓度，平衡向左移动。

（2）压力对化学平衡的影响　在恒温下，增大总压，平衡向气体物质的量减少的方向移动；减小总压，平衡向气体物质的量增加的方向移动。当反应前后气体物质的量相等时，总压的变化不会对平衡产生影响。

（3）温度对化学平衡的影响　升高温度，化学平衡向吸热方向移动；降低温度，化学平衡向放热方向移动。

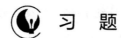

习　题

一、单项选择题

1．设反应 $C+CO_2 \rightleftharpoons 2CO$（正反应吸热）的反应速率为 v_1，反应 $N_2+3H_2 \rightleftharpoons 2NH_3$（正反应放热）的反应速率为 v_2。当温度升高时，v_1、v_2 的变化情况为（　　）。

A．同时增大　　　B．同时减小　　　C．v_1 增大，v_2 减小　　D．v_1 减小，v_2 增大

2．在一定条件下，$2NO+O_2 \rightleftharpoons 2NO_2$ 达到平衡的标志是（　　）。

A．NO、O_2、NO_2 分子数目比是 2：1：2

B．反应混合物中各组分物质的浓度相等

C．混合气体的颜色不再变化

D．混合气体的平均分子量改变

3．下列说法正确的是（　　）。

A．在高温下，将氯化铵晶体加入处于平衡状态的合成氨的反应中，平衡不发生移动

B．在密闭容器中，当 $CaCO_3 \rightleftharpoons CaO+CO_2\uparrow$ 处于平衡状态时，再加入 Na_2O_2 固体，$CaCO_3$ 的量会减少

C．固体参加的可逆反应达平衡后，若改变压力，不会影响平衡的移动

D．在合成氨反应中，使用催化剂能提高反应速率，使氨的质量分数增加，从而增加氨的产量

4．已知某化学反应是吸热反应，如果升高温度，则对反应的反应速率常数 k 和标准平衡常数 $K^\ominus$ 的影响将是（　　）。

A．k 增加，$K^\ominus$ 减小　　　　　　B．k、$K^\ominus$ 均增加

C．k 减小，$K^\ominus$ 增加　　　　　　D．k、$K^\ominus$ 均减小

5．在容积不变的密闭容器中，一定条件下发生反应：$2A \rightleftharpoons B(g)+C(s)$，且达到化学平衡，当升高温度时其容器内气体的密度增大，则下列判断正确的是（　　）。

A．若正反应是吸热反应，则 A 为非气态

B．若正反应是放热反应，则 A 为非气态

C．若在平衡体系中加入少量 C 该平衡向逆反应方向移动

D．压力对该平衡的移动无影响

6．下列可逆反应达到平衡后，增大压力，平衡向正方向移动的是（　　　）。

A．$4NH_3(g)+5O_2(g) \Longleftrightarrow 4NO(g)+6H_2O(g)$

B．$N_2(g)+3H_2(g) \Longleftrightarrow 2NH_3(g)$

C．$CO_2(g)+C(s) \Longleftrightarrow 2CO(g)$

D．$CaCO_3(s) \Longleftrightarrow CaO(s)+CO_2(g)$

7．对于 $mA(g)+nB(g) \Longleftrightarrow pC(g)+qD(g)$ 的平衡体系，当升高温度时，混合气体的平均摩尔质量从 $26g \cdot mol^{-1}$ 变为 $29g \cdot mol^{-1}$，则下列说法正确的是（　　　）。

A．$m+n>p+q$，正反应是放热反应　　　B．$m+n>p+q$，正反应是吸热反应

C．$m+n<p+q$，逆反应是放热反应　　　D．$m+n<p+q$，正反应是吸热反应

8．对反应 $4NH_3(g)+5O_2(g) \Longleftrightarrow 4NO(g)+6H_2O(g)$，加入催化剂的目的是（　　　）。

A．使平衡向正反应方向移动　　　　　　B．使平衡向逆反应方向移动

C．加快正反应速率　　　　　　　　　　D．使反应尽快达到平衡

9．给定可逆反应，当温度由 T_1 升到 T_2 时，平衡常数 $K_2^{\ominus}>K_1^{\ominus}$，则该反应的（　　　）。

A．$\Delta H^{\ominus}>0$　　　B．$\Delta H^{\ominus}<0$　　　C．$\Delta H^{\ominus}=0$　　　D．无法判断

10．改变以下条件，能使可逆反应的标准平衡常数发生变化的是（　　　）。

A．温度　　　　　　B．浓度　　　　　　C．压力　　　　　　D．催化剂

二、判断题

1．化学平衡发生移动时，平衡常数一定改变。（　　　）

2．改变外界条件使化学反应速率发生改变，则化学平衡一定发生移动。（　　　）

3．对达平衡的放热反应，升高温度生成物的浓度减少，逆反应速率增大，正反应速率减小。（　　　）

4．催化剂能改变活化分子百分数，所以一定可以改变化学反应速率和化学平衡。（　　　）

5．升高温度，正、逆反应速率均增大，平衡向吸热反应方向移动。（　　　）

6．浓度、压力、温度的变化都会引起化学平衡常数的改变，从而引起化学平衡的移动。（　　　）

7．可逆反应达到平衡时，各组分的浓度相同。（　　　）

8．对于可逆反应 $A(s)+B(g) \Longleftrightarrow 2C(g)$，因反应前后分子数目相等，所以增加压力对化学平衡没有影响。（　　　）

三、填空题

1．在一定温度下，可逆反应 $CaCO_3(s) \Longleftrightarrow CaO(s)+CO_2(g)$ 达到平衡时，该反应的标准平衡常数的表达式为_____。

2．在一容器中，反应 $2SO_2(g)+O_2(g) \Longleftrightarrow 2SO_3(g)$ 达到平衡后，加入一定量的 N_2，保持总压力及温度不变，平衡将会_____。

3．已知下列反应的平衡常数：$H_2(g)+S(s) \Longleftrightarrow H_2S(g)$，$K_1^{\ominus}$；$S(s)+O_2(g) \Longleftrightarrow SO_2(g)$，$K_2^{\ominus}$；则反应 $H_2(g)+SO_2(g) \Longleftrightarrow O_2(g)+H_2S(g)$ 的平衡常数为_____。

4．可逆反应 $2NO_2(g) \Longleftrightarrow N_2(g)+2O_2(g)+Q$，在密闭容器中进行，在平衡体系中加入 O_2 后，NO_2 的物质的量将_____；升高温度，平衡向_____方向移动，NO_2 的物质的量_____，转化率_____。

5．平衡常数越小，则平衡时生成物的浓度_____，该反应的_____方向进行得越完全。

四、计算题

1．已知反应：$A(g)+B(g) \rightleftharpoons 2C(g)$，在开始后 20min 达到平衡，此时 $c(A)$的浓度为 $0.5mol \cdot L^{-1}$。$c(A)$在 t_0 的浓度为 $1mol \cdot L^{-1}$，$c(B)$在 t_0 的浓度为 $2mol \cdot L^{-1}$。求出该温度下反应的平衡常数以及转化率。

2．甲醇可以通过反应 $CO(g)+2H_2(g) \rightleftharpoons CH_3OH(g)$来合成，225℃时该反应的 $K^\ominus = 6.08 \times 10^{-3}$。假定开始时 $p(CO)：p(H_2)= 1：2$，平衡时 $p(CH_3OH)= 50.0kPa$。计算 CO 和 H_2 的平衡分压。

3．已知 298.15K 时，可逆反应 $Pb^{2+}(aq)+Sn(s) \rightleftharpoons Pb(s)+Sn^{2+}(aq)$的标准平衡常数 $K^\ominus = 2.2$，在下列两种情况下，判断反应进行的方向。

（1）Pb^{2+}和 Sn^{2+}的浓度均为 $0.1mol \cdot L^{-1}$。

（2）Pb^{2+}的浓度为 $0.1mol \cdot L^{-1}$，Sn^{2+}的浓度为 $1.0mol \cdot L^{-1}$。

第七章　酸碱平衡

【知识目标】

1. 掌握酸碱质子理论。
2. 掌握一元弱酸、弱碱在水溶液中的解离平衡和 pH 值的近似计算。
3. 掌握多元酸、多元碱、两性物质的解离平衡和 pH 值的近似计算。
4. 理解同离子效应和盐效应。
5. 理解缓冲溶液的作用、组成、缓冲作用机制，能熟练计算缓冲溶液的 pH 值。
6. 掌握缓冲溶液的配制原则、方法及计算。

【能力目标】

1. 能计算一元弱酸、一元弱碱的 pH 值。
2. 能计算多元酸、多元碱和两性物质的 pH 值。
3. 能配制一定 pH 值的缓冲溶液。

【素质目标】

1. 培养学生爱岗敬业、诚实守信的职业道德。
2. 培养学生的生态安全意识。

第一节　酸碱理论

人们对酸碱的认识是一个长期的过程。最初把有酸味、能使蓝色石蕊变红的物质称为酸，而把有涩味、能使红色石蕊变蓝的物质称为碱。到了 1887 年，瑞典物理化学家阿仑尼乌斯提出了酸碱解离理论（或电离理化），酸碱解离理论认为：在水溶液中解离生成的阳离子全部是 H^+ 的物质称为酸，而在水溶液中解离生成的阴离子全部是 OH^- 的物质称为碱。阿仑尼乌斯的酸碱解离理论从物质的化学组成上揭示了酸碱的本质，是人们对酸碱认识从现象到本质的一次飞跃，对化学科学的发展起到了积极的推进作用，至今仍广泛应用于化学领域。但酸碱解离理论将酸碱限制在了水溶液中，按照酸碱解离理论，离开水溶液就没有酸、碱，而实际情况是，许多化学反应都是在非水溶液中完成的，因此酸碱解离理论具有一定的局限性。鉴于酸碱解离理论的局限性，又有科学家提出了其他酸碱理论，如酸碱质子理论和酸碱电子理论。

一、酸碱质子理论

1923 年，丹麦化学家布朗斯特和英国化学家劳莱在酸碱电离理论的基础上提出了酸碱质子理论。

1. 酸碱质子理论定义

酸碱质子理论认为：凡是能给出质子（H^+）的物质称为酸；凡能接收质子（H^+）的物质称为碱。酸是质子的给予体，而碱是质子的接受体。按照酸碱质子理论，HAc、HCl、HCO_3^-、NH_4^+、H_2O 等能给出质子，所以为酸；而 Ac^-、OH^-、NH_3、CO_3^{2-}、HS^- 等能接受质子，所以为碱。有些物质既能给出质子，又能接受质子，这类物质称为两性物质，如 HS^-、HCO_3^-、HPO_4^{2-}、H_2O 等。

按照酸碱质子理论，酸碱的关系可表示为：

$$酸 \rightleftharpoons 碱 + 质子$$
$$HA \rightleftharpoons A^- + H^+$$
$$HAc \rightleftharpoons Ac^- + H^+$$
$$NH_4^+ \rightleftharpoons NH_3 + H^+$$
$$HCO_3^- \rightleftharpoons CO_3^{2-} + H^+$$

从酸碱关系式可看出：

① 酸和碱可以是中性分子，也可以是阳离子或阴离子。

② 酸碱质子理论中，酸碱具有相对性，同一物质在某对共轭酸碱体系中是碱，但在另一共轭酸碱体系中是酸。例如：

$$H_2CO_3 \rightleftharpoons HCO_3^- + H^+，HCO_3^-为碱$$
$$HCO_3^- \rightleftharpoons CO_3^{2-} + H^+，HCO_3^-为酸$$

③ 酸碱质子理论中不存在盐的概念，酸碱解离理论中的盐按照酸碱质子理论均视为离子酸或离子碱。例如，NaAc 按照酸碱解离理论是盐，而按照酸碱质子理论，因 Ac^- 能接受质子，因此为碱。

2. 共轭酸碱对

根据酸碱质子理论，酸、碱不是孤立存在的，酸给出质子后生成对应的碱，而得到的碱接受质子后又生成对应的酸。把酸和其对应碱的这种关系称为酸碱共轭关系，这对酸、碱称为一对共轭酸碱对。例如：

$$HAc \rightleftharpoons Ac^- + H^+$$

HAc 给出质子后剩余的部分为 Ac^-，Ac^- 能接受质子，为碱；而碱 Ac^- 接受质子后变成相应的酸 HAc。HAc 与 Ac^- 之间只差一个质子，称为一对共轭酸碱对，HAc 称为 Ac^- 的共轭酸，Ac^- 称为 HAc 的共轭碱。

3. 酸碱反应的实质

酸碱反应的实质是质子的传递过程，即质子从酸传递给碱。每个酸碱反应都是由两个共轭酸碱对的半反应组成，酸 1 传递质子给碱 2 后，生成了碱 1；而碱 2 得到质子后生成了相应的酸 2。

$$酸 1\ +\ 碱 2 \rightleftharpoons\ 碱 1\ +\ 酸 2$$
$$\underset{H^+}{\underline{\qquad\qquad}}$$

例如：$HAc + OH^- \rightleftharpoons Ac^- + H_2O$，酸 1（HAc）把质子传递给碱 2（$OH^-$）后生成了碱 1（$Ac^-$），而碱 2（$OH^-$）得到质子后生成了酸 2（$H_2O$）。

按照酸碱反应的实质是质子的传递，解离、中和和水解反应都可看作质子传递的酸碱反应。

（1）中和反应

$$HAc + NH_3 \rightleftharpoons Ac^- + NH_4^+$$
$$H^+$$

（2）酸碱解离

$$HAc + H_2O \rightleftharpoons Ac^- + H_3O^+$$
$$H^+$$

$$H_2O + NH_3 \rightleftharpoons OH^- + NH_4^+$$
$$H^+$$

（3）盐的水解

$$H_2O + Ac^- \rightleftharpoons OH^- + HAc$$
$$H^+$$

$$NH_4^+ + H_2O \rightleftharpoons NH_3 + H_3O^+$$
$$H^+$$

　　酸碱质子理论一定程度上扩大了酸碱的范围，但对于无质子参与的酸碱反应却无法解释，因此，酸碱质子理论仍有一定的局限性。

【课堂练习】

　　1. 按照酸碱质子理论，在水溶液中只可作为碱的是（　　）。

A. CO_3^{2-}　　　　　B. HCO_3^-　　　　　C. H^+　　　　　D. HS^-

　　2. HCO_3^-的共轭酸是（　　）。

A. H_2CO_3　　　　　B. H^+　　　　　C. CO_3^{2-}　　　　　D. H_2O

　　3. 下列物质中既可以作酸也可以作碱的是（　　）。

A. S^{2-}　　　　　B. HCO_3^-　　　　　C. PO_4^{3-}　　　　　D. H_3PO_4

　　4. $H_2PO_4^-$的共轭酸是（　　）。

A. $H_2PO_4^-$　　　　　B. H_3PO_4　　　　　C. PO_4^{3-}　　　　　D. H^+

　　5. 室温下，$0.1mol \cdot L^{-1}$ 的下列物质，溶液呈酸性的是（　　）。

A. NaCl　　　　　B. NH_4Cl　　　　　C. NaAc　　　　　D. 不确定

二、酸碱电子理论

　　1923 年，美国化学家路易斯提出了酸碱电子理论，该理论认为：凡能接受电子对的物质为酸，如 Fe^{3+}、H^+、Cu^{2+}；凡能给出电子对的物质为碱，如 OH^-、NH_3 等。为了避免和其他理论定义的酸碱混淆，一般将路易斯定义的酸碱称为路易斯酸和路易斯碱。按照路易斯酸碱理论，酸碱反应的实质是形成配位键，一方提供电子对，另一方提供空轨道。例如：

$$H^+ + :OH^- \rightleftharpoons H{-}O{-}H$$

$$Ag^+ + 2:NH_3 \rightleftharpoons [H_3N \rightarrow Ag \leftarrow NH_3]$$

　　酸碱电子理论进一步扩大了酸的范围，按照酸碱电子理论，一切有电子空轨道的物质都是酸，不仅含氢的物质是酸，金属离子或缺电子的分子也都是酸，如 HCl、Cu^{2+}、BF_3 等；而能提供共用电子对的物质都是碱，如 H_2O、NH_3、Cl^- 等。酸碱电子理论虽然打破了酸碱解离理论水溶剂的限制，也摆脱了酸碱质子理论必须有质子传递的限制，但无法确定酸碱的相对强度，这一定程度上限制了该理论的推广应用。

第二节　溶液的酸碱平衡

一、水的质子自递平衡

水既能给出质子，又能接受质子，因此两分子水分子间存在水的质子自递反应，如下：

$$\overset{H^+}{\underset{H_2O\ +\ H_2O\ \rightleftharpoons\ OH^-\ +\ H_3O^+}{\big|\rule{0pt}{0pt}}}$$

可简写为：
$$H_2O \rightleftharpoons OH^- + H^+$$

达到平衡时，标准平衡常数为：

$$K_w^\ominus = \frac{\{[H^+]/c^\ominus\}\{[OH^-]/c^\ominus\}}{[H_2O]/c^\ominus}$$

式中，$K_w^\ominus$ 为水的离子积常数，简称水的离子积。

水的离子积为平衡常数，也是温度的函数，随温度的变化而变化。常温（25℃）时，纯水中$[H^+]=[OH^-]=10^{-7}mol\cdot L^{-1}$。由于水极大部分以水分子存在，因此可将$[H_2O]$看作一个常数，并入 $K_w^\ominus$，则可得：

则：
$$K_w^\ominus = \{[H^+]/c^\ominus\}\{[OH^-]/c^\ominus\} = 10^{-14} \tag{7-1}$$

水的离子积不仅适用于纯水，也适用于电解质的水溶液。举个例子，若在纯水中加入少量盐酸，则$[H^+]$增加，进而水的解离平衡向左移动直到达到新的平衡，达到新平衡时，$\{[H^+]/c^\ominus\}\{[OH^-]/c^\ominus\} = 10^{-14}$ 仍然成立。反之，向纯水中加入少量氢氧化钠，则$[OH^-]$增加，平衡同样向左移动直到达到新的平衡，达到新平衡后，$\{[H^+]/c^\ominus\}\{[OH^-]/c^\ominus\} = 10^{-14}$ 也仍然成立。由此可知，水的离子积适用于所有水的稀溶液，即常温（25℃）下任何水溶液中$[H^+]$和$[OH^-]$的乘积都是 10^{-14}。

溶液的酸碱性主要取决于溶液中$[H^+]$和$[OH^-]$的大小，若$[H^+] > [OH^-]$，溶液为酸性；若溶液中$[OH^-]>[H^+]$，则溶液显碱性。溶液的酸碱性常用 pH 表示：$pH = -lg[H^+]$，可根据 pH 值的大小判断酸碱性。常温下：pH < 7，溶液呈酸性；pH = 7，溶液呈中性；pH > 7，溶液呈碱性。注意不要把 pH = 7 看作溶液为中性的判断标准，因为非常温下，中性溶液中虽然$[H^+] = [OH^-]$，但不等于 $1.0\times10^{-7}mol\cdot L^{-1}$，对应的 pH 值也不等于 7。

二、弱电解质溶液的酸碱平衡

（一）弱电解质溶液的解离平衡

强电解质在水溶液中完全解离，不存在解离平衡。而弱电解质在水溶液中是部分解离，存在解离平衡。

1. 一元弱酸、弱碱的解离平衡

（1）一元弱酸的解离平衡常数　一元弱酸为弱电解质，在水溶液中只能部分解离成离子，

而绝大多数仍以未解离的分子状态存在。在一定条件下，未解离的弱电解质分子和已解离的弱电解质离子之间存在一个动态平衡，这种平衡称为解离平衡。

例如，一元弱酸 HA 在水溶液中的解离过程为：

$$HA+H_2O \rightleftharpoons H_3O^++A^-$$

可简写为：

$$HA \rightleftharpoons H^++A^-$$

在一定温度下，达到解离平衡时，解离平衡的标准平衡常数表达式为：

$$K_a^\ominus = \frac{\{[H^+]/c^\ominus\}\{[A^-]/c^\ominus\}}{[HA]/c^\ominus} \tag{7-2}$$

式中，$[H^+]$、$[A^-]$、$[HA]$分别为 H^+、A^-、HA 的平衡浓度，单位为 $mol \cdot L^{-1}$。

$K_a^\ominus$ 称为弱酸的标准解离平衡常数，简称酸常数。$K_a^\ominus$ 越大，平衡向正方向移动的趋势越大，给出质子的能力越强，则酸性也越强。

（2）一元弱碱的解离平衡常数 一元弱碱（A^-）在水溶液中的解离过程为：

$$A^-+H_2O \rightleftharpoons HA+OH^-$$

$$K_b^\ominus = \frac{\{[HA]/c^\ominus\}\{[OH^-]/c^\ominus\}}{[A^-]/c^\ominus}$$

$K_b^\ominus$ 称为弱碱的标准解离平衡常数，简称碱常数。$K_b^\ominus$ 越大，平衡向正方向移动的趋势越大，接受质子的能力越强，则碱性也越强。

$K_a^\ominus$ 与 $K_b^\ominus$ 属于平衡常数，具有一般平衡常数的特点，对于确定电解质，解离平衡常数仅与温度有关，而与浓度无关。在温度确定时，每种弱电解质的解离平衡常数确定，可通过实验测定得到，也可通过热力学数据计算求得。附录五中，列出了一些常见弱酸、弱碱的解离平衡常数。

（3）共轭酸碱对 $K_a^\ominus$ 与 $K_b^\ominus$ 的关系 弱酸 HA 在水溶液中的解离反应为：$HA+H_2O \rightleftharpoons H_3O^++A^-$

$$K_a^\ominus = \frac{\{[H^+]/c^\ominus\}\{[A^-]/c^\ominus\}}{[HA]/c^\ominus}$$

HA 对应的共轭碱 A^- 在水溶液中的解离反应为：$A^-+H_2O \rightleftharpoons HA+OH^-$

$$K_b^\ominus = \frac{\{[HA]/c^\ominus\}\{[OH]/c^\ominus\}}{[A^-]/c^\ominus}$$

则：$K_a^\ominus K_b^\ominus = \dfrac{\{[H^+]/c^\ominus\}\{[A^-]/c^\ominus\}}{[HA]/c^\ominus} \times \dfrac{\{[HA]/c^\ominus\}\{[OH^-]/c^\ominus\}}{[A^-]/c^\ominus} = \{[H^+]/c^\ominus\}\{[OH^-]/c^\ominus\} = K_w^\ominus$

常温（25℃）时：

$$K_a^\ominus K_b^\ominus =10^{-14} \tag{7-3}$$

因此，酸碱解离常数只要知道一个，即可由水的离子积求得另一个。

【例 7-1】已知 25℃时，NH_4^+ 的 $K_a^\ominus = 5.59 \times 10^{-10}$，求 NH_4^+ 共轭碱的 $K_b^\ominus$。

解 常温（25℃）时：$K_a^\ominus K_b^\ominus = K_w^\ominus = 10^{-14}$

故：$K_b^\ominus = \dfrac{10^{-14}}{K_a^\ominus} = \dfrac{10^{-14}}{5.59 \times 10^{-10}} = 1.79 \times 10^{-5}$

2. 解离度和稀释定律

弱酸、弱碱的解离平衡计算中常用到解离度 α 的概念，常用于表示弱电解质的解离程度。

弱电解质在水溶液中达到解离平衡时的解离百分数称为解离度，解离度数学表达式为：

$$解离度（\alpha）=\frac{平衡时已解离的弱电解质的浓度}{弱电解质的起始浓度}\times 100\%$$

解离度和解离平衡常数都可以表示弱电解质的相对强弱，但它们是两个不同的概念，既有区别又有一定的联系。解离平衡常数是化学平衡常数的一种形式，而解离度则是转化率的一种形式。下面以 HAc 为例说明它们之间的关系，假设 HAc 的初始浓度为 $c\,mol\cdot L^{-1}$，解离度为 α。

$$HAc \rightleftharpoons H^+ + Ac^-$$

初始浓度	c	0	0
变化浓度	$c\alpha$	$c\alpha$	$c\alpha$
平衡浓度	$(c-c\alpha)$	$c\alpha$	$c\alpha$

则：

$$K_a^\ominus = \frac{\{[H^+]/c^\ominus\}\{[Ac^-]/c^\ominus\}}{[HAc]/c^\ominus} = \frac{(c\alpha/c^\ominus)^2}{c(1-\alpha)/c^\ominus}$$

若 α 很小，则 $1-\alpha$ 约等于 1，上式可变为：

$$K_a^\ominus = c\alpha^2/c^\ominus$$

$$\alpha = \sqrt{\frac{c^\ominus K_a^\ominus}{c}} \tag{7-4}$$

该式称为稀释定律，可看出在一定温度下，随着浓度的降低，解离度逐渐增加，即对于一种弱电解质，溶液越稀，其解离度越大。因此，只有浓度相同时，才能用解离度比较弱电解质的相对强弱。而在一定温度下，解离平衡常数 $K_a^\ominus$ 是一个常数，与浓度无关，因此，解离平衡常数更能反映弱电解质的本性。

【课堂练习】

1. 已知某溶液的 $[H^+] = 1.0\times 10^{-3}$，则 pOH =（   ）。
A. 4   B. 8   C. 11   D. 12

2. 常温下，向醋酸水溶液中加入同体积的水，则（   ）。
A. 醋酸的解离平衡常数增大   B. 醋酸的解离平衡常数变小
C. 醋酸的解离度变大   D. 醋酸的解离度变小

3. $0.1\,mol\cdot L^{-1}$ 醋酸溶液，用水稀释后，下列说法不正确的是（   ）。
A. 解离度增大   B. 氢离子数增多
C. pH 值增大   D. 氢离子浓度增大

4. 已知 25℃时，HAc 的解离平衡常数为 $K_a^\ominus(HAc) = 1.76\times 10^{-5}$，$H_2CO_3$ 的解离平衡常数 $K_{a1}^\ominus(H_2CO_3) = 4.3\times 10^{-7}$，$K_{a2}^\ominus(H_2CO_3) = 5.61\times 10^{-11}$，HClO 的解离平衡常数为 $K_a^\ominus(HClO) = 4.0\times 10^{-8}$。则下列说法正确的是（   ）。
A. 酸性：$HAc > H_2CO_3 > HClO > HCO_3^-$
B. 酸性：$H_2CO_3 > HAc > HClO > HCO_3^-$
C. 酸性：$HAc > HClO > H_2CO_3 > HCO_3^-$
D. 都不对

（二）弱电解质解离平衡的计算

1. 一元弱酸溶液

如果忽略 H_2O 解离产生的 H^+，设某一元弱酸 HA 的初始浓度为 c（$mol·L^{-1}$），在水中解离平衡时 $[H^+]=x$，如下：

$$HA+H_2O \Longrightarrow H_3O^++A^-$$

初始浓度 $\qquad\qquad\qquad c \qquad\qquad 0 \quad 0$

平衡浓度 $\qquad\qquad\qquad (c-x) \qquad\quad x \quad x$

则：

$$K_a^\ominus = \frac{\{[H^+]/c^\ominus\}\{[A^-]/c^\ominus\}}{[HA]/c^\ominus} = \frac{(x/c^\ominus)^2}{(c-x)/c^\ominus} \qquad (7\text{-}5)$$

$$x^2 + c^\ominus K_a^\ominus x - cc^\ominus K_a^\ominus = 0$$

解得：

$$x = [H^+] = \frac{-c^\ominus K_a^\ominus + \sqrt{(c^\ominus K_a^\ominus)^2 + 4cc^\ominus K_a^\ominus}}{2} \qquad (7\text{-}6)$$

式（7-6）是计算一元弱酸溶液中 H^+ 浓度的精确公式。

当 $c/(c^\ominus K_a^\ominus) \geqslant 500$ 时，x 远远小于 c，此时：$c-x \approx c$，则式（7-5）可转化为：

$$K_a^\ominus = \frac{(x/c^\ominus)^2}{c/c^\ominus}$$

故：

$$[H^+] = x = \sqrt{cc^\ominus K_a^\ominus} \qquad (7\text{-}7)$$

2. 一元弱碱溶液

按照同样的方法，对于一元弱碱，

当 $c/(c^\ominus K_b^\ominus) \geqslant 500$ 时，

$$[OH^-] = \sqrt{cc^\ominus K_b^\ominus} \qquad (7\text{-}8)$$

【例 7-2】计算 25℃时，$0.1 mol·L^{-1}$ HAc 溶液的 $[H^+]$、pH 和 HAc 的解离度。（已知 HAc 的 $K_a^\ominus = 1.76 \times 10^{-5}$）

解　（1）HAc 为一元弱酸，并且满足 $c/(c^\ominus K_a^\ominus) = 1 \times \dfrac{0.1}{1.76 \times 10^{-5}} \geqslant 500$

故：$[H^+] = \sqrt{cc^\ominus K_a^\ominus} = \sqrt{0.1 \times 1 \times 1.76 \times 10^{-5}} = 1.3 \times 10^{-3}(mol·L^{-1})$

（2）$pH = -\lg\{[H^+]/c^\ominus\} = -\lg\left(\dfrac{1.3 \times 10^{-3}}{1}\right) = 2.89$

（3）$\alpha = \dfrac{[H^+]}{c} = \dfrac{1.33 \times 10^{-3} mol·L^{-1}}{0.1 mol·L^{-1}} = 1.33\%$

【例 7-3】计算 25℃时，$0.10 mol·L^{-1}$ NaAc 溶液的 pH（$K_a^\ominus = 1.76 \times 10^{-5}$）。

解　NaAc 为一元弱碱，又 $c/(c^\ominus K_b^\ominus) = \dfrac{0.1}{10^{-14}c^\ominus/K_a^\ominus} = \dfrac{0.1 mol·L^{-1}}{10^{-14} \times 1 mol·L^{-1}/1.76 \times 10^{-5}} \geqslant 500$

则：$[OH^-] = \sqrt{cc^{\ominus}K_b^{\ominus}} = \sqrt{0.1 \times 1 \times \dfrac{10^{-14}}{K_a^{\ominus}}} = \sqrt{0.1 \times 1 \times \dfrac{10^{-14}}{1.76 \times 10^{-5}}} = 7.5 \times 10^{-6} (mol \cdot L^{-1})$

故：$[H^+] = \dfrac{10^{-14}}{[OH^-]} = \dfrac{10^{-14}}{7.5 \times 10^{-6}} (mol \cdot L^{-1})$

$$pH = -\lg\{[H^+]/c^{\ominus}\} = -\lg\left(\dfrac{10^{-14}}{7.5 \times 10^{-6}}\right) = 8.88$$

（三）同离子效应和盐效应

解离平衡和其他平衡一样，当维持平衡体系的外界条件改变时，会引起解离平衡的移动。

1. 同离子效应

在弱电解质溶液中，加入与弱电解质具有相同离子的易溶的强电解质，使弱电解质解离度降低的现象称为同离子效应。

例如，在 HAc 溶液中加入 NaAc，将使得 HAc 的解离度降低。原因是加入的 NaAc 与 HAc 含有相同离子 Ac^-，使溶液中 Ac^- 的浓度增大，导致 HAc 解离平衡向逆方向移动。因此达到新的平衡时，溶液中 HAc 的浓度比原平衡中 HAc 的浓度大，即 HAc 的解离度降低了。

$$HAc \rightleftharpoons H^+ + Ac^-$$
平衡移动的方向

$$NaAc \rightleftharpoons Na^+ + Ac^-$$

【例 7-4】已知氨水的解离常数 $K_b^{\ominus}(NH_3) = 1.75 \times 10^{-5}$，求：（1）$0.10 mol \cdot L^{-1}$ $NH_3 \cdot H_2O$ 溶液中 c_{OH^-}、pH 值和解离度；（2）在此 $NH_3 \cdot H_2O$ 溶液中加入 NH_4Cl 固体，且 NH_4Cl 的浓度为 $1.0 mol \cdot L^{-1}$，求此时溶液中的 c_{OH^-}、pH 值和解离度。

解　（1）$NH_3 \cdot H_2O \rightleftharpoons NH_4^+ + OH^-$

因为：$c/(c^{\ominus}K_b^{\ominus}) = \dfrac{0.10}{1 \times 1.75 \times 10^{-5}} = 5714 \geqslant 500$

所以：$[OH^-] = \sqrt{cc^{\ominus}K_b^{\ominus}} = \sqrt{0.1 \times 1 \times 1.75 \times 10^{-5}} = 1.32 \times 10^{-3} (mol \cdot L^{-1})$

$pOH = -\lg\left(\dfrac{1.32 \times 10^{-3}}{1}\right) = 2.88$

$pH = 14 - pOH = 14 - 2.88 = 11.12$

$\alpha = \dfrac{c_{OH^-}}{c_{NH_3 \cdot H_2O}} \times 100\% = \dfrac{1.32 \times 10^{-3}}{0.10} \times 100\% = 1.32\%$

（2）加入 NH_4Cl 后，设溶液中 c_{OH^-} 为 x（$mol \cdot L^{-1}$）。

$$NH_3 \cdot H_2O \rightleftharpoons NH_4^+ + OH^-$$

初始浓度　　　　　$0.10 mol \cdot L^{-1}$　　　$1.0 mol \cdot L^{-1}$　　0

平衡浓度　　　　　$0.10 mol \cdot L^{-1} - x$　　$1.0 mol \cdot L^{-1} + x$　　x

由于同离子效应，x 很小，因此 $0.10 mol \cdot L^{-1} - x \approx 0.10 mol \cdot L^{-1}$，$1.0 mol \cdot L^{-1} + x \approx 1.0 mol \cdot L^{-1}$

则：$K^{\ominus}(NH_3 \cdot H_2O) = \dfrac{\{[NH_4^+]/c^{\ominus}\}\{[OH^-]/c^{\ominus}\}}{[NH_3 \cdot H_2O]/c^{\ominus}} = \dfrac{(1.0/1) \times (x/1)}{0.1/1} = 1.75 \times 10^{-5}$

$$x = c_{OH^-} = 1.75 \times 10^{-6} \, mol \cdot L^{-1}$$

$$pOH = -lg \frac{(1.75 \times 10^{-6})}{1} = 5.76$$

$$pH = 14 - pOH = 14 - 5.76 = 8.24$$

$$\alpha = \frac{c_{OH^-}}{c_{NH_3 \cdot H_2O}} \times 100\% = \frac{1.75 \times 10^{-6}}{0.10} \times 100\% = 1.75 \times 10^{-3} \%$$

比较（1）和（2）中解离度的大小，可看到同离子效应对弱电解质解离度的影响非常之大。

【课堂练习】

在 1.0L 0.1mol·L⁻¹ HAc 溶液中，加入 0.1g 固体 NaAc。通过计算说明溶液的 pH 和 HAc 的解离度如何变化？〔已知 $K_a^{\ominus}(HAc) = 1.75 \times 10^{-5}$〕

2. 盐效应

在弱电解质溶液中，加入与弱电解质不含相同离子的强电解质，使弱电解质解离度增加的现象称为盐效应。这是由于加入强电解质后，溶液离子浓度增大，相互制约作用增大，一定程度上阻碍了离子间结合为分子，间接导致了平衡向右移动，使解离度增加。

【课堂练习】

1. 计算 25℃时，0.1mol·L⁻¹ HAc 溶液的 pH 值。〔已知 $K_a^{\ominus}(HAc) = 1.75 \times 10^{-5}$〕
2. 计算 25℃时，0.1mol·L⁻¹ NaAc 溶液的 pH 值。〔已知 $K_a^{\ominus}(HAc) = 1.75 \times 10^{-5}$〕
3. 计算 25℃时，0.1mol·L⁻¹ NH₃ 溶液的 pH。（已知 NH₃ 的 $K_b^{\ominus} = 1.76 \times 10^{-5}$）
4. 向 1L 0.1mol·L⁻¹ NH₃·H₂O 溶液中加入一些 NH₄Cl 晶体，会使（　　　）。
   A. NH₃·H₂O 的解离平衡常数增大　　　B. NH₃·H₂O 的解离平衡常数减小
   C. 溶液的 pH 值增大　　　　　　　　D. 溶液的 pH 值减小

（四）多元弱酸（碱）溶液

在水溶液中能给出两个或两个以上 H⁺ 的物质称为多元弱酸，如 H_2S、H_3PO_4 等。多元弱酸在溶液中的解离平衡是分步进行的，存在多步解离平衡，以 H_2S 为例：

第一步解离　　　　　　　　　　　$H_2S \Longleftrightarrow H^+ + HS^-$

$$K_{a1}^{\ominus} = \frac{\{[H^+]/c^{\ominus}\}\{[HS^-]/c^{\ominus}\}}{[H_2S]/c^{\ominus}} = 9.1 \times 10^{-8}$$

第二步解离　　　　　　　　　　　$HS^- \Longleftrightarrow H^+ + S^{2-}$

$$K_{a2}^{\ominus} = \frac{\{[H^+]/c^{\ominus}\}\{[S^{2-}]/c^{\ominus}\}}{[HS^-]/c^{\ominus}} = 1.1 \times 10^{-12}$$

比较 $K_{a1}^{\ominus}$ 和 $K_{a2}^{\ominus}$，发现第二步解离远远比第一步困难。原因有两个：一是，带两个负电荷的 S^{2-} 对 H^+ 的吸引力比带一个负电荷的 HS^- 的吸引力强得多；二是，第一步解离生成的 H^+ 对第二步解离产生同离子效应，一定程度上抑制了第二步的解离。因此，对于多元弱酸，一般 $K_{a1}^{\ominus} \gg K_{a2}^{\ominus} \gg \cdots \gg K_{an}^{\ominus}$，可将溶液中的 H^+ 看成主要由第一级解离生成，因此可按照一元弱酸的方法计算多元弱酸的 pH 值。

在水溶液中能接受两个或两个以上 H^+ 的物质称为多元弱碱，如 CO_3^{2-}、S^{2-}、PO_4^{3-} 等。以 Na_2CO_3 为例，Na_2CO_3 为二元弱碱，在水溶液中也存在两步解离平衡，如下：

第一步解离 $\qquad\qquad\qquad CO_3^{2-}+H_2O \Longleftrightarrow HCO_3^-+OH^-$

$$K_{b1}^{\ominus} = \frac{K_w^{\ominus}}{K_{a2}^{\ominus}} = \frac{1.0\times10^{-14}}{4.8\times10^{-11}} = 2.1\times10^{-4}$$

第二步解离 $\qquad\qquad\qquad HCO_3^-+H_2O \Longleftrightarrow H_2CO_3+OH^-$

$$K_{b2}^{\ominus} = \frac{K_w^{\ominus}}{K_{a1}^{\ominus}} = \frac{1.0\times10^{-14}}{4.3\times10^{-7}} = 2.33\times10^{-8}$$

同样，对于多元弱碱，一般 $K_{b1}^{\ominus} \gg K_{b2}^{\ominus} \gg \cdots \gg K_{bn}^{\ominus}$，比较多元弱碱的碱性时，也只需比较第一步解离平衡常数即可。

【例 7-5】计算 25℃时，$0.10mol \cdot L^{-1}$ H_2S 水溶液中的 H^+ 和 S^{2-} 的浓度。[已知：$K_{a1}^{\ominus}(H_2S) = 9.1\times10^{-8}$，$K_{a2}^{\ominus}(H_2S) = 1.1\times10^{-14}$]

解 因 $K_{a1}^{\ominus} \gg K_{a2}^{\ominus}$，故计算溶液中 H^+ 浓度时，可只考虑 H_2S 的第一步解离，按照一元弱酸 H^+ 浓度的计算方法计算即可。

$$H_2S \Longleftrightarrow H^++HS^-$$
$$HS^- \Longleftrightarrow H^++S^{2-}$$

因为： $c / (c^{\ominus}K_{a1}) = \dfrac{0.10}{1\times9.1\times10^{-8}} \geqslant 500$

故： $[H^+] = \sqrt{cc^{\ominus}K_{a1}} = \sqrt{0.1\times1\times9.1\times10^{-8}} = 9.54\times10^{-5}(mol \cdot L^{-1})$

由于第二步解离的 H^+ 与第一步解离的 H^+ 相比，可忽略不计，所以 $[H^+] \approx [HS^-]$，所以根据第二步解离平衡得到：

$$K_{a2} = \frac{\{[S^{2-}]/c^{\ominus}\}\{[H^+]/c^{\ominus}\}}{[HS^-]/c^{\ominus}} \approx [S^{2-}]/c^{\ominus} = 1.3\times10^{-14}$$

即： $[S^{2-}] \approx c^{\ominus}K_{a2} = 1.1\times10^{-12}(mol \cdot L^{-1})$

与多元弱酸相同，多元弱碱 pH 的计算可按照一元弱碱计算。

【例 7-6】计算 25℃时，$0.10mol \cdot L^{-1}$ Na_2CO_3 溶液的 pH 值和解离度。[已知 H_2CO_3 的 $K_{a1}^{\ominus}(H_2CO_3) = 4.3\times10^{-7}$，$K_{a2}^{\ominus}(H_2CO_3) = 4.8\times10^{-11}$]

解 因 $\quad K_{b1}^{\ominus} = \dfrac{K_w^{\ominus}}{K_{a2}^{\ominus}} = \dfrac{1.0\times10^{-14}}{4.8\times10^{-11}} = 2.1\times10^{-4}$

$$K_{b2}^{\ominus} = \frac{K_w^{\ominus}}{K_{a1}^{\ominus}} = \frac{1.0\times10^{-14}}{4.3\times10^{-7}} = 2.33\times10^{-8}$$

则 $\quad K_{b1}^{\ominus} \gg K_{b2}^{\ominus}$，说明 CO_3^{2-} 的第一步解离程度比第二步解离程度大得多，溶液中的 OH^- 主要来自第一步的解离，第二步解离的 OH^- 可忽略。因此，可按照一元弱碱求 OH^- 浓度的方法计算 Na_2CO_3 溶液的 OH^- 浓度。具体计算如下：

因为： $c / (c^{\ominus}K_{b1}^{\ominus}) = \dfrac{0.10}{1\times2.1\times10^{-4}} \geqslant 500$

故：$[OH^-] = \sqrt{cc^{\ominus}K_{b1}^{\ominus}} = \sqrt{cc^{\ominus} \times \dfrac{K_w^{\ominus}}{K_{a2}^{\ominus}}} = \sqrt{0.10 \times 1 \times \dfrac{1.0 \times 10^{-14}}{4.8 \times 10^{-11}}} = 4.6 \times 10^{-3} (mol \cdot L^{-1})$

$pOH = -lg\{[OH^-]/c^{\ominus}\} = -lg(4.6 \times 10^{-3}) = 2.34$

$pH = 14 - pOH = 14 - 2.34 = 11.66$

$\alpha = \dfrac{[OH^-]}{c} \times 100\% = \dfrac{4.6 \times 10^{-3}}{0.10} \times 100\% = 4.6\%$

（五）两性物质

既能给出质子又能接受质子的物质称为两性物质，如 $NaHCO_3$、Na_2HPO_4、NaH_2PO_4、$NaHS$ 等。两性溶液中存在两个解离平衡，以 $NaHCO_3$ 为例：

HCO_3^-作为酸表现为失去质子：

$$HCO_3^- \rightleftharpoons H^+ + CO_3^{2-}$$

$$K_{a2}^{\ominus} = 4.8 \times 10^{-11}$$

HCO_3^-作为碱表现为得到质子：

$$HCO_3^- + H_2O \rightleftharpoons H_2CO_3 + OH^-$$

$$K_{b2}^{\ominus} = \dfrac{K_w^{\ominus}}{K_{a1}^{\ominus}} = \dfrac{1.0 \times 10^{-14}}{4.3 \times 10^{-7}} = 2.33 \times 10^{-8}$$

在两个解离平衡中，$K_{b2}^{\ominus} \gg K_{a2}^{\ominus}$，说明 HCO_3^-接受质子的能力远远大于失去质子的能力，因此 $NaHCO_3$ 溶液显示碱性。

以 $NaHCO_3$ 为例推导两性物质 pH 值的近似计算公式，如下：

HCO_3^-作为酸给出质子，达到解离平衡时：

$$HCO_3^- \rightleftharpoons H^+ + CO_3^{2-}$$

可得到：$\qquad\qquad\qquad [H^+] = [CO_3^{2-}]$ （7-9）

HCO_3^-作为碱接受质子，达到解离平衡时：

$$HCO_3^- + H_2O \rightleftharpoons H_2CO_3 + OH^-$$

根据解离平衡式可得到：$\qquad [H_2CO_3] = [OH^-]$ （7-10）

式（7-9）+式（7-10）整理可得：

$$[H^+] = [CO_3^{2-}] + [OH^-] - [H_2CO_3]$$ （7-11）

而根据 H_2CO_3 的两个解离平衡式可得到：

$$H_2CO_3 \rightleftharpoons H^+ + HCO_3^-$$

$$[H_2CO_3] = \dfrac{[H^+][HCO_3^-]}{c^{\ominus}K_{a1}^{\ominus}}$$

$$HCO_3^- \rightleftharpoons H^+ + CO_3^{2-}$$

$$[CO_3^{2-}] = c^{\ominus}K_{a2}^{\ominus}\dfrac{[HCO_3^-]}{[H^+]}$$

而根据水的离子积可得到：$[OH^-] = \dfrac{(c^{\ominus})^2 K_w^{\ominus}}{[H^+]}$

将上面[H_2CO_3]、[CO_3^{2-}]和[OH^-]代入式（7-11）得：

$$[H^+] = \frac{c^\ominus K_{a2}^\ominus [HCO_3^-]}{[H^+]} + \frac{(c^\ominus)^2 K_w^\ominus}{[H^+]} - \frac{[H^+][HCO_3^-]}{c^\ominus K_{a1}^\ominus} \qquad (7\text{-}12)$$

将式（7-12）整理得：

$$[H^+]^2 = \frac{K_{a1}^\ominus \{c^\ominus K_{a2}^\ominus [HCO_3^-] + (c^\ominus)^2 K_w^\ominus\}}{K_{a1}^\ominus + [HCO_3^-]/c^\ominus} \times (c^\ominus)^2 \qquad (7\text{-}13)$$

一般，$K_{a2}^\ominus [HCO_3^-]/c^\ominus \gg K_w^\ominus$，$[HCO_3^-]/c^\ominus \gg K_{a1}^\ominus$，则 $c^\ominus K_{a2}^\ominus [HCO_3^-] + (c^\ominus)^2 K_w^\ominus \approx c^\ominus K_{a2}^\ominus [HCO_3^-]/c^\ominus$，$K_{a1}^\ominus + [HCO_3^-]/c^\ominus \approx [HCO_3^-]/c^\ominus$，因此式（7-13）可简化为 $[H^+]^2 = (c^\ominus)^2 K_{a1}^\ominus K_{a2}^\ominus$，则：

$$[H^+] = c^\ominus \sqrt{K_{a1}^\ominus K_{a2}^\ominus} \qquad (7\text{-}14)$$

可进而推导得到两性物质的 pH 值近似计算公式：

$$pH = -\lg \frac{[H^+]}{c^\ominus} = \frac{1}{2} pK_{a1}^\ominus + \frac{1}{2} pK_{a2}^\ominus \qquad (7\text{-}15)$$

式（7-14）为计算两性物质[H^+]的近似公式，适用条件是：酸式盐溶液的浓度不是很稀（大于 $10^{-3} mol \cdot L^{-1}$），且满足 $c \gg K_{a1}^\ominus$，$cK_{a2}^\ominus/c^\ominus \gg K_w^\ominus$，且水的解离可忽略。

【课堂练习】

1. 计算 25℃时，$0.10 mol \cdot L^{-1}$ Na_2CO_3 溶液的 pH 值。[已知：$K_{a1}^\ominus(H_2CO_3) = 4.3 \times 10^{-7}$，$K_{a2}^\ominus(H_2CO_3) = 4.8 \times 10^{-11}$]

2. 计算 25℃时，$0.10 mol \cdot L^{-1}$ NaHCO_3 溶液的 pH 值。（已知 H_2CO_3 的 $pK_{a1}^\ominus = 6.37$，$pK_{a2}^\ominus = 1.25$）

三、缓冲溶液

1. 缓冲溶液的概念

做一个实验：取两个容器，一个装纯水，另一个装 HAc-NaAc 溶液（HAc 和 NaAc 的浓度均为 $0.1 mol \cdot L^{-1}$），分别测得其 pH 值为 7.00 和 4.75；若在两容器中分别加入 0.05mL $1 mol \cdot L^{-1}$ HCl 溶液后，测得 pH 值分别为 3.00 和 4.75；同理，若分别加入 0.05mL $1 mol \cdot L^{-1}$ NaOH 溶液，pH 值分别为：11.00 和 4.76。

从实验可发现，与纯水相比较，在 HAc 和 NaAc 混合溶液中外加少量酸碱其 pH 值几乎不变。此外，若分别加入少量水，HAc 和 NaAc 混合溶液的 pH 也基本不变。把这种能够抵抗外加少量酸碱或适当稀释 pH 值基本不变的作用称为缓冲作用，具有缓冲作用的溶液称为缓冲溶液。

缓冲溶液一般都由一对共轭酸碱对组成，主要有三种类型：

① 弱酸及其盐，如 HAc-NaAc、H_2CO_3-NaHCO_3；

② 多元弱酸的酸式盐及其次级盐，如 NaHCO_3-Na_2CO_3、NaH_2PO_4-Na_2HPO_4；

③ 弱碱及其盐，如 NH_3·H_2O-NH_4Cl。

2. 缓冲溶液的作用原理

缓冲溶液为什么具有缓冲作用呢？这里以 HAc-NaAc 组成的缓冲溶液为例，说明缓冲作

117

用的原理。HAc-NaAc 组成的缓冲溶液中同时含有大量的 HAc 和 Ac⁻，并存在着 HAc 的解离平衡：

$$HAc(大量) \rightleftharpoons H^+(极小量) + Ac^-(大量)$$

根据平衡移动原理，当外加少量强酸时，溶液中的 Ac⁻ 立即与外加 H⁺ 结合成 HAc，使平衡向左移动，因此，部分抵消了外加的少量 H⁺，保持了溶液的 pH 值基本不变，Ac⁻ 则为抗酸成分；当外加少量强碱时，OH⁻ 与溶液中的 H⁺ 结合生成水，H⁺ 浓度减少，平衡向右移动，HAc 解离产生的 H⁺ 补充了 H⁺ 的消耗，从而使溶液的 pH 值基本不变，HAc 则为抗碱成分。当外加少量水时，稀释使得 H⁺ 浓度降低，但另一方面，HAc 解离度增加，平衡向右移动，一定程度上补充了降低的 H⁺，使得溶液的 pH 值基本不变。

3. 缓冲溶液 pH 值的计算

缓冲溶液一般由一对共轭酸碱对组成，由弱酸及其共轭碱组成的缓冲溶液存在下列平衡：

$$HA \rightleftharpoons A^- + H^+$$

初始浓度 c_{HA} c_{A^-} 0

平衡浓度 $(c_{HA} - x)$ $(c_{A^-} + x)$ x

缓冲溶液中存在大量的 HA 和 A⁻，所以 $[HA] = c_{HA} - x \approx c_{HA}$，$[A^-] = c_{A^-} + x \approx c_{A^-}$

则

$$K_a^\ominus = \frac{\{[A^-]/c^\ominus\}\{[H^+]/c^\ominus\}}{[HA]/c^\ominus} = \frac{c_{A^-}[H^+]}{c_{HA}c^\ominus}$$

两边取负对数得：

$$-\lg K_a^\ominus = -\lg \frac{c_{A^-}}{c_{HA}} - \lg([H^+]/c^\ominus)$$

整理后得：

$$pH = pK_a^\ominus + \lg \frac{c_{A^-}}{c_{HA}} \tag{7-16}$$

由此可得到缓冲溶液的 pH 值计算公式为：

$$pH = pK_a^\ominus + \lg \frac{c_{共轭碱}}{c_{共轭酸}} \tag{7-17}$$

式中，$c_{共轭碱}$ 代表组成缓冲溶液的共轭碱的浓度；$c_{共轭酸}$ 代表组成缓冲溶液的共轭酸的浓度。

【例 7-7】用 0.10mol·L⁻¹ 的 HAc 溶液和 0.20mol·L⁻¹ 的 NaAc 溶液等体积混合配成 50mL 缓冲溶液，求此缓冲溶液的 pH 值（已知 HAc 的 $pK_a^\ominus = 4.75$）。

解 组成该缓冲溶液的共轭酸碱对为 HAc-NaAc

因为

$$c_{Ac^-} = \frac{0.20 \times 25 \times 10^{-3}}{50 \times 10^{-3}} = 0.10(mol·L^{-1})$$

$$c_{HAc} = \frac{0.10 \times 25 \times 10^{-3}}{50 \times 10^{-3}} = 0.05(mol·L^{-1})$$

所以：

$$pH = pK_a^\ominus + \lg \frac{c_{共轭碱}}{c_{共轭酸}} = pK_a^\ominus + \lg \frac{c_{Ac^-}}{c_{HAc}}$$

$$= 4.75 + \lg\frac{0.10}{0.05} = 5.05$$

【例 7-8】将 10mL 0.20mol·L^{-1} 的 HAc 溶液与 10mL 0.10mol·L^{-1} 的 NaOH 溶液混合，计算该混合溶液的 pH 值（已知 HAc 的 p$K_a^{\ominus}$ = 4.75）。

解 $$\text{HAc} + \text{NaOH} \Longrightarrow \text{NaAc} + \text{H}_2\text{O}$$

混合后，HAc 与 NaOH 发生反应生成 NaAc，生成的 NaAc 与剩余的 HAc 构成缓冲溶液。则缓冲溶液中：

$$c_{\text{HAc}} = \frac{n_{\text{HAc}}}{V \times 10^{-3}} = \frac{0.20 \times 10 \times 10^{-3} - 0.10 \times 10 \times 10^{-3}}{(10 + 10) \times 10^{-3}} = 0.05(\text{mol·L}^{-1})$$

$$c_{\text{NaAc}} = \frac{n_{\text{NaAc}}}{V \times 10^{-3}} = \frac{0.10 \times 10 \times 10^{-3}}{(10 + 10) \times 10^{-3}} = 0.05(\text{mol·L}^{-1})$$

缓冲溶液的 pH 值为：

$$\text{pH} = \text{p}K_a^{\ominus} + \lg\frac{c_{\text{共轭碱}}}{c_{\text{共轭酸}}} = \text{p}K_a^{\ominus} + \lg\frac{c_{\text{Ac}^-}}{c_{\text{HAc}}} = 4.75 + \lg\frac{0.05}{0.05} = 4.75$$

缓冲溶液的缓冲作用有一定的限度，超过此限度，缓冲溶液会失去缓冲能力。缓冲溶液的缓冲能力取决于组成缓冲溶液的缓冲对的浓度和缓冲对浓度的比值（又称为缓冲比）。缓冲比相同，缓冲对浓度越大，缓冲能力越强；同一缓冲对，总浓度一定，缓冲比为 1 时，缓冲能力最强。

一般缓冲比控制在 0.1～1.0 之间，此时缓冲溶液的缓冲范围为：(p$K_a^{\ominus}$ −1)～(p$K_a^{\ominus}$ +1)。

4. 缓冲溶液的选择和配制

配制缓冲溶液的主要步骤如下。

（1）选择合适的缓冲对　选择缓冲对的原则是缓冲对的 p$K_a^{\ominus}$ 与所需配制缓冲溶液的 pH 值越接近越好。例如若配制 pH = 5 的缓冲溶液，则应选择 HAc-NaAc 缓冲对（ p$K_a^{\ominus}$ = 4.75），因为 HAc-NaAc 缓冲对的 p$K_a^{\ominus}$ 最接近要配制缓冲溶液的 pH 值。

（2）选择合适的总浓度　为了保证足够的缓冲能力，浓度一般在 0.05～0.2mol·L^{-1}，同时保持共轭酸碱对的浓度比接近于 1。

（3）根据缓冲溶液 pH 值计算公式算出所需共轭酸和共轭碱的体积　配制缓冲溶液时一般选择相同浓度的共轭酸和共轭碱配制，此时：

$$\text{pH} = \text{p}K_a^{\ominus} + \lg\frac{c_{\text{共轭碱}}}{c_{\text{共轭酸}}} = \text{p}K_a^{\ominus} + \lg\frac{V_{\text{共轭碱}}}{V_{\text{共轭酸}}} \tag{7-18}$$

（4）配制缓冲溶液　根据计算结果配制缓冲溶液，并用酸度计校正。

【例 7-9】如何配制 500mL pH = 5.0 的具有中等缓冲能力的缓冲溶液?

解　① 选择缓冲对：因 HAc 的 p$K_a^{\ominus}$ = 4.75，与 pH = 5.0 最接近，所以选择 HAc-NaAc 缓冲对配制此缓冲溶液。

② 要求配制中等缓冲能力的缓冲溶液，可选用 0.1mol·L^{-1}HAc 和 0.1mol·L^{-1} 的 NaAc 来配。

③ 计算：设所需 0.1mol·L^{-1}NaAc 为 VmL，则所需 HAc 的体积为$(500-V)$mL。

$$pH = pK_a^\ominus + \lg \frac{c_{共轭碱}}{c_{共轭酸}} = pK_a + \lg \frac{V_{共轭碱}}{V_{共轭酸}}$$

$$5.0 = 4.75 + \lg \frac{V}{500mL - V}$$

$$V = 320mL$$

$$500mL - V = 500mL - 320mL = 180mL$$

④ 配制：将 320mL 0.1mol·L⁻¹ HAc 和 180mL 0.1mol·L⁻¹ NaAc 溶液混合，再用酸度计校正，即可得到 500mL pH = 5.0 的具有中等缓冲能力的缓冲溶液。

【例 7-10】 预配制 pH = 9.0 的缓冲溶液 1000mL，应在 500mL 0.10mol·L⁻¹ NH₃·H₂O 中加入固体 NH₄Cl 多少克？[已知 $M_{NH_4Cl} = 53.5g·mol$，$K_b^\ominus(NH_3) = 1.75 \times 10^{-5}$]

解　$pK_b^\ominus(NH_3) = -\lg(1.75 \times 10^{-5}) = 4.76$

则：$pK_a^\ominus(NH_4^+) = 14 - 4.76 = 9.24$

故：$pH = pK_a^\ominus + \lg \dfrac{c_{共轭碱}}{c_{共轭酸}} = pK_a^\ominus + \lg \dfrac{c_{NH_3·H_2O}}{c_{NH_4^+}}$

$$9.0 = 9.24 + \lg \frac{\dfrac{0.10mol·L^{-1} \times 500 \times 10^{-3}L}{1000 \times 10^{-3}L}}{\dfrac{x/53.5g·mol^{-1}}{1000 \times 10^{-3}L}}$$

$$x = 4.65g$$

应加入固体 NH₄Cl 4.65g。

5. 缓冲溶液的应用

缓冲溶液的应用非常广泛，在工业、农业、生物科学、药物生产等领域都有着广泛的应用。药剂生产中，应根据人的生理情况选择合适的缓冲溶液来稳定 pH 值，如维生素 C 的 pH 为酸性，若直接注射到人体内会产生刺痛感，一般用 NaHCO₃ 调节其 pH 值为 5.5～6.0 之间，可减轻注射引起的疼痛。缓冲溶液在化妆品中也有着重要的作用，化妆品的 pH 值需与人体皮肤的 pH 值接近，过小过大都会对皮肤造成损伤，通过加入合适的缓冲体系可控制稳定化妆品的 pH 值范围，如柠檬酸-柠檬酸钠、乳酸-乳酸钠等都是加在化妆品中的常用缓冲对。此外，人体血液也是一个缓冲溶液，血液中存在的缓冲体系有：H₂CO₃-NaHCO₃、NaH₂PO₄-Na₂HPO₄ 等，这些缓冲体系使人体血液的 pH 值保持在 7.35～7.45，保证了人体的正常生理活动。

【拓展窗】

酸碱理论发展简史

酸碱理论的发展先后经历了三百年的历史，很多科学家提出了自己的理论，主要经历了 5 个过程：早期酸碱的认识→阿仑尼乌斯解离理论→酸碱质子理论→路易斯酸碱理论→软硬酸碱理论。

1. 早期酸碱的认识

酸碱理论的发展可追溯至 17 世纪，当时人们根据日常生活中与酸碱接触的经验来认识酸碱。人们认为：酸指一切有酸味的物质，而碱是指一切有涩味且有滑腻感的物质。显然这种认识今天看来不太合适，如苦味酸虽然有酸味，但它不是酸，也不是所有的碱都有涩味和滑腻感。早期酸碱需要通过品尝认识，但很多酸碱是不能用舌头品尝的，有的浓酸浓碱也不能用手触摸。17 世纪末，英国化学家玻意耳根据实验总结出朴素的酸碱理论，该理论认为：凡物质的水溶液能溶解某些金属、跟碱接触会失去原有的特性而且能使蓝色石蕊试液变红的物质，称为酸；凡物质的水溶液有苦涩味、能腐蚀皮肤、与酸接触后失去原有特性，而且能使红色石蕊试液变蓝的物质，称为碱。虽然玻意耳的酸碱定义比以往有了进步，但仍不完善，如氯化铁溶液虽符合酸的定义但它不是酸而是盐。之后，科学家开始从物质的组成上认识酸碱，如法国化学家拉瓦锡通过实验提出"一切酸中都有氧"的理论。接着，英国化学家戴维用"盐酸、氢溴酸中都不含氧"的反例驳斥了拉瓦锡的酸碱理论，同时指出：酸是氢的化合物，但是酸中的氢必须是可以被金属或碱所置换的。戴维的理论也存在局限性，该理论无法解释酸性强弱的问题。

2．阿仑尼乌斯解离理论

1887 年瑞典化学家阿仑尼乌斯创立了酸碱解离理论，该理论认为：凡是在水溶液中解离产生的阳离子全部是 H^+ 的物质为酸；凡是在水溶液中解离产生的阴离子全部是 OH^- 的物质为碱。该理论解释了许多实验事实，如：强酸解离度大，产生 H^+ 多，因此与金属反应能力强；而弱酸解离度小，与金属反应能力弱。该理论也揭示了酸碱反应的实质是 H^+ 与 OH^- 之间的反应。可以说，阿仑尼乌斯酸碱解离理论是酸碱理论发展史上的里程碑，至今仍在普遍使用。但该理论也有一定的局限性，它只适用于水溶液，非水溶剂和无水条件下不能使用。按照阿仑尼乌斯解离理论，无法解释 NH_3 呈碱性，因为 NH_3 解离不出 OH^-。

3．酸碱质子理论

1923 年，布朗斯特德和劳瑞各自独立提出了酸碱质子理论，该理论认为：能给出质子（H^+）的物质为酸；能接受质子（H^+）的物质为碱。酸碱质子理论可很好地解释 NH_3 是碱，因 NH_3 可接受质子变成 NH_4^+。

不管是解离理论还是质子理论，都把酸的分类局限于含 H 的物质，但有些物质如：SO_3、CO_2、BCl_3，根据上述理论都不是酸，因它们既无法在水溶液中解离出 H^+，也不能给出质子，但它们又确实能发生酸碱反应：

$$SO_3+Na_2O \Longrightarrow Na_2SO_4$$
$$BCl_3+NH_3 \Longrightarrow BCl_3 \cdot NH_3$$

4．路易斯酸碱理论

1932 年，美国化学家路易斯提出更广泛的酸碱理论，该理论认为：一切能接受电子对的物质称为酸；一切能给出电子对的物质称为碱。路易斯酸碱理论加深了人们对酸碱物质结构的认识，扩大了酸碱的范围，在化学反应研究的系统上起着巨大的作用。但是该理论含义太广泛，有时用起来反而不方便。

5．软硬酸碱理论

1963 年，皮而逊在路易斯酸碱理论基础上提出了软硬酸碱理论，即 HSAB 原则（hard and soft acids and bases），该理论是一个经验总结，有一定的预测指导意义。皮而逊将路易斯酸碱分为硬、软和交界几种类型。

① 酸是电子的接受体，硬酸的受电原子多为惰性气体型金属离子，其特点是正电荷高、

极化性低、体积小、不易被氧化、不易变形。软酸与硬酸相反。

② 碱是电子的给予体，硬碱的给电原子的负电荷高、极化性低、难氧化、不易变形。软碱与硬碱相反。

③ 交界酸碱的特性分别界于硬酸软酸、硬碱软碱之间。

HSAB 原则：硬碱优先于硬酸配位，软碱优先于软酸配位。通俗的表达即"硬亲硬，软亲软，交界酸碱两边管"。所谓"亲"主要表现在两方面：生成物稳定性高和反应速率快。

酸碱理论的发展史，也是人们对物质结构认识及不断深化的过程。相信未来酸碱理论在科学家们的努力下将更加不断完善。

本章小结

一、酸碱理论

1. 酸碱质子理论

（1）酸碱质子理论定义　凡是能给出质子（H^+）的物质称为酸；凡是能接受质子（H^+）的物质称为碱。

（2）共轭酸碱对　酸给出质子后生成对应的碱，而得到的碱接受质子后又生成对应的酸。把酸和其对应碱的这种关系称为酸碱共轭关系，这对酸碱称为一对共轭酸碱对。例如：

$$HAc \Longrightarrow Ac^- + H^+$$

HAc 与 Ac^- 称为一对共轭酸碱对，HAc 称为 Ac^- 的共轭酸，Ac^- 称为 HAc 的共轭碱。

（3）酸碱反应的实质　酸碱反应的实质是质子的传递过程，即质子从酸传递给碱。每个酸碱反应都是由两个共轭酸碱对的半反应组成，酸 1 传递质子给碱 2 后，生成了碱 1；而碱 2 得到质子后生成了相应的酸 2。

$$酸1 \ + \ 碱2 \ \Longrightarrow \ 碱1 \ + \ 酸2$$
$$\underset{H^+}{\underline{\qquad\qquad\quad}}$$

2. 酸碱解离理论

凡能接受电子对的物质为酸，如 Fe^{3+}、H^+、Cu^{2+}；凡能给出电子对的物质为碱，如 OH^-、NH_3 等。为了避免和其他理论定义的酸碱混淆，一般将路易斯定义的酸碱称为 Lewis 酸和 Lewis 碱。

二、溶液的酸碱平衡

1. 水的质子自递平衡

水溶液中（25℃），$K_w^{\ominus} = \{[H^+]/c^{\ominus}\}\{[OH^-]/c^{\ominus}\} = 10^{-14}$。

2. 弱电解质的酸碱解离平衡

（1）一元弱酸、弱碱的解离平衡

① 一元弱酸的解离平衡

$$HA \Longrightarrow H^+ + A^-$$

$$K_a^\ominus = \frac{\{[H^+]/c^\ominus\}\{[A^-]/c^\ominus\}}{[HA]/c^\ominus}$$

式中，$K_a^\ominus$ 称为弱酸的解离平衡常数，简称酸常数。$K_a^\ominus$ 越大，平衡向正方向移动的趋势越大，给出质子的能力越强，则酸性也越强。

② 一元弱碱的解离平衡

$$A^- + H_2O \rightleftharpoons HA + OH^-$$

$$K_b^\ominus = \frac{\{[HA]/c^\ominus\}\{[OH^-]/c^\ominus\}}{[A^-]/c^\ominus}$$

式中，$K_b^\ominus$ 称为弱碱的解离平衡常数，简称碱常数。$K_b^\ominus$ 越大，平衡向正方向移动的趋势越大，接受质子的能力越强，则碱性也越强。

③ 共轭酸碱对 $K_a^\ominus$ 与 $K_b^\ominus$ 的关系

$$K_a^\ominus K_b^\ominus = 10^{-14} \qquad （25℃）$$

（2）解离度和稀释定律　解离度计算公式：

$$解离度(\alpha) = \frac{平衡时已解离的弱电解质的浓度}{弱电解质的起始浓度} \times 100\%$$

解离度与平衡常数的关系：

$$\alpha = \sqrt{\frac{c^\ominus K_a^\ominus}{c}}$$

（3）弱电解质溶液 pH 值的计算

一元弱酸溶液　　$[H^+] = \sqrt{cc^\ominus K_a^\ominus}$　　[条件 $c/(c^\ominus K_a^\ominus) \geqslant 500$]

一元弱碱溶液　　$[OH^-] = \sqrt{cc^\ominus K_b^\ominus}$　　[条件 $c/(c^\ominus K_b^\ominus) \geqslant 500$]

3. 同离子效应和盐效应

（1）同离子效应　在弱电解质溶液中，加入与弱电解质具有相同离子的易溶的强电解质，使弱电解质解离度降低的现象称为同离子效应。

（2）盐效应　在弱电解质溶液中，加入与弱电解质不含相同离子的强电解质，使弱电解质解离度增加的现象称为盐效应。

4. 多元弱酸（碱）溶液

（1）多元弱酸　对于多元弱酸，一般 $K_{a1}^\ominus \gg K_{a2}^\ominus \gg \cdots \gg K_{an}^\ominus$，可将溶液中的 H^+ 看成主要由第一级解离生成，因此可按照一元弱酸的方法计算多元弱酸的 pH 值。

$$[H^+] = \sqrt{cc^\ominus K_{a1}^\ominus} \qquad [条件 c/(c^\ominus K_a^\ominus) \geqslant 500]$$

（2）多元弱碱　对于多元弱碱，一般 $K_{b1}^\ominus \gg K_{b2}^\ominus \gg \cdots \gg K_{bn}^\ominus$，可按照一元弱碱的方法计算多元弱碱的 pH 值。

$$[OH^-] = \sqrt{cc^\ominus K_{b1}^\ominus} \qquad [条件 c/(c^\ominus K_{b1}^\ominus) \geqslant 500]$$

三、缓冲溶液

（1）缓冲溶液 pH 值的计算

$$pH = pK_a^{\ominus} + lg\frac{c_{共轭碱}}{c_{共轭酸}}$$

式中，$c_{共轭碱}$ 代表组成缓冲溶液的共轭碱的浓度；$c_{共轭酸}$ 代表组成缓冲溶液的共轭酸的浓度。

（2）缓冲溶液缓冲范围　$pH = (pK_a^{\ominus}-1) \sim (pK_a^{\ominus}+1)$。

（3）缓冲溶液的选择和配制　所选择缓冲对的 $pK_a^{\ominus}$ 与所配制缓冲溶液的 pH 值越接近越好。

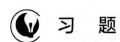 习　题

一、单项选择题

1. 根据酸碱质子理论，下列只可以作酸的是（　　）。

A. HCO_3^-　　　　　B. H_2CO_3　　　　　C. OH^-　　　　　D. H_2O

2. 若要配制 pH = 5 的缓冲溶液，应选用的缓冲对是（　　）。

A. HAc-NaAc　　　B. NH_3-NH_4Cl　　C. Na_2HPO_4-Na_3PO_4　　D. HCOOH-HCOONa

3. 已知某酸 HA 的 $pK_a^{\ominus} = 6$，则 $0.01mol \cdot L^{-1}$ NaA 的 pH 值为（　　）。

A. 10　　　　　　B. 8　　　　　　C. 11　　　　　　D. 9

4. 已知 $K^{\ominus}(HF) = 6.7 \times 10^{-4}$，$K^{\ominus}(HAc) = 1.8 \times 10^{-5}$，$K^{\ominus}(HCN) = 7.2 \times 10^{-10}$。若配制 pH = 9 的缓冲溶液，应选用的缓冲对是（　　）。

A. HF 和 NaF　　　B. HAc 和 NaAc　　C. HCN 和 NaCN　　D. 都不行

5. 已知某酸 HA 的 $K_a^{\ominus} = 1.0 \times 10^{-5}$，则 $0.1mol \cdot L^{-1}$ HA 的 pH 值为（　　）。

A. 3　　　　　　B. 4　　　　　　C. 5　　　　　　D. 6

6. 决定一元弱酸解离平衡常数的因素是（　　）。

A. 溶液的浓度　　　　　　　　　B. 酸的解离度

C. 溶液的体积　　　　　　　　　D. 酸的本质和溶液的温度

7. 将由一对共轭酸碱对组成的缓冲溶液加水稀释一倍，则下列正确的是（　　）。

A. pH 值下降　　　B. pH 值上升　　C. 缓冲能力下降　　D. 缓冲能力不变

8. 常温下，在醋酸溶液中加入同体积的水，则（　　）。

A. 醋酸的解离平衡常数增大　　　B. 醋酸的解离平衡常数变小

C. 醋酸的解离度增大　　　　　　D. 醋酸的解离度减小

9. 向 1L $0.1mol \cdot L^{-1}$ $NH_3 \cdot H_2O$ 溶液中加入一些 NH_4Cl 晶体，则（　　）。

A. $NH_3 \cdot H_2O$ 的 $K_b^{\ominus}$ 增大　　　　　B. $NH_3 \cdot H_2O$ 的 $K_b^{\ominus}$ 减小

C. 溶液的 pH 值增大　　　　　　D. 溶液的 pH 值减小

10. 下列浓度相同的溶液中，pH 值最小的是（　　）。

A. NH_4Cl　　　　B. NaCl　　　　C. NaOH　　　　D. NaAc

二、判断题

1. 温度一定，无论酸性或碱性电解质溶液，水的离子积常数都一样。（　　）

2．共轭酸碱对 NH_3-NH_4^+中，NH_4^+为共轭酸。（　　　）

3．弱酸的解离度越大，则酸性越强。（　　　）

4．在 HAc-NaAc 共轭酸碱对中加入 NaAc 使得 HAc 的解离度降低，此现象称为同离子效应，同离子效应使 pH 值降低。（　　　）

5．将 HAc 水溶液加水稀释 1 倍，则[H^+]减小到原来的一半。（　　　）

6．在纯水中加入少量强酸，则其离子积常数 K_w 变大。（　　　）

7．共轭酸碱对所组成的缓冲溶液的缓冲能力只和溶液的总浓度有关。（　　　）

8．25℃时，H_2CO_3 的 $pK_{a1}^\ominus = 7$，则 CO_3^{2-} 的 $pK_{b1}^\ominus = 7$。（　　　）

三、填空题

1．按照酸碱质子理论，HCO_3^- 的共轭酸是_____，NH_3 的共轭酸是_____，HPO_4^{2-} 的共轭碱是_____，HCO_3^- 的共轭碱是_____。

2．在 $0.1mol\cdot L^{-1}$ HAc 溶液中加入少量 NaAc 固体，则 HAc 的解离度将_____，溶液的 pH 值将_____。

3．已知某酸 HA 的 $K_a^\ominus = 1.0\times10^{-8}$，则 $0.01mol\cdot L^{-1}$ 此酸溶液的[H^+] =_____$mol\cdot L^{-1}$，其解离度为_____。

4．已知 $K^\ominus(HAc) = 1.75\times10^{-5}$，用等体积的 $0.1mol\cdot L^{-1}$ HAc 溶液和 $0.1mol\cdot L^{-1}$ NaAc 溶液混合配制成缓冲溶液，则该缓冲溶液的 pH =_____。

5．某一元弱酸 HA 及其共轭碱 NaA 的浓度均为 $0.1mol\cdot L^{-1}$，则该酸溶液的 pH 值为_____，该碱溶液的 pH 值为_____。（已知 $pK_a^\ominus = 5$）

6．$0.10mol\cdot L^{-1}$ $NaHCO_3$ 水溶液的 pH =_____。（已知 H_2CO_3 的 $K_{a1}^\ominus = 4.3\times10^{-7}$，$K_{a2}^\ominus = 4.3\times10^{-11}$）

7．已知 H_3PO_4 的 $K_{a1}^\ominus = 7.6\times10^{-3}$，$K_{a2}^\ominus = 6.8\times10^{-8}$，$K_{a3}^\ominus = 4.4\times10^{-13}$，则 $H_2PO_4^-$ 的共轭碱是_____，$H_2PO_4^-$ 的 $K_b^\ominus =$_____。

8．$0.01mol\cdot L^{-1}$ H_2CO_3 溶液中，[H^+] =_____；[CO_3^{2-}] =_____。（已知 $K_{a1}^\ominus = 4.3\times10^{-7}$，$K_{a2}^\ominus = 5.6\times10^{-11}$）

四、简答题

1．根据酸碱质子理论，下列哪些物质是酸，哪些物质是碱，哪些物质是两性物质？

CO_3^{2-}、HSO_4^-、$H_2PO_4^-$、H_2CO_3、HPO_4^{2-}、NH_4^+、NH_3、Ac^-、H_2O、S^{2-}、H_2S

2．指出下列物质所对应的共轭酸。

（1）CO_3^{2-}　　　（2）$H_2PO_4^-$　　　（3）Ac^-　　　（4）HCO_3^-

3．指出下列物质所对应的共轭碱。

（1）H_3PO_4　　　（2）HAc　　　（3）HPO_4^{2-}　　　（4）HCO_3^-

五、计算题

1．25℃时，HAc 的 $K_a^\ominus = 1.76\times10^{-5}$，计算 Ac^- 的 $K_b^\ominus$。

2．计算下列溶液的 pH 值：

（1）$0.10mol\cdot L^{-1}$ H_2SO_4 溶液；

（2）$0.01mol\cdot L^{-1}$ HAc 溶液；

（3）$0.10mol\cdot L^{-1}$ NaAc 溶液；

（4）0.10mol·L⁻¹ Na₂CO₃ 溶液。

3．在 1L 0.1mol·L⁻¹ NaH₂PO₄ 溶液中加入 500mL 0.10mol·L⁻¹ NaOH 溶液后，求此溶液的 pH 值。$\left[\text{已知 } K_{a2}^{\ominus}(H_3PO_4) = 6.8\times10^{-9}\right]$

4．预配制 250mL pH = 5.0 的缓冲溶液，需在 125mL 1.0mol·L⁻¹ 的 NaAc 溶液中加 5mol·L⁻¹ 的 HAc 溶液多少毫升？（已知 HAc 的 $K_a^{\ominus} = 1.75\times10^{-5}$）

5．室温下，0.10mol·L⁻¹ NH₃·H₂O 的解离度为 1.34%，计算 NH₃·H₂O 的 $K_b^{\ominus}$ 和溶液的 pH 值。

6．向 0.1mol·L⁻¹ 的氨水溶液中加入固体氯化铵，使溶液中氯化铵的浓度为 0.18mol·L⁻¹。求溶液的 pH 值。（已知氨水的 $K_b^{\ominus} = 1.8\times10^{-5}$）

第八章　难溶电解质的沉淀溶解平衡

【知识目标】

1. 掌握溶度积与溶解度的概念，熟悉溶度积与溶解度的相互换算。
2. 掌握溶度积规则。
3. 掌握沉淀生成、溶解、转化、分步沉淀的规律及相关计算。

【能力目标】

1. 能进行溶度积和溶解度之间的换算。
2. 能用溶度积规则判断沉淀的生成、溶解和转化。
3. 能运用沉淀溶解平衡的知识解释生活中的相关问题。

【素质目标】

培养学生学以致用的能力及环境保护的意识。

第一节　难溶电解质的溶度积

沉淀又称为难溶性物质，理论上，绝对不溶的物质是不存在的，难溶性物质通常指的是溶解度小于 $0.01g·(100g)^{-1}$（水）的物质。沉淀反应是一类非常重要的化学反应，在环境、生物和日常生活方面都有着广泛的应用。实际工作中常利用沉淀的生成或溶解进行物质的提纯、制备、分离以及物质组成的测定等。例如，利用沉淀溶解平衡的相关知识，在工业废水中加入硫化物，以除去含有的 Cu^{2+}、Hg^{2+}等重金属离子；在化妆品原料、产品的生产及分析过程中常利用沉淀反应对某些离子进行分离与鉴定。在生物体内，沉淀的生成与溶解也同样有着重要的意义，如临床常见的病理结石症、龋齿等就与沉淀的生成与溶解有关。

一、溶度积常数

1. 沉淀溶解平衡

多数沉淀反应是电解质之间的离子反应，生成的沉淀产物属难溶电解质。严格讲，在水中没有绝对不溶的物质，难溶电解质在水中的溶解能力只是很弱而已，存在沉淀溶解平衡。

以 $BaCO_3$ 为例，Ba^{2+} 和 CO_3^{2-} 为构晶离子。一定温度下，将 $BaCO_3$ 投入水中，将有两个过程：一方面，部分 Ba^{2+} 和 CO_3^{2-} 离开 $BaCO_3$ 固体表面以水合离子的形式进入水中，这一过程称为溶解；另一方面，水中的 Ba^{2+} 和 CO_3^{2-} 水合离子在溶液中不断运动，碰到 $BaCO_3$ 固体表面又能重新回到固体表面，这一过程称为沉淀。当溶解速率与沉淀速率相等时，便达到一种动态平衡，这时的溶液称为饱和溶液。$BaCO_3$ 的沉淀溶解平衡可表示为：

$$BaCO_3(s) \rightleftharpoons Ba^{2+}(aq) + CO_3^{2-}(aq)$$

2. 溶度积常数

对于上述 $BaCO_3$ 饱和溶液，已达到沉淀溶解平衡，可写出其平衡常数为：

$$K^\ominus = \frac{\{[Ba^{2+}]/c^\ominus\}\{[CO_3^{2-}]/c^\ominus\}}{[BaCO_3]/c^\ominus}$$

可换算为：

$$K^\ominus [BaCO_3]/c^\ominus = \{[Ba^{2+}]/c^\ominus\}\{[CO_3^{2-}]/c^\ominus\}$$

式中，$K^\ominus$ 为标准平衡常数。$BaCO_3$ 为固体，故 $[BaCO_3]/c^\ominus$ 可看作常数。因此 $K^\ominus [BaCO_3]/c^\ominus$ 也为常数，称为溶度积常数，用符号 $K_{sp}^\ominus$ 表示。

溶度积常数的定义：一定温度下，难溶电解质的饱和溶液中，各组分离子浓度幂的乘积为一常数，称为溶度积常数。对于任一难溶电解质 A_mB_n，有如下平衡：

$$A_mB_n(s) \rightleftharpoons m A^{n+}(aq) + n B^{m-}(aq)$$

$$K_{sp}^\ominus = \{[A^{n+}]/c^\ominus\}^m \{[B^{m-}]/c^\ominus\}^n \tag{8-1}$$

式中，m 和 n 分别为离子 A^{n+} 和 B^{m-} 在沉淀-溶解平衡方程式中的化学计量系数。

$K_{sp}^\ominus$ 的大小反映了难溶电解质的溶解能力，故称为溶度积常数，简称为溶度积，$K_{sp}^\ominus$ 越小，表示难溶电解质在水中的溶解度越小。每种难溶电解质在一定温度下都有确定的溶度积，不同类型的难溶电解质又有不同的溶度积表达式，见表 8-1。

表 8-1　常见难溶电解质的解离方程式及溶度积常数

难溶电解质类型	解离方程式	溶度积常数
AB 型，如 $BaSO_4$	$BaSO_4(s) \rightleftharpoons Ba^{2+}(aq)+SO_4^{2-}(aq)$	$K_{sp}^\ominus = \{[Ba^{2+}]/c^\ominus\}\{[SO_4^{2-}]/c^\ominus\}$
A_2B 型，如 Ag_2CrO_4	$Ag_2CrO_4(s) \rightleftharpoons 2Ag^+(aq)+CrO_4^{2-}(aq)$	$K_{sp}^\ominus = \{[Ag^+]/c^\ominus\}^2\{[CrO_4^{2-}]/c^\ominus\}$
AB_2 型，如 $Mg(OH)_2$	$Mg(OH)_2(s) \rightleftharpoons Mg^{2+}(aq)+2OH^-(aq)$	$K_{sp}^\ominus = \{[Mg^{2+}]/c^\ominus\}\{[OH^-]/c^\ominus\}^2$

$K_{sp}^\ominus$ 与其他平衡常数一样，只与难溶电解质的本性和温度有关，而与溶液中离子的浓度无关。考虑到温度对平衡常数的影响不大，实际工作中常使用 298K 时的溶度积常数数据，常见难溶电解质的溶度积常数见附录六。

二、溶度积与溶解度的换算

溶解度和溶度积都反映了物质的溶解能力，二者之间存在着必然联系，可相互换算。以 A_mB_n 难溶电解质为例，若溶解度为 S（$mol \cdot L^{-1}$），则在其饱和溶液中：

$$A_mB_n(s) \rightleftharpoons m A^{n+}(aq) + n B^{m-}(aq)$$

平衡浓度 　　　　　　　　　　　　　　mS　　　　nS

则：

$$K_{sp}^\ominus = \{[A^{n+}]/c^\ominus\}^m \{[B^{m-}]/c^\ominus\}^n = (mS/c^\ominus)^m (nS/c^\ominus)^n$$

$$= m^m n^n (S/c^\ominus)^{m+n} \tag{8-2}$$

根据上式可推导出：

对于 AB 型（$m = n = 1$）难溶电解质，如 $AgCl$，有：

$$K_{sp}^\ominus = (S/c^\ominus)^2 \tag{8-3}$$

对于 A_2B 或 AB_2 型（$m = 1$、$n = 2$ 或 $m = 2$、$n = 1$）难溶电解质，如 Ag_2CrO_4，有：

$$K_{sp}^{\ominus} = 4(S/c^{\ominus})^3 \qquad\qquad (8\text{-}4)$$

【例 8-1】25℃时，AgBr 在水中的溶解度为 $5.35\times10^{-13}\text{mol}\cdot\text{L}^{-1}$，求该温度下 AgBr 的溶度积。

解　因 AgBr 属于 AB 型难溶电解质，则有：

$$\begin{aligned}K_{sp}^{\ominus} &= (S/c^{\ominus})^2\\ &= (5.35\times10^{-13}\text{mol}\cdot\text{L}^{-1}/1\text{mol}\cdot\text{L}^{-1})^2\\ &= 2.9\times10^{-25}\end{aligned}$$

【例 8-2】25℃时，AgCl 的 $K_{sp}^{\ominus}$ 为 1.77×10^{-10}，Ag_2CrO_4 的 $K_{sp}^{\ominus}$ 为 1.12×10^{-12}，求 AgCl 和 Ag_2CrO_4 的溶解度。

解　因 AgCl 属于 AB 型难溶电解质，则有：　$K_{sp}^{\ominus} = (S/c^{\ominus})^2$

可得：
$$S = \sqrt{(c^{\ominus})^2 K_{sp}^{\ominus}} = \sqrt{1^2\times1.77\times10^{-10}}$$
$$= 1.3\times10^{-5}(\text{mol}\cdot\text{L}^{-1})$$

因 Ag_2CrO_4 属于 A_2B 型难溶电解质，故：　$K_{sp}^{\ominus} = 4(S/c^{\ominus})^3$

则：
$$S = \sqrt[3]{\dfrac{(c^{\ominus})^3 K_{sp}^{\ominus}}{4}}$$
$$= \sqrt[3]{\dfrac{1^3\times1.12\times10^{-12}}{4}}$$
$$= 6.54\times10^{-5}(\text{mol}\cdot\text{L}^{-1})$$

上面计算表明，溶度积和溶解度虽都能表示物质的溶解能力，但溶度积大的难溶电解质其溶解度不一定也大，这与其类型有关。

结论：①对于不同类型的难溶电解质，不能用它们的溶度积直接比较它们溶解度的大小。

②对同一类型的难溶电解质（如 AgCl、AgBr 和 AgI），在一定温度下，$K_{sp}^{\ominus}$ 的大小可反映物质的溶解能力和生成沉淀的难易，同一温度下，溶解度大者，其溶度积也较大，反之亦然。

三、溶度积规则

某一难溶电解质溶液中，任意状态下，各离子浓度幂次方的乘积称为离子积，用符号 Q 表示。对某一难溶电解质来说，在一定条件下，沉淀能否生成或溶解，可根据 Q 和 $K_{sp}^{\ominus}$ 的关系判断：

$$A_mB_n(s) \rightleftharpoons mA^{n+}+nB^{m-} \qquad Q = (c_{A^{n+}}/c^{\ominus})^m (c_{B^{m-}}/c^{\ominus})^n$$

①　$Q < K_{sp}^{\ominus}$，为不饱和溶液，若体系中有固体存在，固体将溶解直至饱和为止。所以 $Q < K_{sp}^{\ominus}$ 是沉淀溶解的条件。

②　$Q = K_{sp}^{\ominus}$，是饱和溶液，处于动态平衡状态。此时存在两种情况：一是溶液恰好饱和但无沉淀析出；二是饱和溶液和未溶固体物间建立平衡。

③ $Q > K_{sp}^{\ominus}$，为过饱和溶液，有沉淀析出，直至饱和。所以 $Q > K_{sp}^{\ominus}$ 是沉淀生成的条件。

以上 Q 与 $K_{sp}^{\ominus}$ 的关系称为溶度积规则。运用这三条规则，可控制溶液离子浓度，使沉淀生成或溶解。

【课堂练习】

1．选择题

（1）Ag_2CrO_4 的溶度积常数 $K_{sp}^{\ominus}$ 表达式是（　　）。

A．$K_{sp}^{\ominus} = \{[Ag^+]/c^{\ominus}\}^2 \{[CrO_4^{2-}]/c^{\ominus}\}$　　　　B．$K_{sp}^{\ominus} = \{[Ag^+]/c^{\ominus}\} \{[CrO_4^{2-}]/c^{\ominus}\}$

C．$K_{sp}^{\ominus} = \{[Ag^+]/c^{\ominus}\} \{[CrO_4^{2-}]/c^{\ominus}\}^2$　　　　D．$K_{sp}^{\ominus} = \dfrac{\{[Ag^+]/c^{\ominus}\}^2 \{[CrO_4^{2-}]/c^{\ominus}\}}{[Ag_2CrO_4]/c^{\ominus}}$

（2）某温度下，$BaSO_4$ 的溶解度 S 为 $1.0 \times 10^{-5} mol \cdot L^{-1}$，则 $BaSO_4$ 的溶度积 $K_{sp}^{\ominus}$ 为（　　）。

A．1.0×10^{-10}　　　B．1.0×10^{-20}　　　C．2.0×10^{-8}　　　D．1.0×10^{-5}

（3）沉淀溶解平衡反应 $AB_2(s) \rightleftharpoons A^{2+} + 2B^-$，$AB_2$ 的溶度积常数为 $K_{sp}^{\ominus}$，则 AB_2 的溶解度为（　　）。

A．$c^{\ominus}(K_{sp}^{\ominus}/2)^{1/2}$　　B．$c^{\ominus}(K_{sp}^{\ominus}/3)^{1/3}$　　C．$c^{\ominus}(K_{sp}^{\ominus}/4)^{1/3}$　　D．$c^{\ominus}(K_{sp}^{\ominus}/2)^{1/3}$

2．判断题

（1）对于难溶电解质 $AgCl$，有 $K_{sp}^{\ominus} = (S/c^{\ominus})^2$。（　　）

（2）溶度积大的难溶电解质其溶解度也一定较大。（　　）

3．已知298K 时：$K_{sp}^{\ominus}(AgCl) = 1.77 \times 10^{-10}$，$K_{sp}^{\ominus}(AgBr) = 5.35 \times 10^{-13}$，$K_{sp}^{\ominus}(Ag_2CrO_4) = 1.12 \times 10^{-12}$，计算并比较其溶解度。

第二节　难溶电解质沉淀的生成和溶解

一、沉淀的生成

根据溶度积规则，在难溶电解质溶液中，沉淀生成的必要条件是：$Q > K_{sp}^{\ominus}$。因此，要使溶液中某种离子沉淀，必须加入能与被沉淀离子生成沉淀的沉淀剂。

【例 8-3】50mL 浓度为 $0.01 mol \cdot L^{-1}$ 的 $BaCl_2$ 溶液与 30mL 浓度为 $0.02 mol \cdot L^{-1}$ 的 Na_2SO_4 溶液混合。问是否会产生 $BaSO_4$ 沉淀？（已知298K 时 $BaSO_4$ 的 $K_{sp}^{\ominus}$ 为 1.08×10^{-10}）

解　混合后：

$$c_{Ba^{2+}} = \frac{0.01 \times 50 \times 10^{-3}}{(50+30) \times 10^{-3}} = 0.00625(mol \cdot L^{-1})$$

$$c_{SO_4^{2-}} = \frac{0.02 \times 30 \times 10^{-3}}{(50+30) \times 10^{-3}} = 0.0075(mol \cdot L^{-1})$$

$$Q = \frac{c_{Ba^{2+}}}{c^{\ominus}} \times \frac{c_{SO_4^{2-}}}{c^{\ominus}} = \frac{0.00625}{1} \times \frac{0.0075}{1} = 4.7 \times 10^{-5}$$

因：
$$Q = 4.7 \times 10^{-5} > K_{sp}^{\ominus} = 1.08 \times 10^{-10}$$

故反应向生成 $BaSO_4$ 沉淀的方向进行，混合后会生成 $BaSO_4$ 沉淀。

二、同离子效应与盐效应

1. 同离子效应

在难溶电解质 AgCl 饱和溶液中加入含有相同离子的强电解质 NaCl，则原有的沉淀-溶解平衡将发生移动，直到达到新的平衡。达到新的平衡后，AgCl 的溶解度降低。

$$AgCl \Longrightarrow Ag^+ + Cl^-$$

平衡移动的方向 ⟵

$$NaCl \Longrightarrow Na^+ + Cl^-$$

这种在难溶电解质中加入含有相同离子的易溶强电解质而使难溶电解质溶解度降低的现象，称为同离子效应。

【例 8-4】分别计算 $BaSO_4$ 在纯水和 $0.10mol \cdot L^{-1}$ $BaCl_2$ 溶液中的溶解度。（已知 $BaSO_4$ 在 298K 时的 $K_{sp}^{\ominus}$ 为 1.08×10^{-10}）

解　（1）设 $BaSO_4$ 在纯水中的溶解度为 S_1（$mol \cdot L^{-1}$），溶解的部分全部解离。

$$BaSO_4(s) \Longrightarrow Ba^{2+}(aq) + SO_4^{2-}(aq)$$

平衡时离子浓度　　　　　　　　　S_1　　　　S_1

$$K_{sp}^{\ominus} = \{[Ba^{2+}]/c^{\ominus}\}\{[SO_4^{2-}]/c^{\ominus}\} = (S_1/c^{\ominus})^2$$

$$S_1 = \sqrt{(c^{\ominus})^2 K_{sp}^{\ominus}} = \sqrt{1^2 \times 1.08 \times 10^{-10}} = 1.04 \times 10^{-5} (mol \cdot L^{-1})$$

（2）设 $BaSO_4$ 在 $0.10mol \cdot L^{-1} BaCl_2$ 溶液中的溶解度为 S_2（$mol \cdot L^{-1}$）。

$$BaSO_4(s) \Longrightarrow Ba^{2+}(aq) \quad + \quad SO_4^{2-}(aq)$$

平衡时离子浓度　　　　　　　$0.10mol \cdot L^{-1} + S_2$　　　S_2

因同离子效应，S_2 很小，因此 $0.10mol \cdot L^{-1} + S_2 \approx 0.10mol \cdot L^{-1}$。

$$K_{sp}^{\ominus} = \{[Ba^{2+}]/c^{\ominus}\}\{[SO_4^{2-}]/c^{\ominus}\} = \frac{0.10mol \cdot L^{-1} + S_2}{c^{\ominus}} \times \frac{S_2}{c^{\ominus}} \approx 0.10mol \cdot L^{-1} S_2 / (c^{\ominus})^2$$

则：　　$S_2 = \dfrac{(c^{\ominus})^2 K_{sp}^{\ominus}}{0.10mol \cdot L^{-1}} = \dfrac{(1mol \cdot L^{-1})^2 \times 1.08 \times 10^{-10}}{0.10mol \cdot L^{-1}} = 1.08 \times 10^{-9} mol \cdot L^{-1}$

对比 $BaSO_4$ 在 $0.10mol \cdot L^{-1} BaCl_2$ 溶液中的溶解度和在纯水中的溶解度，显然在 $0.10mol \cdot L^{-1}$ $BaCl_2$ 溶液中的溶解度要小很多，原因是同离子效应可使难溶电解质的溶解度降低。

2. 盐效应

在 AgCl 饱和溶液中若加入一种不含有相同离子的易溶强电解质，发现 AgCl 的溶解度会比纯水中略大。这种加入不含相同离子的易溶强电解质而使难溶电解质溶解度增大的现象称为盐效应。出现盐效应的原因是，外加的强电解质造成离子浓度的增加，一定程度上妨碍了 Ag^+ 和 Cl^- 结合生成 AgCl，平衡破坏，平衡向着溶解的方向移动，导致溶解度的增大。

因此要使难溶电解质沉淀完全（一般认为，溶液中残留的被沉淀离子浓度小于 $1.0 \times 10^{-5} mol \cdot L^{-1}$ 时，认为沉淀完全），应利用同离子效应，如可选择过量的沉淀剂。一般，同离子效应远远大于盐效应，因此盐的浓度不是特别大时，盐效应常忽略。

三、沉淀的溶解

根据溶度积规则，当 $Q < K_{sp}^{\ominus}$ 时，溶液中的难溶电解质固体将会溶解，直至 $Q = K_{sp}^{\ominus}$，建立新的平衡。常见的沉淀溶解方法有以下几种：

1. 酸碱溶解法

利用酸碱与难溶电解质反应生成可溶性的弱电解质，使沉淀平衡向着溶解的方向移动，这种使难溶电解质沉淀溶解的方法，称为酸碱溶解法。

例如，在含有固体 $CaCO_3$ 的饱和溶液中加入盐酸后，生成弱电解质 H_2CO_3：

$$CaCO_3\ (s) \rightleftharpoons Ca^{2+} + CO_3^{2-}$$
$$+$$
$$2HCl == 2Cl^- + 2H^+$$
$$\Updownarrow$$
$$H_2CO_3 == CO_2\uparrow + H_2O$$

因 H^+ 与 CO_3^{2-} 结合成弱酸 H_2CO_3，继而分解为 CO_2 和 H_2O，使溶液中的 CO_3^{2-} 浓度减小，则使 $Q = (c_{Ca^{2+}}/c^{\ominus})(c_{CO_3^{2-}}/c^{\ominus}) < K_{sp}^{\ominus}$，因此 $CaCO_3$ 溶解。

【例 8-5】 欲使 0.10mol ZnS 或 CuS 完全溶解于 1L 盐酸中，所需盐酸的最低浓度是多少？[已知 $K_{a1}^{\ominus}(H_2S) = 9.1 \times 10^{-8}$，$K_{a2}^{\ominus}(H_2S) = 1.1 \times 10^{-12}$，$K_{sp}^{\ominus}(ZnS) = 2.5 \times 10^{-22}$，$K_{sp}^{\ominus}(CuS) = 6.3 \times 10^{-36}$]

解 （1）对于 ZnS

	$ZnS(s)$ +	$2H^+$	$\rightleftharpoons$	Zn^{2+}	+	H_2S
起始浓度		x		0		0
平衡浓度		$x - 0.1 \times 2\ \text{mol·L}^{-1}$		$0.1\ \text{mol·L}^{-1}$		$0.1\ \text{mol·L}^{-1}$

$$K^{\ominus} = \frac{\{[Zn^{2+}]/c^{\ominus}\}\{[H_2S]/c^{\ominus}\}}{\{[H^+]/c^{\ominus}\}^2} = \{[Zn^{2+}]/c^{\ominus}\}\{[S^{2-}]/c^{\ominus}\} \times \frac{[H_2S]/c^{\ominus}}{\{[H^+]/c^{\ominus}\}\{[HS^-]/c^{\ominus}\}} \times \frac{[HS^-]/c^{\ominus}}{\{[H^+]/c^{\ominus}\}\{[S^{2-}]/c^{\ominus}\}}$$

$$= \frac{K_{sp}^{\ominus}(ZnS)}{K_{a1}^{\ominus}(H_2S)K_{a2}^{\ominus}(H_2S)}$$

$$[H^+] = c^{\ominus}\sqrt{\frac{K_{a1}^{\ominus}(H_2S)K_{a2}^{\ominus}(H_2S)\{[Zn^{2+}]/c^{\ominus}\}\{[H_2S]/c^{\ominus}\}}{K_{sp}^{\ominus}(ZnS)}} = 1 \times \sqrt{\frac{9.1 \times 10^{-8} \times 1.1 \times 10^{-12} \times \frac{0.1}{1} \times \frac{0.1}{1}}{2.5 \times 10^{-22}}}$$

$$= 2.0(\text{mol·L}^{-1})$$

（2）对于 CuS 计算方法同上，可得：

$$[H^+] = c^{\ominus}\sqrt{\frac{K_{a1}^{\ominus}(H_2S)K_{a2}^{\ominus}(H_2S)[Cu^{2+}][H_2S]}{K_{sp}^{\ominus}(CuS)}} = 1 \times \sqrt{\frac{9.1 \times 10^{-8} \times 1.1 \times 10^{-12} \times \frac{0.1}{1} \times \frac{0.1}{1}}{6.3 \times 10^{-36}}}$$

$$= 1.3 \times 10^7(\text{mol·L}^{-1})$$

根据计算结果可知，溶度积常数大的 ZnS 可溶解于盐酸中，而溶度积常数小的 CuS 不能溶解于盐酸中，因溶解 CuS 所需盐酸浓度为 $1.3 \times 10^7\ \text{mol·L}^{-1}$，大于市售盐酸浓度 12mol·L^{-1}，无法满足条件。

2. 氧化还原反应溶解法

有些金属硫化物的溶解度很小而不能用盐酸溶解，要使其溶解，可加入一些氧化还原剂，通过氧化还原反应降低某离子的浓度，以达到沉淀溶解的目的。以 CuS 为例，可加入具有氧化性的硝酸，将 S^{2-} 氧化成单质 S：

$$3S^{2-}+2NO_3^-+8H^+ \Longrightarrow 3S\downarrow+2NO\uparrow+4H_2O$$

则 CuS 饱和溶液中 S^{2-} 浓度大幅度降低，使得离子积小于溶度积，满足 CuS 溶解的条件，继而溶解。

3．配位反应溶解法

加入配位剂，使难溶盐组分的离子生成可溶性配离子，以达到沉淀溶解的目的。以 AgCl 为例，可加入 NH_3 溶液，则 NH_3 和 Ag^+ 生成稳定的配离子 $[Ag(NH_3)_2]^+$，大大降低了 Ag^+ 浓度，使得 $Q<K_{sp}^\ominus$，固体 AgCl 即可溶解。其反应如下：

$$AgCl\ (s) \Longrightarrow Cl^- + Ag^+$$
$$+$$
$$2NH_3$$
$$\Updownarrow$$
$$[Ag(NH_3)_2]^+$$

【课堂练习】

1．要产生 AgCl 沉淀，必须（　　）。
A．$(c_{Ag^+}/c^\ominus)(c_{Cl^-}/c^\ominus)>K_{sp}^\ominus(AgCl)$　　B．$(c_{Ag^+}/c^\ominus)(c_{Cl^-}/c^\ominus)<K_{sp}^\ominus(AgCl)$
C．$c_{Ag^+}>c_{Cl^-}$　　D．$c_{Ag^+}<c_{Cl^-}$

2．已知 $K_{sp}^\ominus(AgBr)=5.35\times10^{-13}$，$K_{sp}^\ominus(AgI)=8.52\times10^{-17}$，当向含有等量的 Br^- 和 I^- 的混合溶液中加入 $AgNO_3$ 时，其结果是（　　）。
A．Br^- 先沉淀　　B．I^- 先沉淀　　C．同时沉淀　　D．都不沉淀

3．某一沉淀溶解必须满足的条件是（　　）。
A．$Q>K_{sp}^\ominus$　　B．$Q=K_{sp}^\ominus$　　C．$Q<K_{sp}^\ominus$　　D．无法判断

4．使难溶盐溶解度降低的效应为（　　）。
A．盐效应　　B．同离子效应　　C．酸效应　　D．配位效应

5．$CaCO_3$ 在下列浓度为 $0.1mol\cdot L^{-1}$ 的哪种溶液中的溶解度最大（　　）。
A．$Ca(NO_3)_2$　　B．$NaNO_3$　　C．Na_2CO_3　　D．无法判断

6．用 SO_4^{2-} 沉淀 Ba^{2+} 时，加入过量的 SO_4^{2-} 可使 Ba^{2+} 沉淀更加完全，这是利用（　　）。
A．酸效应　　B．同离子效应　　C．盐效应　　D．以上三种效应

四、分步沉淀

某溶液中同时存在几种离子，向此溶液中加入一沉淀剂，并且该沉淀剂可与溶液中多种离子反应生成难溶电解质，但由于生成的各难溶电解质的溶度积不同，沉淀析出的先后次序也不同，此现象称为分步沉淀。

例如，在含有相同浓度的 I^- 和 Cl^- 的混合溶液中，逐滴加入 $AgNO_3$ 溶液，首先生成浅黄色的 AgI 沉淀，过一段时间开始出现白色 AgCl 沉淀，其沉淀反应为：

$$Ag^++I^- \Longrightarrow AgI(s)\downarrow \qquad Ag^++Cl^- \Longrightarrow AgCl(s)\downarrow$$

体系中先生成 AgI 沉淀的原因是 $K_{sp}^{\ominus}(AgI) < K_{sp}^{\ominus}(AgCl)$。随着 AgNO₃ 溶液的加入，溶液中 Ag⁺的浓度逐渐增大，首先满足 AgI 沉淀的生成条件，接着才满足 AgCl 沉淀的生成条件，因此先生成 AgI 沉淀。

【例 8-6】向含有浓度均为 0.010mol·L⁻¹ 的 I⁻和 Cl⁻溶液中，逐滴加入 AgNO₃ 溶液，分别生成 AgCl 沉淀和 AgI 沉淀。计算分别生成 AgCl 沉淀和 AgI 沉淀时所需的 Ag⁺浓度，并判断谁先沉淀。当 AgCl 沉淀开始生成时，溶液中的 I⁻浓度是多少？（已知：AgCl 的 $K_{sp}^{\ominus} = 1.77\times10^{-10}$；AgI 的 $K_{sp}^{\ominus} = 8.52\times10^{-17}$）

解 要生成 AgCl 沉淀，则需满足：$Q > K_{sp}^{\ominus}$。

则：
$$c_{Ag^+} > \frac{c^{\ominus}K_{sp}^{\ominus}}{c_{Cl^-}/c^{\ominus}} = \frac{1\times1.77\times10^{-10}}{0.010/1} = 1.77\times10^{-8}(mol\cdot L^{-1})$$

同理，若要生成 AgI 沉淀，需满足：
$$c_{Ag^+} > \frac{c^{\ominus}K_{sp}^{\ominus}}{c_{I^-}/c^{\ominus}} = \frac{1\times8.52\times10^{-17}}{0.010/1} = 8.52\times10^{-15}(mol\cdot L^{-1})$$

上述计算结果表明，生成 AgI 所需 Ag⁺浓度比生成 AgCl 沉淀所需 Ag⁺浓度小，所以先生成 AgI 沉淀，后生成 AgCl 沉淀。

逐滴加入 AgNO₃ 溶液，当 Ag⁺浓度刚超过 1.77×10⁻⁸mol·L⁻¹ 时，AgCl 开始沉淀，此时 I⁻已生成沉淀，溶液中 I⁻的浓度为：
$$c_{I^-} = \frac{c^{\ominus}K_{sp}^{\ominus}(AgI)}{c_{Ag^+}/c^{\ominus}} = \frac{1\times8.52\times10^{-17}}{1.77\times10^{-8}/1} = 4.8\times10^{-9}(mol\cdot L^{-1})$$

因当 AgCl 开始沉淀时，AgI 已沉淀完全，可利用分步沉淀进行离子分离。结论：对于等浓度的同类型难溶电解质，总是溶度积小的先沉淀，并且溶度积差别越大，分离效果越好。对不同类型的难溶电解质，不能根据容度积的大小直接判断，而应通过具体计算判断沉淀的先后次序和分离效果。

五、沉淀的转化

沉淀的转化是指由一种难溶电解质转化为另一种难溶电解质的过程，其实质是沉淀溶解平衡的移动。一般是由溶解度大的沉淀向溶解度小的沉淀转化。沉淀的转化有很大的实用价值。例如，锅炉中锅垢的主要成分是 CaSO₄，不溶于酸，可用 Na₂CO₃ 处理，使 CaSO₄ 转化为可溶于酸的 CaCO₃ 沉淀，就可容易地清除掉锅垢了。

$$CaSO_4(s)+CO_3^{2-} \rightleftharpoons CaCO_3(s)+SO_4^{2-}$$

【拓展窗】

沉淀溶解平衡的应用

沉淀溶解平衡在环境、药物和生活中都有着广泛的应用。

一、在环境方面的应用

1. 水体中的化学沉降

水体中溶解性物质之间发生化学反应造成的化学沉降是形成水底沉积物的主要原因之一，例如：

$$5Ca^{2+}+OH^-+3PO_4^{3-} \rightleftharpoons Ca_5OH(PO_4)_3 \downarrow$$

化学沉降也可应用于水处理中，如高浓度汞废水的处理，最常用的方法是在废水中加入硫化物以生成 HgS 沉淀。这种硫化物沉淀法可获得大于 99.9% 的去除率，但流出液中最低汞含量不能降低到 $10\sim20\mu g$ 以下，此缺点限制了该方法的应用。

2．土壤中重金属的沉淀和溶解作用

沉淀和溶解是重金属在土壤环境中迁移的重要途径，研究表明随着土壤 pH 值的降低，土壤溶液中的重金属离子如 Pb^{2+}、Cd^{2+}、Zn^{2+} 等离子的浓度升高，迁移能力增大，进而对植物的危害也增高，但若提高 pH 值，则与之相反。因此，可在受 Pb^{2+}、Cd^{2+}、Zn^{2+} 等重金属污染的地区采取施用石灰的方法以提高土壤的 pH 值，从而减轻重金属对植物的危害。

二、在药物方面的应用

许多无机药物的制备就是将两种易溶电解质溶液混合，通过控制适当反应条件，即可得到难溶物沉淀。

1．$BaSO_4$ 的制备

$BaSO_4$ 是唯一可以内服的钡盐药物，因钡的原子量大，X 射线不能透过钡离子，而 $BaSO_4$ 又不溶于水和酸，不会对人体造成伤害，因此可用作 X 射线造影剂，以诊断胃肠道疾病。

$BaSO_4$ 的制备一般以氯化钡和硫酸钠为原料，反应为：

$$Ba^{2+}+SO_4^{2-}\Longrightarrow BaSO_4\downarrow$$

所得沉淀经过滤、洗涤、烘干后，再经检验测定，符合《中国药典》的质量标准即可供药用。

2．$Al(OH)_3$ 的制备

氢氧化铝常用于治疗胃酸过多的疾病，其制备方法是：用主要成分为 Al_2O_3 的矾土为原料，先溶解于硫酸中，得到产物硫酸铝，再将硫酸铝与碳酸钠反应，即可得到氢氧化铝沉淀。反应为：

$$Al_2O_3+3H_2SO_4\Longrightarrow Al_2(SO_4)_3+3H_2O$$

$$Al_2(SO_4)_3+3Na_2CO_3+3H_2O\Longrightarrow 2Al(OH)_3\downarrow+3Na_2SO_4+3CO_2\uparrow$$

三、在生活中的应用

大家都知道，吃糖后不刷牙容易引起蛀牙，原因是牙齿表面的牙釉质对牙齿起到保护作用，而牙釉质的主要成分是羟基磷酸钙 $Ca_5OH(PO_4)_3$，是一种难溶电解质，若不刷牙，则残留在牙齿上的糖会发酵产生 H^+，使得下面的沉淀溶解平衡向右移动，从而造成龋齿。

$$Ca_5OH(PO_4)_3\Longrightarrow OH^-+5Ca^{2+}+3PO_4^{3-}$$

由于含氟牙膏能使羟基磷酸钙转化为更难溶的 $Ca_5(PO_4)_3F$，发生了沉淀的转化，因此可使牙齿变得更坚固。

$$F^-+Ca_5OH(PO_4)_3\Longrightarrow OH^-+Ca_5(PO_4)_3F$$

本章小结

一、溶度积常数

一定温度下，难溶电解质的饱和溶液中，各组分离子浓度幂的乘积为一常数，用符号 $K_{sp}^{\ominus}$ 表示，称为溶度积常数。

$$A_m B_n(s) \rightleftharpoons m A^{n+}(aq) + n B^{m-}(aq)$$

$$K_{sp}^{\ominus} = \{[A^{n+}]/c^{\ominus}\}^m \{[B^{m-}]/c^{\ominus}\}^n$$

式中，m 和 n 分别为离子 A^{n+} 和 B^{m-} 在沉淀-溶解平衡方程式中的化学计量系数。

二、溶度积与溶解度的关系

AB 型难溶电解质，有 $K_{sp}^{\ominus} = (S/c^{\ominus})^2$；$A_2B$ 或 AB_2 型难溶电解质，有 $K_{sp}^{\ominus} = 4(S/c^{\ominus})^3$。

三、溶度积规则

$Q < K_{sp}^{\ominus}$，为不饱和溶液，若体系中有固体存在，固体将溶解直至饱和为止。

$Q = K_{sp}^{\ominus}$，是饱和溶液，处于动态平衡状态。此时存在两种情况：溶液恰好饱和但无沉淀析出或饱和溶液和未溶固体物间建立平衡。

$Q > K_{sp}^{\ominus}$，为过饱和溶液，有沉淀析出，直至饱和。

四、沉淀的生成和溶解

沉淀生成的必要条件是：$Q > K_{sp}^{\ominus}$；沉淀溶解的必要条件是：$Q < K_{sp}^{\ominus}$。

五、同离子效应和盐效应

在难溶电解质中加入含有相同离子的易溶强电解质而使难溶电解质溶解度减小的现象，称为同离子效应，同离子效应使难溶电解质的溶解度减小。

在难溶电解质中加入不含相同离子的易溶强电解质而使难溶电解质溶解度增大的现象称为盐效应，盐效应使难溶电解质的溶解度略有增大。

六、分步沉淀

某溶液中同时存在几种离子，向此溶液中加入一沉淀剂，并且该沉淀剂可与溶液中多种离子反应生成难溶电解质，但由于生成的各难溶电解质的溶度积不同，沉淀析出的先后次序也不同，此现象称为分步沉淀。

七、沉淀的转化

沉淀的转化是指由一种难溶电解质转化为另一种难溶电解质的过程，其实质是沉淀溶解平衡的移动。

 习　题

一、单项选择题

1. Ag_2SO_4 溶度积常数表达式正确的是（　　）。

A. $K_{sp}^{\ominus} = \{[Ag^+]/c^{\ominus}\}^2 \{[SO_4^{2-}]/c^{\ominus}\}$　　　　B. $K_{sp}^{\ominus} = \{[Ag^+]/c^{\ominus}\} \{[SO_4^{2-}]/c^{\ominus}\}$

C. $K_{sp}^{\ominus} = \{[Ag^+]/c^{\ominus}\}\{[SO_4^{2-}]/c^{\ominus}\}^2$ D. $K_{sp}^{\ominus} = \dfrac{\{[Ag^+]/c^{\ominus}\}^2\{[SO_4^{2-}]/c^{\ominus}\}}{[Ag_2SO_4]/c^{\ominus}}$

2. 要生成 $BaSO_4$ 沉淀，必须（　　　）。

A. $\{[Ba^{2+}]/c^{\ominus}\}\{[SO_4^{2-}]/c^{\ominus}\} > K_{sp}^{\ominus}(BaSO_4)$

B. $\{[Ba^{2+}]/c^{\ominus}\}\{[SO_4^{2-}]/c^{\ominus}\} < K_{sp}^{\ominus}(BaSO_4)$

C. $[Ba^{2+}]/c^{\ominus} > [SO_4^{2-}]/c^{\ominus}$

D. $[Ba^{2+}]/c^{\ominus} < [SO_4^{2-}]/c^{\ominus}$

3. 溶液中含有相同浓度的 Cl^-、Br^- 和 I^-，逐滴滴入 $AgNO_3$ 标准溶液，则最先析出的沉淀是（　　　）。

A. AgCl   B. AgBr   C. AgI   D. 同时析出

4. 同温度下，将下列物质溶于水形成饱和溶液，溶解度最大的是（　　　）。

A. $AgCl(K_{sp}^{\ominus} = 1.8 \times 10^{-18})$ B. $Ag_2CrO_4(K_{sp}^{\ominus} = 1.1 \times 10^{-12})$

C. $Mg(OH)_2(K_{sp}^{\ominus} = 1.8 \times 10^{-10})$ D. $Fe_3(PO_4)(K_{sp}^{\ominus} = 1.3 \times 10^{-22})$

5. 已知 CaF_2 的溶解度为 $2 \times 10^{-4} mol \cdot L^{-1}$，则 CaF_2 的溶度积为（　　　）。

A. 3.2×10^{-11} B. 4×10^{-8} C. 3.2×10^{-13} D. 8×10^{-12}

6. 在含有 $Mg(OH)_2$ 沉淀的饱和溶液中，加入 NH_4Cl 固体后，则 $Mg(OH)_2$ 沉淀（　　　）。

A. 溶解   B. 增多   C. 不变   D. 无法判断

7. 已知 $K_{sp}^{\ominus}(BaSO_4) = 1.08 \times 10^{-10}$，把 $BaSO_4$ 放在 $0.01 mol \cdot L^{-1}$ 的 Na_2SO_4 溶液中，其溶解度为（　　　）。

A. 不变   B. $1.08 \times 10^{-5} mol \cdot L^{-1}$

C. $1.08 \times 10^{-2} mol \cdot L^{-1}$ D. $1.08 \times 10^{-8} mol \cdot L^{-1}$

8. CaF_2 沉淀在 $pH = 6$ 的溶液中的溶解度较在 $pH = 2$ 溶液中的溶解度（　　　）。

A. 大   B. 小   C. 相等   D. 无法判断

二、判断题

1. 溶度积的大小只取决于物质的本性与温度，而与浓度无关。（　　　）

2. 对于难溶电解质 AgCl，有：$K_{sp}^{\ominus} = (S/c^{\ominus})$。（　　　）

3. 溶度积大的难溶电解质其溶解度也一定较大。（　　　）

4. 无机难溶化合物的 $K_{sp}^{\ominus}$ 越小，则其溶解度也越小。（　　　）

5. 在含有 Cl^- 和 CrO_4^{2-} 的溶液中滴加 $AgNO_3$ 溶液，因 $K_{sp}^{\ominus}(Ag_2CrO_4) < K_{sp}^{\ominus}(AgCl)$，故 Ag_2CrO_4 先沉淀。（　　　）

三、填空题

1. Ag_2CrO_4 的溶解度 $S = 5.0 \times 10^{-5} mol \cdot L^{-1}$，则其溶度积为_____。

2. 根据溶度积规则，若 $Q > K_{sp}^{\ominus}$，说明沉淀将_____；沉淀溶解的条件是_____。

3. Ag_2CrO_4 的 $K_{sp}^{\ominus}$ 表达式为_____。

4. AgCl 在纯水中的溶解度比在 $1 mol \cdot L^{-1}$ 盐酸里的溶解度_____，而在 $1 mol \cdot L^{-1}$ NaCl 溶液里溶解度比在纯水中_____。

四、计算题

1．已知 CaF_2 的溶度积为 3.45×10^{-9}，求在下列各情况时的溶解度（以 $mol\cdot L^{-1}$ 表示）。

（1）在纯水中。

（2）在 $1.0\times10^{-2}mol\cdot L^{-1}$ NaF 溶液中。

（3）在 $1.0\times10^{-2}mol\cdot L^{-1}$ $CaCl_2$ 溶液中。

2．100mL $0.003mol\cdot L^{-1}$ 的硝酸铅与 400mL $0.04mol\cdot L^{-1}$ Na_2SO_4 溶液混合。判断是否有硫酸铅沉淀生成？〔已知硫酸铅的 $K_{sp}^{\ominus}(PbSO_4)=2.53\times10^{-8}$〕

3．已知 AgI 的 $K_{sp}^{\ominus}(AgI)=8.52\times10^{-17}$，计算 AgI：（1）在纯水中的溶解度；（2）在 $0.010mol\cdot L^{-1}$ KI 溶液中的溶解度。

4．将 $0.20mol\cdot L^{-1}$ 氨水溶液和 $0.50mol\cdot L^{-1}$ $FeCl_2$ 溶液等体积混合，有无沉淀生成？〔已知 $K_{sp}^{\ominus}[Fe(OH)_2]=4.87\times10^{-17}$，$K_b^{\ominus}(NH_3\cdot H_2O)=1.76\times10^{-5}$〕

第九章　氧化还原反应与电化学

【知识目标】

1. 掌握氧化数、氧化反应和还原反应、氧化剂和还原剂几组概念。
2. 掌握原电池、标准氢电极、标准电极电势、电极电势的概念。
3. 掌握能斯特方程的计算及电极电势的影响因素。

【能力目标】

1. 会计算元素的氧化数、电极的电极电势。
2. 能熟练判断氧化剂和还原剂、氧化产物和还原产物。
3. 能规范书写原电池符号和电极反应式。
4. 会用能斯特方程计算非标准状态下的电极电势。
5. 能判断氧化剂、还原剂的相对强弱和氧化还原反应的方向及限度。

【素质目标】

1. 培养学生的民族意识、探究精神和科学品质，进而激发学生的家国情怀和民族自豪感。
2. 培养学生学以致用的能力。

氧化还原反应是生活中一类重要的化学反应，研究氧化还原反应对人类的进步具有极其重要的意义。自然界中的燃烧、呼吸作用、新陈代谢、光合作用，生产生活中的化学电池、金属冶炼、火箭发射等都与氧化还原反应息息相关，药品生产、药品质量控制及药物的作用原理等都离不开氧化还原反应。

第一节　氧化还原反应

一、氧化数和化合价

氧化数又叫氧化值，它是以化合价学说和元素电负性概念为基础发展起来的一个化学概念，国际纯粹与应用化学联合会（IUPAC）在 1970 年给出"氧化数"的定义：氧化数是指某元素原子的表观荷电数，是把化学键中的电子指定给相连接两原子中电负性较大的原子求得的。规定得电子的原子氧化数为负值，在数字前加"－"号；失电子的原子氧化数为正值，在数字前加"＋"号。根据氧化数的定义，元素氧化数的确定有以下规则：

① 所有单质中元素的氧化数为 0。因为在同种元素原子组成的单质分子中，原子的电负性相同，原子间成键电子无偏离。如 O_2、P_4、Cu、Ar 等单质中，O、P、Cu、Ar 的氧化数都是 0。

② 氧在化合物中，一般氧化数为-2。但在过氧化物（如 H_2O_2）中，氧的氧化数为-1；在超氧化物（如 KO_2）中，氧的氧化数为-1/2；在氟的氧化物 OF_2 中，氧的氧化数为+2。

③　氢在化合物中的氧化数一般为+1。但在金属氢化物（如 NaH）中，氢的氧化数为−1。

④　在中性化合物中，各元素氧化数的代数和为 0。如 NaCl 中 Na 的氧化数为+1，Cl 的氧化数为−1。

⑤　单原子离子中，元素的氧化数等于离子的电荷数；多原子离子中，各元素氧化数的代数和等于离子所带电荷数。如 Mg^{2+}，镁的氧化数为+2；F^- 中氟的氧化数为−1；SO_4^{2-} 中 S 的氧化数为+6，O 的氧化数为−2，各元素氧化数的代数和为−2。

【例 9-1】分别计算 $CH_2{=}CH_2$ 中 C、$Na_2S_2O_3$ 中 S、$Cr_2O_7^{2-}$ 中 Cr、Fe_3O_4 中 Fe 的氧化数。

解　设被求元素原子的氧化数为 x

$CH_2{=}CH_2$ 中 C：$2x+4\,(+1)=0$ 　　　$x=-2$

$Na_2S_2O_3$ 中 S：$2\times1+2x+3\times(-2)=0$ 　$x=2$

$Cr_2O_7^{2-}$ 中 Cr：$2x+7\times(-2)=-2$ 　　$x=+6$

Fe_3O_4 中 Fe：$3x+4\times(-2)=0$ 　　　$x=+\dfrac{8}{3}$

氧化数是一个有一定人为性的经验性概念，它是按一定规则指定了的数字，用来表征元素在化合状态时的形式电荷数（或表观电荷数）。氧化数可以是整数、分数，也可以是小数，可以是对单个原子而言，也可以是平均值。如连四硫酸根离子（$S_4O_6^{2-}$）的结构为：

$$\overset{\displaystyle O}{\underset{\displaystyle O}{{}^-O{-}S{-}}}\overset{\displaystyle O}{\underset{\displaystyle O}{S{-}S{-}O^-}}$$

按氧化数的定义，其中间两个 S 的氧化数为 0，两边分别与三个 O 结合的两个 S 的氧化数则都为+5，而在整个离子中，S 的平均氧化数为+2.5。

必须注意的是，氧化数不是一个元素原子所带的真实电荷，与化合价的概念也不同。化合价是一种元素的一个原子与其他元素的原子构成的化学键的数量，化合物的各个原子是以和化合价同样多的化合键互相连接在一起的。化合价反映的是原子间形成化学键的能力，只可以是整数。例如，CO_2（$O{=}C{=}O$）中，C 连接 4 个共价键，因此 C 的化合价为 4 价，O 的化合价为 2 价。

许多简单化合物分子中，元素的氧化数与化合价的值是相同的，但不能因此而误认为它们是同一概念。对于某一化合物或单质，只要按照上述规则就可确定元素的氧化数，不必考虑分子的结构和键的类型。因此，对于氧化还原反应用氧化数比用化合价更方便。

二、氧化剂和还原剂

1. 氧化反应和还原反应

对氧化还原反应的认识，人们经历了一个由浅入深、由表及里、由现象到本质的过程。18 世纪末，化学家在总结许多物质与氧的反应后，发现这类反应具有一些相似特征，进而提出了氧化还原反应的概念：与氧化合的反应，称为氧化反应；含氧化合物中的氧被夺取的反应，称为还原反应。19 世纪发展化合价的概念后，化合价升高的一类反应并入氧化反应，化合价降低的一类反应并入还原反应。20 世纪初，成键电子理论建立，发现氧化还原反应的本质是反应物分子间发生了电子的转移或偏移。

（1）氧化与还原　在氧化还原反应中，电子得失（或偏移）引起了某些元素原子的价电子层构型发生变化，改变了这些原子的带电状态，因此改变了这些元素的氧化数。根据氧化数的升高或降低，可以将氧化还原反应拆分成两个半反应：氧化数升高的半反应，称为氧化反应；氧化数降低的半反应，称为还原反应。氧化反应与还原反应是相互依存的，不能独立存在，它们共同组成氧化还原反应。

如锌与盐酸的反应：

$$Zn + 2H^+ == Zn^{2+} + H_2\uparrow$$

反应中，锌失去两个电子变成锌离子，发生氧化；两个氢离子接受两个电子变为氢气，发生还原。

$$Zn - 2e^- \longrightarrow Zn^{2+}（氧化半反应）$$

$$2H^+ + 2e^- \longrightarrow H_2（还原半反应）$$

（2）自身氧化还原反应　如果反应中同一化合物的元素既有氧化数升高又有氧化数降低，就称这种反应为自身氧化还原反应。如：

$$2\overset{+1}{Ag}\overset{+5}{N}\overset{-2}{O_3} \xrightarrow{加热} 2\overset{0}{Ag} + \overset{0}{O_2}\uparrow + 2\overset{+4}{N}O_2\uparrow$$

（3）歧化反应　在一些自身氧化还原反应中，还有一种特殊的类型，氧化数的升高和降低都发生在同一种物质中的同一种元素上，这类特殊的反应叫作歧化反应。如：

$$\overset{0}{Cl_2} + 2OH^- == \overset{+1}{Cl}O^- + \overset{-1}{Cl}^- + H_2O$$

在有机化学和生物化学中，氧化还原反应常用加氧和脱氢描述。凡发生加氧或脱氢的反应，叫氧化反应；脱氧或加氢的反应叫还原反应。

2. 氧化剂和还原剂的定义

在氧化还原反应中，凡能得到电子，氧化数降低的物质，称为氧化剂。氧化剂能使其他物质被氧化，而本身被还原，其反应产物叫还原产物。凡能失去电子，氧化数升高的物质叫还原剂。还原剂能使其他物质被还原，而本身被氧化，其反应产物叫氧化产物。在氧化还原反应中，有氧化剂必定有还原剂，电子从还原剂转移（或偏移）到氧化剂，在还原剂被氧化的同时，氧化剂被还原。

例如：高锰酸钾与过氧化氢在酸性条件下的反应

还原剂氧化数升高

$$2K\overset{+7}{Mn}O_4 + 5H_2\overset{-1}{O_2} + 3H_2SO_4 == 2\overset{+2}{Mn}SO_4 + K_2SO_4 + 5\overset{0}{O_2}\uparrow + 8H_2O$$

氧化剂氧化数降低

上述反应中，$KMnO_4$ 是氧化剂，Mn 的氧化数从+7 降到+2，它本身被还原，使得 H_2O_2 被氧化。H_2O_2 是还原剂，O 的氧化数从-1 升到 0，它本身被氧化，使 $KMnO_4$ 被还原。H_2SO_4 也参与了反应，但没有氧化数的变化，通常把这种物质称为反应介质。

关于氧化剂和还原剂，需要说明以下几点：

① 当元素的氧化值为最高值时，其氧化值不能再增大，只能作氧化剂；当元素的氧化值为最低值时，其氧化值不能再减小，只能作还原剂；处于中间氧化值的元素，既可以作氧化剂，也可以作还原剂。如 H_2O_2 与 $KMnO_4$ 反应时，它是还原剂，而与 KI 反应时，它是氧化剂。

$$2KMnO_4 + 5H_2O_2 + 3H_2SO_4 = 2MnSO_4 + K_2SO_4 + 5O_2\uparrow + 8H_2O$$

$$H_2O_2 + 2KI + 2HCl = 2KCl + I_2 + 2H_2O$$

② 氧化剂、还原剂的氧化还原产物与反应条件有关，反应条件不同，氧化还原产物也不同。例如，氧化剂高锰酸钾与还原剂亚硫酸钠在酸性、中性或碱性溶液中发生反应时，其还原产物分别是 Mn^{2+}、MnO_2、MnO_4^{2-}。反应式如下：

在酸性溶液中：

$$2MnO_4^- + 5SO_3^{2-} + 6H^+ = 2Mn^{2+} + 5SO_4^{2-} + 3H_2O$$

在中性或弱碱性溶液中：

$$2MnO_4^- + 3SO_3^{2-} + H_2O = 2MnO_2\downarrow + 3SO_4^{2-} + 2OH^-$$

在强碱性溶液中：

$$2MnO_4^- + SO_3^{2-} + 2OH^- = 2MnO_4^{2-} + SO_4^{2-} + H_2O$$

三、氧化还原电对

所有的氧化还原反应都由两个半反应构成，一个是氧化反应，一个是还原反应。半反应中，氧化数较高的物质称为氧化型或氧化态，用 Ox 表示；氧化数较低的物质称为还原型或还原态，用 Red 表示。半反应中的氧化态和还原态是相互依存互相转化的，称为氧化还原电对，用 Ox/Red 表示。其关系可表示为：

$$\text{氧化型} + ne^- \rightleftharpoons \text{还原型}$$

$$\text{或 } Ox + ne^- \rightleftharpoons Red$$

书写时，氧化数较高的写在左侧，氧化数较低的写在右侧，中间用斜线“/”隔开。如 Zn^{2+}/Zn、H^+/H_2、MnO_4^-/Mn^{2+}、I_2/I^-等。

四、氧化还原反应的配平

氧化还原反应一般比较复杂，参与反应的物质除了氧化剂、还原剂，往往还有介质酸、碱、水等，因此难以用一般的观察法配平。下面介绍常用的两种配平方法。

1. 氧化数法

（1）配平原则　一是反应中氧化剂氧化数降低的总数与还原剂氧化数升高的总数相等；二是反应前后各元素的原子总数相等。

（2）配平步骤

① 根据未配平的方程式，标出反应前后氧化数有变化的元素的氧化数。

$$K\overset{+7}{Mn}O_4 + H_2\overset{-1}{O_2} + H_2SO_4 \longrightarrow \overset{+2}{Mn}SO_4 + K_2SO_4 + \overset{0}{O_2}\uparrow + H_2O$$

② 依据氧化数升高和降低总数相等的原则，按最小公倍数法确定基本系数。

氧化数升高2×5

$$2K\overset{+7}{Mn}O_4 + 5H_2\overset{-1}{O_2} + H_2SO_4 \longrightarrow 2\overset{+2}{Mn}SO_4 + K_2SO_4 + 5\overset{0}{O_2}\uparrow + H_2O$$

氧化数降低5×2

③ 用观察法配平其他物质的化学计量数，配平后把单线改成等号。

$$2KMnO_4 + 5H_2O_2 + 3H_2SO_4 =\!\!= 2MnSO_4 + K_2SO_4 + 5O_2\uparrow + 8H_2O$$

2. 离子-电子法（半反应法）

（1）配平原则　一是反应中氧化剂得到的电子总数与还原剂失去的电子总数相等；二是反应前后各元素的原子总数相等，各物质所带电荷总数相等。

（2）配平步骤

① 以离子形式表示出反应物和氧化还原产物，如用高锰酸钾法测定亚铁盐含量：

$$MnO_4^- + Fe^{2+} \longrightarrow Mn^{2+} + Fe^{3+}$$

② 将离子方程式拆分成两个半反应，一个是氧化剂的还原反应，一个是还原剂的氧化反应。

还原半反应：$MnO_4^- \longrightarrow Mn^{2+}$

氧化半反应：$Fe^{2+} \longrightarrow Fe^{3+}$

③ 分别配平两个半反应，使两边各元素原子总数和电荷总数均相等。

还原半反应：$MnO_4^- + 8H^+ + 5e^- \longrightarrow Mn^{2+} + 4H_2O$

氧化半反应：$Fe^{2+} - e^- \longrightarrow Fe^{3+}$

第一个半反应左边多 4 个 O，因反应为酸性介质，可在左侧加 8 个 H^+，同时在右侧加 4 个 H_2O；为了配平电荷数，可在左侧加 5 个电子，这样第一个半反应就配平了。

第二个半反应左右各元素原子总数相等，只需在右侧加一个电子或在左侧减 1 个电子就配平了。

④ 根据氧化剂得电子数与还原剂失电子数相等的原则，用最小公倍数法使两个半反应得失电子数相等。

$$\times 1 \qquad MnO_4^- + 8H^+ + 5e^- \longrightarrow Mn^{2+} + 4H_2O$$

$$\times 5 \qquad 5Fe^{2+} - 5e^- \longrightarrow 5Fe^{3+}$$

⑤ 合并两个半反应，将箭头改为等号。

$$MnO_4^- + 8H^+ + 5Fe^{2+} =\!\!= Mn^{2+} + 5Fe^{3+} + 4H_2O$$

⑥ 若已知该反应在硫酸介质中进行，则可写出对应的分子方程式为：

$$2KMnO_4 + 8H_2SO_4 + 10FeSO_4 =\!\!= 2MnSO_4 + 5Fe_2(SO_4)_3 + K_2SO_4 + 8H_2O$$

从上述例子可看出，若反应物和生成物所含氧原子数目不同，可根据介质酸碱性在半反应中加 H^+ 或 OH^- 或 H_2O，具体加 H^+ 还是 OH^- 还是 H_2O 可参考以下经验规则：

若是酸性介质：在多 n 个 O 的一边加 $2n$ 个 H^+，另一边加 n 个 H_2O。

若是碱性介质：在多 n 个 O 的一边加 n 个 H_2O，另一边加 $2n$ 个 OH^-。

若是中性介质：若左边多 n 个 O，则在左边加 n 个 H_2O，右边加 $2n$ 个 OH^-；若左边少 n 个 O，则在左边加 n 个 H_2O，右边加 $2n$ 个 H^+。

比较氧化数配平法和离子-电子配平法两种方法，氧化数法既适用于水溶液，也适用于非水溶液或高温熔融状态下反应的配平；离子-电子法只适用于水溶液中的反应，但对配平有介质或某些有机物参加的反应比较方便。

【课堂练习】_____

1．指出氧化还原反应：$2KMnO_4+5H_2O_2+3H_2SO_4 \Longrightarrow 2MnSO_4+K_2SO_4+5O_2\uparrow+8H_2O$ 中，氧化剂是_____，还原剂是_____，氧化产物是_____，还原产物是_____。

2．采用氧化数法配平反应：

$$KClO_3 \longrightarrow KClO_4 + KCl$$

3．已知 NaClO 在碱性介质中能氧化 $NaCrO_2$ 和 NaCl，用离子-电子法配平该反应的方程式。

第二节　原电池与电极电势

一、原电池

1．原电池的组成

氧化还原反应的重要特征是反应过程中有电子的转移和热效应。若把一块锌片放入硫酸铜溶液中，会观察到蓝色硫酸铜溶液的颜色逐渐变浅，且锌片上还沉积了棕红色的铜。这说明锌和硫酸铜之间发生了氧化还原反应，其反应的离子方程式为：$Zn+Cu^{2+} \Longrightarrow Zn^{2+}+Cu$。这是一个自发的氧化还原反应，反应中金属 Zn 把电子转移给 Cu^{2+}，虽然有电子转移但由于是无序的，所以未形成电流。在此反应中释放的能量（化学能），以热能形式消耗了。

将氧化还原反应组装成一个装置，使氧化半反应和还原半反应在两个不同的容器中进行，

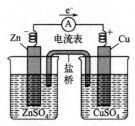

图 9-1　铜锌原电池

如图 9-1 所示。在盛有硫酸锌溶液的容器中插入锌片，在盛有硫酸铜溶液的容器中插入铜片，两种溶液用一个倒置 U 形管（又称为盐桥，其中装满饱和 KCl 溶液的琼脂凝胶）连接起来，再用导线连接锌片和铜片，并在导线中间串联一个检流计（电流表）。当电路接通后，可看到检流计的指针发生了偏转，说明导线中有电流通过，同时可看到锌片逐渐溶解而铜片上有铜不断沉积出来。这种利用氧化还原反应将化学能转变为电能的装置称为原电池。这种铜锌原电也称为 Daniell 电池。

2．原电池的工作原理

检流计（电流表）指针偏转方向说明电流由铜片流向锌片，因为电子流动的方向是从负极到正极，电流的方向是从正极到负极，所以可以判断锌片为负极，铜片为正极。产生电流的原因是 Zn 失去电子变为 Zn^{2+} 进入溶液，电子经过导线流向 Cu 片，溶液中 Cu^{2+} 获得电子变成 Cu 析出。两个电极反应如下：

负极：$Zn - 2e^- \Longrightarrow Zn^{2+}$（氧化反应）

正极：$Cu^{2+} + 2e^- \Longrightarrow Cu$（还原反应）

两个电极反应也称为半电池反应。其中，Zn 和 $ZnSO_4$ 溶液（Zn^{2+}/Zn 电对）组成锌电极；Cu 和 $CuSO_4$ 溶液（Cu^{2+}/Cu 电对）组成铜电极。每个半电池都有一对氧化还原对，发生氧化或还原反应，称为半电池反应。

由正极反应和负极反应构成的总反应称为电池反应：

$$Zn + Cu^{2+} \Longrightarrow Zn^{2+} + Cu$$

盐桥的作用是平衡电荷，使反应能顺利进行。随着电池反应的不断发生，Zn 原子失去电子变成 Zn^{2+} 进入溶液，将增加 $ZnSO_4$ 溶液中的正电荷；Cu^{2+} 在铜片上获得电子变成 Cu 原子，Cu^{2+} 的沉积则导致 $CuSO_4$ 溶液中负电荷过剩，这种情况会阻碍电子由锌片向铜片流动。盐桥可以消除这种影响，盐桥中的负离子 Cl^- 向 $ZnSO_4$ 溶液中扩散，正离子 K^+ 向 $CuSO_4$ 溶液中扩散，由于 K^+ 和 Cl^- 在溶液中迁移的速率几乎相等，从而保持了溶液的电中性，使氧化还原反应继续进行。注意，盐桥中的电解质不能与两个半电池溶液发生化学反应。例如，若是 Ag^+/Ag 电极，由于 Ag^+ 会和 Cl^- 生成 AgCl 沉淀，此时就不能用 KCl 盐桥，可改用 KNO_3 或 NH_4NO_3 作为盐桥。

3. 原电池的表示方法

原电池装置可以用简单的符号表示，书写电池符号的规则如下：

① 负极写在左侧，正极写在右侧，电池的正负极分别在括号内用"+""–"号标注。

② 两溶液间的盐桥用"‖"表示，不同相间的界面用"|"表示，同一相中的不同物质之间用","分开。

③ 气体和液体不能直接作为电极，需加不活泼的惰性导体（如铂或石墨）作电极板起导电作用。

④ 电极中各物质的物理状态，如气态（g）、液态（l）、固态（s），应标注出来；气体要标明分压，溶液要标明浓度或活度。

⑤ 需注明电池工作的温度和压力。若不写明，则通常为 298K、100kPa。

如铜锌原电池可表示为：$(-)Zn|Zn^{2+}(c_1)\|Cu^{2+}(c_2)|Cu(+)$

二、电极电势

1. 电极电势的产生

把原电池的两个电极用导线连接时有电流通过，说明两电极间存在电势（位）差，就像水的流动是因存在水位差一样。那么电极电势是如何产生的呢？1889 年，德国科学家 W. Nernst 首先提出了双电层理论，对电极电势的产生作出了解释。

当把金属（如锌片或铜片）插入含有其对应离子的溶液中时，在金属和其溶液的界面上会发生两种不同的过程。一方面是金属表面的正离子因热运动和受溶液中极性水分子的吸引，有形成水合离子进入溶液的趋势，把电子留在金属表面，而使溶液带正电荷，金属带负电荷。这一过程是金属的溶解过程，也是金属的氧化反应。金属越活泼、离子浓度越小，金属溶解的趋势就越大。另一方面溶液中的金属离子也有可能碰撞金属表面，接受其表面的电子而沉积在金属表面上，这一过程是金属离子沉积的过程，也是金属离子的还原反应。金属越不活泼、离子浓度越大，金属离子的沉积趋势就越大。当金属溶解和沉积的速率相等时，即达到动态平衡：

$$M(s) \Longleftrightarrow M^{n+}(aq) + ne^-$$

活泼金属进入溶液的速率大于沉积速率，达到平衡时金属表面带负电荷，溶液则带正电荷，由于静电吸引，在溶液与金属的界面处形成了双电层，产生了电势；反之，如果金属越不活泼，则离子沉积的速率大于溶解的速率，金属表面带正电荷而溶液带负电荷，也形成了双电层，产生了电势（如图 9-2）。

这种金属与溶液之间因形成双电层而产生的电势差叫作金属的平衡电极电势，简称为电极电势，以符号 $\varphi_{M^{n+}/M}$ 表示。如锌电极的电极电势用 $\varphi_{Zn^{2+}/Zn}$ 表示；Cu 电极的电极电势用 $\varphi_{Cu^{2+}/Cu}$ 表示。电极电势的大小主要取决于电极的本性，如金属电极，若金属越活泼，越容易失去电子，溶解成正离子的倾向越大，则电极电势越低；若金属越不活泼，金属离子越容易得到电子，沉积的倾向越大，则电极电势越高。此外，离子浓度、温度、压力和介质等外部因素对电极电势也有影响。

2. 标准氢电极

迄今为止，单个电极电势的绝对值无法测定，但它的相对值可用比较的方法测得。为测得电极电势的相对值，需选取一种电极作为比较标准，这就是参比电极。按照 IUPAC 的建议，国际上采用标准氢电极（SHE）作为参比电极。标准氢电极的构造如图 9-3 所示。

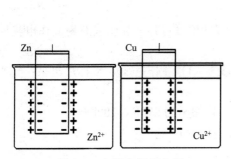

图 9-2　金属电极双电层

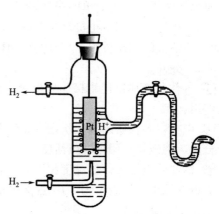

图 9-3　标准氢电极

标准氢电极是将表面镀有一层疏松铂黑的铂片，插入氢离子浓度（实为活度）为 $1mol \cdot L^{-1}$ 的酸溶液中，在 298.15K 时，通入 101.3kPa 的纯净氢气流不断地冲击铂片，使铂黑电极上吸附的氢气达到饱和。铂黑吸附的氢气和溶液中的 H^+ 建立如下平衡，电极反应式为：

$$2H^+(aq) + 2e^- \Longleftrightarrow H_2(g)$$

规定在 298.15K 时，标准氢电极的电极电势为零，即 $\varphi_{H^+/H_2}^{\ominus} = 0.000V$，符号右上角的"$\ominus$"代表标准状态。标准状态是指：离子浓度为 $1mol \cdot L^{-1}$（严格应为活度），气体物质的分压为 101.3kPa，固体和液体都是纯净物质。

3. 标准电极电势的测定

电极中各物质都处于标准状态时测得的电极电势为该电极的标准电极电势，用符号 $\varphi_{Ox/Red}^{\ominus}$ 表示，单位是伏特（V）。测定某电极的标准电极电势时，可将标准待测电极与标准氢电极组成原电池，然后通过测定这个原电池的标准电动势（$E^{\ominus}$）来求得。原电池的标准电动势等于正极的标准电极电势与负极的标准电极电势的差，表示如下：

$$E^{\ominus} = \varphi_{(+)}^{\ominus} - \varphi_{(-)}^{\ominus} \tag{9-1}$$

例如，要测定锌电极的标准电极电势，可将标准状态下的锌电极与标准氢电极组成原电池，测定其标准电动势，并由电流方向确定了锌电极为负极，氢电极为正极。这个原电池可用符号表示如下：

$$(-)Zn|ZnSO_4(1mol \cdot L^{-1})||H^+(1mol \cdot L^{-1})|H_2(100kPa)|Pt(+)$$

在 298.15K 时，测得此电池的标准电动势 $E^{\ominus}$ 为 0.763V，则：

$$E^{\ominus} = \varphi^{\ominus}_{H^+/H_2} - \varphi^{\ominus}_{Zn^{2+}/Zn}$$

$$0.763 = 0.000V - \varphi^{\ominus}_{Zn^{2+}/Zn}$$

$$\varphi^{\ominus}_{Zn^{2+}/Zn} = -0.763V$$

同样，如要测定铜电极的标准电极电势，可将标准铜电极与标准氢电极组成电池。氢电极为负极，铜电极为正极，此原电池用符号可表示如下：

$$(-)Pt|H_2(100kPa)|H^+(1mol \cdot L^{-1})||Cu^{2+}(1mol \cdot L^{-1})|Cu(+)$$

若测得原电池的标准电动势为 0.342V，则：

$$E^{\ominus} = \varphi^{\ominus}_{Cu^{2+}/Cu} - \varphi^{\ominus}_{H^+/H_2}$$

$$0.342V = \varphi^{\ominus}_{Cu^{2+}/Cu} - 0.000V$$

$$\varphi^{\ominus}_{Cu^{2+}/Cu} = 0.342V$$

利用同样方法，可测定其他各种电极的标准电极电势。附录七列出了一些常见氧化还原电对的标准电极电势（298K）。应用标准电极电势表时，要注意以下几点：

① 为便于比较和统一，电极反应常写成：氧化型+ne^- ⇌ 还原型。若电极作为负极，则电极反应逆向进行。

② 标准电极电势的大小只与电对的种类有关，与电极反应的方向和计量系数都无关。例如：

$$O_2 + 4H^+ + 4e^- \rightleftharpoons 2H_2O \qquad \varphi^{\ominus}_{O_2/H_2O} = 1.229V$$

$$\frac{1}{2}O_2 + 2H^+ + 2e^- \rightleftharpoons H_2O \qquad \varphi^{\ominus}_{O_2/H_2O} = 1.229V$$

$$2H_2O - 4e^- \rightleftharpoons O_2 + 4H^+ \qquad \varphi^{\ominus}_{O_2/H_2O} = 1.229V$$

③ 标准电极电势是在水溶液中测定的，不适用于非水溶剂和熔融体系中的氧化还原反应。溶液的酸度对许多电极的 $\varphi^{\ominus}$ 有影响，酸度会影响电极电势的大小，甚至连电极反应都会发生变化。因此电极电势表分为酸表和碱表，酸表是在 $a(H^+)=1mol \cdot L^{-1}$ 介质中的测定值，碱表是在 $a(OH^-)=1mol \cdot L^{-1}$ 介质中的测定值。

④ 标准状态下，电对的 $\varphi^{\ominus}$ 越大，表明其氧化态获得电子能力越强，氧化性越强，而对应的还原态失去电子能力越弱，还原性越弱；电对的 $\varphi^{\ominus}$ 越小，表明其还原态失电子能力越强，还原性越强，而对应的氧化态得电子能力越弱，氧化性越弱。

三、能斯特方程

电极电势的大小首先取决于电对的本性，此外，还与浓度和温度有关。电极电势与浓度和温度的关系可用能斯特方程表示。

对于任意一个电极反应 $a\text{Ox}+ne^- \rightleftharpoons b\text{Red}$

有：

$$\varphi_{Ox/Red} = \varphi_{Ox/Red}^{\ominus} + \frac{RT}{nF} \ln \frac{\{[Ox]/c^{\ominus}\}^b}{\{[Red]/c^{\ominus}\}^a} \qquad (9\text{-}2)$$

式中，φ 为电对在热力学温度 T 和某一浓度（或气体分压）下的电极电势，V；$\varphi^{\ominus}$ 为标准电极电势，V；R 为摩尔气体常数，$8.314J \cdot K^{-1} \cdot mol^{-1}$；$T$ 为绝对温度，K；n 为电极反应中得失电子数；F 为法拉第常数（$96500C \cdot mol^{-1}$）；b、a 分别为电极反应中的化学计量系数；$[Red]/c^{\ominus}$、$[Ox]/c^{\ominus}$ 分别为还原型物质和氧化型物质浓度与 $c^{\ominus}$ 的相对值。

当 $T = 298.15K$ 时，将各常数值代入上式，把自然对数换成常用对数，则能斯特方程可表示为：

$$\varphi_{Ox/Red} = \varphi_{Ox/Red}^{\ominus} + \frac{0.0592}{n} V \lg \frac{\{[Ox]/c^{\ominus}\}^a}{\{[Red]/c^{\ominus}\}^b} \qquad (9\text{-}3)$$

1. 应用时的注意事项

① 如果电对中某一物质是固体、纯液体或水溶液中的 H_2O，它们的浓度规定为 1，不写入能斯特方程式中。

$$I_2(s) + 2e^- \Longrightarrow 2I^-$$

$$\varphi_{I_2/I^-} = \varphi_{I_2/I^-}^{\ominus} + \frac{0.0592V}{2} \lg \left[\frac{1}{c(I^-)/c^{\ominus}} \right]$$

② 溶液的浓度是相对浓度，即 $c_i/c^{\ominus}$（$c^{\ominus} = 1mol \cdot L^{-1}$），可用浓度代替；气体压力用相对分压，即 $p_i/p^{\ominus}$（$p^{\ominus} = 101.3kPa$），不可用相对分压代替，对数项无量纲。

$$O_2 + 4H^+ + 4e^- \Longrightarrow 2H_2O$$

$$\varphi_{O_2/H_2O} = \varphi_{O_2/H_2O}^{\ominus} + \frac{0.0592V}{4} \lg[(p_{O_2}/p^{\ominus})\{[H^+]/c^{\ominus}\}^4]$$

③ $c(Ox)$ 和 $c(Red)$ 并不仅仅包括氧化态和还原态物质，还包括电极反应中氧化态和还原态一方的所有物质。电极反应中，各物质的计量系数不是 1 时，公式中应将它们的系数作为对应物质浓度的指数。

$$MnO_4^- + 8H^+ + 5e^- \Longrightarrow Mn^{2+} + 4H_2O$$

$$\varphi_{MnO_4^-/Mn^{2+}} = \varphi_{MnO_4^-/Mn^{2+}}^{\ominus} + \frac{0.0592V}{5} \lg \frac{[MnO_4^-]/c^{\ominus} \times \{[H^+]/c^{\ominus}\}^8}{[Mn^{2+}]/c^{\ominus}}$$

2. 影响电极电势的因素

从能斯特方程式可看出，温度和电极反应中各物质的浓度对电极电势均有影响。此外，溶液的酸度、沉淀反应、配离子的形成、弱电解质的生成等均会影响电极电势的值。

（1）浓度对电极电势的影响　如果电对的氧化态和还原态浓度发生变化，电极电势会发生改变。

【例 9-2】$Cr_2O_7^{2-}$ 在酸性溶液中的反应为 $Cr_2O_7^{2-} + 14H^+ + 6e^- \Longrightarrow 2Cr^{3+} + 7H_2O$，298.15K时，$\varphi_{Cr_2O_7^{2-}/Cr^{3+}}^{\ominus} = +1.33V$，计算 $[Cr_2O_7^{2-}] = 1mol \cdot L^{-1}$，$[Cr^{3+}] = 0.0001mol \cdot L^{-1}$，$[H^+] = 1mol \cdot L^{-1}$ 时电极的电极电势。

解　根据能斯特方程

$$\varphi_{Cr_2O_7^{2-}/Cr^{3+}} = \varphi_{Cr_2O_7^{2-}/Cr^{3+}}^{\ominus} + \frac{0.0592V}{6} \lg \frac{[Cr_2O_7^{2-}]/c^{\ominus} \times \{[H^+]/c^{\ominus}\}^{14}}{\{[Cr^{3+}]/c^{\ominus}\}^2}$$

$$= 1.33V + \frac{0.0592V}{6} \lg \frac{(1/1) \times (1/1)^{14}}{\left(\dfrac{0.0001}{1}\right)^2}$$

$$= 1.41V$$

计算表明，Cr^{3+}浓度降低，电极电势增大。

从能斯特方程可看出，在一定温度下，对一个给定的电极，增大氧化态浓度或减小还原态浓度，都会使电极电势增大，氧化态获得电子的倾向越大，氧化性越强；反之电极电势将减小，还原态失去电子的倾向越大，还原性越强。

（2）酸度对电极电势的影响　有 H^+ 和 OH^- 参加的电极反应，溶液的酸碱度对电极电势的影响非常明显。

【例 9-3】在上题中若其他条件不变，pH = 4，计算此时电极的电极电势。

解　根据能斯特方程

$$\varphi_{Cr_2O_7^{2-}/Cr^{3+}} = \varphi_{Cr_2O_7^{2-}/Cr^{3+}}^{\ominus} + \frac{0.0592V}{6} \lg \frac{[Cr_2O_7^{2-}]/c^{\ominus} \times \{[H^+]/c^{\ominus}\}^{14}}{\{[Cr^{3+}]/c^{\ominus}\}^2}$$

$$= 1.33V + \frac{0.0592V}{6} \lg \frac{(1/1) \times (1 \times 10^{-4}/1)^{14}}{\left(\dfrac{0.0001}{1}\right)^2}$$

$$= 0.86V$$

由上例计算可看出氢离子浓度减小，$\varphi_{Cr_2O_7^{2-}/Cr^{3+}}$ 值明显降低，即 $Cr_2O_7^{2-}$ 的氧化性减弱。这说明，在有氢离子或氢氧根离子参加的电极反应中，酸度对电极电势影响显著。

（3）沉淀的生成对电极电势的影响　生成沉淀会使电对中某些物质的浓度发生改变，进而影响电极电势的大小。

【例 9-4】在 Ag^+/Ag 电对的溶液中加入 NaCl，且保持$[Cl^-]$ = 1.0mol·L^{-1}。计算 $\varphi_{Ag^+/Ag}$ 的值。[已知：$\varphi_{Ag^+/Ag}^{\ominus} = 0.7994V$，$K_{sp}^{\ominus}(AgCl) = 1.8 \times 10^{-10}$]

解　电极反应：$Ag^+ + e^- \Longleftrightarrow Ag$

根据能斯特方程

$$\varphi_{Ag^+/Ag} = \varphi_{Ag^+/Ag}^{\ominus} + 0.0592V \lg c_{Ag^+}/c^{\ominus}$$

$$= \varphi_{Ag^+/Ag}^{\ominus} + 0.0592V \lg \frac{c^{\ominus} K_{sp}^{\ominus}(AgCl)}{[Cl^-]}$$

$$= 0.7994V + 0.0592V \lg \frac{1 \times 1.8 \times 10^{-10}}{1.0}$$

$$= 0.2225V$$

可见，由于 AgCl 沉淀的生成 Ag^+ 的浓度减小，进而使 Ag^+/Ag 电对的电极电势下降。由此得出结论：若电对中氧化态物质生成难溶沉淀，则电对的电极电势降低，其氧化能力就减弱；反之，若电对的还原态物质生成难溶沉淀，则电对的电极电势升高，其氧化能力增强。

【课堂练习】

1．下列关于电极电势的叙述，正确的是（　　）。

A．按同样比例降低电对中氧化型和还原型物质的浓度，电极电势值不变

B．按同样比例增大电对中氧化型和还原型物质的浓度，电极电势值不变

C．电极电势是指待测电极和标准氢电极构成的原电池的电动势，是一个相对值

D．增大电对中氧化型物质的浓度，电极电势值降低

2．由电极 MnO_4^-/Mn^{2+} 和 Fe^{3+}/Fe^{2+} 组成的原电池。若加大溶液的酸度，原电池的电动势将（　　）。

A．增大　　　　　　　　　B．减小

C．不变　　　　　　　　　D．无法判断

3．对于电极反应 $Cu^{2+}+2e^-\rule[0.5ex]{1.5em}{0.4pt}Cu$，要使电极电势增大，可以（　　）。

A．增加 Cu^{2+} 的浓度　　　　　B．增加 Cu 的量

C．减小 Cu^{2+} 的浓度　　　　　D．减小 Cu 量

4．已知 298.15K 时，电极反应 $Co^{3+}+e^-\rule[0.5ex]{1.5em}{0.4pt}Co^{2+}$，$\varphi^{\ominus}_{Co^{3+}/Co^{2+}}=1.83V$。

（1）计算 $c_{Co^{2+}}=1.0mol\cdot L^{-1}$，$c_{Co^{3+}}=0.10mol\cdot L^{-1}$ 时，$\varphi_{Co^{3+}/Co^{2+}}$ 的值；

（2）计算 $c_{Co^{2+}}=0.010mol\cdot L^{-1}$，$c_{Co^{3+}}=1.0mol\cdot L^{-1}$ 时，$\varphi_{Co^{3+}/Co^{2+}}$ 的值。

第三节　电极电势的应用

电极电势有着广泛的应用，如比较氧化剂和还原剂的相对强弱，判断氧化还原反应进行的方向等。

一、判断氧化剂和还原剂的相对强弱

电极电势的大小，反映了电对中氧化态得电子能力和还原态失电子能力的相对强弱。电极电势越大，氧化态的氧化能力越强，而其对应的还原态的还原能力越弱；反之，电极电势越小，还原态的还原能力越强，而其对应的氧化态氧化能力越弱。注意，若用 $\varphi^{\ominus}$ 进行比较，则得到的是标准状态下氧化态（或还原态）氧化能力（或还原能力）的强弱；若要比较非标准状态下氧化或还原能力的强弱，则须先用能斯特方程求出 φ 值，然后再进行比较。

【例 9-5】在标准状态下，将下列物质按照氧化态物质氧化能力和还原态物质还原能力由强到弱的顺序排列，并指出最强的氧化剂和还原剂。

$$MnO_4^-/Mn^{2+},\quad Cr_2O_7^{2-}/Cr^{3+},\quad Fe^{3+}/Fe^{2+},\quad Cu^{2+}/Cu,\quad I_2/I^-$$

解　查表可知 $\varphi^{\ominus}_{MnO_4^-/Mn^{2+}}=1.507V$，$\varphi^{\ominus}_{Cr_2O_7^{2-}/Cr^{3+}}=1.33V$，$\varphi^{\ominus}_{Fe^{3+}/Fe^{2+}}=0.77V$，$\varphi^{\ominus}_{Cu^{2+}/Cu}=0.342V$，

$\varphi^{\ominus}_{I_2/I^-}=0.535V$。

所以在标准状态下，各氧化态物质氧化能力由强到弱的顺序是：

$$MnO_4^->Cr_2O_7^{2-}>Fe^{3+}>I_2>Cu^{2+}$$

各还原态物质还原能力由强到弱的顺序是：

$$Cu>I^->Fe^{2+}>Cr^{3+}>Mn^{2+}$$

则最强的氧化剂是 MnO_4^-，最强的还原剂是 Cu。

【课堂练习】

1. 已知 $\varphi^{\ominus}_{Fe^{2+}/Fe} = -0.45V$，$\varphi^{\ominus}_{Ag^+/Ag} = 0.80V$，$\varphi^{\ominus}_{Fe^{3+}/Fe^{2+}} = 0.77V$。标准状态下，上述电对中最强的氧化剂和还原剂分别是（　　）。

A. Ag^+，Fe

B. Ag^+，Fe^{2+}

C. Fe^{3+}，Fe

D. Fe^{2+}，Ag

2. 根据反应：$Fe^{3+}+2I^- \rightleftharpoons Fe^{2+}+I_2$，$Br_2+Fe^{2+} \rightleftharpoons 2Br^-+Fe^{3+}$，定性判断 Br_2/Br^-、I_2/I^-、Fe^{3+}/Fe^{2+} 三电对的电极电势的相对关系是（　　）。

A. $\varphi_{Br_2/Br^-} > \varphi_{I_2/I^-} > \varphi_{Fe^{3+}/Fe^{2+}}$

B. $\varphi_{Br_2/Br^-} > \varphi_{Fe^{3+}/Fe^{2+}} > \varphi_{I_2/I^-}$

C. $\varphi_{I_2/I^-} > \varphi_{Br_2/Br^-} > \varphi_{Fe^{3+}/Fe^{2+}}$

D. $\varphi_{Fe^{3+}/Fe^{2+}} > \varphi_{Br_2/Br^-} > \varphi_{I_2/I^-}$

二、判断氧化还原反应进行的方向和限度

1. 氧化还原反应的 ΔG 与对应电池电动势之间的关系

根据热力学相关知识，系统的 Gibbs 函数变 ΔG 等于系统在等温恒压下所做的最大非体积功。在原电池中，若非体积功全部转化为电功，则 ΔG 与电池的电动势有以下关系：

$$\Delta G = -nFE \tag{9-4}$$

式中，n 表示得失电子的数目，mol；F 为法拉第常数，$96500C \cdot mol^{-1}$。

若电池中所有物质均处于标准状态，上式变为：

$$\Delta G^{\ominus} = -nFE^{\ominus} \tag{9-5}$$

这样测得原电池的标准电动势 $E^{\ominus}$，就可求出该电池反应的 $\Delta G^{\ominus}$。

2. 判断氧化还原反应进行的方向

反应能否自发进行，可用 ΔG 判断。若 $\Delta G < 0$，反应能自发进行；若 $\Delta G > 0$，反应不能正向自发进行；若 $\Delta G = 0$，则反应处于平衡状态。又由于 $\Delta G = -nFE$，可推导得到下列判断反应进行方向的规则。

① 当 $E>0$，即 $\varphi_{(+)} > \varphi_{(-)}$ 时，反应正向自发进行；

② 当 $E = 0$，即 $\varphi_{(+)} = \varphi_{(-)}$ 时，反应处于平衡状态；

③ 当 $E<0$，即 $\varphi_{(+)} < \varphi_{(-)}$ 时，反应逆向自发进行。

在氧化还原反应中，若两电对的标准电极电势值 $\varphi^{\ominus}$ 相差不大（一般<0.2V）时，可以通过改变氧化型或还原型物质的浓度，或改变 H^+ 的浓度（有 H^+ 或 OH^- 参加反应时）来控制反应方向。

【例 9-6】（1）在 298.15K 时，判断在标准状态下下列反应是否可以向正向进行。

$$Sn + Pb^{2+} \rightleftharpoons Sn^{2+} + Pb$$

（2）若浓度变为 $c(Pb^{2+})= 0.010mol \cdot L^{-1}$，$c(Sn^{2+}) = 0.10mol \cdot L^{-1}$，此反应的方向会发生改变吗？（已知：$\varphi^{\ominus}_{Pb^{2+}/Pb} = -0.126V$，$\varphi^{\ominus}_{Sn^{2+}/Sn} = -0.136V$）

解　正极为还原反应，负极为氧化反应。假设反应正向进行，Pb^{2+}/Pb 为正极，Sn^{2+}/Sn 为负极。

（1）在标准状态下，$E^{\ominus}=\varphi_{(+)}^{\ominus}-\varphi_{(-)}^{\ominus}=-0.126\text{V}-(-0.136\text{V})=0.01\text{V}>0$，反应可以正向自发进行。

（2）当 $c_{Pb^{2+}}=0.010\text{mol·L}^{-1}$，$c_{Sn^{2+}}=0.10\text{mol·L}^{-1}$ 时

$$\varphi_{Pb^{2+}/Pb}=\varphi_{Pb^{2+}/Pb}^{\ominus}+\frac{0.0592\text{V}}{2}\lg\{[Pb^{2+}]/c^{\ominus}\}$$

$$=-0.126\text{V}+\frac{0.0592\text{V}}{2}\lg(0.010/1)$$

$$=-0.185\text{V}$$

$$\varphi_{Sn^{2+}/Sn}=\varphi_{Sn^{2+}/Sn}^{\ominus}+\frac{0.0592\text{V}}{2}\lg\{[Sn^{2+}]/c^{\ominus}\}$$

$$=-0.136\text{V}+\frac{0.0592\text{V}}{2}\lg(0.10/1)$$

$$=-0.166\text{V}$$

$E=\varphi_{(+)}-\varphi_{(-)}=-0.185-(-0.166)=-0.019(\text{V})<0$，所以反应逆向自发进行。

3. 判断氧化还原反应进行的限度

当一个原电池在反应做电功时，体系中各物质的浓度都在发生变化。随着反应的进行，正极的电极电势不断降低，负极的电极电势不断增大，直至两电极不存在电势差，即 $\varphi_{(+)}=\varphi_{(-)}$，$E=0$。此时，电池反应达到平衡状态，也就是达到了反应进行的限度。对任意一个氧化还原反应：

$$Ox_1+Red_2 \rightleftharpoons Red_1+Ox_2$$

$$E=\varphi_{(+)}-\varphi_{(-)}=\left[\varphi_{Ox_1/Red_1}^{\ominus}+\frac{RT}{nF}\ln\frac{[Ox_1]/c^{\ominus}}{[Red_1]/c^{\ominus}}\right]-\left[\varphi_{Ox_2/Red_2}^{\ominus}+\frac{RT}{nF}\ln\frac{[Ox_2]/c^{\ominus}}{[Red_2]/c^{\ominus}}\right]$$

$$=(\varphi_{Ox_1/Red_1}^{\ominus}-\varphi_{Ox_2/Red_2}^{\ominus})+\left[\frac{RT}{nF}\ln\frac{[Ox_1]/c^{\ominus}}{[Red_1]/c^{\ominus}}-\frac{RT}{nF}\ln\frac{[Ox_2]/c^{\ominus}}{[Red_2]/c^{\ominus}}\right] \qquad (9\text{-}6)$$

$$=E^{\ominus}+\frac{RT}{nF}\ln\frac{[Ox_1][Red_2]}{[Ox_2][Red_1]}$$

$$=E^{\ominus}+\frac{RT}{nF}\ln\frac{1}{K^{\ominus}}$$

当反应到达平衡时，$E=0$，反应中各物质的浓度为平衡浓度，所以：

$$E^{\ominus}=\frac{RT}{nF}\ln K^{\ominus} \qquad (9\text{-}7)$$

在 298.15K 时，有

$$E^{\ominus}=\frac{0.0592\text{V}}{n}\lg K^{\ominus} \qquad (9\text{-}8)$$

反应进行的程度可用平衡常数 $K^{\ominus}$ 衡量，$K^{\ominus}$ 值越大，说明此反应进行的程度越大。从上式也可看出，正极与负极的标准电极电势相差越大，即 $E^{\ominus}$ 越大，反应进行得越完全。

【例 9-7】在酸性溶液中，$KMnO_4$ 和 $FeSO_4$ 反应生成 $MnSO_4$ 和 $Fe_2(SO_4)_3$ 能否进行得完全？

解　半反应反应式为：

$$MnO_4^- + 8H^+ + 5e^- \Longleftrightarrow Mn^{2+} + 4H_2O$$

$$Fe^{2+} - e^- \Longleftrightarrow Fe^{3+}$$

总反应为：

$$MnO_4^- + 8H^+ + 5Fe^{2+} \Longleftrightarrow Mn^{2+} + 5Fe^{3+} + 4H_2O$$

查表得：$\varphi^\ominus_{MnO_4^-/Mn^{2+}} = 1.507V$，$\varphi^\ominus_{Fe^{3+}/Fe^{2+}} = 0.77V$

则：

$$\lg K^\ominus = \frac{nE^\ominus}{0.0592V} = \frac{5 \times (1.507 - 0.77)V}{0.0592V} = 62.2$$

$$K^\ominus = 1.58 \times 10^{62}$$

$K^\ominus = 1.58 \times 10^{62}$，一般 $K^\ominus > 10^3$ 表明反应进行得已经相当完全了，而根据计算结果，$K^\ominus \gg 10^3$，说明反应进行得非常完全。

三、元素电势图及其应用

1. 元素标准电极电势图

许多元素具有多种氧化数，可以组成多个不同的电对，各电对都有相应的标准电极电势。为了更直观地反映同一元素不同氧化数的氧化还原性，将各种氧化数按从高到低的顺序排列，两种氧化数之间用直线相连，并在直线上标出相邻氧化态物质组成电对的标准电极电势值。这种表示某一元素不同氧化数之间标准电极电势变化的关系图叫作元素的标准电极电势图，简称元素电势图。此图由 Latimer 于 1952 年首先提出，故又称为 Latimer 图。

由于各电对在酸性和碱性介质中测得的标准电极电势值不同，因此元素电势图又分为：$\varphi_a^\ominus$ 图和 $\varphi_b^\ominus$ 图。书写某一元素的电势图时，既可以将全部氧化数列出，也可根据需要列出其中的一部分。例如氯的元素电势图：

2. 元素电势图的应用

（1）从已知电对求未知电对的标准电极电势　当需要某电对的标准电极电势，但在表中又查不到时，可利用该元素已知标准电极电势计算得到。某元素 M 的元素电势图如下：

$$n_x = n_1 + n_2 + n_3$$

其中 $\varphi_1^\ominus$、$\varphi_2^\ominus$、$\varphi_3^\ominus$、$\varphi_x^\ominus$ 分别为电对 M_1/M_2、M_2/M_3、M_3/M_4、M_1/M_4 的标准电极电势，n_1、n_2、n_3、n_x 分别为各电对内转移的电子数。则存在如下关系：

$$\varphi_x^\ominus = \frac{n_1\varphi_1^\ominus + n_2\varphi_2^\ominus + n_3\varphi_3^\ominus}{n_1 + n_2 + n_3} \tag{9-9}$$

【例 9-8】下图为 Cl 在碱性介质中的元素电势图，试求电对 ClO_3^-/ClO^-、ClO^-/Cl^- 的标准电极电势。

$$\varphi_b^\ominus / V \qquad ClO_4^- \xrightarrow{+0.36} ClO_3^- \xrightarrow{+0.33} ClO_2^- \xrightarrow{+0.66} ClO^- \xrightarrow{+0.40} Cl_2 \xrightarrow{+1.36} Cl^-$$

解 根据式（9-9）

$$\varphi^\ominus(ClO_3^-/ClO^-) = \frac{2\varphi_{ClO_3^-/ClO_2^-}^\ominus + 2\varphi_{ClO_2^-/ClO^-}^\ominus}{2+2} = \frac{2\times0.33 + 2\times0.66}{4} = 0.495(V)$$

$$\varphi^\ominus(ClO^-/Cl^-) = \frac{\varphi_{ClO^-/Cl_2}^\ominus + \varphi_{Cl_2/Cl^-}^\ominus}{1+1} = \frac{0.40 + 1.36}{2} = 0.88(V)$$

（2）判断歧化反应能否发生 氧化还原反应中，有些元素的氧化态可同时向较高和较低的氧化数转变，这类反应称为歧化反应。某元素三种不同氧化数的元素电势图如下：

$$M_1 \xrightarrow{\varphi_{左}^\ominus} M_2 \xrightarrow{\varphi_{右}^\ominus} M_3$$

若 $\varphi_{右}^\ominus < \varphi_{左}^\ominus$，$M_2$ 不能发生歧化反应，因为电极电势大的氧化态可以氧化电极电势小的还原态，则 M_1 和 M_3 会发生反应生成 M_2：$M_1 + M_3 = M_2$。

若 $\varphi_{右}^\ominus > \varphi_{左}^\ominus$，氧化态处于中间的 M_2 既是电极电势高的氧化态，又是电极电势低的还原态，该物质的一部分氧化该物质的另一部分，就能发生歧化反应生成 M_1 和 M_3：$M_2 = M_1 + M_3$。

例如，在碱性溶液中 $\varphi_b^\ominus / V$ $\quad ClO^- \xrightarrow{+0.40} Cl_2 \xrightarrow{+1.36} Cl^-$。

Cl_2 在碱性溶液中可以发生歧化反应：$Cl_2 + 2NaOH = NaCl + NaClO + H_2O$

例如，在酸性溶液中 $\varphi_a^\ominus / V$ $\quad Fe^{3+} \xrightarrow{+0.77} Fe^{2+} \xrightarrow{-0.41} Fe$。

在配制 Fe^{2+} 溶液时可加少量 Fe，因为 Fe^{2+} 容易被氧化为 Fe^{3+}，加入少量 Fe 可以使氧化生成的 Fe^{3+} 重新还原为 Fe^{2+}，$2Fe^{3+} + Fe = 3Fe^{2+}$。

【课堂练习】

1．已知 $\varphi_{Fe^{3+}/Fe^{2+}}^\ominus = 0.77V$，$\varphi_{I_2/I^-}^\ominus = 0.54V$，标准状态时能正向进行的反应是（ ）。

A．$Fe^{3+} + I_2 = Fe^{2+} + 2I^-$ 　　　　　　B．$I_2 + Fe^{2+} = 2I^- + Fe^{3+}$

C．$Fe^{2+} + 2I^- = I_2 + Fe^{3+}$ 　　　　　　D．$Fe^{3+} + 2I^- = Fe^{2+} + I_2$

2．下列反应中属于歧化反应的是（ ）。

A．$BrO_3^- + 5Br^- + 6H^+ = 3Br_2 + 3H_2O$ 　　B．$3Cl_2 + 6KOH = 5KCl + KClO_3 + 3H_2O$

C．$2AgNO_3 = 2Ag + 2NO_2 + O_2\uparrow$ 　　　　D．$KClO_3 + 6HCl(浓) = 3Cl_2\uparrow + KCl + 3H_2O$

3．根据铁的元素电势图，求算 $\varphi_{FeO_4^{2-}/Fe}^\ominus$。

$$\varphi^\ominus / V \qquad FeO_4^{2-} \xrightarrow[n=3]{1.9} Fe^{3+} \xrightarrow[n=1]{0.77} Fe^{2+} \xrightarrow[n=2]{-0.409} Fe$$

4．根据标准电动势，判断下列反应的方向。

（1）$2Fe^{2+}+Cu^{2+} \Longleftrightarrow 2Fe^{3+}+Cu$ 　　（$\varphi^{\ominus}_{Fe^{3+}/Fe^{2+}} = 0.770V$，$\varphi^{\ominus}_{Cu^{2+}/Cu} = 0.345V$）

（2）$I_2+2KCl \Longleftrightarrow Cl_2+2KI$ 　　（$\varphi^{\ominus}_{Cl_2/Cl^-} = 1.3583V$，$\varphi^{\ominus}_{I_2/I^-} = 0.535V$）

【拓展窗】

氢燃料电池

氢燃料电池是将氢气和氧气反应的化学能直接转换成电能的发电装置。其基本原理是电解水的逆反应，把氢和氧分别供给阳极和阴极，其阳极是多孔镍电极，阴极为覆盖氧化镍的镍电极，用 KOH 溶液作为电解质溶液，阳极放出电子通过外部的负载到达阴极。

阳极：$2H_2 + 4OH^- - 4e^- \Longleftrightarrow 4H_2O$

阴极：$O_2 + 2H_2O + 4e^- \Longleftrightarrow 4OH^-$

使用氢燃料电池发电，是将燃料的化学能直接转换为电能，不需要进行燃烧，能量转换率可达 60%～80%，而且污染少、噪声小，装置可大可小，非常灵活。20 世纪 60 年代，氢燃料电池就已经成功地应用于航天领域，往返于太空和地球之间的"阿波罗"飞船就安装了这种体积小、容量大的装置。进入 70 年代以后，随着人们不断地掌握多种先进的制氢技术，很快，氢燃料电池就被应用于发电和汽车。

本章小结

一、基本概念

氧化数：是指某元素一个原子的表观荷电数。可以是整数、分数，也可以是小数，可以是对单个原子而言，也可以是平均值。

氧化还原反应：反应物分子间发生了电子的转移或偏移的反应。

氧化反应和还原反应：氧化数升高的半反应，称为氧化反应；氧化数降低的反应，称为还原反应。

氧化剂和还原剂：能得到电子，氧化数降低的物质，称为氧化剂；能失去电子，氧化数升高的物质叫还原剂。

氧化还原电对：半反应中的氧化态和还原态是相互依存互相转化的，称为氧化还原电对，用 Ox/Red 表示。

二、氧化还原反应的配平

1. 氧化数法

配平原则：一是反应中氧化剂氧化数降低的总数与还原剂氧化数升高的总数相等；二是反应前后各元素的原子总数相等。

2. 离子-电子法

配平原则：一是反应中氧化剂得到的电子总数与还原剂失去的电子总数相等；二是反应前后各元素的原子总数相等，各物质所带电荷总数相等。

三、电极电势

国际上采用标准氢电极（SHE）作为测量标准电极电势的参比电极，$\varphi_{H^+/H_2}^{\ominus} = 0.000V$。

1. 标准电极电势

电极中各物质都处于标准状态时测得的电极电势为该电极的标准电极电势，用符号 $\varphi_{Ox/Red}^{\ominus}$ 表示。

2. 非标准电极电势

非标准状态下的电极电势（φ）可用能斯特（Nernst）方程求出：

$$\varphi_{Ox/Red} = \varphi_{Ox/Red}^{\ominus} + \frac{0.0592V}{n}\lg\frac{\{[Ox]/c^{\ominus}\}^a}{\{[Red]/c^{\ominus}\}^b}$$

四、电极电势的应用

1. 判断氧化剂和还原剂的相对强弱

电极电势越大，氧化态的氧化能力越强，而其对应的还原态的还原能力越弱；反之，电极电势越小，还原态的还原能力越强，而其对应的氧化态氧化能力越弱。

2. 判断氧化还原反应进行的方向和限度

（1）当 $E > 0$，即 $\varphi_{(+)} > \varphi_{(-)}$时，反应正向自发进行；

（2）当 $E = 0$，即 $\varphi_{(+)} = \varphi_{(-)}$时，反应处于平衡状态；

（3）当 $E < 0$，即 $\varphi_{(+)} < \varphi_{(-)}$时，反应逆向自发进行。

3. 元素电势图的应用

（1）求未知电对的标准电极电势

$$M_1 \xrightarrow[n_1]{\varphi_1^{\ominus}} M_2 \xrightarrow[n_2]{\varphi_2^{\ominus}} M_3 \xrightarrow[n_3]{\varphi_3^{\ominus}} M_4$$

$$\underbrace{\qquad\qquad}_{\varphi_x^{\ominus}}$$

$$n_x = n_1 + n_2 + n_3$$

$$\varphi_x^{\ominus} = \frac{n_1\varphi_1^{\ominus} + n_2\varphi_2^{\ominus} + n_3\varphi_3^{\ominus}}{n_1 + n_2 + n_3}$$

（2）判断歧化反应能否发生

$$M_1 \xrightarrow{\varphi_{左}^{\ominus}} M_2 \xrightarrow{\varphi_{右}^{\ominus}} M_3$$

若 $\varphi_{右}^{\ominus} < \varphi_{左}^{\ominus}$，$M_2$ 不能发生歧化反应；若 $\varphi_{右}^{\ominus} > \varphi_{左}^{\ominus}$，$M_2$ 能发生歧化反应生成 M_1 和 M_3。

 习 题

一、单项选择题

1. 由电极反应 $Cu^{2+}+Zn \rightleftharpoons Cu+Zn^{2+}$ 组成原电池，测得其电动势为 1.00V，由此可知两

个电极溶液中（　　）。（已知：$\varphi^{\ominus}_{Zn^{2+}/Zn} = -0.76V$，$\varphi^{\ominus}_{Cu^{2+}/Cu} = 0.34V$）

A．$c_{Cu^{2+}} = c_{Zn^{2+}}$　　　　　　　　B．$c_{Cu^{2+}} > c_{Zn^{2+}}$

C．$c_{Cu^{2+}} < c_{Zn^{2+}}$　　　　　　　　D．Cu^{2+}、Zn^{2+}的关系不得而知

2．已知 $\varphi^{\ominus}_{Fe^{3+}/Fe^{2+}} > \varphi^{\ominus}_{I_2/I^-} > \varphi^{\ominus}_{Sn^{4+}/Sn^{2+}}$，下列物质能共存的是（　　）。

A．Fe^{3+}和 Sn^{2+}　　　　　　　　B．Fe^{2+}和 I_2

C．Fe^{3+}和 I^-　　　　　　　　D．I_2 和 Sn^{2+}

3．已知 $\varphi^{\ominus}_{Fe^{3+}/Fe^{2+}} = 0.77V$，$\varphi^{\ominus}_{Cu^{2+}/Cu} = 0.34V$，$\varphi^{\ominus}_{Sn^{4+}/Sn^{2+}} = 0.15V$，$\varphi^{\ominus}_{Fe^{2+}/Fe} = -0.45V$，则最强的氧化剂和最强的还原剂分别是（　　）。

A．Sn^{2+}和 Cu　　　　　　　　B．Fe^{3+}和 Sn^{2+}

C．Fe^{3+}和 Fe　　　　　　　　D．Sn^{4+}和 Fe

4．pH 发生改变时，电极电势发生变化的是（　　）。

A．Fe^{3+}/Fe^{2+}　　　　　　　　B．I_2/I^-

C．MnO_4^-/Mn^{2+}　　　　　　　　D．AgI/Ag

5．世界卫生组织（WHO）将二氧化氯（ClO_2）列为 A 级高效安全灭菌消毒剂，它在食品保鲜、饮用水消毒等方面有着广泛应用，下列说法正确的是（　　）。

A．二氧化氯是强氧化剂

B．二氧化氯是强还原剂

C．二氧化氯是离子化合物

D．二氧化氯分子中氯的氧化数为−1

6．$\varphi^{\ominus}_{I_2/I^-} = 0.53V$，$\varphi^{\ominus}_{Fe^{3+}/Fe^{2+}} = 0.77V$，$2I^- + 2Fe^{3+} \Longleftrightarrow I_2 + 2Fe^{2+}$ 的 $E^{\ominus}$ 及反应方向（　　）。

A．0.24V　正向　　　　　　　　B．0.24V　逆向

C．1.30V　正向　　　　　　　　D．−1.30V　逆向

7．已知 $\varphi^{\ominus}_{Cu^+/Cu} = 0.552V$，$\varphi^{\ominus}_{Cu^{2+}/Cu^+} = 0.158V$，则反应 $2Cu^+ \Longleftrightarrow Cu^{2+} + Cu$ 的平衡常数为（　　）。

A．4.52×10^6　　　　　　　　B．2.21×10^{-7}

C．31.8　　　　　　　　D．0.707

8．已知下列电极电势：$\varphi^{\ominus}_{Zn^{2+}/Zn} = -0.7628V$，$\varphi^{\ominus}_{Cd^{2+}/Cd} = -0.4029V$，$\varphi^{\ominus}_{I_2/I^-} = 0.5355V$，$\varphi^{\ominus}_{Ag^+/Ag} = 0.7991V$，则下列电池标准电动势最大的是（　　）。

A．$(-)Zn(s)|Zn^{2+}(aq)||Cd^{2+}(aq)|Cd(s)(+)$

B．$(-)Zn(s)|Zn^{2+}(aq)||H^+(aq)|H_2(g)|Pt(+)$

C．$(-)Zn(s)|Zn^{2+}(aq)||I^-(aq)|I_2(s)|Pt(+)$

D．$(-)Zn(s)|Zn^{2+}(aq)||Ag^+(aq)|Ag(s)(+)$

二、判断题

1．组成原电池的两个电对的电极电势相等时，电池反应处于平衡状态。（　　）

2．用导线把电池的两极连接起来，立刻产生电流。电子从负极经导线进入正极，因此，在负极发生还原反应，而在正极发生氧化反应。（　　）

3．电极电势的大小只取决于电极本身的性质，而与其他因素无关。（　　）

4．电对的电极电势越大，电对中还原态物质的还原能力越弱。（　　）

5．氧化还原反应的实质是两个氧化还原电对间转移电子的反应，因此，任何氧化还原反应都可以拆分成两个半反应（电极反应）。（　　）

6．元素的氧化数和化合价是同一个概念，因此氧化数不可能有分数。（　　）

7．增加反应 $I_2+2e^-\!=\!=\!2I^-$ 中 I^- 的浓度，则电极电势增加。（　　）

8．pH 值改变对酸性介质中电对的电极电势都有影响。（　　）

三、填空题

1．写出下列物质中画线元素的氧化数：Na$\underline{N}$O$_2$＿＿＿，Na$_2\underline{S}_2$O$_3$＿＿＿，Na$_2\underline{C}_2$O$_4$＿＿＿。

2．对于电极反应 $M^{n+}+xe^-\rightleftharpoons M^{(n-x)+}$，若加入 $M^{(n-x)+}$ 的沉淀剂，则此电极的电极电势将＿＿＿＿，M^{n+} 的氧化性将＿＿＿＿。

3．下列氧化剂：$KMnO_4$、$KClO_3$、Br_2、H_2O_2、$FeCl_3$，若将溶液的酸度增大，其氧化能力增大的是＿＿＿＿＿＿＿＿＿，不变的是＿＿＿＿＿＿＿＿＿。

4．将 Zn 与 $0.200mol\cdot L^{-1}$ 的 $ZnCl_2$ 溶液组成的电极与标准氯化银电极组成原电池，该电池的电池符号为＿＿＿＿＿＿＿＿＿，正极的半反应为＿＿＿＿＿＿＿＿＿。

5．将反应 $2Cu(s)+HgO(s)\!=\!=\!Hg(l)+Cu_2O(s)$ 设计成原电池，其电池符号为＿＿＿＿＿＿＿。

6．$Cu^{2+}+e^-\!=\!=\!Cu^+$ 电极反应中，加入 Cu^+ 的沉淀剂 F^-，则使电极电势的数值＿＿＿＿＿。

四、简答题

1．已知 $\varphi^{\ominus}_{Fe^{3+}/Fe^{2+}}=0.77V$，$\varphi^{\ominus}_{Fe^{2+}/Fe}=-0.45V$，$\varphi^{\ominus}_{S/H_2S}=0.14V$，$\varphi^{\ominus}_{O_2/H_2O}=1.23V$，$\varphi^{\ominus}_{I_2/I^-}=0.54V$，应用这些标准电极电势数据解释下列现象：

（1）为使 Fe^{2+} 溶液不被氧化，常放入铁钉。

（2）H_2S 溶液，久置会出现浑浊。

（3）无法在水溶液中制备 FeI_3。

2．用氧化数法配平下列方程式：

（1）$Cu+HNO_3\longrightarrow Cu(NO_3)_2+NO$

（2）$As_2S_3+HNO_3\longrightarrow H_3AsO_4+H_2SO_4+NO$

3．用离子-电子法配平下列方程式。

（1）$Cr_2O_7^{2-}+I^-+H^+\longrightarrow Cr^{3+}+I_2+H_2O$

（2）$Fe^{2+}+NO_3^-+H^+\longrightarrow Fe^{3+}+NO\uparrow+H_2O$

（3）$I^-+H_2O_2+H^+\longrightarrow I_2+H_2O$

（4）$Al+Br_2\longrightarrow Al^{3+}+Br^-$

五、计算题

1．计算下列各原电池的电动势，并写出电极反应式和电池反应式。

（1）$(-)Fe|Fe^{2+}(c^{\ominus})\|Cl^-(c^{\ominus})|Cl_2(50kPa)|Pt(+)$

（2）$(-)Cu|Cu^{2+}(c^{\ominus})\|Fe^{3+}(0.1mol\cdot L^{-1})$，$Fe^{2+}(c^{\ominus})|Pt(+)$

（3）$(-)Pt$，$I_2|I^-(0.1mol\cdot L^{-1})\|MnO_4^-(0.1mol\cdot L^{-1})$，$Mn^{2+}(0.1mol\cdot L^{-1})$，$H^+(0.01mol\cdot L^{-1})|Pt(+)$

2．根据 I 在酸性介质中的元素电势图，求 $\varphi^{\ominus}(IO_3^-/I_2)$ 和 $\varphi^{\ominus}(HIO/I^-)$。

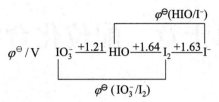

3．判断在 298.15K 时，以下反应是否可以完全进行？已知：$\varphi^{\ominus}_{Cu^{2+}/Cu} = 0.34V$，$\varphi^{\ominus}_{Ag^+/Ag} = 0.80V$。

$$Cu + 2Ag^+ \Longleftrightarrow Cu^{2+} + 2Ag$$

第十章　配位化合物

【知识目标】

1. 掌握配位化合物的定义、组成和命名。
2. 理解配合物价键理论。
3. 掌握配合物稳定常数的概念及计算。
4. 理解配合物的空间构型与中心原子杂化轨道类型的关系。

【能力目标】

1. 能命名常见的配位化合物。
2. 能用配合物的价键理论解释常见配合物的空间构型。
3. 能进行配位平衡的相关计算。

【素质目标】

培养学生的科学探究精神和实事求是的科学精神。

配位化合物简称配合物，最早记载的配合物是 1704 年德国涂料工人狄斯巴赫制得的蓝色染料普鲁士蓝 $KFe[Fe(CN)_6]$，是黄血盐 $[K_4Fe(CN)_6 \cdot 3H_2O]$ 与三价铁离子反应的产物，可用于检验三价铁离子：

$$K^+ + Fe^{3+} + [Fe(CN)_6]^{4-} \Longrightarrow KFe[Fe(CN)_6]$$

随后在 1789 年法国化学家塔赫特把氨水滴入无水 $CoCl_3$ 中，得到了新的配位化合物 $CoCl_3 \cdot 6NH_3$。然后 1893 年，瑞士化学家维尔纳提出了配位理论，并把这类化合物定义为配位化合物。

配位化合物因种类繁多、性能独特，因此在科学研究及生产实践中应用非常广泛。目前配位化合物化学已发展成为一门独立的学科，与物理化学、有机化学、材料化学、环境科学和生物化学等学科相互渗透，成为联系和沟通化学各学科的纽带和桥梁。

第一节　配合物的基本概念

一、配位键

配位键是由一个原子单方面提供一对孤对电子，与另一个有空轨道的原子或离子共用而形成的特殊共价键，又称配位共价键。配位键成键的两原子间共享的两个电子不是由两原子各提供一个，而是来自一个原子。配位键中，提供电子对的原子称为电子对给体，而接受电子对的原子称为电子对受体。配位键的符号常用"→"表示，箭头指向电子对的受体。例如，NH_3 和 H^+ 即是以配位键结合形成 NH_4^+。在 NH_3 分子中，N 原子有一对孤对电子，而氢原子有空轨道，这样氨分子的孤对电子进入氢原子的空轨道，即形成了配位键。

$$H:\overset{\cdot\cdot}{\underset{H}{N}}:\ +\ H^+ \longrightarrow \left[H:\overset{\cdot\cdot}{\underset{H}{N}}:H \right]^+$$

结构式可写为：$\left[H-\overset{H}{\underset{H}{N}}\rightarrow H \right]^+$

根据 NH_4^+ 分子的形成过程可知，其中一个 $N{\rightarrow}H$ 键和其他三个 $N{-}H$ 键形成过程不同，但形成后四个氮氢键的性质没有区别。

二、配合物的定义

在 $CuSO_4$ 溶液中滴加氨水，开始时有蓝色沉淀生成，继续滴加过量氨水，沉淀溶解，得到深蓝色的澄清透明溶液。通过检测发现溶液中主要含有 $[Cu(NH_3)_4]^{2+}$ 和 SO_4^{2-}，几乎检测不出 Cu^{2+} 和 NH_3 的存在。实际上，此时 Cu^{2+} 与 NH_3 以一种特殊的共价键-配位键结合成了 $[Cu(NH_3)_4]^{2+}$。在 $[Cu(NH_3)_4]^{2+}$ 中，每个 NH_3 中的 N 原子提供一对孤对电子，进入 Cu^{2+} 的空轨道，形成四个配位键，像 $[Cu(NH_3)_4]SO_4$ 这种类型的物质称为配位化合物。配位化合物可定义为：由可以给出孤对电子的一定数目的离子或分子和具有接受孤对电子的空轨道的原子或离子按一定组成和空间构型所形成的化合物。

三、配合物的组成

配合物分为内界和外界两部分，内界由中心离子（或原子）和一定数目的配位体组成，是配合物的特征部分，一般写在方括号内，方括号以外的部分称为外界。这里以 $[Cu(NH_3)_4]SO_4$ 为例说明配合物的组成。

1. 中心离子或原子

中心离子或原子也称配合物的形成体，位于配合物的中心，可提供空轨道，接受孤对电子。常见的中心离子是过渡元素的阳离子，例如 $[Cu(NH_3)_4]SO_4$ 中的 Cu^{2+}、$K_3[Fe(CN)_6]$ 中的 Fe^{3+}、$[Ag(NH_3)_2]OH$ 中的 Ag^+ 等。

2. 配位体及配位原子

在配合物中，与中心离子（或原子）结合的含有孤对电子的阴离子或中心分子称为配位体，简称配体，如 $[Cu(NH_3)_4]SO_4$ 中的 NH_3、$K_3[Fe(CN)_6]$ 中的 CN^- 等。配位体中与中心离子（或原子）直接结合的原子称为配位原子，如 NH_3 中的 N、H_2O 中的 O 等，一般配位原子至少有一对孤对电子，与中心离子（或原子）的空轨道形成配位键。常见的配位原子是周期表中电负性较大的非金属元素，如 N、O、C、S、F、Cl、Br、I 等。

根据配体所含配位原子的数目可分为单齿配体和多齿配体。只含有一个配位原子的配体称为单齿配体，如 NH_3、OH^-、CN^-、Cl^- 等；含有两个或两个以上配位原子的配体称为多齿配体，如 $H_2N{-}CH_2CH_2{-}NH_2$（简称为 en）、乙二胺四乙酸（EDTA）等。

3. 配位数

直接与中心离子或原子结合的配位原子的数目称为配位数。对于单齿配体，配位数等于配体数，如$[Cu(NH_3)_4]SO_4$的配位数是 4；对于多齿配体，配位数等于配体个数与每个配体中配位原子个数的乘积，如$[Cu(en)_2]^{2+}$配离子中，Cu^{2+}的配位数为 4。常见配体和配位数见表 10-1。

表 10-1　常见配体和配位数

配体类型	配体名称	化学式	配位数
单齿配体	卤素离子	F^-、Cl^-、Br^-、I^-	1
	水	H_2O	1
	氨	NH_3	1
	氢氧根	OH^-	1
	氰根	CN^-	1
	硫氰酸根	SCN^-	1
多齿配体	乙二胺（en）	$NH_2CH_2CH_2NH_2$	2
	乙二胺四乙酸	$^-OOCH_2C$、$HOOCH_2C$—NH—CH_2—CH_2—HN—CH_2COO^-、CH_2COOH	6
	草酸根	$^-COO—COO^-$	2

4. 配离子的电荷数

配离子的电荷数等于中心离子（或原子）和配体总电荷的代数和。例如$[Cu(NH_3)_4]SO_4$中，配离子为$[Cu(NH_3)_4]^{2+}$，配离子电荷数为+2。

由于整个配合物是电中性的，因此，外界离子的电荷总数和配离子的电荷总数相等，符号相反。可根据此规则推断中心离子的氧化数。

【课堂练习】

指出下列配合物的中心离子或原子、配位体、配位数、配离子电荷数。

序号	配合物	中心离子或原子	配位体	配位数	配离子电荷数
1	$[Cu(NH_3)_4]SO_4$				
2	$[Ag(NH_3)_2]Cl$				
3	$[Pt(NH_3)_2Cl_2]$				
4	$[Co(H_2O)(NH_3)_5]^{3+}$				

四、配合物的命名

1. 配离子的命名

配离子的命名一般依照如下顺序：

配位体数-配体名称-"合"-中心离子（或原子）名称（氧化数值）-配离子

例如：$[Cu(NH_3)_4]^{2+}$　　　　四氨合铜（Ⅱ）配离子

　　　　$[Ag(NH_3)_2]^+$　　　　二氨合银（Ⅰ）配离子

　　　　$[PtCl_6]^{2-}$　　　　六氯合铂（Ⅳ）配离子

当配合物中有多个配体时，配体的列出顺序一般遵循以下规则：

① 先无机后有机　既有无机配体又有有机配体时，先命名无机配体，再命名有机配体。

例如：$[Co(en)_2(NH_3)_2]Cl_3$　　　氯化二氨·二(乙二氨)合钴（Ⅲ）

② 先阴离子，后中性分子

例如：$[PtCl_2(NH_3)_2]$　　　二氯·二氨合铂（Ⅱ）

③ 对于同类配体，按照配位原子元素符号在英文字母中的顺序列出。

例如：[Co(NH₃)₅(H₂O)]Cl₃　　　氯化五氨·水合钴（Ⅲ）

2. 配合物的命名规则

① 配离子为阴离子的配合物命名为"某酸某"，若外界为氢离子，则称为"某酸"。

例如：$K_3[FeF_6]$　　　　　　六氟合铁（Ⅲ）酸钾

$H_2[PtCl_6]$　　　　　　六氯合铂（Ⅳ）酸

② 配离子为阳离子的配合物，当外界为含氧酸根离子，则用"酸"字连接；其他简单的阴离子则一般用"化"字连接。

例如：$[Cu(NH_3)_4]SO_4$　　　硫酸四氨合铜（Ⅱ）

$[Co(NH_3)_6]Cl_3$　　　三氯化六氨合钴（Ⅲ）

$[Ag(NH_3)_2]OH$　　　氢氧化二氨合银（Ⅰ）

【课堂练习】

1. 判断题

（1）配合物必须由内界和外界组成。（　　　）

（2）配位数是中心离子（或原子）接受配位体的数目。（　　　）

（3）配合物的配位体都是带负电荷的离子，可以抵消中心离子的正电荷。（　　　）

2. 单项选择题

（1）配位数是（　　　）。

A．中心离子（或原子）接受配位体的数目

B．中心离子（或原子）与配位离子所带电荷的代数和

C．中心离子（或原子）接受配位原子的数目

D．中心离子（或原子）与配位体所形成配位键的数目

（2）下列叙述正确的是（　　　）。

A．配合物由正负离子组成

B．配合物由中心离子（或原子）与配位体以配位键结合而成

C．配合物必须由内界与外界组成

D．配合物中的配位体是含有孤对电子的离子

（3）$[Ni(en)_2]^{2+}$配离子中镍的配位数为（　　　）。

A．2　　　　　　　　B．3　　　　　　　　C．6　　　　　　　　D．4

3. 请写出下列配位化合物的名称或由名称写出配合物的化学式

（1）$[Co(NH_3)_6]Cl_3$　　　　　　　　　（2）$[Cu(NH_3)_4]SO_4$

（3）$H[PtCl_3NH_3]$　　　　　　　　　　（4）$[Cu(NH_3)_4](OH)_2$

（5）氯硝基四氨合钴（Ⅲ）配离子　　　（6）四氯合铂（Ⅱ）酸

第二节　配位平衡

一、配位平衡常数

1. 配位化合物的稳定常数与不稳定常数

配合物的内界与外界以离子键结合成配位化合物，在水溶液中可完全解离，但配离子的

中心离子与配体之间由于是以配位键结合，在水溶液中很难解离。例如，若在[Cu(NH_3)_4]SO_4溶液中加入 BaCl_2 溶液，会产生白色 BaSO_4 沉淀；若加入 NaOH 溶液则未出现蓝色 Cu(OH)_2沉淀，说明内界[Cu(NH_3)_4]^{2+}比较稳定，难以解离；而若加入 Na_2S 溶液，则可得到黑色 CuS沉淀。这个实验说明[Cu(NH_3)_4]^{2+}具有相当大的稳定性，但在一定条件下仍可微弱地解离出 Cu^{2+}和 NH_3。当 Cu^{2+}和 NH_3 形成[Cu(NH_3)_4]^{2+}配离子的速率和[Cu(NH_3)_4]^{2+}解离成 Cu^{2+}和 NH_3的速率相等时，达到平衡，此时称为配位平衡。可表示如下：

$$[Cu(NH_3)_4]^{2+} \Longleftrightarrow Cu^{2+}+4NH_3$$

其对应的标准平衡常数为：

$$K_{\text{不稳}}^{\ominus} = \frac{\{[Cu^{2+}]/c^{\ominus}\}\{[NH_3]/c^{\ominus}\}^4}{[Cu(NH_3)_4^{2+}]/c^{\ominus}} \tag{10-1}$$

$K_{\text{不稳}}^{\ominus}$ 称为不稳定常数或解离常数，也可用 $K_d^{\ominus}$ 表示。$K_{\text{不稳}}^{\ominus}$ 越大，说明配离子的解离程度越大，配离子在水溶液中越不稳定。

配离子解离反应的逆反应即为配离子的形成反应，可表示为：

$$Cu^{2+}+4NH_3 \Longleftrightarrow [Cu(NH_3)_4]^{2+}$$

其对应的标准平衡常数为：

$$K_{\text{稳}}^{\ominus} = \frac{[Cu(NH_3)_4^{2+}]/c^{\ominus}}{\{[Cu^{2+}]/c^{\ominus}\}\{[NH_3]/c^{\ominus}\}^4} \tag{10-2}$$

$K_{\text{稳}}^{\ominus}$ 称为稳定常数，也可用 $K_f^{\ominus}$ 表示，常见配离子的稳定常数见附录十。$K_{\text{稳}}^{\ominus}$ 越大，则表示生成的配合物越稳定。在无外界影响时，可利用 $K^{\ominus}$ 的大小来判断配位反应完成的程度。

注意：$K_{\text{稳}}^{\ominus}$ 与 $K_{\text{不稳}}^{\ominus}$ 是配离子的特征常数，可由实验测定得到。$K_{\text{稳}}^{\ominus}$ 与 $K_{\text{不稳}}^{\ominus}$ 两者概念不同，两者关系互为倒数，使用时注意区分。$K_{\text{稳}}^{\ominus}$ 与 $K_{\text{不稳}}^{\ominus}$ 可用于直接比较同类型配离子的稳定性，一般，$K_{\text{稳}}^{\ominus}$ 越大，则该配离子越稳定。

2. 配位化合物的稳定常数与不稳定常数的关系

实际上，配离子的生成或解离都是分步进行的，以[Cu(NH_3)_4]^{2+}为例，[Cu(NH_3)_4]^{2+}分步生成平衡如下：

$Cu^{2+}+NH_3 \Longleftrightarrow [Cu(NH_3)]^{2+}$ $\qquad K_{f1}^{\ominus} = \dfrac{[Cu(NH_3)^{2+}]/c^{\ominus}}{\{[Cu^{2+}]/c^{\ominus}\}\{[NH_3]/c^{\ominus}\}} = 10^{4.13}$

$[Cu(NH_3)]^{2+}+NH_3 \Longleftrightarrow [Cu(NH_3)_2]^{2+}$ $\qquad K_{f2}^{\ominus} = \dfrac{[Cu(NH_3)_2^{2+}]/c^{\ominus}}{\{[Cu(NH_3)^{2+}]/c^{\ominus}\}\{[NH_3]/c^{\ominus}\}} = 10^{3.48}$

$[Cu(NH_3)_2]^{2+}+NH_3 \Longleftrightarrow [Cu(NH_3)_3]^{2+}$ $\qquad K_{f3}^{\ominus} = \dfrac{[Cu(NH_3)_3^{2+}]/c^{\ominus}}{\{[Cu(NH_3)_2^{2+}]/c^{\ominus}\}\{[NH_3]/c^{\ominus}\}} = 10^{3.04}$

$[Cu(NH_3)_3]^{2+}+NH_3 \Longleftrightarrow [Cu(NH_3)_4]^{2+}$ $\qquad K_{f4}^{\ominus} = \dfrac{[Cu(NH_3)_4^{2+}]/c^{\ominus}}{\{[Cu(NH_3)_3^{2+}]/c^{\ominus}\}\{[NH_3]/c^{\ominus}\}} = 10^{2.3}$

[Cu(NH_3)_4]^{2+}分步解离平衡如下：

$[Cu(NH_3)_4]^{2+} \Longleftrightarrow [Cu(NH_3)_3]^{2+}+NH_3$ $\qquad K_{d1}^{\ominus} = \dfrac{\{[Cu(NH_3)_3^{2+}]/c^{\ominus}\}\{[NH_3]/c^{\ominus}\}}{[Cu(NH_3)_4^{2+}]/c^{\ominus}}$

$$[Cu(NH_3)_3]^{2+} \Longrightarrow [Cu(NH_3)_2]^{2+}+NH_3 \qquad K_{d2}^{\ominus} = \frac{\{[Cu(NH_3)_2^{2+}]/c^{\ominus}\}\{[NH_3]/c^{\ominus}\}}{[Cu(NH_3)_3^{2+}]/c^{\ominus}}$$

$$[Cu(NH_3)_2]^{2+} \Longrightarrow [Cu(NH_3)]^{2+}+NH_3 \qquad K_{d3}^{\ominus} = \frac{\{[Cu(NH_3)^{2+}]/c^{\ominus}\}\{[NH_3]/c^{\ominus}\}}{[Cu(NH_3)_2^{2+}]/c^{\ominus}}$$

$$[Cu(NH_3)]^{2+} \Longrightarrow Cu^{2+}+NH_3 \qquad K_{d4}^{\ominus} = \frac{\{[Cu^{2+}]/c^{\ominus}\}\{[NH_3]/c^{\ominus}\}}{[Cu(NH_3)^{2+}]/c^{\ominus}}$$

不难看出，$K_{f1}^{\ominus}$ 与 $K_{d4}^{\ominus}$、$K_{f2}^{\ominus}$ 与 $K_{d3}^{\ominus}$、$K_{f3}^{\ominus}$ 与 $K_{d2}^{\ominus}$、$K_{f4}^{\ominus}$ 与 $K_{d1}^{\ominus}$ 分别互为倒数，且 $K_{f1}^{\ominus} > K_{f2}^{\ominus} > K_{f3}^{\ominus} > K_{f4}^{\ominus}$，即逐级形成常数随配位数的增加而逐渐减小。

$[Cu(NH_3)_4]^{2+}$ 的总形成反应为：

$$Cu^{2+}+4NH_3 \Longrightarrow [Cu(NH_3)_4]^{2+}$$

$$K_f^{\ominus} = \frac{[Cu(NH_3)_4^{2+}]/c^{\ominus}}{\{[Cu^{2+}]/c^{\ominus}\}\{[NH_3]/c^{\ominus}\}^4} = K_{f1}^{\ominus}K_{f2}^{\ominus}K_{f3}^{\ominus}K_{f4}^{\ominus} = \frac{1}{K_d^{\ominus}}$$

可见，配离子的总形成常数 $K_f^{\ominus}$ 等于各逐级形成常数的乘积，且与总解离常数 $K_d^{\ominus}$ 互为倒数。

3. 累积形成常数

累积形成常数 β 是前几级形成常数的乘积，如：

$$\beta_2 = K_{f1}^{\ominus}K_{f2}^{\ominus}$$

$$\beta_3 = K_{f1}^{\ominus}K_{f2}^{\ominus}K_{f3}^{\ominus}$$

$$\beta_4 = K_{f1}^{\ominus}K_{f2}^{\ominus}K_{f3}^{\ominus}K_{f4}^{\ominus} = K_f^{\ominus}$$

可见，最高级的累积形成常数 β_n 等于配离子的总形成常数 $K_f^{\ominus}$。

【例 10-1】室温下，将 0.010mol $AgNO_3$ 固体溶于 1.0L 0.030mol·L^{-1} 氨水中（设体积不变），计算该溶液中游离的 Ag^+、NH_3、$[Ag(NH_3)_2]^+$ 的浓度。（已知 $[Ag(NH_3)_2]^+$ 的 $K_f^{\ominus} = 1.12 \times 10^7$）

解　设平衡时游离的 Ag^+ 浓度为 x（mol·L^{-1}）

	Ag^+	$+$	$2NH_3(aq)$	$\Longrightarrow$	$[Ag(NH_3)_2]^+(aq)$
起始浓度	0		0.030mol·L^{-1}−2×0.010mol·L^{-1}		0.010mol·L^{-1}
变化浓度	x		$2x$		$-x$
平衡浓度	x		0.010mol·L^{-1}+2x		0.010mol·L^{-1}−x

$$K_f^{\ominus} = \frac{[Ag(NH_3)_2^+]/c^{\ominus}}{\{[Ag^+]/c^{\ominus}\}\{[NH_3]/c^{\ominus}\}^2} = \frac{(0.010 \text{mol·L}^{-1}-x)/1\text{mol·L}^{-1}}{(x/1\text{mol·L}^{-1})[(0.010\text{mol·L}^{-1}+2x)/1\text{mol·L}^{-1}]^2} = 1.12 \times 10^7$$

$K_f^{\ominus}$ 值较大，因此配离子比较稳定，故 Ag^+ 的浓度 x 较小。可得：

$$0.010 \text{mol·L}^{-1}+2x \approx 0.010 \text{mol·L}^{-1}, \quad 0.010 \text{mol·L}^{-1}-x \approx 0.010 \text{mol·L}^{-1}$$

则：

$$\frac{0.010\text{mol·L}^{-1}/1\text{mol·L}^{-1}}{(x/1\text{mol·L}^{-1}) \times (0.010\text{mol·L}^{-1}/1\text{mol·L}^{-1})^2} = 1.12 \times 10^7$$

可得：$[Ag^+] = x = 8.9 \times 10^{-6}$ mol·L^{-1}，$[NH_3] = [Ag(NH_3)_2]^+ \approx 0.010$ mol·L^{-1}

4. 稳定常数的应用

（1）应用配合物的稳定常数比较同类型配合物的稳定性

【例 10-2】 比较$[Ag(NH_3)_2]^+$和$[Ag(CN)_2]^-$的稳定性。（已知：$\lg K_f^\ominus\{[Ag(NH_3)_2]^+\} = 7.23$，$\lg K_f^\ominus\{[Ag(CN)_2]^-\} = 18.74$）

解 显然，$[Ag(CN)_2]^-$的稳定常数远远大于$[Ag(NH_3)_2]^+$的稳定常数，因此$[Ag(CN)_2]^-$要比$[Ag(NH_3)_2]^+$稳定。

注意：配离子类型必须为同类型，才能比较它们的稳定性。若配离子为不同类型，必须通过计算进行比较，即在保持配位剂浓度相同条件下，若溶液中游离的中心离子浓度越小则该配离子越稳定。

（2）判断配位反应进行的方向

【例 10-3】 若向 $[Ag(NH_3)_2]^+$ 溶液中加入 KCN。请通过计算说明会发生什么变化。$\left[K_f^\ominus([Ag(CN)_2]^-) = 1.3\times10^{21}，K_f^\ominus([Ag(NH_3)_2]^+) = 1.1\times10^7\right]$

解

$$[Ag(NH_3)_2]^+ \Longrightarrow Ag^+ + 2NH_3$$
$$+$$
$$2CN^-$$
$$\Updownarrow$$
$$[Ag(CN)_2]^-$$

可见存在两个平衡：

$$[Ag(NH_3)_2]^+ \Longrightarrow Ag^+ + 2NH_3 \qquad\qquad (1)$$

$$Ag^+ + 2CN^- \Longrightarrow [Ag(CN)_2]^- \qquad\qquad (2)$$

总反应 =（1）+（2）：$[Ag(NH_3)_2]^+ + 2CN^- \Longrightarrow [Ag(CN)_2]^- + 2NH_3$

$$K^\ominus = \frac{\{[Ag(CN)_2]^-/c^\ominus\}\{[NH_3]/c^\ominus\}^2}{\{[Ag(NH_3)_2^+]/c^\ominus\}\{[CN^-]/c^\ominus\}^2} \times \frac{[Ag^+]/c^\ominus}{[Ag^+]/c^\ominus} = \frac{K_f^\ominus([Ag(CN)_2]^-)}{K_f^\ominus([Ag(NH_3)_2]^+)}$$

$$= \frac{1.3\times10^{21}}{1.1\times10^7} = 1.18\times10^{14} > 10^5$$

粗略判断反应方向是利用已知平衡常数算出配离子转化反应的平衡常数，若算出的平衡常数 $K^\ominus > 10^5$，则反应能进行；反之，不能进行，但逆反应可进行。该题根据计算的平衡常数可知，配位反应向着生成$[Ag(CN)_2]^-$的方向进行的趋势比较大。

（3）计算配位离子溶液中有关离子的浓度

【例 10-4】 100mL 1mol·L^{-1} NH$_3$·H$_2$O 中能溶解固体 AgBr 多少克？$\left[K_f^\ominus([Ag(NH_3)_2]^+) = 1.1\times10^7，K_{sp}^\ominus(AgBr) = 5.35\times10^{-13}\right]$

解 溶液中存在两个平衡：

$$AgBr \Longrightarrow Ag^+ + Br^- \qquad\qquad (1)$$

$$Ag^+ + 2NH_3 \Longrightarrow [Ag(NH_3)_2]^+ \qquad\qquad (2)$$

总反应 =（1）+（2）：

$$AgBr + 2NH_3 \Longrightarrow [Ag(NH_3)_2]^+ + Br^-$$

该反应的平衡常数为：

$$K^{\ominus} = \frac{\{[\mathrm{Ag(NH_3)_2^+}]/c^{\ominus}\}\{[\mathrm{Br^-}]/c^{\ominus}\}}{\{[\mathrm{NH_3}]/c^{\ominus}\}^2} \times \frac{[\mathrm{Ag^+}]/c^{\ominus}}{[\mathrm{Ag^+}]/c^{\ominus}} = K_{\mathrm{f}}^{\ominus}([\mathrm{Ag(NH_3)_2}]^+)K_{\mathrm{sp}}^{\ominus}(\mathrm{AgBr})$$

$$= 1.1\times10^7 \times 5.35\times10^{-13} = 5.89\times10^{-6}$$

设平衡时，$c(\mathrm{Br^-}) = x(\mathrm{mol\cdot L^{-1}})$，则 $[\mathrm{Ag(NH_3)_2^+}] \approx x(\mathrm{mol\cdot L^{-1}})$，$[\mathrm{NH_3}] = 1\mathrm{mol\cdot L^{-1}} - 2x$

因 $K^{\ominus}$ 很小，则 x 很小，因此 $1\mathrm{mol\cdot L^{-1}} - 2x \approx 1\mathrm{mol\cdot L^{-1}}$

$$K^{\ominus} = \frac{\{[\mathrm{Ag(NH_3)_2^+}]/c^{\ominus}\}\{[\mathrm{Br^-}]/c^{\ominus}\}}{\{[\mathrm{NH_3}]/c^{\ominus}\}^2} = \frac{x^2}{(1\mathrm{mol\cdot L^{-1}}-2x)^2} \approx \left(\frac{x}{1\mathrm{mol\cdot L^{-1}}}\right)^2 = 5.89\times10^{-6}$$

所以：$x = 2.43\times10^{-3}\mathrm{mol\cdot L^{-1}}$

即 $100\mathrm{mL}$ $1\mathrm{mol\cdot L^{-1}}$ $\mathrm{NH_3\cdot H_2O}$ 中能溶解 AgBr 的质量为：

$$m = 2.43\times10^{-3}\times0.1\times188 = 0.046(\mathrm{g})$$

【课堂练习】

在 $[\mathrm{Ag(NH_3)_2}]^+$ 的溶液中加入酸时，将发生什么变化？$[\ K_{\mathrm{f}}^{\ominus}([\mathrm{Ag(NH_3)_2}]^+) = 1.1\times10^7$，$K_{\mathrm{b}}^{\ominus}(\mathrm{NH_3}) = 1.77\times10^{-5}\ ]$

二、配位平衡的移动

金属离子 M^{n+} 和配位体 L^- 在水溶液中生成配离子 $ML_x^{(n-x)}$，存在如下平衡：

$$M^{n+} + xL^- \rightleftharpoons ML_x^{(n-x)}$$

配位平衡也是一种动态平衡，根据平衡移动原理，当改变反应物金属离子 M^{n+} 浓度或配位离子 L^- 浓度时，上述配位平衡会发生移动。

金属离子 M^{n+} 与配位体 L^- 生成配离子 $ML_x^{(n-x)}$ 的反应为主反应，而除了主反应外，还存在许多副反应，这主要是溶液酸度、共存离子或其他配位剂等因素造成的。

1. 酸碱反应对配位平衡的影响

溶液酸度的改变常伴随两类副反应，一类是某些易于水解的金属离子发生的水解反应；一类是配体与溶液中 H^+ 发生的酸效应。

（1）金属离子的水解效应　大多数金属离子在水溶液中都存在明显的水解作用，易水解的金属离子和 OH^- 反应生成一系列羟基配合物或氢氧化物沉淀，使得金属离子 M^{n+} 的浓度降低，进而使配位平衡向配离子解离的方向移动，这种现象称为金属离子的水解效应。溶液的 pH 值越大，则越有利于水解的进行，例如，Fe^{3+} 在碱性条件下容易发生水解反应，且碱性越强，水解越彻底。如下所示，Fe^{3+} 与 OH^- 结合成难溶的 $Fe(OH)_3$ 沉淀，导致 $[\mathrm{FeF_6}]^{3-}$ 配离子向解离的方向移动。

$$[\mathrm{FeF_6}]^{3-} \rightleftharpoons Fe^{3+} + 6F^-$$
$$+$$
$$3OH^-$$
$$\parallel$$
$$Fe(OH)_3$$

（2）配体的酸效应　由于大多数配体（如 $C_2O_4^{2-}$、$S_2O_3^{2-}$、F^-、CO_3^{2-} 等）与 H^+ 有较强的结合力，当溶液的酸性增强时，配体即可与 H^+ 结合生成弱酸，使得溶液中配体的浓度减少，从而使配位平衡向配离子解离的方向移动，导致配离子的稳定性降低。这种因溶液酸度增加而导致配位化合物稳定性降低的现象称为配位化合物的酸效应。例如，在含有 $[FeF_6]^{3-}$ 的水溶液中加入酸，会存在如下反应：

$$[FeF_6]^{3-} \rightleftharpoons Fe^{3+} + 6F^-$$
$$+$$
$$6H^+$$
$$\Updownarrow$$
$$6HF$$

2. 沉淀反应对配位平衡的影响

配位平衡与沉淀的溶解平衡之间可以相互转化，如果在配位平衡体系中加入能与配离子中心离子生成难溶电解质的沉淀剂，可促使配位平衡发生移动，进而影响配位化合物的稳定性。例如，在含有 $[Ag(NH_3)_2]^+$ 的溶液中加入 KI，则有黄色 AgI 沉淀生成：

$$[Ag(NH_3)_2]^+ \rightleftharpoons Ag^+ + 2NH_3$$
$$+$$
$$I^-$$
$$\Updownarrow$$
$$AgI$$

反之，在沉淀中加入合适的配位剂，沉淀溶解平衡也会破坏，导致沉淀溶解平衡向着生成配离子的方向移动。例如，在 AgCl 沉淀中加入氨水溶液，则沉淀溶解，平衡向着生成 $[Ag(NH_3)_2]^+$ 的方向移动。

$$[AgCl](s) \rightleftharpoons Ag^+ + Cl^-$$
$$+$$
$$2NH_3$$
$$\Updownarrow$$
$$[Ag(NH_3)_2]^+$$

3. 配离子间的转化

与沉淀的转化类似，配离子之间的转化反应也是向着生成更稳定配离子的方向进行。例如：

$$[Ag(NH_3)_2]^+ + 2CN^- \rightleftharpoons [Ag(CN)_2]^- + 2NH_3$$

该反应平衡常数较大，说明上述转化反应进行得比较完全。

第三节　配合物的价键理论

配合物的化学键指的是配位中心离子或原子与配体形成的化学键，又称为配位键。关于配位化合物化学键的理论有现代价键理论、晶体场理论、配位键理论和分子轨道理论等，本节主要学习价键理论。

一、价键理论的要点

1931 年，美国化学家 Pauling L 将杂化理论应用于配位化合物，提出了现代价键理论。其基本要点如下：

① 配体的配位原子都含有未成键的孤对电子。

② 中心离子或原子的价电子层必须有空轨道，且中心原子的空轨道首先进行杂化，形成数目相等、能量相同、具有一定空间伸展方向的杂化轨道。

③ 中心原子的杂化轨道与配位原子含孤对电子的轨道在键轴方向重叠，即形成配位键。

二、配位键的形成及对应配合物的空间构型

1. 配位数为 2 的中心离子的杂化类型及空间构型

在$[Ag(NH_3)_2]^+$配离子中，其中心离子 Ag^+ 的价层电子构型为 $4d^{10}$，其最高能级组轨道表示式和$[Ag(NH_3)_2]^+$配离子配位键的形成如图 10-1 所示：

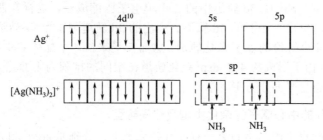

图 10-1　$[Ag(NH_3)_2]^+$配离子配位键的形成

根据最高能级组轨道表示式，可知与 4d 能量相近的 5s、5p 轨道为空轨道。Ag^+与 NH_3 形成配合物时，首先 Ag^+ 的 5s 轨道与一个 5p 轨道发生 sp 等性杂化，形成两个能量相同的 sp 杂化轨道。形成的两个新的 sp 杂化轨道接收来自两个 NH_3 分子中的 N 原子提供的两对孤对电子而形成两个配位键。由于生成的两个 sp 杂化轨道的夹角为 180°，因此$[Ag(NH_3)_2]^+$配离子的几何构型为直线形。由此可见，配位离子的几何构型主要取决于中心离子的杂化轨道在空间的排布形状。

2. 配位数为 4 的中心离子的杂化类型及空间构型

（1）等性 sp^3 杂化及空间构型　在$[Ni(NH_3)_4]^{2+}$配离子中，其中心离子 Ni^{2+}的价电子构型为 $3d^8$，其最高能级组轨道表示式及$[Ni(NH_3)_4]^{2+}$配离子配位键的形成如图 10-2 所示。

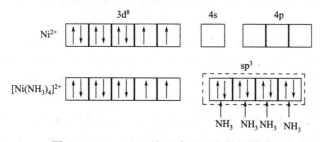

图 10-2　$[Ni(NH_3)_4]^{2+}$配离子配位键的形成

Ni^{2+}与 NH_3 形成配离子时发生的是 sp^3 杂化，即 Ni^{2+}的一个 4s 轨道和 3 个 4p 轨道进行杂化，形成了 4 个等价的 sp^3 杂化轨道，用以接受 4 个配体 NH_3 分子提供的 4 对孤对电子，形成 4 个配位键。由于发生的是 sp^3 等性杂化，形成的 4 个新的 sp^3 杂化轨道在空间的排列为正四面体形，因此形成的$[Ni(NH_3)_4]^{2+}$配离子的几何构型为正四面体形。

（2）dsp^2 杂化及空间构型　在$[Ni(CN)_4]^{2-}$配离子中，其中心离子 Ni^{2+} 的价层电子构型为

$3d^8$，其最高能级组轨道表示式和 $[Ni(CN)_4]^{2-}$ 配离子配位键的形成如图 10-3 所示。

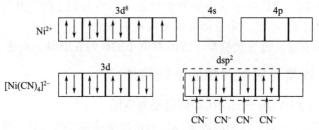

图 10-3　$[Ni(CN)_4]^{2-}$ 配离子配位键的形成

在 CN^- 的作用下，Ni^{2+} 中 3d 轨道中的 2 个单电子压缩成对，这样在四个 3d 轨道中都容纳了一对电子，同时空出 1 个新的 3d 轨道。空出的 3d 轨道与 1 个 4s 轨道和 2 个 4p 轨道发生 dsp^2 杂化，生成 4 个等价的 dsp^2 杂化轨道，进而接受来自 4 个配体 CN^- 中 C 原子的孤对电子形成 4 个配位键。由于形成的 4 个 dsp^2 杂化轨道在空间的排列为平面正方形，故 $[Ni(CN)_4]^{2-}$ 配离子的空间构型也呈平面正方形。

3. 配位数为 6 的中心离子的杂化类型及空间构型

配位数为 6 的配离子中，中心离子有两种杂化类型，分别是 sp^3d^2 和 d^2sp^3。

（1）sp^3d^2 杂化及空间构型　在配离子 $[FeF_6]^{3-}$ 中，其中心离子 Fe^{3+} 的价层电子构型为 $3d^5$，其最高能级组轨道表示式及配离子形成过程如图 10-4 所示。

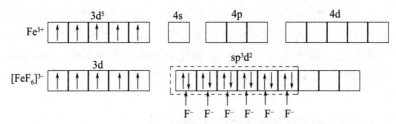

图 10-4　$[FeF_6]^{3-}$ 配离子配位键的形成

Fe^{3+} 的 1 个 4s 轨道、3 个 4p 轨道和 2 个 4d 轨道首先发生 sp^3d^2 杂化，形成 6 个等同的 sp^3d^2 杂化轨道，分别接受来自 6 个配体 F^- 的 6 对孤对电子，形成 6 个配位键，配离子 $[FeF_6]^{3-}$ 也就形成了。

由于形成的 6 个 sp^3d^2 杂化轨道在空间呈正八面体构型，因此配离子 $[FeF_6]^{3-}$ 的空间构型也是正八面体形，且 Fe^{3+} 位于八面体的体心，6 个配体 F^- 位于正八面体的 6 个顶角。

（2）d^2sp^3 杂化及空间构型　$[Fe(CN)_6]^{3-}$ 配离子虽然配位数也是 6，但其形成过程和配离子 $[FeF_6]^{3-}$ 不同。在 CN^- 的作用下，Fe^{3+} 的 5 个 d 电子发生重排，电子全部挤入 3 个 d 轨道，从而空出 2 个 3d 轨道，且这 2 个 3d 轨道参与杂化。因此在 $[Fe(CN)_6]^{3-}$ 配离子中，是 2 个 3d 轨道、1 个 4s 轨道和 3 个 4p 轨道共同杂化，形成 6 个等同的 d^2sp^3 杂化轨道，分别接受来自 6 个配体 CN^- 的 6 对孤对电子，形成 6 个配位键。具体如图 10-5 所示。

生成的 6 个 d^2sp^3 杂化轨道在空间的排列也是正八面体结构，因此 $[Fe(CN)_6]^{3-}$ 配离子的空间构型也呈正八面体形。

综上所述，配合物的空间构型取决于中心离子的杂化类型，而中心离子的杂化类型又与配位数有关。配位数不同，中心离子的杂化类型不同，甚至配位数相同，中心离子的杂化类型也可能不同。表 10-2 列出了一些常见配合物的空间构型。

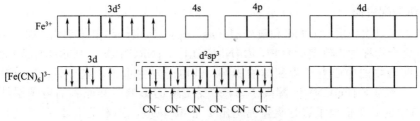

图 10-5 $[Fe(CN)_6]^{3-}$配离子配位键的形成

表 10-2 配合物的空间构型

配位数	杂化类型	空间构型	实际例子
2	sp	直线型	$[Ag(NH_3)_2]^+$、$[Cu(NH_3)_2]^+$、$[Ag(CN)_2]^-$、$[CuCl_2]^-$
3	sp^2	平面三角形	$[CuCl_3]^{2-}$、$[HgI_3]^-$
4	sp^3	正四面体形	$[Ni(NH_3)_4]^{2+}$、$[ZnCl_4]^{2-}$、$[BF_4]^-$、$[Ni(CO)_4]$
4	dsp^2	平面正方形	$[Ni(CN)_4]^{2-}$、$[Cu(NH_3)_4]^{2+}$、$[PtCl_4]^{2-}$
6	sp^3d^2	正八面体形	$[FeF_6]^{3-}$、$[Fe(H_2O)_6]^{3+}$、$[Mn(H_2O)_6]^{2+}$
6	d^2sp^3		$[Fe(CN)_6]^{3-}$、$[Co(NH_3)_6]^{3+}$、$[Fe(NH_3)_6]^{4-}$、$[PtCl_6]^{2-}$

【课堂练习】

已知$[Cu(CN)_4]^{2-}$为平面正方形构型，试推断其杂化方式为＿＿＿＿＿＿＿＿。

三、外轨型和内轨型配合物

1. 外轨型配合物

成键时若中心离子全部采用外层（n 层）空轨道（ns、np 和 nd）进行杂化，并与配体结合形成配位化合物，则形成的配位化合物称为外轨型配合物。如$[Cu(NH_3)_2]^+$、$[Ag(NH_3)_2]^+$、$[ZnCl_4]^{2-}$、$[Ni(NH_3)_4]^{2+}$等。外轨型配合物的电子排布不受配体的影响，保持其原来的价电子构型，如$[Fe(H_2O)_6]^{2+}$配离子，Fe^{2+}的价电子构型为 $3d^64s^04p^04d^0$，当 Fe^{2+} 与 H_2O 形成配离子时 Fe^{2+} 的电子层构型不变，因此采用 sp^3d^2 杂化，形成具有八面体构型的 6 个杂化轨道，这 6 个杂化轨道分别接受 6 个 H_2O 提供的 6 对孤对电子，进而形成 6 个配位键。

若中心离子$(n-1)d$轨道全部充满，则只能形成外轨型配合物。外轨型配合物的键能较小，因此不稳定，在水溶液中容易解离。

2. 内轨型配合物

若中心离子以次外层（$n-1$)d 和最外层（ns、np)空轨道一起参与杂化，杂化后与配体结合成的配位化合物称为内轨型配合物，如[Ni(CN)$_4$]$^{2-}$、[Ni(CN)$_5$]$^{3-}$、[Cu(NH$_3$)$_4$]$^{2+}$等。

内轨型配合物的中心离子受配体的影响，其电子发生重排，重排后，未成对电子数可能减到最小。例如，[Fe(CN)$_6$]$^{4-}$配离子，Fe^{2+}受 CN$^-$的影响，其原有的电子层结构发生变化，3d 轨道中的 6 个价电子进行重排而空出 2 个 3d 轨道，接着发生 d^{2}sp^3 杂化，形成 6 个杂化轨道并接受 6 个 CN$^-$提供的 6 对孤对电子，形成 6 个配位键，且配离子的构型为八面体形。

内轨型配合物由于中心原子($n-1$)d 轨道参与了杂化，形成的配合物键能较大，稳定性好，因此在水溶液中不易解离，比外轨型配合物稳定。

3. 影响配合物类型的因素

配合物的类型主要取决于中心离子的电子层结构、中心离子所带电荷和配位原子电负性的大小。具体如下：

（1）中心离子的电子构型　①具有 d^{10} 构型的离子，因其($n-1$)d 轨道全充满，只能形成外轨型配合物；②具有 d$^{1\sim3}$ 电子构型的中心离子，本身有空的 d 轨道，因此杂化方式为 d^{2}sp^3，形成内轨型配合物，例如[Cr(NH$_3$)$_6$]$^{3+}$；③具有 d$^{4\sim9}$ 构型的中心离子，如 Fe^{2+}、Fe^{3+}、Co^{3+}、Ni^{2+}、Cu^{2+}等，既可形成内轨型配合物，也可形成外轨型配合物，具体杂化方式与配体的性质有关。

（2）中心离子的电荷数　中心离子电荷数增多，有利于形成内轨型配合物。因中心离子电荷较多时，对配原子的孤对电子的吸引力增强，配体更靠近中心离子的内层($n-1$)d 轨道，利于内层 d 轨道参与成键。例如，[Co(NH$_3$)$_6$]$^{2+}$为外轨型配合物，而[Co(NH$_3$)$_6$]$^{3+}$为内轨型配合物。

（3）配体的种类　若配体的电负性较强，如 F$^-$、OH$^-$、H$_2$O，则其吸引电子的能力强，较难给出孤对电子，对中心离子 d 电子的分布影响较小，易于形成外轨型配合物，如[FeF$_6$]$^{3-}$等。反之，若配位原子的电负性较弱，如 CN$^-$、CO，则较易给出孤对电子，且给出的孤对电子会影响中心离子 d 电子的排布，使中心离子发生重排空出内层轨道，最终形成内轨型配合物，如[Fe(CN)$_6$]$^{3-}$等。而 NH$_3$、Cl$^-$等配体既可生成内轨型配合物，也可生成外轨型配合物。

实验结果表明，内轨型配合物比相应的外轨型配合物更稳定。内轨型配合物采用内层轨道成键，键的共价性较强，比较稳定，在水溶液中一般较难离解为简单离子，如[Fe(CN)$_6$]$^{3-}$、[Cr(H$_2$O)$_6$]$^{3+}$等。外轨型配合物配位键的共价性较弱，而离子性较强，稳定性比内轨型配合物差，如[Ag(NH$_3$)$_2$]$^+$、[FeF$_6$]$^{3-}$、[Fe(H$_2$O)$_6$]$^{3-}$等。

4. 配合物的磁矩

一种配离子是内轨型还是外轨型，还可用磁矩进行判断，磁矩与物质内部单电子数的多少有关。根据磁学理论，磁矩与单电子数存在以下近似关系：

$$\mu = \sqrt{n(n+2)}$$

式中，n 为单电子数；μ 为磁矩，磁矩的单位为玻尔磁子（B.M.）。

例如，[Fe(H$_2$O)$_6$]$^{2+}$中有 4 个单电子，则其磁矩为：

$$\mu = \sqrt{4(4+2)} = 4.90(\text{B.M.})$$

5. 外轨型配合物和内轨型配合物的判断

若已经写出杂化轨道，只需看 d 轨道写在前面还是后面，若 d 轨道写在前面，如 d^2sp^3，其实为 $(n-1)d^2nsnp^3$，则属于内轨型配合物；若 d 轨道写在后面，如 sp^3d^2，使用的都是最外层轨道，则配合物为外轨型配合物。

若已知磁矩，可根据磁矩求出单电子数，并与未配位前的离子比较，若单电子数无变化，说明其单电子未发生重排，未空出内层 d 轨道参与成键，则该配合物为外轨型配合物；若与未配位前的离子比较，发现单电子数目减少，说明原 d 轨道单电子肯定发生了重排，空出了 d 轨道参与成键，则该配合物为内轨型配合物。此外，若配体为 CN^- 时，一定是内轨型配合物；若配体为 F^-、H_2O、OH^- 时，一定是外轨型配合物。

【课堂练习】

已知 $[Co(NH_3)_6]^{3+}$ 的磁矩 $\mu = 0$ B.M.，则下列关于该配合物的杂化方式及空间构型的叙述正确的是（　　　）。

A．sp^3d^2 杂化，正八面体形　　　　B．d^2sp^3 杂化，正八面体形

C．sp^3d^2 杂化　　　　　　　　　　D．dsp^3 杂化，四方锥形

四、螯合物

1. 基本概念

中心离子和多齿配体结合而成的具有环状结构的配合物，称为螯合物。例如 $[Cu(en)_2]^{2+}$ 是由乙二胺（en）中的两个 N 原子与 Cu^{2+} 结合而成的五元环状配合物，因好像螃蟹的双螯钳住金属离子，因此称为螯合物。

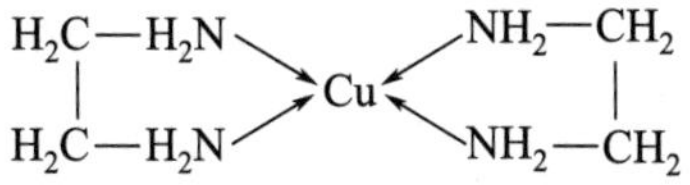

含有多齿配体并能与中心离子形成螯合物的配位剂称为螯合剂，螯合剂多为含有 N、P、O、S 等配位原子的有机化合物，如乙二胺、乙二胺四乙酸（EDTA）、邻二氮菲等。最为常用的螯合剂是 EDTA，其螯合能力非常强，能和绝大多数金属离子形成螯合物，如图 10-6 是 EDTA 与 Ca^{2+} 生成的螯合物的立体结构。

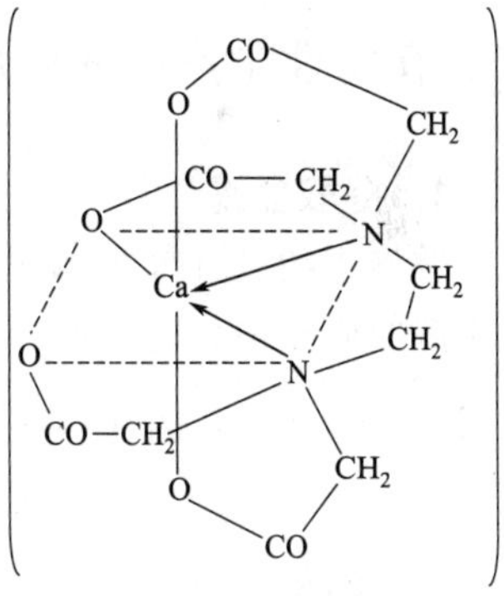

图 10-6　EDTA 与 Ca^{2+} 生成的螯合物的立体结构

2. 螯合物的稳定性

螯合物是环状的配合物，因其具有环状结构，因此与简单配合物相比具有特殊的稳定性。例如 $[Cu(en)_2]^{2+}$ 和 $[Cu(NH_3)_4]^{2+}$ 两种配合物的配体的配位原子均为 N 原子，但 $[Cu(en)_2]^{2+}$ 比 $[Cu(NH_3)_4]^{2+}$ 更稳定。那么为什么螯合物配离子比非螯合物配离子更稳定呢？

在螯合物配离子中存在两个或两个以上的配位原子与同一个中心离子形成配位键，当一个配位键破坏时，还有其他配位键与中心离子结合，甚至有可能使已破坏的配位键重新形成。例如，在 $[Cu(en)_2]^{2+}$ 中，解离出一个乙二胺分子，需断裂两个配位键，而在 $[Cu(NH_3)_4]^{2+}$ 分子中，解离出一个 NH_3 分子，只需断裂一个配位键。综上所述，螯合物配离子要比非螯合物配离子更稳定。

第四节　配合物的应用

一、在化学分析中的应用

1. 离子的鉴定

常利用配合物或配离子的特征颜色来鉴别一些离子，如利用 SCN^- 与 Fe^{3+} 生成红色配合物来鉴定 Fe^{3+}：

$$nSCN^- + Fe^{3+} \rightleftharpoons [Fe(SCN)_n]^{3-n} \quad (n = 1\sim6)$$

2. 离子的分离

可通过加入配位剂使某些金属离子生成配合物而进入溶液，达到分离金属离子的目的。例如，在含有 Zn^{2+}、Fe^{2+}、Fe^{3+}、Al^{3+} 的混合液中加入氨水，开始 Zn^{2+}、Fe^{2+}、Fe^{3+}、Al^{3+} 均能够与氨水形成氢氧化物沉淀，但继续滴加氨水后，生成的 $Zn(OH)_2$ 因与 NH_3 生成 $[Zn(NH_3)_4]^{2+}$ 而溶解进入溶液中，而其他氢氧化物不能与 NH_3 形成配合物，从而达到了分离 Zn^{2+} 与其他离子的目的。

$$Zn(OH)_2 + 4NH_3 \rightleftharpoons [Zn(NH_3)_4]^{2+} + 2OH^-$$

3. 定量测定

配位滴定法是一种非常重要的定量分析方法，原理是利用配位剂 EDTA 与金属离子之间的配位反应来准确测定金属离子的含量。例如自来水的硬度测定，测定原理就是利用 EDTA 能和待测离子 Ca^{2+}、Mg^{2+} 按照 $1:1$ 的比例生成稳定配合物。

二、在工业生产中的应用

1. 提取金属

空气中的氧气可在 NaCN 存在时将矿石中的金（Au）氧化生成 $[Au(CN)_2]^-$，从而将 Au 从难溶的矿石中分离出来，再用锌粉将 Au 从 $[Au(CN)_2]^-$ 中置换出来。

$$4Au + 8NaCN + O_2 + 2H_2O \longrightarrow 4Na[Au(CN)_2] + 4NaOH$$

$$Zn + 2[Au(CN)_2]^- \longrightarrow [Zn(CN)_4]^{2-} + 2Au$$

2. 电镀

电镀是指通过电解在阴极上析出均匀、致密、光亮的金属层的过程，但大多金属从其水溶液中析出时只能得到颗粒粗大的镀层。若在电镀液中加入适当的配位剂使金属离子生成难以还原的配离子，可一定程度上降低金属晶体的生成速率，即可得到均匀、紧密、光滑的金属镀层。例如，利用氨三乙酸根与 Zn^{2+} 生成配离子，降低 Zn 的析出速率，可得到均匀细致的锌镀层。

3. 制镜

Ag^+ 与 NH_3 可生成配合物 $[Ag(NH_3)_2]^+$，配合物的生成减小了 Ag^+ 的浓度，和醛发生银镜反应时可使 Ag 均匀缓缓地在玻璃上析出，从而得到光亮的镜面。

$$2[Ag(NH_3)_2]^+ + HCHO + 3OH^- \longrightarrow HCOO^- + 2Ag\downarrow + 4NH_3 + 2H_2O$$

三、在化妆品中的应用

近年来，微量元素由于诸多方面的特殊功能，已经作为一种新型化妆品重要成分在化妆品中发挥着重要作用。若这些微量元素被配合后，产品将更具调理性和润湿性，更易被皮肤、头发和指甲吸收利用。目前，Cu、Fe、Si、Se、I、Cr、Ge 等七种微量元素在化妆品中的应用已逐渐被国内外学者肯定和接受。

四、在生物、医药等方面的应用

1. 维持机体正常生理功能

生命体中存在多种金属配合物，它们在维持生物体内正常的生理功能方面具有非常重要的意义，许多生命现象均与配合物有关。例如植物生长中起光合作用的叶绿素是 Mg^{2+} 的配合物；生物体中具有特殊作用的酶几乎都是以配合物形式存在的金属元素，如铁酶、铜酶和锌酶等，在生命过程中起着重要的作用。铁的配合物血红素担负着人体血液中输送 O_2 的任务。CO 中毒患者是因吸入大量 CO，而在肺泡进行气体交换时，CO 迅速与血红蛋白结合成碳氧合血红蛋白，其结合力要比氧与血红蛋白的结合力大 240 倍，使得血红蛋白输送氧的能力降低，从而造成体内缺氧。临床上，常采用高压氧气疗法抢救 CO 中毒患者，高压的氧气可使溶于血液的氧气增多，使与 CO 结合的血红蛋白向解离方向移动，达到治疗的目的。

2. 解毒作用

常利用配体与金属离子生成可溶性的配合物排出体外，达到将有毒金属离子除去的目的。例如，EDTA 可与 Pb^{2+}、Hg^{2+} 形成可溶于水的稳定的且不被人体吸收的配合物，并随新陈代谢排出体外，达到缓解 Pb^{2+}、Hg^{2+} 中毒的作用。此外，柠檬酸钠也是治疗职业性铅中毒的有效药物，原理是柠檬酸钠能与 Pb^{2+} 形成稳定的配合物而排出体外。

3. 抗癌作用

自 1965 年，研究人员发现顺式二氯二氨合铂（Ⅳ）（顺铂）具有抗癌活性以来，金属配合物的药用性能引起了人们争先恐后的研究，一定程度上带动了金属配合物在医学领域的发展。铂族金属（包括铂、钯、铑、铱、锇、钌）具有独特的理化性质，被誉为现代工业的"维生素"，作为金属抗癌药物首先担负起抗癌使命。其中，第一代铂族抗癌药物顺铂于 1978 年上市，第二代铂族抗癌药物卡铂于 1986 年上市，第三代铂族抗癌药物奥沙利铂于 1996 年在法国上市。

随着人们对金属配合物药理作用的认识逐渐深入，新的高效、低毒及具有抗癌活性的药物逐渐被开发出来。目前，已发现有机锡化合物、金属茂类化合物具有较高的抗癌活性，并已在临床使用。相信不久的将来，抗癌金属配合物在抗癌、治癌方面将有更大的突破，发挥更大的作用。

【拓展窗】

缔造配位理论的化学家——维尔纳
（该文引用黄方一主编《无机及分析化学》）

Werner A A（1866—1919），瑞士无机化学家，1866 年 12 月 12 日出生于法国米卢斯，1919 年 11 月 15 日卒于苏黎世。1884 年他开始学习化学，在自己家里做化学实验。1885～1886

年，在德国卡尔斯鲁厄工业学院听过有机化学课程，1886 年在瑞士的苏黎世联邦高等工业学校学习，1889 年获工业化学毕业文凭，随即做隆格 G 的助手，从事有机含氮化合物异构现象的研究，1890 年获苏黎世大学博士学位。1891～1892 年，在巴黎法兰西学院和贝特洛 M 一起做研究工作。1892 年回苏黎世联邦高等工业学校任助教，1893 年任副教授，1895 年任教授。1905～1915 任苏黎世化学研究所所长。

维尔纳是配位化学的奠基人，他的主要贡献有：1890 年和汉奇 AR 一起提出氮的立体化学理论；1893 年他在《无机化学领域中的新见解》一书中提出配合物理论，提出了配位数这个重要概念。维尔纳的理论可以说是现代无机化学发展的基础，因为他打破了只基于碳化合物研究所得到的不全面的结构理论，并为化合价的电子理论开辟了道路。维尔纳在无机化学领域中的新见解的可贵之处，在于抛弃了凯库勒 FA 关于化合价恒定不变的观点，大胆地提出了副价的概念，创立了配位理论。1911 年他还制得非碳的旋光性物质。维尔纳因创立配位化学而获得 1913 年诺贝尔化学奖。他发表了 170 余篇论文（包括与人合作的），著有《立体化学教程》（1904）一书。

今天，配位化学在实际应用和理论上的价值已经是无可怀疑的了。正像凯库勒被称为近代有机结构理论的创立者一样，作为近代无机化学结构理论的奠基人，维尔纳是当之无愧的，人们称他为"无机化学中的凯库勒"，确实是再合适不过了。

本章小结

一、配合物的组成和命名

1. 配位化合物的组成

配位化合物是由中心离子或原子与一定数目的配体以配位键结合的一种复杂的化合物。配位化合物一般由内界和外界组成，内界由中心离子（或原子）和一定数目的配体组成，是配合物的特征部分，一般写在方括号内。方括号以外的部分称为外界。

2. 配位化合物的命名

① 配离子的命名：配位体数-配体名称-"合"-中心原子名称（氧化数值）-配离子。

② 配合物的命名：配离子为阴离子时，配合物命名为"某酸某"，若外界为氢离子，则称为"某酸"；配离子为阳离子时，若外界为含氧酸根离子，则用"酸"字连接；若为其他简单阴离子则一般用"化"字连接。

二、配位平衡

1. 配位化合物的稳定常数

$$[Cu(NH_3)_4]^{2+} \rightleftharpoons Cu^{2+} + 4NH_3$$

$$K_{\text{不稳}}^{\ominus} = \frac{\{[Cu^{2+}]/c^{\ominus}\}\{[NH_3]/c^{\ominus}\}^4}{[Cu(NH_3)_4^{2+}]/c^{\ominus}}$$

$K_{\text{不稳}}^{\ominus}$ 称为配离子的不稳定常数或解离常数。$K_{\text{不稳}}^{\ominus}$ 越大，说明配离子的解离程度越大，配离子在水溶中越不稳定。

$$Cu^{2+} + 4NH_3 \rightleftharpoons [Cu(NH_3)_4]^{2+}$$

$$K_\text{稳}^\ominus = \frac{[\text{Cu(NH}_3)_4^{2+}]/c^\ominus}{\{[\text{Cu}^{2+}]/c^\ominus\}\{[\text{NH}_3]/c^\ominus\}^4}$$

$K_\text{稳}^\ominus$ 称为稳定常数，也可用 β 或 $K_\text{f}^\ominus$ 表示。$K_\text{稳}^\ominus$ 越大，则表示生成的配合物越稳定。总稳定常数是逐级稳定常数的乘积，即：

$$K_\text{f}^\ominus = K_\text{f1}^\ominus K_\text{f2}^\ominus K_\text{f3}^\ominus K_\text{f4}^\ominus$$

2. 累积形成常数

累积形成常数 β 是前几级形成常数的乘积，如：

$$\beta_2 = K_\text{f1}^\ominus K_\text{f2}^\ominus$$

$$\beta_3 = K_\text{f1}^\ominus K_\text{f2}^\ominus K_\text{f3}^\ominus$$

$$\beta_4 = K_\text{f1}^\ominus K_\text{f2}^\ominus K_\text{f3}^\ominus K_\text{f4}^\ominus = K_\text{f}^\ominus$$

3. 稳定常数的应用

（1）应用配合物的稳定常数比较同类型配合物的稳定性　配离子类型必须为同类型，才能利用 $K_\text{稳}^\ominus$ 比较它们的稳定性。若配离子不为同类型，必须通过计算进行比较，即在保持配位剂浓度相同条件下，若溶液中游离的中心离子浓度越小则该配离子越稳定。

（2）判断配位反应进行的方向　粗略判断反应方向是利用已知平衡常数算出配离子转化反应的平衡常数，若算出的平衡常数 $K^\ominus > 10^5$，则反应能进行；反之，不能进行，但逆反应可进行。

三、配位键的形成及对应配合物的空间构型

配位数	杂化类型	空间构型	实际例子
2	sp	直线形	$[\text{Ag(NH}_3)_2]^+$、$[\text{Cu(NH}_3)_2]^+$、$[\text{Ag(CN)}_2]^-$、$[\text{CuCl}_2]^-$
3	sp^2	平面三角形	$[\text{CuCl}_3]^{2-}$、$[\text{HgI}_3]^-$
4	sp^3	正四面体形	$[\text{Ni(NH}_3)_4]^{2-}$、$[\text{ZnCl}_4]^{2-}$、$[\text{BF}_4]^-$、$[\text{Ni(CO)}_4]$
	dsp^2	平面正方形	$[\text{Ni(CN)}_4]^{2-}$、$[\text{Cu(NH}_3)_4]^{2+}$、$[\text{PtCl}_4]^{2-}$
6	sp^{3}d^2	正八面体形	$[\text{FeF}_6]^{3-}$、$[\text{Fe(H}_2\text{O})_6]^{3+}$、$[\text{Mn(H}_2\text{O})_6]^{2+}$
	d^{2}sp^3		$[\text{Fe(CN)}_6]^{3-}$、$[\text{Co(NH}_3)_6]^{3+}$、$[\text{Fe(NH}_3)_6]^{4-}$、$[\text{PtCl}_6]^{2-}$

四、外轨型和内轨型配合物

1. 外轨型配合物

若中心离子全部采用外层（n 层）空轨道（ns、np 和 nd）进行杂化，并与配体结合形成配位化合物，则形成的配位化合物称为外轨型配合物。

2. 内轨型配合物

若中心离子以次外层 $(n-1)d$ 和最外层（ns、np）空轨道一起参与杂化，杂化后与配体结合成的配位化合物称为内轨型配合物。

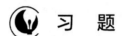 习　题

一、单项选择题

1. 配合物的空间构型和配位数有关系，配位数为 4 的配合物空间构型可能是（　　　）。

A．正四面体形　　　B．正八面体形　　　C．直线形　　　　　D．三角形

2. 在 $[Co(C_2O_4)_2(en)]^-$ 中，中心离子 Co^{3+} 的配位数为（　　　）。

A．3　　　　　　　B．4　　　　　　　C．5　　　　　　　　D．6

3. 在 $0.01mol \cdot L^{-1}$ $K[Ag(CN)_2]$ 溶液中，加入固体 KCl，使 Cl^- 的浓度为 $0.010mol \cdot L^{-1}$，可发生下列何种现象？（　　　）[已知：$K_f^{\ominus}([Ag(CN)_2]^+) = 1.0 \times 10^{21}$，$K_{sp}^{\ominus}(AgCl) = 1.56 \times 10^{-10}$]

A．有沉淀生成　　　　　　　　　B．无现象

C．有气体生成　　　　　　　　　D．先有沉淀，然后溶解

4. 在 $[Co(NH_3)_6]^{3+}$ 配离子中没有成单电子，由此可推论 Co^{3+} 采取的成键杂化方式为（　　　）。

A．sp^3　　　　　　B．dsp^2　　　　　　C．d^2sp^3　　　　　　D．sp^3d^2

5. 对于一些难溶于水的金属化合物，加入配位剂后，使其溶解度增大。原因是（　　　）。

A．产生盐效应

B．配位剂与阳离子生成配位化合物，溶液中金属离子浓度增大

C．使其分解

D．阳离子被配位生成配离子，其盐溶解度增加

6. 下列分子中既存在离子键、共价键，还存在配位键的是（　　　）。

A．Na_2SO_4　　　　　B．$AlCl_3$　　　　　C．$[Co(NH_3)_6]Cl_3$　　　D．KCN

二、填空题

1. 在配位化合物中，提供孤对电子的阴离子或中性分子称为_____，接受孤对电子的原子或离子称为_____，它们以_____键结合。

2. 配位化合物 $[Co(NH_3)_4(H_2O)_2]_2(SO_4)_3$ 的内界是_____，配位体是_____，_____原子是配位原子，配位数为_____，配离子的电荷是_____，该配位化合物的名称是_____。

3. $[Co(NH_3)_5Cl]Cl_2$ 的化学名称为_____；五氯一氨合铂（Ⅳ）酸钾的分子式为_____。

4. 几种配离子：$[Ag(CN)_2]^-$、$[FeF_6]^{3-}$、$[Fe(CN)_6]^{4-}$、$[Ni(NH_3)_4]^{2+}$（正四面体）中属于内轨型的有_____。

5．$[Ni(en)_2]^{2+}$的化学名称为_____，配位数为_____。

三、试推断下列各配离子中心离子的轨道杂化类型及其磁矩

1．$[Cu(NH_3)_2]^+$　　　　　2．$[Fe(CN)_6]^{4-}$　　　　　3．$[Mn(C_2O_4)_3]^{4-}$

4．$[Ag(NH_3)_2]^+$　　　　　5．$[Ni(NH_3)_4]^{2+}$　　　　　6．$[Ni(CN)_4]^{2+}$

四、写出下列配合物的名称或根据名称写出对应的化学式

1．$(NH_4)_3[SbCl_6]$　　　　2．$[Co(en)_3]Cl_3$　　　　　3．$[Co(H_2O)_4Cl_2]Cl$

4．$[Ni(NH_3)_4Cl_2]OH$　　5．氯化二氯·四水合钴（Ⅱ）　6．硫酸四氨合铜（Ⅱ）

7．三氯化六氨合铬（Ⅲ）　8．二氯·二羟基·二氨合铂（Ⅳ）　9．六氯合铂（Ⅳ）酸钾

五、计算题

1．试根据配位效应计算 AgI 在 $0.01\,mol\cdot L^{-1}$ $NH_3\cdot H_2O$ 中的溶解度。［已知 $K_f^{\ominus}([Ag(NH_3)_2]^+) = 1.1\times10^7$，　$K_{sp}^{\ominus}(AgI) = 8.5\times10^{-17}$］

2．讨论$[Ni(NH_3)_4]^{2+}$和$[Ni(CN)_4]^{2-}$的成键情况。

第十一章　元素及其化合物简介

【知识目标】

1. 理解非金属元素的通性；掌握卤族、氧族、氮族元素及其重要化合物的性质。
2. 了解磷、碳、硅、硼及其化合物的性质。
3. 理解过渡元素的通性；掌握重要的过渡元素及其化合物的性质。
4. 掌握有关离子的鉴定方法。

【能力目标】

1. 能用化学方法对物质进行鉴别。
2. 会书写典型非金属元素和金属元素及其重要化合物的主要化学反应方程式。
3. 能根据元素周期表判断典型非金属元素和金属元素的活泼性。

【素质目标】

1. 培养学生的民族自豪感。
2. 培养学生保护生态环境的意识，担当建设美丽中国的历史重任。
3. 培养学生的爱国情怀，激发学生坚持不懈、努力奋斗和兢兢业业、爱岗敬业、治学严谨的精神。

第一节　s 区元素

s 区元素的价电子构型为 $ns^{1\sim2}$，主要指周期表中的 ⅠA 族和 ⅡA 族元素。

一、氢

（一）氢的存在与物理性质

氢是地球上常见的元素，在自然界中分布非常广泛，主要以化合态存在，单质氢只在天然气等少数物质中有少量存在。已知氢元素有三种同位素，分别是普通氢 $^{1}_{1}H$、重氢 $^{2}_{1}H$（氘）和超重氢 $^{3}_{1}H$（氚）。其中，自然界中的氢由 99.98%的氕和 0.016%的氘组成。

H_2 是无色、无味、无臭的可燃性气体，是所有气体中最轻的，可用来填充气球。氢在水中的溶解度很小，具有易燃性。常压下，空气中 H_2 的体积分数在 4%～78%时，点燃后会发生爆炸，则这个浓度范围叫作氢的爆炸极限。氢分子之间引力小，因此氢气的熔沸点极低，临界温度为-240℃，很难液化。通常将氢气压缩在厚壁钢瓶中储存，使用时应严禁烟火并注意通风。

（二）氢的成键特征

（1）失去价电子　氢原子失去一个电子变为 H^+，即质子。由于质子的半径很小，具有很强的电场，能与其他原子或分子结合以降低能量。例如，在酸性水溶液中，H^+ 可和水分子结合成三水合离子 H_3O^+。

（2）结合一个电子　氢原子与 s 区元素（Be 和 Mg 除外）化合时，可获得 1 个电子形成 H^-，如 NaH、CaH_2 等。

（3）形成共价化合物　氢原子可与 p 区非金属元素通过共用电子对形成共价型氢化物，如 HX、H_2O、NH_3 等。

（三）氢的化学性质

氢元素在元素周期表中的位置是 I A，但氢与 I A 族元素的性质又有所不同。

（1）氢原子一方面可互相结合成 H_2 分子，另一方面还容易和其他原子相互结合，如氢原子可和 Ge、Sn、As、Sb、S 等直接化合生成氢化物。

$$As+3H \Longrightarrow AsH_3$$

$$CuCl_2+2H \Longrightarrow Cu+2HCl$$

$$BaSO_4+8H \Longrightarrow BaS+4H_2O$$

（2）氢可以和 I A 族、II A 族（除 Be、Mg）活泼金属相互结合，生成离子型氢化物。

$$2Na+H \xrightarrow{653K} 2NaH$$

$$Ca+H_2 \xrightarrow{428\sim573K} CaH_2$$

（3）加合反应　在一定温度及催化剂存在下，氢可以和一氧化碳生成甲醇，也可以和不饱和烃发生加成，生成饱和烃。

$$2H_2+CO \Longrightarrow CH_3OH$$

$$CH\equiv CH+2H_2 \Longrightarrow CH_3-CH_3$$

（4）氢与某些金属生成金属型氢化物　氢气可与某些金属反应生成一类外观似金属的金属型氢化物，如 BeH_2、MgH_2、CoH_2、CrH_3、UH_3、CuH、$VH_{0.56}$、$TaH_{0.76}$、$ZrH_{1.92}$、$LaH_{2.87}$ 等。这类氢化物中，氢与金属的比值可能是整数比，也可能是非整数比。

二、碱金属和碱土金属

碱金属是周期表中的 I A 族元素，由锂、钠、钾、铷、铯及钫六种元素组成。其中锂、铷、铯是稀有金属，钫是放射性元素。由于钠和钾的氢氧化物是易溶于水的强碱，所以称为碱金属元素。II A 族由铍、镁、钙、锶、钡及镭六种元素组成，铍属于轻稀有金属，而镭则是放射性元素。因钙、锶、钡的氧化物兼有碱性和土性（化学上把难溶于水和难熔融的性质称为土性），所以 II A 族元素称为碱土金属。

（一）碱金属和碱土金属的通性

碱金属和碱土金属原子的最外层有 1～2 个电子，容易失去，是非常活泼的金属元素。碱金属和碱土金属的基本性质见表 11-1 和表 11-2。

碱金属的原子半径在同周期元素中（稀有气体除外）最大，而核电荷在同周期元素中最小，由于内层电子的屏蔽作用较显著，故这些元素很容易失去最外层的 1 个 s 电子。因此，碱金属在同周期元素中的金属性最强。与碱金属相比，碱土金属的核电荷比碱金属大，原子半径比碱金属小，金属性比碱金属略弱。

表 11-1 碱金属的性质

性质	锂	钠	钾	铷	铯
原子序数	3	11	19	37	55
价电子构型	$2s^1$	$3s^1$	$4s^1$	$5s^1$	$6s^1$
原子半径/pm	155	190	255	248	267
沸点/℃	1317	892	774	688	690
熔点/℃	180	97.8	64	39	28.5
电负性 χ	1.0	0.9	0.8	0.8	0.7
电离能/kJ·mol^{-1}	520	496	419	403	376
电极电势 $\varphi_{(M^+/M)}^{\ominus}$ /V	−3.045	−2.714	−2.925	−2.925	−2.923
氧化数	+1	+1	+1	+1	+1

表 11-2 碱土金属的性质

性质	铍	镁	钙	锶	钡
原子序数	4	12	20	38	56
价电子构型	$2s^2$	$3s^2$	$4s^2$	$5s^2$	$6s^2$
原子半径/pm	112	160	197	215	222
沸点/℃	2970	1107	1487	1334	1140
熔点/℃	1280	651	845	769	725
电负性 χ	1.5	1.2	1.0	1.0	0.9
第一电离能/kJ·mol^{-1}	899	738	590	549	503
第二电离能/kJ·mol^{-1}	1757	1451	1145	1054	965
电极电势 $\varphi_{(M^+/M)}^{\ominus}$ /V	−1.85	−2.37	−2.87	−2.89	−2.90
氧化数	+2	+2	+2	+2	+2

　　碱金属和碱土金属许多性质的变化都是有规律的，例如同一族内，从上到下原子半径依次增大，电离能和电负性依次减小，而金属活泼性依次增加。但第二周期的元素锂表现出一定的特殊性，如锂的 $\varphi_{Li^+/Li}^{\ominus}$ 异常小，这是因为 Li 的半径较小，容易和水分子生成水合离子而释放出较多能量。

　　s 区元素通常只有一种稳定的氧化态，碱金属的第一电离能较小，很容易失去一个电子，故氧化数为+1。碱土金属的第一、第二电离能较小，容易失去 2 个电子，因此氧化数为+2。

（二）碱金属和碱土金属单质的物理性质和化学性质

　　（1）物理性质　碱金属和碱土金属的单质都具有金属光泽，除铍和镁外，其他金属都很柔软，可用刀子切割。碱金属的熔、沸点较低，而碱土金属由于原子半径较小，具有 2 个价电子，金属键的强度比碱金属的强，故熔、沸点相对较高。

　　在同周期中，碱金属是金属性最强的元素，碱土金属的金属性比碱金属略差。在同族元素中，随着原子序数的增加，元素的金属性逐渐增强。碱金属中的铯和铷非常容易失去电子，当受到光的照射时，金属表面的电子即可逸出，可用于制造光电管。

　　（2）化学性质　碱金属和碱土金属元素是非常活泼的金属，容易与活泼的非金属单质反应生成离子型化合物（锂和铍的某些化合物属于共价型）。在空气中，碱金属的表面就会快速被氧化，锂的表面甚至还有氮化物生成。钠、钾在空气中加热可燃烧，而铷、铯在常温下遇空气即可燃烧。碱土金属不及碱金属活泼，室温下，这些金属表面会被缓慢氧化，而在空气中加热时，会发生显著化学反应，除了生成氧化物以外，还有氮化物生成。如下：

$$3Ca+N_2 \!=\!=\! Ca_3N_2$$

$$3Mg+N_2 \!=\!=\! Mg_3N_2$$

在金属冶炼及电子工业中，常用锂、钙作除气剂，用以除去一些不必要的氧气和氮气。

（三）碱金属和碱土金属元素的重要化合物

1. 氧化物

（1）氧化物种类与制备　碱金属、碱土金属与氧能形成多种类型的氧化物，如正常氧化物、过氧化物、超氧化物、臭氧化物（含有 O_3^-）以及低氧化物。主要氧化物制备反应如下：

碱金属中的锂在空气中燃烧时，生成正常氧化物 Li_2O。

$$4Li+O_2 \!=\!=\! 2Li_2O$$

碱金属的正常氧化物也可用金属与它们的过氧化物或硝酸盐作用得到。例如：

$$Na_2O_2+2Na \!=\!=\! 2Na_2O$$

$$2KNO_3+10K \!=\!=\! 6K_2O+N_2 \uparrow$$

碱土金属的碳酸盐、硝酸盐、氢氧化物等热分解也能得到氧化物。例如：

$$CaCO_3 \stackrel{\triangle}{=\!=\!=} CaO+CO_2 \uparrow$$

除铍和镁外，所有碱金属和碱土金属都能分别形成相应的过氧化物，其中过氧化钠是最常见的碱金属过氧化物。将金属钠在铝制容器中加热到 300℃，并通入不含二氧化碳的干燥空气，即可得到淡黄色的 Na_2O_2 粉末。

$$2Na+O_2 \!=\!=\! Na_2O_2$$

钙、锶、钡的氧化物与过氧化氢作用，可得到相应的过氧化物。

$$MO+H_2O_2+7H_2O \!=\!=\! MO_2 \cdot 8H_2O$$

工业上将 BaO 在空气中加热到 600℃以上使它转化为过氧化钡。

$$2BaO+O_2 \!=\!=\! 2BaO_2$$

除了锂、铍、镁外，碱金属和碱土金属都分别能形成超氧化物 MO_2 和 $M(O_2)_2$。一般，金属性很强的元素容易形成含氧较多的氧化物，因此，钾、铷、铯在空气中燃烧能直接生成超氧化物 MO_2。例如：

$$K+O_2 \!=\!=\! KO_2$$

（2）性质

① 熔点及硬度　Li_2O 和 Na_2O 的熔点很高，其余氧化物未达熔点时便开始分解。碱土金属氧化物中，M^{2+} 电荷多，离子半径小，所以碱土金属氧化物具有较大的晶格能，熔点很高，硬度也较大。除 BeO 外，从 MgO 到 BaO，熔点依次降低。BeO 和 MgO 可作耐高温材料，CaO 是重要的建筑材料，也可由它制取价格便宜的碱 $Ca(OH)_2$。

② 与水及稀酸的反应　碱金属氧化物 M_2O 与水反应生成碱性氢氧化物 MOH。其中，Li_2O 与水反应很慢，Rb_2O 和 Cs_2O 与水反应剧烈。碱土金属的氧化物 MO 都是难溶于水的白色粉末，BeO 几乎不与水反应，MgO 与水缓慢反应生成相应的碱。

$$M_2O+H_2O \!=\!=\! 2MOH$$

$$MO+H_2O =\!\!= M(OH)_2$$

过氧化钠与水或稀酸在室温下反应生成过氧化氢：

$$Na_2O_2+2H_2O =\!\!= 2NaOH+H_2O_2$$

$$Na_2O_2+H_2SO_4(稀) =\!\!= Na_2SO_4+H_2O_2$$

超氧化物与水反应立即产生氧气和过氧化氢：$2KO_2+2H_2O =\!\!= 2KOH+H_2O_2+O_2\uparrow$

③ 与二氧化碳的作用　过氧化钠与二氧化碳反应放出氧气：$2Na_2O_2+2CO_2 =\!\!= 2Na_2CO_3+O_2\uparrow$

过氧化钠也是一种强氧化剂，工业上可用作漂白剂，也可用来制取氧气。注意，Na_2O_2 遇到棉花、木炭或铝粉等还原性物质会发生爆炸，因此使用 Na_2O_2 时应注意安全。

超氧化钾与二氧化碳作用放出氧气：$4KO_2+2CO_2 =\!\!= 2K_2CO_3+3O_2\uparrow$

KO_2 常用于急救器和消防队员的空气背包中,利用上述反应可除去呼出的 CO_2 并提供氧气。

2. 氢氧化物

碱金属和碱土金属的氢氧化物均为白色固体，易与空气中的 CO_2 发生反应，因此应密封保存。因在空气中易吸水而潮解，可作为干燥剂使用。

（1）溶解性　碱金属的氢氧化物都易溶于水，且溶解时放出大量的热。碱土金属氢氧化物的溶解度则较小，其中 $Be(OH)_2$ 和 $Mg(OH)_2$ 是难溶碱。对于碱土金属，从 $Be(OH)_2$ 到 $Ba(OH)_2$，溶解度依次增大，这是因为随着金属离子半径的增大，阴阳离子之间的作用力逐渐减小，容易被水分子所解离。

（2）酸碱性　碱金属、碱土金属的氢氧化物中，除 $Be(OH)_2$ 为两性氢氧化物外，其他氢氧化物都是强碱或中强碱。这两族元素氢氧化物的碱性递变次序如下：

$LiOH$（中强碱）$< NaOH$（强碱）$< KOH$（强碱）$< RbOH$（强碱）$< CsOH$（强碱）；$Be(OH)_2$（两性）$< Mg(OH)_2$（中强碱）$< Ca(OH)_2$（强碱）$< Sr(OH)_2$（强碱）$< Ba(OH)_2$（强碱）。

碱金属、碱土金属氢氧化物的碱性和溶解度递变规律可归纳如下：

```
                        LiOH        Be(OH)₂
溶  碱                  NaOH        Mg(OH)₂
解  性
度  增                  KOH         Ca(OH)₂
增  强
大                      RbOH        Sr(OH)₂
                        CsOH        Ba(OH)₂

                 ←——————————————— 碱性增强
                 溶解度增大（溶解度为质量分数）
```

3. 重要的盐类

（1）晶体类型与熔、沸点　碱金属盐大多是离子型晶体，其熔沸点较高。由于 Li^+ 半径很小，极化力较强，它在某些盐（如卤化物）中表现出不同程度的共价性。碱土金属离子带两个正电荷，其离子半径较同周期的碱金属小，故其极化力较强，因此碱土金属盐的离子键特征较碱金属的差。但随着金属离子半径的增大，键的离子性也增强，如碱土金属氯化物的熔点从 Be 到 Ba 依次升高：

氯化物	$BeCl_2$	$MgCl_2$	$CaCl_2$	$SrCl_2$	$BaCl_2$
熔点/℃	405	714	782	876	962

其中，$BeCl_2$ 的熔点明显较低，这是由于 Be^{2+} 半径小，极化力较强，它与 Cl^-、Br^-、I^- 等极化率较大的阴离子形成的化合物已过渡为共价化合物。

（2）溶解度　碱金属的盐类大多易溶于水，少数难溶，如六羟基锑酸钠 $Na[Sb(OH)_6]$（白色）、高氯酸钾 $KClO_4$（白色）等。碱金属碳酸盐的溶解度大于其碳酸氢盐的溶解度，而碱土金属相反，碱土金属的碳酸盐大都不溶于水，而其碳酸氢盐则易溶于水。碱土金属的盐类中，除卤化物和硝酸盐外，多数碱土金属的盐溶解度很小，如它们的碳酸盐、磷酸盐以及草酸盐等都是难溶盐（BeC_2O_4 除外）。铍盐中多数是易溶的，镁盐有部分溶，而钙、锶、钡的盐则多为难溶，钙盐中以 CaC_2O_4 的溶解度为最小，因此常用 CaC_2O_4 的沉淀反应鉴定 Ca^{2+}。

（3）热稳定性　碱金属的盐除硝酸盐及碳酸锂外一般都具有较强的稳定性，800℃以下均不分解。

$$2NaNO_3 \xrightarrow{730℃} 2NaNO_2 + O_2 \uparrow$$

碱土金属盐的稳定性相对较差，但在常温下比较稳定，铍盐除外，如 $BeCO_3$ 加热不到 100℃就会分解。

（4）焰色反应　碱金属和碱土金属中的钙、锶、钡及其挥发性化合物在无色火焰中灼烧时，其火焰呈现特征颜色，称为焰色反应。这是因为原子或离子受热时电子被激发，当电子从较高能级跃迁到较低能级时，能量以光的形式释放出来，产生线状光谱。不同元素的原子因电子层结构不同而产生的火焰颜色不同，具体见表 11-3。

表 11-3　不同金属原子的焰色反应

元素	Li	Na	K	Rb	Cs	Ca	Sr	Ba
颜色	深红	黄	紫	红紫	蓝	橙红	深红	绿
波长/nm	670.8	589.2	766.5	780.0	455.5	714.9	687.8	553.5

（5）典型的盐类

① 氯化钠　氯化钠为白色结晶，在空气中微有潮解性。氯化钠除供食用外，还是制取金属钠、氢氧化钠、碳酸钠、氯气和盐酸等多种化工产品的基本原料。

工业氯化钠的精制通常采用重结晶的方法，即将工业粗盐溶于水中，先加 $BaCl_2$ 沉淀 SO_4^{2-}：

$$Ba^{2+} + SO_4^{2-} \Longrightarrow BaSO_4 \downarrow$$

再用 NaOH 和 Na_2CO_3 除去 Ca^{2+}、Mg^{2+} 和过量的 Ba^{2+}：

$$Ca^{2+} + CO_3^{2-} \Longrightarrow CaCO_3 \downarrow$$

$$Mg^{2+} + 2OH^- \Longrightarrow Mg(OH)_2 \downarrow$$

过滤后再用盐酸调节 pH 值到 4～5，蒸发浓缩，最后重结晶即可得到纯的 NaCl。

② 碳酸钠　又称纯碱或苏打，常见工业品不含结晶水。纯碱是一种基本化工原料，可用于制备化工产品和玻璃制造，也可用于造纸、制皂和水处理等。饱和 Na_2CO_3 溶液能强烈水解，水解后 pH 值达到 12。反应为：

$$CO_3^{2-} + H_2O \Longrightarrow HCO_3^- + OH^-$$

工业上常用氨碱法或联合制碱法制备 Na_2CO_3。氨碱法就是先向饱和食盐水中通入氨气至饱和，再通入 CO_2，生成的 NH_4HCO_3 接着和 NaCl 发生复分解反应，即可析出溶解度较小的 $NaHCO_3$：

$$NH_3 + CO_2 + H_2O \Longrightarrow NH_4HCO_3$$

$$NH_4HCO_3 + NaCl \Longrightarrow NaHCO_3 \downarrow + NH_4Cl$$

将过滤得到的 $NaHCO_3$ 焙烧分解即可得到 Na_2CO_3：

$$2NaHCO_3 \xlongequal{\quad} Na_2CO_3 + CO_2\uparrow + H_2O\uparrow$$

该方法母液中含有大量 NH_4Cl，可加入石灰水置换出 NH_3，再循环使用。此法的优点是原料经济，且副产物 NH_4Cl 可循环回收利用，缺点是母液中存在大量 $CaCl_2$ 废液。

联合制碱法又称侯氏制碱法，是由我国著名化工专家侯德榜在氨碱法基础上做了改进研究成功的。此法将合成氨和制碱联合在一起，所以称为联合制碱法。该法利用 NH_4Cl 在低温时的溶解度比 $NaCl$ 小，往母液中加入 $NaCl$，由于同离子效应，则 NH_4Cl 结晶析出，而剩余的 $NaCl$ 溶液则回收利用。这种方法不仅提高了 $NaCl$ 的利用率，且可将得到的 NH_4Cl 用作氮肥，同时不生成 $CaCl_2$ 废液，效果更好。

③ 其他盐　无水氯化钙有很强的吸水性，是一种重要的干燥剂。氯化钙和冰（1.44∶1）的混合物是实验室常用的制冷剂，可获得 218K 的低温。

氯化钡为无色单斜晶体，一般为水合物二水氯化钡，加热至 400K 变为无水盐。氯化钡可用于医药、灭鼠剂和鉴定硫酸根离子。氯化钡可溶于水，可溶性钡盐对人、畜都有害，切忌入口。

重晶石（主要成分为硫酸钡）是制备其他钡类化合物的原料。将重晶石粉与煤粉混合，在高温下（1173～1473K）煅烧可得到可溶性的硫化钡。硫化钡和二氧化碳反应可得到碳酸钡，和盐酸反应可制得氯化钡。硫酸钡是唯一的无毒钡盐，用作肠胃系统 X 射线造影剂。

六水碳酸钙为无色单斜晶体，难溶于水，易溶于酸和氯化铵溶液，用于制二氧化碳酵粉和涂料等。碳酸钙为无色斜方晶体，加热至 1000K 转变为方解石。

$Na_2SO_4 \cdot 10H_2O$ 俗称芒硝，由于它有很大的熔化热，是一种较好的相变贮热材料的主要组分，可用于低温贮存太阳能。白天它吸收太阳能而熔融，夜间冷却结晶就释放出热能。无水硫酸钠俗称元明粉，大量用于玻璃、造纸、水玻璃、陶瓷等工业中，也用于制硫化钠和硫代硫酸钠等。

$CaSO_4 \cdot 2H_2O$ 俗称生石膏，加热至 393K 左右部分脱水而成熟石膏 $CaSO_4 \cdot \dfrac{1}{2}H_2O$，该反应可逆：

$$2CaSO_4 \cdot 2H_2O \underset{}{\overset{393K}{\rightleftharpoons}} 2CaSO_4 \cdot \dfrac{1}{2}H_2O + 3H_2O$$

熟石膏与水混合成糊状后放置一段时间会变成二水合盐，这时逐渐硬化并膨胀，故用以制模型、塑像、粉笔和石膏绷带等。

【课堂练习】

1. 在消防员的空气背包中，超氧化钾既是空气净化剂又是供氧剂，其原理是什么？请用相应的化学反应方程式表示。

2. 写出 $Ca(OH)_2(s)$ 与氯化镁溶液反应的离子方程式，计算该反应在 298K 下的标准平衡常数。已知：$K_{sp}^{\ominus}[Ca(OH)_2] = 4.6 \times 10^{-6}$，$K_{sp}^{\ominus}[Mg(OH)_2] = 5.1 \times 10^{-12}$。

3. 在一含有浓度均为 $0.1mol \cdot L^{-1}$ 的 Ba^{2+} 和 Sr^{2+} 的溶液中，加入 CrO_4^{2-}，已知：$K_{sp}^{\ominus}(CaCrO_4) = 1.2 \times 10^{-10}$，$K_{sp}^{\ominus}(SrCrO_4) = 12.2 \times 10^{-5}$。问：

（1）首先从溶液中析出的是 $BaCrO_4$ 还是 $SrCrO_4$？为什么？

（2）逐滴加入 CrO_4^{2-}，能否将这两种离子分离？为什么？

4. 除去 $0.10mol \cdot L^{-1}MgCl_2$ 溶液中少量 Fe^{3+} 杂质时，往往加入氨水调节 pH = 7～8 并加热至

沸。问：调 pH 值到 7～8 为什么能除去 Fe^{3+}？pH 值太大时有何影响？（已知 $K_{sp}^{\ominus}[Fe(OH)_3]=1.1\times10^{-38}$，$K_{sp}^{\ominus}[Mg(OH)_2]=1.21\times10^{-11}$）

5．完成并配平下列反应方程式。

（1）$KO_2+H_2O \longrightarrow$

（2）$Sr(NO_3)_2 \xrightarrow{\text{加热}}$

（3）$CaH_2+H_2O \longrightarrow$

（4）$Na_2O_2+CO_2 \longrightarrow$

（5）$NaCl+H_2O \xrightarrow{\text{电解}}$

第二节　p 区元素

p 区元素包括周期表中的ⅢA～ⅦA 五个主族和零族元素，它们分别称为硼族（ⅢA）、碳族（ⅣA）、氮族（ⅤA）、氧族（ⅥA）、卤素（ⅦA）和稀有气体（零族）。该区元素沿硼（B）—硅（Si）—砷（As）—碲（Te）—砹（At）对角线分为两部分，对角线右上角为非金属元素（含对角线上的元素，其中砷和碲均表现为准金属），对角线左下角为 10 种金属元素。除氢外，所有非金属元素全部集中在该区。

一、p 区非金属元素的单质

1. 卤族元素

卤素单质最突出的化学性质是氧化性，除 I_2 外，均为强氧化剂。卤素单质都能与氢反应，反应条件和反应程度如表 11-4 所示：

表 11-4　卤素与氢反应情况

卤素	反应条件	反应速率及程度
F_2	阴冷	爆炸，放出大量热
Cl_2	常温	缓慢
	强光照射	爆炸
Br_2	常温	不如氯，需催化剂
I_2	高温	缓慢，可逆

卤素与水可发生两类反应，第一类是卤素对水的氧化作用：

$$2X_2+2H_2O =\!=\!= 4HX+O_2\uparrow$$

第二类是卤素的水解作用，即卤素的歧化反应：

$$X_2+H_2O \Longleftrightarrow H^++X^-+HXO$$

F_2 的氧化性强，只能与水发生第一类反应，且反应剧烈。Cl_2 在日光下可缓慢地置换水中的氧。Br_2 与水非常缓慢地反应而放出氧气，但当溴化氢浓度高时，HBr 会与氧作用而析出 Br_2。I_2 非但不能置换水中的氧，相反，氧可作用于 HI 溶液使 I_2 析出：

$$2I^-+2H^++O_2 =\!=\!= I_2+H_2O$$

Cl_2、Br_2、I_2 与水主要发生第二类反应，且从 Cl_2 到 I_2 反应进行程度越来越小。通常，加酸能抑制卤素的水解，加碱则促进水解，生成卤化物和次卤酸盐。

2. 氧气 O_2 和臭氧 O_3

O_2 和 O_3 是氧单质的两种同素异形体。加热条件下，除卤素、少数贵金属（Au、Pt 等）及稀有气体外，氧气几乎可与所有元素直接化合成相应的氧化物。

氧气有广泛的用途，富氧空气或纯氧用于医疗和高空飞行，氢氧焰和氧炔焰用来切割和焊接金属，液氧常用作制冷剂和火箭发动机的助燃剂。

O_3 的氧化性比 O_2 强，能氧化许多不活泼单质如 Hg、Ag、S 等；可从碘化钾溶液中使碘析出，此反应常作为 O_3 的鉴定反应：

$$O_3+2I^-+2H^+ === I_2+O_2\uparrow +H_2O$$

O_3 可净化空气和废水，还可用作棉、麻、纸张的漂白剂和皮毛的脱臭剂。空气中微量的臭氧不仅能杀菌，还能刺激中枢神经、加速血液循环，但地表空气中臭氧含量超过 $1\mu g\cdot g^{-1}$ 时，则有损人体健康和植物生长。在离地面 $20\sim25km$ 的高空存在较多臭氧，形成了薄薄的臭氧层，它能吸收太阳光的紫外辐射，为地面上一切生物免受太阳强烈辐射提供了一个防御屏障。近年来，人类大量使用矿物燃料（如汽油、柴油）和氯氟烃，造成大气中 NO、NO_2 等氮氧化物和氯氟化碳（$CFCl_3$、CF_2Cl_2）的含量增多，引起臭氧过多分解，臭氧层遭到破坏，因此，应采取积极措施来保护臭氧层。

3. 氮、磷、砷

（1）氮 氮是无色无臭难以液化的气体。N_2 在常温下可和锂直接反应生成 Li_3N，在高温时不但能和镁、钙、铝、硼、硅等化合生成氮化物，还能与氧、氢直接化合。

$$N_2+6Li === 2Li_3N$$

$$N_2+3Ca === Ca_3N_2$$

$$N_2+2B === 2BN（原子晶体）$$

$$N_2+O_2 \xrightarrow{\text{放电}} 2NO$$

（2）磷 磷主要有白磷、红磷和黑磷三种同素异形体。白磷又叫黄磷，易挥发，有剧毒。白磷能将金、铜、银等从它们的盐中还原出来。白磷与热的铜反应生成磷化亚铜，在冷溶液中则析出铜。

$$11P+15CuSO_4+24H_2O \xrightarrow{\triangle} 5Cu_3P+6H_3PO_4+15H_2SO_4$$

$$2P+5CuSO_4+8H_2O === 5Cu+2H_3PO_4+5H_2SO_4$$

白磷隔绝空气加热到 533K 即可转变为红磷。红磷是一种暗红色粉末，不溶于水、碱和 CS_2，没有毒性。在氯气中加热红磷生成氯化物，易被硝酸氧化为磷酸，与 $KClO_3$ 摩擦即着火，甚至爆炸。红磷与空气长期接触也会极其缓慢地氧化，形成易吸水的氧化物，所以红磷保存在未密闭的容器中会逐渐潮解，使用前应小心用水洗涤、过滤和烘干。

黑磷是磷的一种最稳定的变体，能导电，故黑磷有"金属磷"之称。在 1215.9 MPa（1200atm）压力下，将白磷加热到 473K 方能转化为类似石墨片状结构的黑磷。黑磷不溶于有机溶剂，一般不容易发生化学反应。

（3）砷 砷是一个类金属的非金属元素，具有金属光泽，三种同素异形体（黄砷、黑砷和灰砷）的物理性质有所不同，但化学性质却完全相同。常温下，砷在水和空气中都比较稳定，在高温时能和氧、硫、卤素反应。砷不溶于稀酸，但能溶于氧化性酸硝酸、热浓硫酸、王水等，也溶于强碱：

$$2As+3H_2SO_4(热、浓) === As_2O_3+3SO_2\uparrow +3H_2O$$

$$2As+6NaOH(熔融)===2Na_3AsO_3+3H_2\uparrow$$

在高温时，砷可以和氧、硫、卤素等发生反应：

$$4As+3O_2===2As_2O_3$$

$$2As+3S===As_2S_3$$

$$2As+3X_2===2AsX_3（X 代表卤素，对于 F_2，还可形成 AsF_5）$$

4. 碳和硼

（1）碳　纯净单质状态的碳有三种同素异形体（见图 11-1）：金刚石、石墨和 C_{60}。

金刚石晶体透明、折光，在隔绝空气条件下加热，可转化为石墨：

$$C(金刚石)\xrightarrow{1273K}C(石墨)\qquad \Delta H^{\ominus}=-1.9kJ\cdot mol^{-1}$$

这一放热转变说明热力学上石墨比金刚石稳定，金刚石有自动变为石墨的倾向，不过反应速率极慢，以致金刚石仍稳定地存在。

石墨具有润滑性，化学性质比金刚石活泼，能被氧化剂、浓 HNO_3 和 $KClO_3$ 等氧化成石墨氧化物（黄绿色的片状固体）。

C_{60} 是由 60 个碳原子组成的球形 32 面体，即由 12 个五边形和 20 个六边形组成。在 C_{60} 分子中，每个 C 原子采用 sp^2 杂化轨道与相邻的三个 C 原子成键，剩余的未参与杂化的一个 p 轨道在 C_{60} 球壳的外围和内腔形成大 π 键，从而具有芳香性。也有人认为碳原子以 $sp^{2.28}$ 杂化轨道成键。

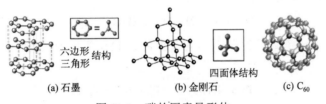

图 11-1　碳的同素异形体

（2）硼　硼在空气中燃烧除生成 B_2O_3 以外，还可生成少量 BN。硼因能从许多稳定的氧化物（如 SiO_2、P_2O_5、H_2O 等）中夺取氧而被用作还原剂。在炼钢工业中常用硼作去氧剂：

$$4B+3O_2\xrightarrow{973K}2B_2O_3\qquad \Delta H^{\ominus}=-2887kJ\cdot mol^{-1}$$

硼几乎与所有金属都能生成金属型化合物，它们的组成一般为 M_4B、M_2B、MB、M_3B_4、MB_2 及 MB_6，如 Nb_3B_4、Cr_4B、LaB_6 等。这些化合物一般都很硬，且耐高温，抗化学侵蚀。

二、p 区非金属元素的重要化合物

1. 氢化物

绝大多数 p 区非金属元素与氢可形成共价型氢化物，其几何构型如表 11-5 所示。

p 区非金属氢化物的稳定性与该非金属元素的电负性有关。非金属与氢的电负性相差越远，所生成的氢化物越稳定。在同一周期中，氢化物的热稳定性从左到右逐渐增加，在同一族中，自上而下逐渐减小。这个变化规律与非金属元素电负性的变化规律是一致的。

除 HF 以外，其他 p 区非金属氢化物都有还原性，且与稳定性的增减规律相反：在周期表中，从右向左，自上而下，元素的半径增大，电负性减小，氢化物的还原性增强。

表 11-5　p 区非金属元素的氢化物及其空间构型

空间构型	氢化物				族
正四面体	CH_4	SiH_4			ⅡA
三角锥形	NH_3	PH_3	AsH_3		ⅤA
V 形	H_2O	H_2S	H_2Se	H_2Te	ⅥA
直线形	HF	HCl	HBr	HI	ⅦA

p 区非金属元素氢化物的水溶液多数是酸，少数是碱。在同一周期中，酸性从左到右逐渐增加，在同一族中，酸性自上而下逐渐增强。

（1）卤化氢和氢卤酸　卤化氢均为具有强烈刺激性的无色气体，在空气中易与水蒸气结合而形成白色酸雾。其水溶液称氢卤酸。在氢卤酸中，HCl、HBr 和 HI 均为强酸，且酸性依次增强，只有 HF 为弱酸。氢卤酸中以氢氟酸和盐酸有较大的实用意义。

氢氟酸或 HF 气体能与 SiO_2 反应生成气态 SiF_4：

$$SiO_2 + 4HF \Longrightarrow SiF_4\uparrow + 2H_2O$$

因这一反应，氢氟酸被广泛用于分析化学中，用以测定矿物或钢样中 SiO_2 的含量，还用于在玻璃器皿上刻蚀标记和花纹，因此，氢氟酸通常储存在塑料容器中。氟化氢有氟源之称，可利用它制取单质氟和许多氟化物。氟化氢对皮肤及指甲会造成难以治疗的灼伤，使用时应注意安全。

（2）过氧化氢　过氧化氢与水可按任意比例互溶，通常所用的双氧水为过氧化氢的水溶液。H_2O_2 具有极弱的酸性，可与碱反应：

$$H_2O_2 + Ba(OH)_2 \Longrightarrow BaO_2 + 2H_2O$$

H_2O_2 既有氧化性又有还原性。H_2O_2 可使黑色的 PbS 氧化为白色的 $PbSO_4$，这一反应可用于油画的漂白：

$$PbS + 4H_2O_2 \Longrightarrow PbSO_4\downarrow + 4H_2O$$

过氧化氢的还原性较弱，只有遇到比它更强的氧化剂时才表现出还原性。例如：

$$2MnO_4^- + 5H_2O_2 + 6H^+ \Longrightarrow 2Mn^{2+} + 5O_2\uparrow + 8H_2O$$

$$Cl_2 + H_2O_2 \Longrightarrow 2HCl + O_2\uparrow$$

前一反应可用来测定 H_2O_2 的含量，后一反应在工业上常用于除氯。

目前生产的 H_2O_2 约有半数以上用作漂白剂，用于漂白纸浆、织物、皮革、油脂、象牙及其合成物等。化工生产上 H_2O_2 用于制取过氧化物（如过硼酸钠、过氧乙酸等）、环氧化合物、氢醌以及药物（如头孢菌素）等。

（3）氮、磷、砷的氢化物　氨（NH_3）是氮的重要化合物之一，几乎所有含氮的化合物都可由它制取。氨是一种无色、有刺激性臭味的气体，吸入过量会中毒，因此使用或运输时要防止泄漏。氨常用作冷冻机的循环制冷剂，可用于制备化肥、硝酸、药物和染料等。

液氨与水类似，也是一种良好的溶剂，有微弱的解离作用。液氨能溶解碱金属和碱土金属。

$$2NH_3(l) \Longrightarrow NH_4^+ + NH_2^-$$

联氨（N_2H_4）又称肼，是一种可燃性的液体，在空气中发烟，能与水及酒精无限混合。加热时，联氨会发生爆炸性的分解。联氨在空气中燃烧会放出大量的热。

$$N_2H_4(l)+O_2(g) \xrightarrow{\triangle} N_2(g)+2H_2O(l) \qquad \Delta H^\ominus = -624kJ \cdot mol^{-1}$$

磷化氢（PH_3）又称膦，微溶于水，较易溶于有机溶剂（如 CS_2），是一种无色剧毒、有类似大蒜臭味的气体。它在水中溶解度比 NH_3 小得多，水溶液的碱性也比氨水弱得多。

$$PH_3+H_2O \Longleftrightarrow PH_4^++OH^- \qquad K_b^\ominus = 4 \times 10^{-28}$$

砷化氢（AsH_3）又称胂，具有大蒜气味，有剧毒。砷化氢不稳定，室温下在空气中发生自燃：

$$2AsH_3+3O_2 === As_2O_3+3H_2O$$

在缺氧条件下，受热分解为单质 As，单质 As 在玻璃管壁上沉积，形成亮黑色的"砷镜"。"砷镜"能为次氯酸钠溶液所溶解，此即法医学上鉴定砷的马氏试砷法。

（4）硼烷　硼烷有 B_nH_{n+4} 和 B_nH_{n+6} 两大类，前者较稳定。常温下，B_2H_6 及 B_4H_{10} 为气体，$B_5 \sim B_8$ 的硼烷为液体，$B_{10}H_{14}$ 及其他高硼烷都是固体。硼烷多数有毒、有气味、不稳定，有些硼烷加热即分解。

最简单的硼烷是乙硼烷（B_2H_6），B_2H_6 在空气中能自燃，燃烧时生成 B_2O_3 和水，并放出大量的热。B_2H_6 遇水立即发生水解，产生氢气并放出大量的热：

$$B_2H_6+6H_2O === 2H_3BO_3 \downarrow +6H_2 \uparrow \qquad \Delta H^\ominus = -465kJ \cdot mol^{-1}$$

B_2H_6 能与 NH_3、CO 等具有孤电子对的分子发生加合反应：

$$B_2H_6+2CO === 2[H_3B \leftarrow CO]$$
$$B_2H_6+2NH_3 === 2[H_3B \leftarrow NH_3]$$

2. 卤化物

周期表中的元素除氦、氖、氩外，均可和卤素组成卤化物。卤化物既可根据组成元素的不同分为金属卤化物和非金属卤化物，也可根据它们性质的不同分为离子型（盐型）卤化物和共价型（分子型）卤化物。非金属卤化物都是共价型卤化物，金属卤化物的情况则比较复杂。

同一非金属与不同卤素的化合物，其熔沸点按 F、Cl、Br、I 的顺序依次增高。这主要是由于非金属卤化物之间的范德华力随分子量增加而增大。

卤化物与水作用是卤化物的特征反应之一。共价型卤化物绝大多数遇水立即发生水解反应，一般生成相应的含氧酸和氢卤酸。如：

$$BF_3+3H_2O \Longleftrightarrow H_3BO_3+3HF$$
$$SiCl_4+4H_2O \Longleftrightarrow H_4SiO_4+4HCl$$
$$PCl_3+3H_2O \Longleftrightarrow H_3PO_3+3HCl$$
$$BrF_5+3H_2O \Longleftrightarrow HBrO_3+5HF$$

3. 氧化物

（1）一氧化碳（CO）和二氧化碳（CO_2）　CO 分子中有 1 个 σ 键和 2 个 π 键。与 N_2 不同的是，其中一个 π 键是配位键，其电子来自氧原子，比 N_2 活泼。

CO 作为一种配体，能与ⅥB、ⅦB 和ⅧB 族的过渡金属形成羰基配合物，如 $Fe(CO)_5$、$Ni(CO)_4$ 和 $Cr(CO)_6$ 等，羰基配合物一般是有剧毒的。CO 的毒性也很大，它能与血液中携带 O_2 的血红蛋白形成稳定的配合物 HbCO，使血红蛋白丧失输送氧气的能力，导致人体因缺氧而死亡。

室温时，CO 对 O_2、O_3、H_2O_2 均很稳定，但高温时，CO 在空气或 O_2 中燃烧生成 CO_2 并放出大量的热。此外，高温下，CO 可使许多金属氧化物或化合物还原，如：

$$Fe_2O_3+3CO \xlongequal{\triangle} 2Fe+3CO_2\uparrow$$

$$CO+2Ag(NH_3)_2OH \xlongequal{} 2Ag\downarrow+(NH_4)_2CO_3+2NH_3\uparrow$$

在催化剂存在下，CO 与氢气反应生成甲醇：

$$CO+2H_2 \xlongequal{Cr_2O_3 \cdot ZnO(623\sim673K)} CH_3OH$$

CO 与卤素（F_2、Cl_2、Br_2）反应可得到碳酰卤化物。如 CO 与氯气作用生成碳酰氯（$COCl_2$），又名"光气"（极毒），它是有机合成的重要中间体。

$$CO+Cl_2 \xlongequal{活性炭} COCl_2(碳酰氯)$$

CO 显非常微弱的酸性，在 473K 及 1.01×10^3kPa 压力下能与粉末状的 NaOH 反应生成甲酸钠：

$$CO+NaOH \xlongequal{473K,1000kPa} HCOONa$$

因此也可把 CO 看作甲酸 HCOOH 的酸酐。

CO_2 分子没有极性，很容易被液化，是工业上广泛使用的制冷剂。CO_2 不能自燃，也不助燃，是目前经常使用的灭火剂，但它不能扑灭燃烧着的活泼金属 Mg、Na、K 等引起的火灾。因为高温下，CO_2 能与碳或活泼金属镁、钠等发生如下反应：

$$CO_2+2Mg \xlongequal{} 2MgO+C$$

$$2Na+2CO_2 \xlongequal{} Na_2CO_3+CO$$

CO_2 是酸性氧化物，它能与碱反应。氮肥厂利用此性质，用氨水吸收 CO_2 制得 NH_4HCO_3。实验室和某些工厂利用此性质用碱吸收废气中的 CO_2，使其转变为碳酸盐，一般是用石灰水 $Ca(OH)_2$ 作吸收剂。

（2）一氧化氮（NO）和二氧化氮（NO_2）　氮和氧有多种不同的化合形式，如 N_2O、NO、N_2O_3、NO_2、N_2O_4、N_2O_5，氮的氧化数可以从+1 到+5。其中以一氧化氮和二氧化氮较为重要。

NO 微溶于水，但不与水反应，不助燃，在常温下极易与氧反应生成 NO_2，NO_2 又与 NO 结合生成 N_2O_3。NO 可以形成二聚物，该反应是吸热反应：

$$2NO \xlongequal{} N_2O_2$$

由于分子中存在孤电子对，NO 可以同金属离子形成配合物，例如与 $FeSO_4$ 溶液形成棕色可溶性的硫酸亚硝酰合铁（Ⅱ）：

$$FeSO_4+NO \xlongequal{} [Fe(NO)]SO_4$$

低温时，NO_2 易聚合成二聚体 N_2O_4。温度超过 423K，则 NO_2 发生分解：

$$2NO_2 \xlongequal{423K} 2NO+O_2$$

NO_2 易溶于水歧化生成 HNO_3 和 HNO_2，而 HNO_2 不稳定受热立即分解：

$$2NO_2+H_2O \xlongequal{} HNO_3+HNO_2$$

$$3HNO_2 \xlongequal{} HNO_3+2NO+H_2O$$

所以当 NO_2 溶于热水时，其反应（上述两反应的合并）如下：

$$3NO_2+H_2O(热) \xlongequal{} 2HNO_3+NO$$

这是工业上制备 HNO_3 的一个重要反应。

NO_2 的氧化性较强，碳、硫、磷等在 NO_2 中容易起火燃烧，它和许多有机物的蒸气混合可形成爆炸性气体。

（3）砷的氧化物　As_2O_3 是砷的重要化合物，俗称砒霜，是剧毒的白色粉状固体，致死量为 0.1g。As_2O_3 中毒时，可服用新制的 $Fe(OH)_2$（把 MgO 加入 $FeSO_4$ 溶液中剧烈摇动制得）悬浮液来解毒。

As_2O_3 是两性略偏酸的物质，As_2O_3 微溶于水，生成亚砷酸 H_3AsO_3。H_3AsO_3 主要表现还原性，是较强的还原剂，能还原像碘这样弱的氧化剂：

$$AsO_3^{3-}+I_2+2OH^- \Longleftrightarrow AsO_4^{3-}+2I^-+H_2O$$

（4）二氧化硫（SO_2）和三氧化硫（SO_3）　SO_2 是无色、有刺激性臭味、易液化的气体。SO_2 的分子结构与臭氧相似，呈 V 字形。SO_3 是通过 SO_2 的催化氧化制备得到的，气态 SO_3 的分子构型呈平面三角形，键角为 120°。

大气中的 SO_2 遇水蒸气形成的酸雾随雨水降落，雨水的 pH < 5，故称为酸雨。酸雨能使树叶中的养分、土壤中的碱性养分流失，对人类的健康、自然界的生态平衡威胁极大。当空气中 SO_2 含量超过 $0.01g\cdot m^{-3}$ 时，可造成严重危害，使人、畜死亡，农作物大面积减产，森林、建筑物损坏等。我国的能源主要依靠煤炭和石油，而我国的煤炭、石油一般含硫量较高，因此，火力发电厂、钢铁厂、冶炼厂、化工厂和炼油厂排放的 CO_2 和 SO_2 是我国大气污染的主要原因。为了消除大气污染，可以利用燃烧不完全的产物 CO 将工厂烟道气中的 SO_2 还原成硫，这样既可防止 CO 及 SO_2 对大气污染，也可回收硫。

SO_3 在工业上主要用来生产硫酸，是强的氧化剂，可使单质磷燃烧，也能将碘化物氧化为单质碘：

$$10SO_3+4P \Longrightarrow 10SO_2+P_4O_{10}$$

$$SO_3+2KI \Longrightarrow K_2SO_3+I_2$$

三、p 区非金属元素的含氧酸及其盐

1. 卤素含氧酸及其盐

表 11-6 列出了已知的卤素含氧酸，各种卤酸根离子的结构如图 11-2 所示。

表 11-6　卤素的含氧酸

氧化数	氯	溴	碘	名称
+1	HClO	HBrO	HIO	次卤酸
+3	$HClO_2$	$HBrO_2$	—	亚卤酸
+5	$HClO_3$	$HBrO_3$	HIO_3	卤酸
+7	$HClO_4$	$HBrO_4$	HIO_4、H_5IO_6	高卤酸

在卤素的含氧酸根离子或含氧酸中，除了 IO_6^- 是 sp^3d^2 杂化外，其他卤素原子都采用 sp^3 杂化轨道与氧成键。卤素含氧酸的稳定性小于相应的盐，同种卤素的含氧酸的稳定性随着卤素原子周围非羟基氧原子数目的增多而增大。

同一卤素不同氧化数的含氧酸，其酸性随氧化数的增加而增大；同一卤族不同元素（氧化数相同）形成的含氧酸，其酸性按从 Cl 到 I 的顺序依次减弱；相同元素的不同卤素含氧酸的酸性随着价态的升高而增强，即 $HXO<HXO_2<HXO_3<HXO_4$。

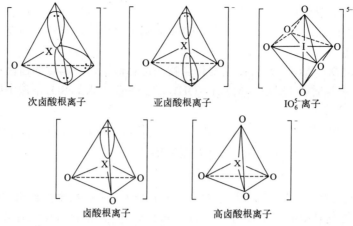

次卤酸根离子　　　亚卤酸根离子　　　IO_6^{5-} 离子

卤酸根离子　　　　高卤酸根离子

图 11-2　各种卤酸根离子结构

例如，次氯酸是很弱的酸（$K_a^{\ominus} = 4.0 \times 10^{-8}$），比碳酸还弱，且很不稳定，只存在于稀溶液中，有以下三种分解方式：

$$2HClO \xrightarrow{\triangle} 2HCl + O_2 \uparrow (分解)$$

$$3HClO \xrightarrow{\triangle} 2HCl + HClO_3 (歧化)$$

$$2HClO \xrightarrow{脱水剂} Cl_2O + H_2O (脱水)$$

氯酸是强酸，其强度接近于盐酸。浓 $HClO_4$（>60%）与易燃物相遇会发生猛烈爆炸，但冷的稀酸没有明显的氧化性。$HClO_4$ 是最强的无机酸之一。

卤素含氧酸均有较强的氧化性，且在酸性介质中氧化性更强，它们作氧化剂时的还原产物是 X^-。同一元素随着卤原子氧化数的升高，氧化能力依次减弱：$HClO > HClO_2 > HClO_3 > HClO_4$；同一氧化数的不同卤素的低氧化数含氧酸，其氧化能力从 Cl 到 I 的顺序依次减弱，如：$HClO > HBrO > HIO$。其中溴的含氧酸出现一些反常，如：$HClO_3 < HBrO_3 < HIO_3$。卤素含氧酸的氧化性强于其含氧酸盐，许多中间氧化数物质容易发生歧化反应。

漂白粉是次氯酸钙和碱式氯化钙的混合物，有效成分是次氯酸钙 $Ca(ClO)_2$。漂白粉中的 $Ca(ClO)_2$ 可以说只是潜在的强氧化剂，使用时必须加酸，使之转变成 HClO 后才能有强氧化性，才能发挥漂白、消毒作用。例如，棉织物的漂白是先将其浸入漂白粉液，然后再用稀酸溶液处理。二氧化碳可从漂白粉中将弱酸 HClO 置换出来：

$$Ca(ClO)_2 + CaCl_2 \cdot Ca(OH)_2 \cdot H_2O + 2CO_2 \xrightarrow{\quad} 2CaCO_3 + CaCl_2 + 2HClO + H_2O$$

所以浸泡过漂白粉的织物，在空气中晾晒也能产生漂白作用。漂白粉对呼吸系统有损害，与易燃物混合易引起燃烧、爆炸。

氯酸钾 $KClO_3$ 是最重要的氯酸盐，也是强氧化剂，与易燃物质（如硫、磷、碳）混合后，经摩擦或撞击就会爆炸，因此可用来制造炸药、火柴及烟火等。$KClO_3$ 有毒，内服 2～3g 即可致命。$KClO_3$ 在中性溶液中不能氧化 KI，但酸化后，即可将 I^- 氧化为 I_2。

高氯酸盐一般是可溶的，但 K^+、Rb^+、Cs^+、NH_4^+ 的高氯酸盐溶解度却很小。有些高氯酸盐有较显著的水合作用，例如无水高氯酸镁 $Mg(ClO_4)_2$ 可作高效干燥剂。

2. 硫的含氧酸及其盐

（1）亚硫酸系列　亚硫酸为中强酸，在溶液中可分步解离。亚硫酸可形成正盐和酸式盐，绝大多数的正盐（K^+、Na^+、NH_4^+除外）都不溶于水，酸式盐都溶于水。亚硫酸及其盐既有氧化性又有还原性，但主要以还原性为主，例如：

$$H_2SO_3+I_2+H_2O \Longrightarrow H_2SO_4+2HI$$

$$2H_2SO_3+O_2 \Longrightarrow 2H_2SO_4$$

只有在较强还原剂作用下，才表现出氧化性，例如：

$$H_2SO_3+2H_2S \Longrightarrow 3S\downarrow+3H_2O$$

亚硫酸盐用途广泛，造纸工业用 $Ca(HSO_3)_2$ 溶解木质素以制造纸浆，亚硫酸钠和亚硫酸氢钠用于染料工业，漂白织物时用作去氯剂等。

（2）硫酸系列　硫酸是二元酸中酸性最强的。浓硫酸分别与固体硝酸盐、氯化物反应，可制备挥发性的硝酸和盐酸：

$$NaNO_3(s)+H_2SO_4 \xrightarrow{\triangle} NaHSO_4+HNO_3(g)$$

$$NaCl(s)+H_2SO_4 \xrightarrow{\triangle} NaHSO_4+HCl(g)$$

浓硫酸有强吸水性，可用来干燥与其不反应的气体，如氯气、氢气、二氧化碳等。浓硫酸能严重破坏动植物组织，如损坏衣服和烧坏皮肤等，使用时必须注意安全。万一浓硫酸溅到皮肤上，应立即用大量水冲洗，然后用2%小苏打或稀氨水冲洗。

硫酸能生成两种盐：正盐和酸式盐。在酸式盐中，仅最活泼的碱金属元素（如 Na、K）才能形成稳定的固态酸式硫酸盐。如在硫酸钠溶液中加入过量硫酸，即结晶析出硫酸氢钠：

$$Na_2SO_4+H_2SO_4 \Longrightarrow 2NaHSO_4$$

酸式硫酸盐大部分易溶于水。硫酸盐中除 $BaSO_4$、$PbSO_4$、$CaSO_4$、$SrSO_4$ 等难溶，Ag_2SO_4 稍溶于水外，其余都易溶于水。可溶性硫酸盐从溶液中析出时常带有结晶水，如 $CuSO_4\cdot5H_2O$（胆矾）、$FeSO_4\cdot7H_2O$（绿矾）等，这种带结晶水的过渡金属硫酸盐俗称矾。

许多硫酸盐具有重要用途，如明矾 $[KAl(SO_4)_2\cdot12H_2O]$ 是常用的媒染剂，胆矾是消毒杀菌剂和农药，绿矾是农药、药物和制墨水的原料，芒硝（$Na_2SO_4\cdot10H_2O$）是化工原料。

焦硫酸可看作由两分子硫酸脱去一分子水所得的产物，焦硫酸与水作用又可生成硫酸：

$$H_2S_2O_7+H_2O \Longrightarrow 2H_2SO_4$$

焦硫酸比硫酸具有更强的氧化性、吸水性和腐蚀性，它还是良好的磺化剂，应用于制造某些染料、炸药和其他有机磺酸类化合物。

硫代硫酸钠（$Na_2S_2O_3\cdot5H_2O$）商品名为海波，俗称大苏打，易溶于水，溶液呈弱碱性。$Na_2S_2O_3$ 在中性、碱性溶液中很稳定，在酸性溶液中不稳定，易分解成单质硫和二氧化硫：

$$S_2O_3^{2-}+2H^+ \Longrightarrow S\downarrow+SO_2\uparrow+H_2O$$

硫代硫酸钠是中强还原剂，与强氧化剂如氯、溴等作用被氧化成硫酸钠，与较弱的氧化剂如碘作用被氧化成连四硫酸钠：

$$S_2O_3^{2-}+4Cl_2+5H_2O \Longrightarrow 2SO_4^{2-}+8Cl^-+10H^+$$

$$2S_2O_3^{2-}+I_2 \Longrightarrow S_4O_6^{2-}+2I^-$$

在纺织和造纸工业中，利用前一个反应除去残氯；在分析化学的"碘量法"中利用后一反应定量测定碘；在照相技术中，常用硫代硫酸钠将未曝光的溴化银溶解。

（3）过硫酸系列　硫的含氧酸中含有过氧基（—O—O—）者称为过硫酸，如图 11-3 所示。过硫酸可视为过氧化氢的衍生物。

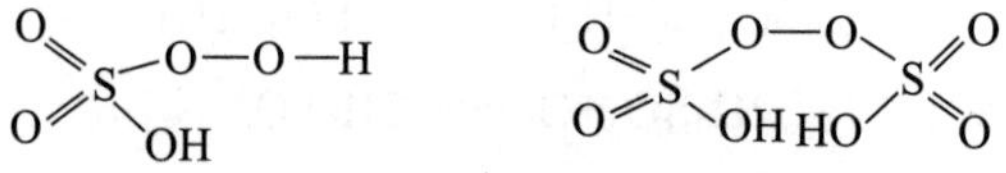

(a) 过一硫酸　　　　　　　(b) 过二硫酸

图 11-3　过硫酸

过硫酸不稳定，易水解生成硫酸和过氧化氢：

$$H_2S_2O_8+H_2O \Longrightarrow H_2SO_4+H_2SO_5$$

$$H_2SO_5+H_2O \Longrightarrow H_2SO_4+H_2O_2$$

过二硫酸盐在 Ag^+ 的催化作用下，能将 Mn^{2+} 氧化成紫红色的 MnO_4^-，此反应在钢铁分析中用于测定锰的含量。

$$2Mn^{2+}+5S_2O_8^{2-}+8H_2O \overset{Ag^+}{\Longrightarrow} 2MnO_4^-+10SO_4^{2-}+16H^+$$

3. 氮的含氧酸及其盐

（1）亚硝酸及其盐　HNO_2 是一元弱酸，酸性比醋酸略强。亚硝酸盐遇到强酸生成不稳定的 HNO_2 并马上分解为 N_2O_3，使水溶液呈浅蓝色，接着 N_2O_3 又分解为 NO 和 NO_2，使气相出现 NO_2 的红棕色。此反应可用于 NO_2^- 的鉴定。

亚硝酸既可作氧化剂又可作还原剂，其氧化性比稀硝酸还强。无论在酸性还是碱性介质中，其氧化性都大于还原性。亚硝酸盐在酸性溶液中是强氧化剂，例如，NO_2^- 在酸性溶液中能将 I^- 氧化为单质碘：

$$2NO_2^-+2I^-+4H^+ \Longrightarrow 2NO+I_2+2H_2O$$

此反应可定量进行，可用于测定亚硝酸盐含量。

当遇到更强氧化剂时，如 $KMnO_4$、Cl_2 等，亚硝酸盐则作为还原剂被氧化为硝酸盐：

$$2MnO_4^-+5NO_2^-+6H^+ \Longrightarrow 2Mn^{2+}+5NO_3^-+3H_2O$$

$$Cl_2+NO_2^-+H_2O \Longrightarrow 2H^++2Cl^-+NO_3^-$$

（2）硝酸及其盐　硝酸是一种强酸，受热或光照下分解，分解产生的 NO_2 又可溶于 HNO_3 中，使之从黄色变为棕色：

$$4HNO_3 \overset{热或光}{\Longrightarrow} 4NO_2\uparrow+O_2\uparrow+2H_2O$$

硝酸的化学性质主要表现为以下两方面：

① 强氧化性　非金属元素如碳、硫、磷、碘等，都能被浓硝酸氧化成氧化物或含氧酸。除金、铂、铱、铑、钌、钛、铌、钽等金属外，硝酸几乎可氧化所有金属。某些易钝化的金属如 Fe、Al、Cr 等能溶于稀硝酸，而不溶于冷的浓硝酸。Sn、Sb、As、Mo、W 和 U 等偏酸性的金属与 HNO_3 反应后生成氧化物，其余金属与硝酸反应则生成硝酸盐。Mg、Mn 和 Zn 与冷的稀硝酸（$0.2\sim6mol\cdot L^{-1}$）反应会放出 H_2。

② 硝化作用　硝酸以硝基（—NO_2）取代有机化合物分子中的一个或几个氢原子，称为硝化作用。这类反应在有机化学中是极其重要的反应。

硝酸与相应的金属或金属氧化物作用可制得硝酸盐，硝酸盐热分解的产物取决于盐的阳离子。除 NH_4NO_3 外，硝酸盐受热分解有 3 种情况（见表 11-7）。

表 11-7　硝酸盐受热分解的 3 种情况

金属活泼性	>Mg	Mg~Cu	<Cu
分解产物	金属亚硝酸盐+O$_2$	金属氧化物+NO$_2$+O$_2$	金属单质+NO$_2$+O$_2$
实例	NaNO$_3$	Pb(NO$_3$)$_2$	AgNO$_3$

4. 磷的含氧酸及其盐

磷酸是一种无氧化性不挥发的三元中强酸，加热时逐渐脱水生成焦磷酸、偏磷酸。磷酸有很强的配合能力，可以和许多金属离子形成配合物，在分析化学中为了掩蔽 Fe^{3+}（浅黄色）的干扰，常用 H$_3$PO$_4$ 与 Fe^{3+}形成无色可溶性的配合物 H$_3$[Fe(PO$_4$)$_2$]、H[Fe(HPO$_4$)$_2$]等。高温时，磷酸能溶解矿石，如铬铁矿、金红石等，这是磷酸的主要用途之一。

磷酸盐有三种类型，即磷酸正盐，如 Na$_3$PO$_4$、Ca$_3$(PO$_4$)$_2$ 等；磷酸一氢盐，如 Na$_2$HPO$_4$、CaHPO$_4$ 等；磷酸二氢盐，如 NaH$_2$PO$_4$、Ca(H$_2$PO$_4$)$_2$ 等。除 K$^+$、Na$^+$、NH$_4^+$的盐易溶外，磷酸（正）盐、磷酸一氢盐一般均难溶，磷酸二氢盐均易溶。在磷酸的三种盐溶液中加入 AgNO$_3$ 溶液，均生成 Ag$_3$PO$_4$（黄色）沉淀：

$$PO_4^{3-}+3Ag^+ \rightleftharpoons Ag_3PO_4\downarrow （可用于检验 PO_4^{3-} 的存在）$$

$$HPO_4^{2-}+3Ag^+ \rightleftharpoons Ag_3PO_4\downarrow +H^+$$

$$H_2PO_4^-+3Ag^+ \rightleftharpoons Ag_3PO_4\downarrow +2H^+$$

在含有硝酸的水溶液中，将 PO$_4^{3-}$与过量的钼酸铵(NH$_4$)$_2$MoO$_4$ 混合并加热，可缓慢析出黄色磷钼酸铵沉淀，此反应可用于鉴定 PO$_4^{3-}$。

磷酸盐可用作化肥、动物饲料的添加剂，在电镀和有机合成上也有一定用途。对一切生物来说，磷酸盐在所有能量的传递过程，如新陈代谢、光合作用、神经功能和肌肉等活动中，都起着重要的作用。

5. 碳的含氧酸及其盐

二氧化碳溶于水所生成的碳酸 H$_2$CO$_3$ 是一个二元弱酸，能生成两类盐：碳酸盐和碳酸氢盐。碱金属（锂除外）和铵的碳酸盐易溶于水，其他金属的碳酸盐难溶于水。对于难溶的碳酸盐来说，相应的碳酸氢盐有较大的溶解度，但易溶的 Na$_2$CO$_3$、K$_2$CO$_3$ 和(NH$_4$)$_2$CO$_3$ 相应的碳酸氢盐却有相对较低的溶解度。

碱金属的碳酸盐和碳酸氢盐在水溶液中均因水解而分别显强碱性和弱碱性：

$$CO_3^{2-}+H_2O \rightleftharpoons HCO_3^-+OH^- （显强碱性）$$

$$HCO_3^-+H_2O \rightleftharpoons H_2CO_3+OH^- （显弱碱性）$$

所以当可溶性碳酸盐作为沉淀剂与溶液中金属离子作用时，产物可能是正盐、碳酸羟盐或氢氧化物，其具体产物类型可根据相应金属碳酸盐和氢氧化物的溶解度来判断。如果碳酸盐的溶解度小于相应的氢氧化物的溶解度，则产物为正盐。例如：

$$Ca^{2+}+CO_3^{2-} \rightleftharpoons CaCO_3$$

如果碳酸盐和相应的氢氧化物的溶解度相近，则反应产物为碳酸羟盐。例如：

$$2Cu^{2+}+2CO_3^{2-}+H_2O \rightleftharpoons Cu_2(OH)_2CO_3+CO_2\uparrow$$

如果氢氧化物的溶解度很小，金属离子和 CO$_3^{2-}$的水解完全，则生成氢氧化物沉淀。例如：

$$2Fe^{3+}+3CO_3^{2-}+3H_2O \rightleftharpoons 2Fe(OH)_3+3CO_2\uparrow$$

碳酸盐的另一个重要性质是热稳定性差。不同碳酸盐的热稳定性相差很大，有如下规律。同一种含氧酸盐的热稳定性次序为：

$$正盐 > 酸式盐 > 酸 \quad 如：Na_2CO_3 > NaHCO_3 > H_2CO_3$$

同族元素从上到下，碳酸盐的热稳定性增强：

$$BeCO_3 < MgCO_3 < CaCO_3 < SrCO_3 < BaCO_3$$

不同金属的碳酸盐的热稳定性次序为：

$$K_2CO_3 > CaCO_3 > ZnCO_3 > (NH_4)_2CO_3$$

6. 硅的含氧酸及其盐

硅酸为组成复杂的白色固体，组成随形成条件不同而异，以通式 $xSiO_2 \cdot yH_2O$ 表示。在各种硅酸中以偏硅酸（H_2SiO_3）的组成最简单，因此常用 H_2SiO_3 代表硅酸。

硅酸是一种二元弱酸，虽然硅酸在水中溶解度不大，但它刚形成时不一定立即沉淀，这是因为开始生成的是可溶于水的单硅酸，当这些单分子硅酸逐渐缩合为多硅酸时，形成硅酸溶胶。在此溶胶中加入电解质，或者在适当浓度的硅酸盐溶液中加酸，则得到呈半凝固状态、软而透明且有弹性的硅酸凝胶（在多酸骨架里包含有大量水）。将硅酸凝胶充分洗涤以除去可溶性盐类，干燥脱水后即成为多孔性固体，称为硅胶。硅胶是很好的干燥剂、吸附剂及催化剂载体，对 H_2O、BCl_3 及 PCl_5 等极性物质都有较强的吸附作用。

所有硅酸盐中，仅碱金属的硅酸盐可溶于水，重金属的硅酸盐难溶于水，并有特征颜色。硅酸钠是最常见的可溶性硅酸盐，易水解，水溶液呈强碱性。硅酸钠的水解产物为二硅酸盐或多硅酸盐：

$$Na_2SiO_3 + 2H_2O \rightleftharpoons NaH_3SiO_4 + NaOH$$

$$2NaH_3SiO_4 \rightleftharpoons Na_2H_4Si_2O_7 + H_2O$$

如果在透明的 Na_2SiO_3 溶液中，分别加入颜色不同的重金属盐，静置几分钟后，可看到各种颜色的难溶重金属硅酸盐犹如"树""草"一样不断生长，形成美丽的"水中花园"。

地壳的 95% 为硅酸盐矿，最重要的天然硅酸盐是铝硅酸盐。硅酸盐矿的复杂性在于其阴离子的基本结构单元是 SiO_4 四面体。除了简单 SiO_4^{4-} 和 $Si_2O_7^{6-}$ 以外，还有环状、链状、片状或三维网格结构的复杂阴离子，这些阴离子借金属离子结合成为各种硅酸盐。

7. 硼的含氧酸及其盐

硼的含氧酸包括正硼酸 H_3BO_3、偏硼酸 HBO_2 和多硼酸 $xB_2O_3 \cdot yH_2O$ 等。正硼酸脱水后得到偏硼酸，若再进一步脱水可得到硼酐。将硼酐、偏硼酸溶于水，它们又重新生成硼酸。硼酸是无色、微带珍珠光泽的片状晶体，具有层状结构，为固体酸，有滑腻感，可作润滑剂。

H_3BO_3 是一元弱酸，是典型的路易斯酸。它之所以有酸性并不是因为它本身给出质子，而是由于硼是缺电子原子，它加合了来自 H_2O 分子的 OH^-（其中氧原子有孤电子对），释放出了 H^+ 而显酸性：

$$B(OH)_3 + H_2O \rightleftharpoons \left[HO - \overset{\displaystyle OH}{\underset{\displaystyle OH}{B}} \leftarrow OH \right]^- + H^+$$

硼酸和甲醇或乙醇在浓 H_2SO_4 存在的条件下，可生成挥发性的硼酸酯，其燃烧呈现绿色火焰，可据此鉴别硼酸根：

$$H_3BO_3+3CH_3OH \xrightarrow{H_2SO_4} B(OCH_3)_3+3H_2O$$

硼酸盐有偏硼酸盐、正硼酸盐和多硼酸盐等多种。最重要的硼酸盐是四硼酸钠，俗称硼砂［$Na_2B_4O_5(OH)_4·8H_2O$］，是无色透明的晶体。$Na_2B_4O_5(OH)_4·8H_2O$ 在 673K 时脱去 8 个结晶水和 2 个羟基水，成为 $Na_2B_4O_7$，所以通常将硼砂的化学式写成 $Na_2B_4O_7·10H_2O$。硼砂同 B_2O_3 一样，在熔融状态能溶解一些金属氧化物，并随金属不同而显出特征的颜色（硼酸也有此性质）。例如：

$$Na_2B_4O_7+CoO === 2NaBO_2·Co(BO_2)_2（蓝宝石色）$$

因此，在分析化学中可用硼砂来做"硼砂珠试验"，鉴定金属离子，此性质也被应用于搪瓷和玻璃工业（上釉、着色）及焊接金属（去除金属表面的氧化物）。此外，硼砂还可以代替 B_2O_3 制造特种光学玻璃和人造宝石。

硼酸盐中的 B—O—B 键不及硅酸盐中的 Si—O—Si 键牢固，所以硼砂较易水解。水解时，得到等物质的量的 H_3BO_3 和 $B(OH)_4^-$：

$$[B_4O_5(OH)_4]^{2-}+5H_2O \rightleftharpoons 4H_3BO_3+2OH^- \rightleftharpoons 2H_3BO_3+2B(OH)_4^-$$

从上式可看出，加酸平衡向右移动得到 H_3BO_3；反之，加碱，平衡向左移动可制得硼酸盐，可见这种水溶液具有缓冲作用。硼砂易于提纯，水溶液又显碱性，所以分析化学上常用它来标定酸的浓度。此外，硼砂还可用作肥皂和洗衣粉的填料。

四、p 区金属元素的单质

p 区金属包括铝（Al）、镓（Ga）、铟（In）、铊（Tl）、锗（Ge）、锡（Sn）、铅（Pb）、锑（Sb）、铋（Bi）和钋（Po）。这些元素从上到下原子半径逐渐增大，失电子趋势逐渐增大，元素的金属性逐渐增强。但总的看来，p 区大部分金属元素的金属性较弱，Tl、Pb 和 Bi 的金属性较强。十种元素中，Po 是一种稀有的放射性元素。

p 区金属元素的价层电子构型为 ns^2np^{1-4}，内层为饱和结构。由于 ns、np 电子可同时成键，也可仅由 p 电子参与成键，因此它们在化合物中常有两种氧化数，且其氧化数相差为 2。

1. 镓、铟、铊

镓、铟、铊三种元素统称为镓分族。镓、铟、铊的化学性质较为活泼，但和铝一样，表面易形成一层氧化膜而使之稳定，在受热时才能和空气进一步反应。镓分族元素与非金属反应，易生成氧化物、硫化物等，如：

$$2Ga+3X_2 === 2GaX_3$$

镓分族元素易溶于非氧化性酸和氧化性酸，它们都能形成氧化数为+3 和+1 的两类化合物。例如：

$$2Ga+3H_2SO_4 === Ga_2(SO_4)_3+3H_2\uparrow$$

$$2In+3H_2SO_4 === In_2(SO_4)_3+3H_2\uparrow$$

$$2Tl+H_2SO_4 === Tl_2SO_4+H_2\uparrow$$

镓是两性金属，还可溶于碱：

$$2Ga+2NaOH+2H_2O \xrightarrow{\triangle} 2NaGaO_2+3H_2\uparrow$$

2. 锗、锡、铅

碳族金属元素锗、锡、铅又统称为锗分族元素。通常条件下，空气中的氧对锗和锡没有影响，只在铅表面生成一层氧化铅或碱式碳酸铅。这三种金属在高温下都能与氧反应生成氧化物。

$$Ge+O_2 \xrightarrow{973K} GeO_2$$

锗不与水反应，锡也不与水反应，铅的情况比较复杂，它在有空气存在的条件下，能与水缓慢反应生成 $Pb(OH)_2$。

$$2Pb+O_2+2H_2O == 2Pb(OH)_2$$

Ge、Sn、Pb 能同卤素和硫生成卤化物和硫化物，如：

$$M+2X_2 \xrightarrow{\triangle} MX_4 （M = Ge、Sn、Pb）$$

$$M+S \xrightarrow{\triangle} MS$$

$$M+2S \xrightarrow{\triangle} MS_2$$

铅在有氧存在的条件下还可溶于醋酸，生成易溶的醋酸铅。锗同硅相似，与强碱反应放出 H_2。锡和铅也能与强碱缓慢地反应得到亚锡酸盐和亚铅酸盐，同时放出 H_2，但铅反应极慢。

3. 锑、铋

锑、铋元素在自然界中主要以硫化物矿存在，如辉锑矿（Sb_2S_3）、辉铋矿（Bi_2S_3）等。我国锑的蕴藏量居世界第一位。

常温下，锑、铋在水和空气中都比较稳定，在高温时能和氧、硫、卤素反应，如：

$$4Sb+3O_2 == 2Sb_2O_3$$

$$2Sb+3S == Sb_2S_3$$

$$2Sb+3X_2 == 2SbX_3 （X 代表卤素；对于 F_2，还可形成 SbF_5）$$

锑、铋都不溶于稀酸，但能和硝酸、热浓硫酸、王水等反应，如：

$$2Sb+6H_2SO_4(热、浓) \xrightarrow{\triangle} Sb_2(SO_4)_3+3SO_2\uparrow+6H_2O$$

$$2Sb+6HCl == 2SbCl_3+3H_2\uparrow$$

$$6Sb+10HNO_3 \xrightarrow{\triangle} 3Sb_2O_5 \cdot H_2O+10NO\uparrow$$

锑、铋能和许多金属形成化合物，如可与碱金属形成 A_3M 型化合物（A 为碱金属），与ⅢA 族元素化合形成亚ⅢA-ⅤA 族半导体材料，如锑化镓 GaSb、锑化铝 AlSb 等。

五、p 区金属元素化合物的酸碱性

1. 氯化物的酸碱性

由于 Al^{3+} 的电荷高、半径小、具有强极化力，因此三氯化铝 $AlCl_3$ 是共价型化合物，遇水强烈水解，解离为 $Al(H_2O)_6^{3+}$ 和 Cl^-。$AlCl_3$ 还容易与电子对给予体形成配位体（如 $AlCl_4^-$）和加合物（如 $AlCl_3 \cdot NH_3$），这一性质使 $AlCl_3$ 成为有机合成中常用的催化剂。

以铝灰和盐酸（适量）为主要原料，在一定条件下可制得一种碱式氯化铝。它是由介于 $AlCl_3$ 和 $Al(OH)_3$ 之间一系列中间水解产物聚合而成的高分子化合物，是一种多羟基多核配合物，通过羟基架桥而聚合。一方面，因其式量较一般絮凝剂 $Al_2(SO_4)_3$、明矾或 $FeCl_3$ 大得多且有桥式结构，所以它有强的吸附能力；另一方面，它在水溶液中形成许多高价配阳离子，如 $[Al_2(OH)_2(H_2O)_8]^{4+}$ 和 $[Al_3(OH)_4(H_2O)_{10}]^{5+}$ 等，因此它能显著地降低水中泥土胶粒上的负电荷，所以具有高的凝聚效率和沉淀作用，能除去水中的铁、锰、氟、放射性污染物和重金属、泥砂、油脂、木质素以及印染废水中的硫水性染料等，因而在水质处理方面大有取代 $Al_2(SO_4)_3$ 和 $FeCl_3$ 之势。

Ge、Sn、Pb 可形成 MCl_4 和 MCl_2 两种氯化物，其氯化物易水解，如：

$$MCl_4 + 4H_2O \Longrightarrow M(OH)_4 + 4HCl$$

$$MCl_2 + H_2O \Longrightarrow M(OH)Cl + HCl$$

$GeCl_4$ 是制取 Ge 或其他锗化合物的中间化合物，也是制造光导纤维所需要的一种原料。$SnCl_4$ 用作媒染剂、有机合成上的氯化催化剂及镀锡的试剂。$PbCl_4$ 极不稳定，室温下就分解为 $PbCl_2$ 和 Cl_2。

三氯化锑 $SbCl_3$ 和三氯化铋 $BiCl_3$ 在溶液中都会强烈地水解，生成难溶的 SbOCl 和 BiOCl 酰基盐。

2. 氢氧化物的酸碱性

氢氧化铝 $Al(OH)_3$ 是典型的两性化合物。新鲜制备的氢氧化铝易溶于酸也易溶于碱。白色的 $Ga(OH)_3$ 和 $In(OH)_3$ 均显两性，既可溶于酸，也可溶于碱。$Ga(OH)_3$ 的酸性比 $Al(OH)_3$ 的酸性还强。将红棕色的 $Tl(OH)_3$ 加热到 373K，即分解成 Tl_2O（黑色），溶于水后得到 TlOH（黄色）。TlOH 碱性很强，但不如 KOH，和 AgOH 相似，容易分解成 Tl_2O。

锗、锡、铅的氢氧化物实际上是一些组成不定的氧化物的水合物，通常也将它们的化学式写作 $M(OH)_4$ 和 $M(OH)_2$。它们都是两性的，酸性最强的 $Ge(OH)_4$ 仍是一个弱酸，碱性最强的 $Pb(OH)_2$ 也还是两性的。

亚锡酸根离子是一种好的还原剂，它在碱性介质中容易转变为锡酸根离子。例如，$Sn(OH)_4^{2-}$ 在碱性溶液中能将 Bi^{3+} 还原为金属铋。

$$3Na_2Sn(OH)_4 + 2BiCl_3 + 6NaOH \Longrightarrow 2Bi\downarrow + 3Na_2Sn(OH)_6 + 6NaCl$$

六、p 区金属元素的重要化合物

1. 铅的氧化物

铅的氧化物除了 PbO 和 PbO_2 以外，还有常见的"混合氧化物"Pb_3O_4。PbO 俗称"密陀僧"，有两种变体：红色四方晶体和黄色正交晶体。PbO 偏碱性，易溶于醋酸或硝酸得到 Pb(Ⅱ)盐，比较难溶于碱。PbO 可用于制造铅蓄电池、铅玻璃和铅的化合物。高纯度 PbO 是制造铅靶彩色电视光导摄像管靶面的关键材料，也是激光技术拉制 PbO 单晶的原料。

PbO_2 是两性的，不过其酸性大于碱性，与强碱共热可得铅酸盐：

$$PbO_2 + 2NaOH + 2H_2O \xrightarrow{\triangle} Na_2Pb(OH)_6$$

将 PbO_2 加热，会逐步转变为铅的低氧化态氧化物：

$$PbO_2 \xrightarrow{563\sim593K} Pb_2O_3 \xrightarrow{633\sim663K} Pb_3O_4 \xrightarrow{803\sim823K} PbO$$

四氧化三铅（Pb_3O_4）俗名"铅丹"或"红丹"，它的晶体中既有 Pb(Ⅳ)又有 Pb(Ⅱ)，化学式可写为 $2PbO\cdot PbO_2$。铅丹可用于制铅玻璃和钢材上的涂料，因其具有氧化性，涂在钢材上有利于钢铁表面的钝化，防锈蚀效果好，所以被大量地用于油漆船舶和桥梁钢架。

Pb_3O_4 与 HNO_3 反应得到 PbO_2：

$$Pb_3O_4+4HNO_3 =\!=\!= PbO_2\downarrow +2Pb(NO_3)_2+2H_2O$$

2．硫化物

p 区金属的硫化物大多难溶于水。由于氢硫酸是弱酸，故硫化物都有不同程度的水解性。GeS_2 和 SnS_2 能溶解在碱金属硫化物的水溶液中：

$$GeS_2+S^{2-} =\!=\!= GeS_3^{2-}$$

$$SnS_2+S^{2-} =\!=\!= SnS_3^{2-}$$

SnS_2 沉淀不溶于酸，但在浓盐酸中生成六氯合锡酸而溶解：

$$SnS_2+6HCl =\!=\!= H_2[SnCl_6]+2H_2S\uparrow$$

SnS 可溶于中等浓度的盐酸溶液中：

$$SnS+4HCl =\!=\!= H_2[SnCl_4]+H_2S\uparrow$$

PbS 为黑色沉淀，不溶于稀酸和硫化钠溶液，但能溶于稀 HNO_3 或浓盐酸：

$$3PbS+8H^++2NO_3^- =\!=\!= 3Pb^{2+}+3S+2NO\uparrow +4H_2O$$

$$PbS+4HCl(浓) =\!=\!= H_2S\uparrow +H_2[PbCl_4]$$

将 PbS 在空气中煅烧或加氧化剂，如 HNO_3 或 H_2O_2 等，可很容易转化为白色的 $PbSO_4$。

$$PbS+2O_2 =\!=\!= PbSO_4$$

$$PbS+4H_2O_2 =\!=\!= PbSO_4+4H_2O$$

【课堂练习】

1．完成下列方程式。

（1）$CaCO_3+CO_2+H_2O \longrightarrow$

（2）$(NH_4)_2CO_3 \xrightarrow{\triangle}$

（3）$SiO_2+Na_2CO_3 \xrightarrow{\triangle}$

（4）$SiO_2+4HF \longrightarrow$

（5）$SiCl_4+H_2O \longrightarrow$

（6）$Cu+HNO_3(浓) \longrightarrow$

（7）$Cu+HNO_3(稀) \longrightarrow$

（8）$Zn+HNO_3(稀) \longrightarrow$

2．解释下列事实，并写出相关方程式。

（1）可用浓氨水检查氯气管道的漏气。

（2）NH_4HCO_3 俗称"气肥"，贮存时要密闭。

3．如何除去 NH_3 中的水汽？如何除去液氨中微量的水？

4．常温下，为什么能用铁、铝容器盛放浓硫酸，而不能盛放稀硫酸？

第三节　d 区元素

一、d 区元素的特性

d 区元素价电子层结构是 $(n-1)d^{1\sim8}ns^{1\sim2}$，因 $(n-1)d$ 轨道和 ns 轨道的能量相近，d 电子可全部或部分参与成键，由此使得 d 区元素有如下特性。

1. 单质的相似性

d 区元素的最外层电子数一般都不超过 2 个，较易失去，呈金属性，具有金属光泽。d 区元素不仅 s 电子参与成键，d 电子也参与成键，因此 d 区元素一般具有较小的电子半径，较大的密度（钪和钛例外）和硬度（钪族除外），较高的熔沸点和良好的导电、导热性。例如，锇 Os 是密度（相对密度为 22.4）最大的金属；钨是熔点（3380 ℃）最高的金属；铬是金属中硬度最大的。d 区元素的化学活泼性也较相近，同一周期从左到右，d 区元素化学活泼性的变化远不如 s 区和 p 区显著。

2. 可变的氧化数

d 区元素除最外层 s 电子可参与成键外，次外层 d 电子在适当条件下也可部分甚至全部参与成键，因此，它们在化合物中常表现出多种氧化数。

第一列过渡元素最高氧化数不超过次外层 3d 和最外层 4s 轨道上的价电子总数。第四周期 d 区元素的常见氧化数见表 11-8。从表中可看出，随原子序数的逐渐增加，氧化数先逐渐升高，但高氧化数逐渐不稳定，随后氧化态又逐渐降低。

表 11-8　第四周期 d 区元素常见氧化数及代表物质

族数	ⅢB	ⅣB	ⅤB	ⅥB	ⅦB	ⅧB		
元素	Sc	Ti	V	Cr	Mn	Fe	Co	Ni
氧化数及代表物质	+3—Sc_2O_3	+2—TiO +3—Ti_2O_3 +4—TiO_2	+2—VO +3—V_2O_3 +4—VO_2 +5—V_2O_5	+2—CrO +3—Cr_2O_3 +6—CrO_3	+2—MnO +3—Mn_2O_3 +4—MnO_2 +6—K_2MnO_4 +7—$KMnO_4$	+2—FeO +3—Fe_2O_3 +6—FeO_4^{2-}	+2—CoO +3—Co_2O_3	+2—NiO +3—Ni_2O_3

第五、第六周期 d 区元素（分别称第二、第三过渡系列）的氧化数变化情况与第四周期类似，即同一周期自左向右，氧化数先逐渐升高，过了第ⅧB族的钌（Ru）和锇（Os）以后，氧化数又逐渐变低。以上是从横的角度去比较，若从纵的方向来看，可发现同一族自上而下氧化数可变性的倾向趋于减小，即第四周期元素容易出现低氧化数，而第五、第六周期元素一般出现高氧化数，也就是说，同一族自上而下高氧化数趋于稳定。例如，MnO_4^-具有强氧化性，而 ReO_4^-却很稳定。

不同氧化数之间在一定条件下可互相转化，从而表现出氧化还原性。例如，铬的存在形式有 Cr^{2+}、Cr^{3+}、CrO_4^{2-}和 $Cr_2O_7^{2-}$等；锰的存在形式有 Mn^{2+}、MnO_2、MnO_4^{2-}和 MnO_4^-等。低氧化数物质（如 Cr^{2+}和 Mn^{2+}等）具有还原性，高氧化数物质（如 $Cr_2O_7^{2-}$和 MnO_4^-等）具有氧化性，而中间氧化数的物质（如 Cr^{3+}和 MnO_2 等）则既有氧化性又有还原性，但氧化性、还原性强弱有所不同，例如 MnO_2 的氧化性大于还原性，而 Cr^{3+}的还原性大于氧化性。

3. 水合离子大多具有颜色

d 区元素水合离子有色，这与它们离子的 d 轨道有未成对电子有关。晶体场理论指出，在配体水的作用下，d 轨道发生分裂，由于分裂能较小，未成对电子吸收可见光后即可实现 d-d 跃迁，所以能显色。同样道理，若 d 轨道没有未成对电子，则它们的水合离子为无色。例如，Se^{3+}、La^{3+}及 Ti^{4+}等由于其 d 轨道没有未成对电子，它们的水合离子均无色，同理也可解释 ds 区的 Ag^+、Zn^{2+}、Cd^{2+}和 Hg^{2+}等水合离子无色，而 Cu^{2+}、Au^{3+}等水合离子有色。

4. 容易形成配合物

d 区元素另一个特性是容易形成配合物。这是由于：①d 区元素的离子一般有高的电荷、小的半径和 9～17 不规律的外层电子构型，因而具有较大的极化力；②d 区元素的原子或离子常具有未充满的可接受电子对形成配位键的空 d 轨道。由上可见，d 区元素的许多特性都与其未充满 d 轨道的电子有关，因此，d 区元素的化学就是 d 电子的化学。

二、铬及其化合物

1. 铬

铬是周期系ⅥB 族第一种元素，是人体必需的微量元素，但铬（Ⅵ）化合物有毒。铬的主要矿物是铬铁矿（$FeO \cdot Cr_2O_3$）。炼合金钢用的铬常由铬铁提供，铬铁是用铬铁矿与碳在电炉中反应制得的：

$$FeO \cdot Cr_2O_3 + 4C \xrightarrow{\triangle} Fe + 2Cr + 4CO$$

铬原子的价层电子构型是 $3d^5 4s^1$，能形成多种氧化数（如+1，+2，+3，+4，+5，+6）的化合物，其中以氧化值+3、+6 两类化合物最为常见和重要。

铬与铝相似，易在表面形成一层氧化膜而钝化。未钝化的铬可与 HCl、H_2SO_4 等作用，甚至可以从锡、镍、铜的盐溶液中将它们置换出来，有钝化膜的铬在冷的 HNO_3、浓 H_2SO_4，甚至王水中皆不溶解。

铬具有银白色光泽，是最硬的金属，主要用于电镀和冶炼合金钢。在汽车、自行车和精密仪器等器件表面镀铬，可使器件表面光亮、耐磨、耐腐蚀。把铬加入钢中，能增强其耐磨性、耐热性和耐腐蚀性，还能增强钢的硬度和弹性，故铬可用于冶炼多种合金钢。含 Cr 12% 以上的钢称为不锈钢，是广泛使用的金属材料。

2. 铬的氧化物和氢氧化物

铬的氧化物有 CrO、Cr_2O_3 和 CrO_3，对应水合物为 $Cr(OH)_2$、$Cr(OH)_3$ 和含氧酸 H_2CrO_4、$H_2Cr_2O_7$ 等。它们的氧化数从低到高，其碱性依次减弱，酸性依次增强。

（1）三氧化二铬和氢氧化铬　三氧化二铬（Cr_2O_3）为绿色晶体，不溶于水，具有两性，溶于酸形成 Cr（Ⅲ）盐，溶于强碱形成亚铬酸盐：

$$Cr_2O_3 + 3H_2SO_4 \xrightarrow{} Cr_2(SO_4)_3 + 3H_2O$$

$$Cr_2O_3 + 2NaOH \xrightarrow{} 2NaCrO_2 + H_2O$$

Cr_2O_3 可由$(NH_4)_2Cr_2O_7$ 加热分解制得

$$(NH_4)_2Cr_2O_7 \xrightarrow{\triangle} Cr_2O_3 + N_2 \uparrow + 4H_2O$$

Cr_2O_3 常用作媒染剂、有机合成的催化剂及油漆的颜料（铬绿），也是冶炼金属铬和制取铬盐的原料。

$Cr(OH)_3$ 具有明显的两性，在溶液中存在两种平衡：

$$Cr^{3+} + 3OH^- \rightleftharpoons Cr(OH)_3 \overset{H_2O}{\rightleftharpoons} H^+ + Cr(OH)_4^-$$

$$\text{（紫色）} \qquad \text{（乌绿色）} \qquad \text{（绿色）}$$

在铬（Ⅲ）盐中加入氨水或 NaOH 溶液，即有灰蓝色的 $Cr(OH)_3$ 胶状沉淀析出：

$$Cr_2(SO_4)_3 + 6NaOH \xrightarrow{} 2Cr(OH)_3 \downarrow + 3Na_2SO_4$$

$Cr(OH)_3$ 沉淀的溶解度与溶液的酸碱性有密切关系，在 $Cr(OH)_3$ 沉淀中加酸或碱都会使其溶解：

$$Cr(OH)_3 + 3HCl \xrightarrow{} CrCl_3 + 3H_2O$$

$$Cr(OH)_3 + NaOH =\!\!=\!\!= NaCr(OH)_4$$

（2）三氧化铬（CrO_3）　CrO_3 为暗红色的针状晶体，易潮解，有毒，超过熔点即分解出 O_2。CrO_3 为强氧化剂，遇有机物易引起燃烧或爆炸。

CrO_3 可由固体 $Na_2Cr_2O_7$ 和浓 H_2SO_4 经复分解制得：

$$Na_2Cr_2O_7 + 2H_2SO_4(浓) =\!\!=\!\!= 2CrO_3 \downarrow + 2NaHSO_4 + H_2O$$

CrO_3 溶于碱生成铬酸盐：

$$CrO_3 + 2NaOH =\!\!=\!\!= Na_2CrO_4 + H_2O$$

CrO_3 被称为铬（Ⅵ）酸的酐（铬酐），遇水能形成铬（Ⅵ）的两种酸：H_2CrO_4 和其二聚体 $H_2Cr_2O_7$。前者在水中可解离为：

$$H_2CrO_4 \rightleftharpoons H^+ + HCrO_4^- \qquad K^\ominus = 4.1 \qquad\qquad (11\text{-}1)$$

$$HCrO_4^- \rightleftharpoons H^+ + CrO_4^{2-} \qquad K^\ominus = 13 \times 10^{-6} \qquad\qquad (11\text{-}2)$$

铬（Ⅵ）的两种酸在水中互成平衡，即

$$2HCrO_4^- \rightleftharpoons Cr_2O_7^{2-} + H_2O \qquad K^\ominus = 1.58 \times 10^2 \qquad\qquad (11\text{-}3)$$

式（11-3）$-2\times$式（11-2）得

$$2GrO_4^{2-} + 2H^+ \rightleftharpoons Cr_2O_7^{2-} + H_2O \qquad K^\ominus = 10^{14}$$

由上式可知：酸性溶液中，$c(Cr_2O_7^{2-})$ 大，颜色呈橙红；碱性溶液中，CrO_4^{2-} 占优势，溶液呈黄色；中性溶液中，$c(Cr_2O_7^{2-})/[c(CrO_4^{2-})]^2$ 的值为 1，两者的浓度相等，呈橙色。

3. 铬（Ⅲ）盐

常见的铬（Ⅲ）盐有三氯化铬（$CrCl_3 \cdot 6H_2O$，绿色或紫色）、硫酸铬 $[Cr_2(SO_4)_3 \cdot 18H_2O$，紫色] 和铬钾矾 $[KCr(SO_4)_2 \cdot 12H_2O$，蓝紫色]，都易溶于水，水合离子 $[Cr(H_2O)_6]^{3+}$ 不仅存在于溶液中，也存在于上述化合物的晶体中。

Cr^{3+} 除了与 H_2O 形成配合物外，与 Cl^-、NH_3、CN^-、SCN^-、$C_2O_4^{2-}$ 等都能形成配合物，如 $[CrCl_6]^{3-}$、$[Cr(NH_3)_6]^{3+}$、$[Cr(CN)_6]^{3+}$ 等，配位数一般为 6。

三氯化铬为暗绿色晶体，易潮解，在工业上可用作催化剂、媒染剂和防腐剂等。制备时，在铬酐的水溶液中慢慢加入浓 HCl 进行还原，当有氯气味时说明反应已经开始：

$$2CrO_3 + H_2O =\!\!=\!\!= H_2Cr_2O_7$$

$$H_2Cr_2O_7 + 12HCl =\!\!=\!\!= 2CrCl_3 + 3Cl_2 \uparrow + 7H_2O$$

上述氧化还原反应不容易进行彻底，需加入乙醇或蔗糖等有机物促进反应进行。

Cl^- 和 H_2O 都是 Cr^{3+} 的配体，根据结晶条件不同，Cl^- 和 H_2O 两种配体分布在配离子内界和外界的数目也不同，从而得到颜色各异的不同配体，如 $[Cr(H_2O)_4Cl_2]Cl$（暗绿色）、$[Cr(H_2O)_5Cl]Cl_2 \cdot H_2O$（淡绿色）、$[Cr(H_2O)_6]Cl_3$（紫色）。

4. 铬酸盐和重铬酸盐

与铬酸、重铬酸对应的是铬酸盐和重铬酸盐，它们的钠、钾、铵盐都是可溶的，其颜色与其酸根一致。铬酸盐和重铬酸盐的性质差异主要表现在以下两个方面：

（1）氧化性　Cr（Ⅵ）盐只有在酸性时或者说以 $Cr_2O_7^{2-}$ 形式存在时，才表现出强氧化性。当以 Cr（Ⅵ）用作氧化剂时，需选用重铬酸盐，且要使反应在酸性溶液中进行。

例如：

$$K_2Cr_2O_7+6FeSO_4+7H_2SO_4 \Longrightarrow Cr_2(SO_4)_3+3Fe(SO_4)_3+K_2SO_4+7H_2O$$

$$K_2Cr_2O_7+3Na_2SO_3+4H_2SO_4 \Longrightarrow Cr_2(SO_4)_3+3Na_2SO_4+K_2SO_4+4H_2O$$

$$K_2Cr_2O_7+14HCl \Longrightarrow 2CrCl_3+3Cl_2 \uparrow +2KCl+7H_2O$$

（2）溶解度　重铬酸盐大多易溶于水，而铬酸盐中除 K^+、Na^+、NH_4^+ 盐外，一般都难溶于水。当向重铬酸盐溶液中加入可溶性 Ba^{2+}、Pb^{2+} 或 Ag^+ 盐时，将促使 $Cr_2O_7^{2-}$ 朝 CrO_4^{2-} 方向转化，生成铬酸盐沉淀：

$$Cr_2O_7^{2-}+2Ba^{2+}+H_2O \Longrightarrow 2BaCrO_4 \downarrow +2H^+$$

$$Cr_2O_7^{2-}+4Ag^++H_2O \Longrightarrow 2Ag_2CrO_4 \downarrow +2H^+$$

上述反应都有 H^+ 生成，这是平衡（$Cr_2O_7^{2-}+H_2O \Longrightarrow 2CrO_4^{2-}+2H^+$）向右转化的必然结果。对于溶度积较小的铬酸盐如 $BaCrO_4$，只需控制溶液的 pH 值为 3～4，沉淀就能完全；对于溶度积较大的铬酸盐，如 $SrCrO_4$，则需降低溶液酸度（适当加碱），方能保证必需的 CrO_4^{2-} 浓度，使 $SrCrO_4$ 沉淀完全。

（3）性质、用途及制备　钾和钠的铬酸盐是重要的化工原料和化学试剂，其性质、用途及制备如下：

① 性质与用途　铬酸钠（Na_2CrO_4）和铬酸钾（K_2CrO_4）都是黄色结晶，前者容易潮解，两种铬酸盐的水溶液都显碱性。

重铬酸钠（$Na_2Cr_2O_7$）和重铬酸钾（$K_2Cr_2O_7$）都是橙红色晶体，前者易潮解，它们的水溶液都显酸性，都是强氧化剂，在鞣革、电镀等工业中广泛应用。由于 $K_2Cr_2O_7$ 无吸潮性，又易用重结晶法提纯，故它常用作分析化学中的基准试剂。$Na_2Cr_2O_7$ 比较便宜，溶解度也比较大（常温下，饱和溶液含 $Na_2Cr_2O_7$ 在 65% 以上，$K_2Cr_2O_7$ 仅 10%）。若工业上用重铬酸盐量较大，要求纯度不高时，宜选用 $Na_2Cr_2O_7$。

$Cr_2O_7^{2-}$ 与 H_2O_2 的特征反应可用于 Cr（Ⅵ）或 H_2O_2 的鉴别：

$$Cr_2O_7^{2-}+4H_2O_2+2H^+ \xrightarrow{\text{乙醚}} 2CrO_5+5H_2O$$

CrO_5 被称为过氧化铬，在室温下不稳定，需加入乙醚使其稳定，它在乙醚中呈蓝色，微热或放置稍久即分解为 Cr^{3+} 和 O_2。

② 制备　工业上生产铬酸盐是以铬铁矿为原料，与 Na_2CO_3 混合，高温焙烧得到：

$$4Fe(CrO_2)_2+8Na_2CO_3+7O_2 \xrightarrow{\triangle} 8Na_2CrO_4+2Fe_2O_3+8CO_2$$

若制备 $Na_2Cr_2O_7$，需加入 H_2SO_4 酸化：

$$2Na_2CrO_4+H_2SO_4 \Longrightarrow Na_2Cr_2O_7+Na_2SO_4+H_2O$$

K_2CrO_4 的工业制法与钠盐相似，只是在分解铬铁矿时，将 Na_2CO_3 改为 K_2CO_3 即可。$K_2Cr_2O_7$ 可由 $Na_2Cr_2O_7$ 与 KCl 进行复分解制得：

$$Na_2Cr_2O_7+2KCl \Longrightarrow K_2Cr_2O_7+2NaCl$$

三、锰及其化合物

1. 锰单质

锰是周期表ⅦB族第一种元素，它主要以氧化物形式存在，如软锰矿（$MnO_2 \cdot xH_2O$）。锰是似铁的灰色金属，表面容易生锈而变暗黑。纯锰用途不大，但它却是制造合金的重要材料。

Mn、Al、Fe 制成的合金钢的强度和韧性都十分优异，可用于储存液化天然气和液氮。

锰属于活泼金属，在空气中锰表面可生成一层氧化物膜，这层氧化物膜可保护金属内部不受侵蚀。粉末状的锰能彻底被氧化，有时甚至能起火，并生成 Mn_3O_4。锰能分解冷水：

$$Mn+2H_2O \Longrightarrow Mn(OH)_2\downarrow +H_2\uparrow$$

锰和卤素、S、C、N、Si 等非金属能直接化合生成 MnX_2、MnS、Mn_3N_2 等。

锰和一般无机酸反应生成 Mn（Ⅱ）盐，与冷的浓 H_2SO_4 作用缓慢。在氧化剂存在下，金属锰可与熔融碱反应生成 K_2MnO_4：

$$2Mn+4KOH+3O_2 \Longrightarrow 2K_2MnO_4+2H_2O$$

锰原子的价层电子构型是 $3d^54s^2$，最高氧化数为+7，还有+6、+4、+3、+2 等，其中以+2、+4、+7 几种氧化数的化合物最为重要。具有多种氧化态的锰，在一定的条件下可以相互转变。锰的氧化物及对应的水合物，随着锰的氧化数的升高和离子半径的减小，碱性逐渐减弱，酸性逐渐增强。

2. 锰（Ⅱ）化合物

锰（Ⅱ）化合物有氧化锰（MnO）、氢氧化锰及 Mn（Ⅱ）盐。其中以 Mn（Ⅱ）盐最为常见，如 $MnCl_2$、$MnSO_4$、$Mn(NO_3)_2$、$MnCO_3$、MnS 等。Mn^{2+} 的价层电子构型为 $3d^5$，属于 d 轨道半充满的稳定状态，故这类化合物是相当稳定的，但是 Mn（Ⅱ）的稳定性还与介质的酸碱性有关。

与锰的其他氧化态相比，Mn^{2+} 在酸性溶液中最稳定，它既不易被氧化，也不易被还原。欲使 Mn^{2+} 氧化，必须选用强氧化剂，如 $NaBiO_3$、PbO_2、$(NH_4)_2S_2O_8$ 等。例如：

$$2Mn^{2+}+5NaBiO_3+14H^+ \Longrightarrow 2MnO_4^-+5Bi^{3+}+5Na^++7H_2O$$

反应产物 MnO_4^- 即使在很稀的溶液中也能显出它特征的红色，因此，上述反应可用来鉴定溶液中 Mn^{2+} 的存在。

在 Mn（Ⅱ）盐溶液中加入 NaOH 或氨水，都生成白色 $Mn(OH)_2$ 沉淀：

$$Mn^{2+}+2OH^- \Longrightarrow Mn(OH)_2\downarrow$$

$$Mn^{2+}+2NH_3\cdot H_2O \Longrightarrow Mn(OH)_2\downarrow +2NH_4^+$$

在碱性介质中，Mn（Ⅱ）极易被氧化，甚至溶解在水中的少量氧也能使它氧化，故 $Mn(OH)_2$ 不能稳定存在，沉淀很快会由白色变成褐色的水合二氧化锰：

$$2Mn(OH)_2+O_2 \Longrightarrow 2MnO(OH)_2$$

这个反应在水质分析中可用于测定水中的溶解氧，反应原理是：在经吸氧后的 $MnO(OH)_2$ 中加入适量 H_2SO_4 使其酸化后，和过量的 KI 溶液作用，I^- 被氧化而析出 I_2，再用标准 $Na_2S_2O_3$ 溶液滴定 I_2，经换算就可得知水中的氧含量。

锰盐比较容易制备，金属锰与 HCl、H_2SO_4 甚至 HAc 都能顺利作用而得到相应的锰盐，同时放出 H_2。由于锰盐属弱碱盐，在溶液中有水解性质，因此制备锰盐过程中，在溶液蒸发、浓缩环节必须保持溶液有足够的酸度，防止 Mn^{2+} 水解成不稳定的 $Mn(OH)_2$，经氧化脱水等过程而出现"黑渣"（MnO_2）：

$$Mn^{2+}+2H_2O \Longrightarrow Mn(OH)_2+2H^+$$

$$2Mn(OH)_2+O_2 \Longrightarrow 2MnO(OH)_2$$

$$MnO(OH)_2 \xrightarrow{\triangle} MnO_2+H_2O$$

3．锰（Ⅳ）化合物

锰（Ⅳ）化合物中最重要的是二氧化锰（MnO_2），通常状况下它的性质稳定，具有两性性质，但在酸碱介质中易被还原或氧化，不稳定。如 MnO_2 在酸性介质中有强氧化性，和浓 HCl 作用有氯气生成，和浓 H_2SO_4 作用有氧气放出：

$$MnO_2+4HCl=\!=\!=MnCl_2+Cl_2\uparrow+2H_2O$$

$$2MnO_2+2H_2SO_4=\!=\!=2MnSO_4+O_2\uparrow+2H_2O$$

前一反应常用于实验室制备少量氯气，但 MnO_2 和稀 HCl 不发生反应，因为 $E^{\ominus}$（MnO_2/Mn^{2+}）为 1.23V，小于 $E^{\ominus}$（Cl_2/Cl^-）（1.36V）。MnO_2 还能氧化 H_2O_2 和 Fe^{2+} 等：

$$MnO_2+H_2O_2+H_2SO_4=\!=\!=MnSO_4\uparrow+O_2\uparrow+2H_2O$$

$$MnO_2+2FeSO_4+2H_2SO_4=\!=\!=MnSO_4+Fe_2(SO_4)_3+2H_2O$$

MnO_2 制备有干法和湿法两种，干法由灼烧 $Mn(NO_3)_2$ 制取：

$$Mn(NO_3)_2\stackrel{\triangle}{=\!=\!=}MnO_2+2NO_2\uparrow$$

湿法利用了 Mn（Ⅶ）和 Mn（Ⅱ）的逆歧化反应。MnO_4^- 和 Mn^{2+} 会发生逆歧化反应并生成 MnO_2，制备 MnO_2 正是利用了这一性质。如，由 $KMnO_4$ 和 $MnSO_4$ 或 $Mn(NO_3)_2$ 作用都能得到 MnO_2：

$$2KMnO_4+3MnSO_4+2H_2O=\!=\!=5MnO_2+K_2SO_4+2H_2SO_4$$

$$2KMnO_4+3Mn(NO_3)_2+2H_2O=\!=\!=5MnO_2+2KNO_3+4HNO_3$$

MnO_2 用途很广，大量用于制造干电池以及玻璃、陶瓷、火柴、油漆等工业，也是制备其他锰化合物的主要原料。

4．锰（Ⅶ）化合物

锰（Ⅶ）化合物中最重要的是高锰酸钾（$KMnO_4$），为暗紫色晶体，有光泽。溶液中的 MnO_4^- 可把 H_2O 氧化为 O_2，反应如下：

$$4MnO_4^-+2H_2O=\!=\!=4MnO_2\downarrow+4OH^-+3O_2\uparrow$$

光对此反应有催化作用，故固体 $KMnO_4$ 及其溶液都需保存在棕色瓶中。

$KMnO_4$ 是常用的强氧化剂，其热稳定性较差，200℃以上就能分解并放出 O_2：

$$2KMnO_4\stackrel{\triangle}{=\!=\!=}K_2MnO_4+MnO_2+O_2\uparrow$$

$KMnO_4$ 与有机物或易燃物混合，易发生燃烧或爆炸。$KMnO_4$ 无论在酸性、中性或碱性溶液中都能发挥氧化作用，即使稀溶液也有强氧化性，这是其他氧化剂少有的特点。随着介质酸碱性不同，其还原产物有以下三种。

① 在酸性溶液中，MnO_4^- 被还原成 Mn^{2+}。例如：

$$2MnO_4^-+5SO_3^{2-}+6H^+=\!=\!=2Mn^{2+}+5SO_4^{2-}+3H_2O$$

$$MnO_4^-+5Fe^{2+}+8H^+=\!=\!=Mn^{2+}+5Fe^{3+}+4H_2O$$

若 MnO_4^- 过量，将进一步和它自身的还原产物 Mn^{2+} 发生逆歧化反应而生成 MnO_2 沉淀，紫红色即消失：

$$2MnO_4^-+3Mn^{2+}+2H_2O=\!=\!=5MnO_2\downarrow+4H^+$$

② 在中性或弱碱性溶液中，被还原成 MnO_2。例如：

$$2MnO_4^- + 3SO_3^{2-} + H_2O = 2MnO_2 + 3SO_4^{2-} + 2OH^-$$

③ 在强碱性溶液中，被还原成锰酸根（MnO_4^{2-}），例如：

$$2MnO_4^- + SO_3^{2-} + 2OH^- = 2MnO_4^{2-} + SO_4^{2-} + H_2O$$

如果 MnO_4^- 的量不足，还原剂过剩，则生成物中的 MnO_4^{2-} 会继续氧化 SO_3^{2-}，其还原产物仍是 MnO_2：

$$MnO_4^{2-} + SO_3^{2-} + H_2O = MnO_2 \downarrow + SO_4^{2-} + 2OH^-$$

工业上制取 $KMnO_4$ 常以 MnO_2 为原料，分两步氧化。首先在强碱性介质中将它氧化成锰酸钾，氧化剂是空气中的 O_2（实验室则用 $KClO_3$）。具体过程是：将 MnO_2 与 KOH 混合，然后加热、搅拌、水浸得绿色 K_2MnO_4 溶液；而后对其进行电解氧化，则 MnO_4^{2-} 转化为紫色的 $KMnO_4$，再经蒸发、冷却、结晶即可得到紫黑色晶体。反应如下：

$$2MnO_2 + 4KOH + O_2 \xrightarrow{\triangle} 2K_2MnO_4 + 2H_2O$$

$$2K_2MnO_4 + 2H_2O \xrightarrow{电解} 2KMnO_4 + 2KOH + H_2 \uparrow$$

$KMnO_4$ 用途广泛，是常用的化学试剂。在医药上用作消毒剂，0.1%的稀溶液常用于水果和茶杯的消毒，5%溶液可治烫伤。还可用作油脂及蜡的漂白剂等。

四、铁系元素

1. 铁、钴、镍的单质

位于周期表ⅧB族的铁（Fe）、钴（Co）、镍（Ni）三种元素性质相似，合称为铁系元素。它们都是具有光泽的白色金属，密度大，熔点高，表现出明显的磁性。铁、镍有很好的延展性，而钴则较硬而脆。

铁系元素原子的价层电子构型为 $3d^{6\sim 8}4s^2$，可以失去电子呈现+2、+3 的氧化数。其中，Fe^{3+} 比 Fe^{2+} 稳定，Co^{2+} 比 Co^{3+} 稳定，而 Ni 通常只有+2 的氧化数，这与它们原子半径的大小和电子的构型有关。

铁系元素属于中等活泼金属，在高温下能和 O、S、Cl 等非金属作用。Fe 可溶于 HCl、稀 H_2SO_4 和 HNO_3，但冷而浓的 H_2SO_4、HNO_3 会使其钝化。Co、Ni 在 HCl 和稀 H_2SO_4 中比 Fe 溶解得缓慢，钴和镍遇冷 HNO_3 也会钝化。浓碱能缓慢侵蚀铁，而钴、镍在浓碱中则比较稳定，镍质容器可盛熔融碱。

铁矿主要有磁铁矿（Fe_3O_4）、赤铁矿（Fe_2O_3）、褐铁矿（$Fe_2O_3 \cdot H_2O$）等。无论在工农业、国防工业以及日常生活中，钢铁制品无处不在。铁有生铁、熟铁之分，它们的主要区别在于含碳量不同。钢铁耐腐蚀性差，在钢中加入 Cr、Ni、Mn、Ti 等制成的合金钢、不锈钢，大大改善了普通钢的性质。Ni 含量不同的各种钢有耐高低温、耐腐蚀等多种优良性能，因而有着广泛应用。

2. 铁系元素的氧化物和氢氧化物

（1）氧化物 铁系元素可形成不同颜色的氧化物，如 FeO（黑色）、CoO（灰绿色）、NiO（暗绿色）、Fe_2O_3（砖红色）、Co_2O_3（黑褐色）、Ni_2O_3（黑色）。

Fe_2O_3 俗称铁红，可用作红色颜料、抛光粉和磁性材料。工业上常用草酸亚铁焙烧制取 Fe_2O_3，反应过程如下：

$$FeC_2O_4 \xrightarrow{\triangle} FeO+CO_2\uparrow+CO\uparrow$$

$$6FeO+O_2 \Longrightarrow 2Fe_3O_4$$

$$4Fe_3O_4+O_2 \Longrightarrow 6Fe_2O_3$$

Fe_2O_3 是难溶于水的两性氧化物，但以碱性为主，与酸作用时生成 Fe(Ⅲ)盐。例如：

$$Fe_2O_3 +6HCl \Longrightarrow 2FeCl_3+3H_2O$$

Fe_2O_3 与 NaOH、Na_2CO_3 或 Na_2O 这类碱性物质共熔，即生成铁（Ⅲ）酸盐。例如：

$$Fe_2O_3 +Na_2CO_3 \Longrightarrow 2NaFeO_2+CO_2$$

Co_2O_3 及 Ni_2O_3 也是难溶于水的两性偏碱氧化物，它们与 MnO_2 相似，有强氧化性，与酸作用时得不到 Co（Ⅲ）和 Ni（Ⅲ）盐，而是得到 Co（Ⅱ）和 Ni（Ⅱ）盐。

Fe_3O_4 是黑色的强磁性物质，被称为磁性氧化铁，X 射线结构研究表明，Fe_3O_4 实际上是一种铁（Ⅲ）酸盐 $Fe^{II}(Fe^{III}O_2)_2$。

FeO、NiO、CoO 的纳米材料具有良好的热、电性能，可制成多种温度传感器。Fe_3O_4 的纳米材料，因其优异的磁性能和较宽频率范围的强吸收性而成为磁记录材料和战略轰炸机、导弹的隐形材料。

（2）氢氧化物　在隔绝空气情况下，向 Fe^{2+}、Co^{2+}、Ni^{2+} 的溶液中加入碱可分别得到白色的 $Fe(OH)_2$、粉红色的 $Co(OH)_2$ 和绿色的 $Ni(OH)_2$ 沉淀。

$$M^+ +2OH^- \Longrightarrow M(OH)_2\downarrow$$

白色的 $Fe(OH)_2$ 极易被空气中的 O_2 氧化为棕红色的 $Fe(OH)_3$；粉红色的 $Co(OH)_2$ 也可以被空气中的 O_2 氧化为棕黑色的 $Co(OH)_3$，但因 $Co(OH)_2$ 还原性较弱，反应较慢；$Ni(OH)_2$ 不能被空气中的 O_2 氧化，只有在强碱性并加入较强氧化剂条件下，才能被氧化成黑色的 $Ni(OH)_3$ 或 NiO(OH)：

$$2Ni(OH)_2+ClO^- \Longrightarrow 2NiO(OH)+Cl^-+H_2O$$

新生成的沉淀 $Fe(OH)_3$ 有较明显的两性，能溶于强碱溶液：

$$Fe(OH)_3+3OH^- \Longrightarrow [Fe(OH)_6]^{3-}$$

沉淀放置稍久后则难以显示酸性，只能与酸反应生成 Fe(Ⅲ)盐，例如：

$$Fe(OH)_3+3H^+ \Longrightarrow Fe^{3+}+3H_2O$$

$Co(OH)_3$ 和 $Ni(OH)_3$ 也是两性偏碱性，但它们在酸性介质中有很强的氧化性，如与非还原性酸（如 H_2SO_4、HNO_3）作用时可把 H_2O 氧化并放出 O_2，而与浓 HCl 作用时，则将其氧化为 Cl_2：

$$2Co(OH)_3+6HCl \Longrightarrow 2CoCl_2+Cl_2\uparrow+6H_2O$$

3. 铁盐

（1）铁（Ⅱ）盐　常见的铁（Ⅱ）盐有硫酸亚铁（$FeSO_4\cdot7H_2O$，绿矾）、氯化亚铁（$FeCl_2\cdot4H_2O$）、硫化亚铁（FeS）等。由于亚铁盐有一定的还原性，不易稳定存在，且其稳定性随溶液的酸碱性而异。因此，当用铁屑或铁块与 HCl 或 H_2SO_4 作用制备 $FeCl_2$ 或 $FeSO_4$ 时，需注意以下几点：

① 始终保持金属铁过量　为了防止溶液中出现 Fe^{3+} 需加入过量的铁，一旦出现 Fe^{3+}，金属铁会立即将其还原为亚铁：

$$2Fe^{3+}+Fe =\!\!=\!\!= 3Fe^{2+}$$

此外，铁是活泼金属，能从溶液中将 Cu^{2+}、Pb^{2+} 等重金属离子（由原料铁带入）置换出来，从而使溶液得以纯化。

② 防止 Fe^{2+} 的水解　为防止 Fe^{2+} 的水解，制备过程中要始终保持溶液的酸性（随时补加酸）。$FeSO_4 \cdot 7H_2O$ 从溶液中析出的温度范围为 $-1.8 \sim 56.6 ℃$，即使在冬天制备，冷却结晶温度也不得低于 $-1.8 ℃$，否则冰和盐将同时析出，给后面的干燥操作带来麻烦，并将引起水解氧化而使产品变质。

③ 防止 Fe^{2+} 及水解产物 $Fe(OH)_2$ 的氧化　制得的亚铁盐固体，需先用酸化的水淋洗，再用少量的酒精洗涤，并使之迅速干燥。干燥后的固体虽比在溶液中的盐稳定，久置空气中也会被缓慢氧化，生成黄色或铁锈色的碱式铁（Ⅲ）盐：

$$2FeSO_4+\frac{1}{2}O_2+H_2O =\!\!=\!\!= 2Fe(OH)SO_4$$

将亚铁盐转化为复盐则会稳定得多，如实验室常用的硫酸亚铁铵 $FeSO_4 \cdot (NH_4)_2SO_4 \cdot 6H_2O$ 比 $FeSO_4 \cdot 7H_2O$ 稳定，不易被氧化，在化学分析中常用来配制 $Fe(Ⅱ)$ 的标准溶液，作为还原剂标定 $KMnO_4$ 等溶液。

（2）$Fe(Ⅲ)$ 盐　铁系元素中，由于 Co^{3+} 和 Ni^{3+} 具有强氧化性，所以只有 Fe^{3+} 才能形成稳定的可溶性盐。

① $Fe(Ⅲ)$ 盐易水解　其水解产物一般近似地认为是氢氧化铁：

$$Fe^{3+}+3H_2O \rightleftharpoons Fe(OH)_3+3H^+$$

实际上，$Fe(Ⅲ)$ 盐的水解比较复杂。在强酸性条件下，主要以淡紫色 $[Fe(H_2O)_6]^{3+}$ 的形式存在。当 pH=2～3 时，水解趋势明显，聚合倾向增大，溶液颜色变为黄棕色：

$$[Fe(H_2O)_6]^{3+} \rightleftharpoons [FeOH(H_2O)_5]^{2+}+H^+$$

$$[FeOH(H_2O)_5]^{2+} \rightleftharpoons [Fe(OH)_2(H_2O)_4]^{+}+H^+$$

若 pH 值继续升高，所产生的羟基离子会进一步缩合为二聚离子，还可形成多聚离子，甚至形成胶体溶液的胶核，溶液的颜色由黄色加深至红棕色。当 pH = 4～5 时，即形成水合三氧化二铁沉淀（$Fe_2O_3 \cdot xH_2O$），新生成的水合三氧化二铁沉淀易溶于酸，经放置后就难溶了。

② $Fe(Ⅲ)$ 盐的氧化性　虽然 $Fe(Ⅲ)$ 盐的氧化性较弱，但在酸性溶液中仍能氧化一些还原性较强的物质。例如：

$$2FeCl_3+2KI =\!\!=\!\!= 2FeCl_2+I_2+2KCl$$

$$2FeCl_3+H_2S =\!\!=\!\!= 2FeCl_2+S+2HCl$$

工业上常用浓 $FeCl_3$ 溶液在铁制品上刻蚀字样，或在铜板上腐蚀出印刷电路，就是利用 Fe^{3+} 的氧化性：

$$2FeCl_3+Fe =\!\!=\!\!= 3FeCl_2$$

$$2FeCl_3+Cu =\!\!=\!\!= 2FeCl_2+CuCl_2$$

无水三氯化铁（$FeCl_3$）是重要的 $Fe(Ⅲ)$ 盐，可由铁屑和氯气直接合成：

$$2Fe+3Cl_2 =\!\!=\!\!= 2FeCl_3$$

此反应为放热反应，所生成的 $FeCl_3$ 由于升华而被分离出。

六水合三氯化铁制备时首先用铁屑和盐酸作用得到 $FeCl_2$，然后再将 $FeCl_2$ 氧化成 $FeCl_3$。可供选用的氧化剂有 Cl_2、H_2O_2 和 HNO_3。反应式如下：

$$2FeCl_2+Cl_2 == 2FeCl_3$$

$$2FeCl_2+2HCl+H_2O_2 == 2FeCl_3+2H_2O$$

$$FeCl_2+HCl+HNO_3 == FeCl_3+NO_2\uparrow+H_2O$$

表面上看，氯气是理想的氧化剂，既价廉又不带入其他杂质，但存在反应速率低且氯气难被吸收的缺点。H_2O_2 虽是较好的氧化剂，但成本高，故多选用 HNO_3（此时要对 NO_2 进行吸收）作氧化剂。

4. 钴盐和镍盐

钴（Ⅱ）盐和镍（Ⅱ）盐最为常见，有氯化物、硫酸盐、硝酸盐、碳酸盐、硫化物等。

氯化钴（$CoCl_2\cdot 6H_2O$）是重要的钴（Ⅱ）盐，因所含结晶水的数目不同而呈现多种颜色。随着温度上升，所含结晶水逐渐减少，颜色随之变化：

$$CoCl_2\cdot 6H_2O \xrightarrow{52.3℃} CoCl_2\cdot 2H_2O \xrightarrow{90℃} CoCl_2\cdot H_2O \xrightarrow{120℃} CoCl_2$$

$$\text{粉红} \qquad\qquad \text{红紫} \qquad\qquad \text{蓝紫} \qquad\qquad \text{蓝}$$

$[Co(H_2O)_6]^{2+}$ 在溶液中显粉红色，用这种稀溶液在白纸上写的字几乎看不出字迹，但将此白纸烘热脱水即显出蓝色字迹，吸收空气中潮气后字迹再次隐去，所以 $CoCl_2$ 溶液被称为显隐墨水。此性质也可用来指示硅胶干燥剂的吸收情况。

常见的镍盐有 $NiCl_2\cdot 6H_2O$（绿色）、$Ni(NO_3)_2\cdot 6H_2O$（碧绿色）和 $NiSO_4\cdot 7H_2O$（绿色）等，前两者可由 Ni 与浓 HCl 或 HNO_3 制得。Ni 与 H_2SO_4 的反应特别缓慢，通常需加入 HNO_3 或 H_2O_2 帮助溶解：

$$3Ni+3H_2SO_4+2HNO_3 == 3NiSO_4+2NO\uparrow+4H_2O$$

$$Ni+H_2SO_4+H_2O_2 == NiSO_4+2H_2O$$

5. 铁系元素的配位化合物

铁系元素的电子层结构决定了它们很容易结合配体形成配合物。它们的中心离子大多发生 sp^3d^2 或 d^2sp^3 杂化，形成配位数为 6 的八面体配合物；也可以发生 sp^3、dsp^2 杂化，形成配位数为 4 的四面体或平面正方形配合物。其中较为重要的配合物有：

（1）氨合物　Fe^{2+}、Fe^{3+} 水解倾向剧烈，难以形成稳定的氨合物。Co^{2+} 的溶液于 NH_4^+ 存在下加入过量氨水，生成 $[Co(NH_3)_6]^{2+}$（土黄色），在空气中能被氧化成稳定的 $[Co(NH_3)_6]^{3+}$（淡红棕色）：

$$4[Co(NH_3)_6]^{2+}+O_2+2H_2O == 4[Co(NH_3)_6]^{3+}+4OH^-$$

Ni^{2+} 在过量氨水中生成 $[Ni(NH_3)_6]^{2+}$（蓝紫色），稳定性比 $[Co(NH_3)_6]^{3+}$ 高。

（2）氰合物　铁、钴、镍和 CN^- 都能形成稳定的内轨配合物。$Fe(Ⅱ)$ 盐与 KCN 溶液作用，首先析出白色氰化亚铁沉淀，随即溶解而形成六氰合铁（Ⅱ）酸钾（$K_4[Fe(CN)_6]$），简称亚铁氰化钾（黄血盐）：

$$Fe^{2+} \xrightarrow{KCN} Fe(CN)_2\downarrow \xrightarrow{\text{过量KCN}} K_4[Fe(CN)_6]$$

往黄血盐溶液中通入氯气或加入 $KMnO_4$ 溶液，可将 $[Fe(CN)_6]^{4-}$ 氧化成 $[Fe(CN)_6]^{3-}$：

$$2K_4[Fe(CN)_6]+Cl_2 == 2K_3[Fe(CN)_6]+2KCl$$

六氰合铁（Ⅲ）酸钾（$K_3[Fe(CN)_6]$），简称铁氰化钾（赤血盐）。

在含有 Fe^{2+} 的溶液中加入铁氰化钾，或在含有 Fe^{3+} 的溶液中加入亚铁氰化钾，都有蓝色沉淀形成：

$$K^+ + Fe^{2+} + [Fe(CN)_6]^{3-} =\!=\!= KFe[Fe(CN)_6]\downarrow \text{（滕氏蓝）}$$

$$K^+ + Fe^{3+} + [Fe(CN)_6]^{4-} =\!=\!= KFe[Fe(CN)_6] \text{（普鲁士蓝）}$$

以上两个反应可用来鉴定 Fe^{2+} 和 Fe^{3+} 的存在。研究表明，这两种蓝色沉淀的组成和结构相同，都是 $K[Fe^{II}(CN)_6Fe^{III}]$，被广泛用于油墨和油漆制造业。

Co^{2+} 的配合物 $[Co(CN)_6]^{4-}$ 也容易被空气氧化成 $[Co(CN)_6]^{3-}$（黄色）。

Ni^{2+} 和 CN^- 则生成稳定的 $[Ni(CN)_4]^{2-}$（杏黄色），其构型为平面正方形。

（3）硫氰配合物　Fe^{3+} 与 SCN^- 能形成血红色的异硫氰酸根合铁配离子：

$$Fe^{3+} + nSCN^- =\!=\!= [Fe(NCS)_n]^{3-n}\ (n = 1\sim6)$$

Co^{2+} 和 SCN^- 生成 $[Co(NCS)_4]^{2-}$（蓝色），在水溶液中不太稳定，稀释时变成 $[Co(H_2O)_6]^{2+}$（粉红色）。$[Co(NCS)_4]^{2-}$ 在丙酮或戊醇中比较稳定，故常用这类溶剂抑制离解或进行萃取，可用此法对 Co^{2+} 含量做比色测定。Ni^{2+} 的硫氰配合物更不稳定。

（4）羰基化合物　铁系元素的单质能与 CO 配合，形成羰基化合物，如 $[Fe(CO)_5]$、$[Co_2(CO)_8]$、$[Ni(CO)_4]$ 等。其中铁、钴、镍的氧化值为零，这些羰基化合物一般熔沸点较低，容易挥发，且热稳定性较差，容易分解析出单质。

【课堂练习】

1．解释下列现象，并写出相关反应方程式。

（1）$TiCl_4$ 在潮湿的空气中产生剧烈的烟雾。

（2）在酸性介质中，用 Zn 还原 $Cr_2O_7^{2-}$ 时，溶液颜色由橙色经绿色变成蓝色，放置后又变成绿色。

（3）在 $MnCl_2$ 溶液中加入适量的 HNO_3，再加入少量 $NaBiO_3$，溶液出现紫红色后又消失。说明原因并写出有关反应方程式。

（4）$CoCl_2$ 与 NaOH 溶液作用所得的沉淀久置后用盐酸酸化时，有刺激性气体产生。

（5）在 Fe^{3+} 溶液中加入 KSCN 时出现血红色，若加入少许 NH_4F 固体则红色消失。

2．碘量法测定水中溶解氧的方法：在水样中加入硫酸锰和碱性碘化钾溶液，固定溶解氧，然后加酸反应析出游离的碘，再以硫代硫酸钠溶液滴定析出的碘单质，计算溶解氧的含量。请写出相关的反应方程式。

3．用反应方程式表示下列过程：

（1）钛溶于氢氟酸中。

（2）偏钒酸铵加热分解。

（3）向重铬酸钾溶液中滴加硝酸银溶液。

（4）往 $FeCl_3$ 溶液中通入 H_2S，有乳白色沉淀析出。

（5）往 K_2MnO_4 溶液中加入 HNO_3 溶液，溶液颜色由绿色转变成紫红色，并有沉淀析出。

第四节　ds 区元素

ds 区元素包括 IB 族（铜族）元素和 IIB 族（锌族）元素的六种金属元素。

一、铜族元素

周期系第 IB 元素，包括铜（Cu）、银（Ag）、金（Au）3 种元素，通常称为铜族元素。价电子构型为 $(n-1)d^{10}ns^1$。

自然界中，铜族元素除了以矿物形式存在外，还以单质形式存在。常见的矿物有辉铜矿（Cu_2S）、孔雀石［$Cu_2(OH)_2CO_3$］、辉银矿（Ag_2S）、碲金矿（$AuTe_2$）等。

1. 铜族元素单质

（1）物理性质　铜、银、金的单质都有特征颜色：Cu（紫红色）、Ag（白色）、Au（黄色），这些金属的熔点和沸点较高。与其他过渡金属相比，铜族元素单质具有优良的导电性、传热性和延展性，导电性顺序为：Ag>Cu>Au，Ag的导电性最好，铜次之，但由于铜的价格较低，所以铜在电气工业上得到了广泛应用。金具有极好的延展性能，比如1g金能拉成3km长的金丝，或压成约0.1μm厚的金箔。

铜被以各种合金形式制造成开关、轴承、油管、换热器、高强度和高韧性铸件、抗蚀性和高导电性零件以及无线电设备等,铜还是国防工业不可缺少的极其重要的材料,各种子弹、炮弹、飞机、舰艇的制造都需要大量的铜。

银主要用于制造首饰、照相材料、银镜、蓄电池及电子工业和发电设备的零件等，它和金、铂、钯、铱、铜、锌等的合金，可制作齿套、牙鞘、牙钩和牙桥等。此外，银还可用于制作原子反应堆的操纵杆和光电转换元件等。银合金主要用于制造高级实验仪器和仪表元件。

金主要用于货币储备以及饰物，目前在电子工业中也日益重要。

（2）化学性质　铜、银、金的化学活泼性较差。常温下，在纯净干燥空气中，三种金属都较为稳定，但是灼热的铜能被氧气氧化成黑色CuO。金是唯一在高温下不被氧气氧化的金属，正所谓"真金不怕火炼"。

在含有CO_2的潮湿空气中，铜的表面会逐渐蒙上绿色的碱式碳酸铜[$Cu_2(OH)_2CO_3$]，反应如下：

$$2Cu+O_2+H_2O+CO_2 = Cu_2(OH)_2CO_3$$

铜族元素单质都不能与稀盐酸或稀硫酸反应放出氢气，但是铜和银能溶于硝酸或热的浓硫酸，而金却只能溶于王水。

$$Cu+4HNO_3(浓) = Cu(NO_3)_2+2NO_2\uparrow+2H_2O$$
$$3Cu+8HNO_3(稀) = 3Cu(NO_3)_2+2NO\uparrow+4H_2O$$
$$Cu+2H_2SO_4(浓) = CuSO_4+SO_2\uparrow+2H_2O$$
$$Au+HNO_3+4HCl = H[AuCl_4]+NO\uparrow+2H_2O$$

铜在常温下能够与卤素反应，银反应速率较为缓慢，而金只有在加热情况下才能和干燥的卤素反应。也就是说，在和卤素反应时，其活泼性按Cu、Ag、Au的次序降低。

当沉淀剂或配合剂存在时，铜、银、金也可与氧发生作用。

$$4M+O_2+2H_2O+8CN^- = 4[M(CN)_2]^-+4OH^-\quad(M=Cu,Ag,Au)$$
$$4Cu+O_2+2H_2O+8NH_3 = 4[Cu(NH_3)_2]^++4OH^-$$
$$4[Cu(NH_3)_2]^++2H_2O+O_2 = 4[Cu(NH_3)_2]^{2+}(蓝色)+4OH^-$$

银对硫及其化合物很敏感，可形成黑色的Ag_2S，从而使银器失去光泽。

$$4Ag+2H_2S+O_2 = 2Ag_2S+2H_2O$$

2. 铜的重要化合物

（1）氧化物和氢氧化物　氢氧化钠和$CuSO_4$溶液反应可得到浅蓝色的$Cu(OH)_2$沉淀，$Cu(OH)_2$对热不稳定，受热会分解成黑色的CuO，在高温条件下，CuO还会进一步分解成暗红色的Cu_2O。

$$CuSO_4+2NaOH \xrightarrow{<30℃} Cu(OH)_2 \downarrow +Na_2SO_4$$

$$Cu(OH)_2 \xrightarrow{90℃} CuO+H_2O$$

$$4CuO \xrightarrow{1000℃} 2Cu_2O+O_2 \uparrow$$

CuO 经常被用作玻璃、陶瓷和搪瓷的绿色、红色和蓝色颜料，光学玻璃的磨光剂，油类的脱硫剂，有机合成的氧化剂等。

$Cu(OH)_2$ 呈两性，既能溶于酸，又能溶于过量的浓碱而生成蓝色的$[Cu(OH)_4]^{2-}$。

$$Cu(OH)_2+2H^+ == Cu^{2+}+2H_2O$$

$$Cu(OH)_2+2NaOH == Na_2[Cu(OH)_4]$$

$Cu(OH)_2$ 还能溶于氨水。

$$Cu(OH)_2+4NH_3 == [Cu(NH_3)_4]^{2+}+2OH^-$$

在碱性溶液中，一些温和的还原剂，如含有醛基的葡萄糖，能将 Cu(Ⅱ)还原成 Cu_2O。

$$2[Cu(OH)_4]^{2-}+C_6H_{12}O_6(葡萄糖) \xrightarrow{\triangle} Cu_2O+4OH^-+C_6H_{12}O_7(葡萄糖酸)+2H_2O$$

有机分析中常利用上述反应测定醛，而在医学上常利用这个反应检查尿糖，以诊断糖尿病。Cu_2O 常用于制造船舶底漆、红玻璃和红瓷釉，在农业上用作杀菌剂，Cu_2O 还具有半导体性质，可以制造氧化亚铜整流器。

（2）铜的盐类

① 硫化铜（CuS）和硫化亚铜（Cu_2S） 向 Cu(Ⅱ)盐溶液中通入 H_2S 气体会有黑色的 CuS 沉淀析出。CuS 难溶于水和稀盐酸，但是可以溶解在热硝酸中，经常被用作涂料和颜料。

过量的铜和硫共热可得到黑色 Cu_2S。

$$2Cu+S == Cu_2S$$

向 $CuSO_4$ 溶液中加入 $Na_2S_2O_3$ 溶液并加热，同样可得到 Cu_2S 沉淀。

$$2Cu^{2+}+2S_2O_3^{2-}+2H_2O == Cu_2S \downarrow +S \downarrow +2SO_4^{2-}+4H^+$$

分析化学中经常使用这个反应去除铜。

② 硫酸铜（$CuSO_4$） 无水硫酸铜为白色粉末，但是从水溶液中析出晶体时，会得到蓝色晶体 $CuSO_4 \cdot 5H_2O$，俗称胆矾，其结构式为$[Cu(H_2O)_4SO_4] \cdot H_2O$。

无水硫酸铜易溶于水，吸水性很强，并且吸水后呈现有特征的蓝色。由于无水硫酸铜不溶于乙醇和乙醚，可利用这一特征检验有机液体（比如乙醇或者乙醚）中的微量水分，同时可利用其强吸水性除去有机液体中的水分。

$CuSO_4$ 溶液因 Cu^{2+} 水解而显弱酸性。

$$2Cu^{2+}+2H_2O == [Cu_2(OH)_2]^{2+}+2H^+$$

如果在 $CuSO_4$ 溶液中加入弱碱或弱酸强碱盐，上述反应会向正反应方向移动而出现绿色的碱式盐沉淀。

$$2Cu^{2+}+2NH_3 \cdot H_2O+SO_4^{2-} == Cu_2(OH)_2SO_4 \downarrow +2NH_4^+$$

$$2Cu^{2+}+3CO_3^{2-}+2H_2O == Cu_2(OH)_2CO_3 \downarrow +2HCO_3^-$$

由于 Cu^{2+} 在水溶液中容易发生水解，所以在配制此类盐溶液时，应加入少量相应的酸。

硫酸铜是一种非常重要的化学原料，广泛用于电镀、电池等工业中。硫酸铜水溶液具有较强的杀菌能力，把它加入水池或水稻田中可防止藻类的滋生，同石灰乳混合配成的波尔多液可防治植物的病虫害。

③ 氯化铜（$CuCl_2$）和氯化亚铜（$CuCl$）　无水氯化铜呈棕黄色，是共价化合物，其结构为链状，易溶于水，也易溶于乙醇、丙酮等有机溶剂。$CuCl_2$ 的稀溶液为浅蓝色，原因是水分子取代了 $[CuCl_4]^{2-}$ 中的 Cl^-，形成了 $[Cu(H_2O)_4]^{2+}$。

$$[CuCl_4]^{2-}+4H_2O = [Cu(H_2O)_4]^{2+}+4Cl^-$$

$CuCl$ 为白色难溶化合物，在空气中吸潮后变绿，且能溶于氨水。氯化亚铜是亚铜盐中最重要的化合物，用于制造玻璃、陶瓷用颜料、消毒剂、媒染剂以及有机合成中的催化剂和还原剂、石油工业的脱硫剂和脱色剂等。

④ 铜的配合物　Cu^{2+} 是一种较好的配合物形成体，能与 OH^-、Cl^-、F^-、SCN^-、H_2O、NH_3 以及一些有机配体形成配合物。Cu^+ 的配位能力不及 Cu^{2+}。

向 $CuSO_4$ 溶液中加入过量氨水，会生成宝石蓝色的 $[Cu(NH_3)_4]^{2+}$。

$$Cu_2(OH)_2SO_4+8NH_3 = 2[Cu(NH_3)_4]^{2+}+SO_4^{2-}+2OH^-$$

铜氨配离子溶液具有溶解纤维素的性能，在所得纤维素溶液中加入酸，纤维素又可以沉淀的形式析出，工业上利用这一性质来制造人造丝。

在热的 Cu^{2+} 溶液中加入 CN^-，会得到白色的 $CuCN$，而不是 $Cu(CN)_2$。

$$2Cu^{2+}+4CN^- = 2CuCN\downarrow+(CN)_2\uparrow$$

在电镀行业，铜（Ⅰ）氰配离子溶液可用作铜的电镀液，但由于氰化物有剧毒，目前国内外无氰电镀工艺发展非常迅速，已逐渐替代了传统的氰化物电镀。

3. 银和金的重要化合物

（1）氧化银　在 $AgNO_3$ 溶液中加入 $NaOH$，首先析出极不稳定的白色 $AgOH$ 沉淀，$AgOH$ 沉淀不稳定，立即脱水转为棕黑色的 Ag_2O。

$$AgNO_3+NaOH = AgOH+NaNO_3$$
$$2AgOH = Ag_2O+H_2O$$

Ag_2O 具有较强的氧化性，与有机物摩擦可引起燃烧，能氧化 CO、H_2O_2，本身被还原为单质银。

$$Ag_2O+CO = 2Ag+CO_2\uparrow$$
$$Ag_2O+H_2O_2 = 2Ag+O_2\uparrow+H_2O$$

Ag_2O 与 MnO_2、Co_2O_3、CuO 的混合物在室温下能迅速将 CO 氧化为 CO_2，因此被用于防毒面具中。Ag_2O 与 NH_3 作用，可生成配合物 $[Ag(NH_3)_2]OH$。

（2）硝酸银　硝酸银是最重要的可溶性银盐。将银溶解在硝酸中，所得溶液经蒸发结晶，便可得到白色或无色的硝酸银晶体。

将硝酸银加热到 440℃ 就会发生分解。

$$2AgNO_3 \xrightarrow{\triangle} 2Ag+2NO_2\uparrow+O_2\uparrow$$

$AgNO_3$ 具有氧化性，遇微量有机物即被还原成单质银。皮肤或工作服沾上 $AgNO_3$ 后会逐渐变成紫黑色。它有一定的杀菌能力，可用来治疗眼结膜炎，但过量会对人体有烧蚀作用。

（3）卤化银　卤化银中，AgF 易溶于水，而 $AgCl$、$AgBr$ 和 AgI 难溶于水，其中 AgI 的溶解度最小。

$AgCl$、$AgBr$ 和 AgI 容易感光而分解。

$$2AgX \xrightarrow{\text{光}} 2Ag+X_2(X = Cl、Br、I)$$

因此，卤化银可用作感光材料，如 AgBr 常用于制造黑白照相底片和相纸。此外，AgI 在人工降雨中可用作冰核形成剂。

（4）三氯化金　金在 473K 下同氯气作用，可得到褐红色晶体三氯化金。在固态和气态时，该化合物均为二聚体，具有氯桥基结构，用有机物如草酸、甲醛、葡萄糖等可将其还原为胶态金溶液。在金的化合物中，+3 氧化数物质是最稳定的。金（Ⅰ）很容易转化为金（Ⅲ）氧化态。

$$3Au^+ \longrightarrow Au^{3+}+2Au$$

（5）配合物　Ag^+的重要特征是容易形成配离子，如与 NH_3、$S_2O_3^{2-}$、CN^- 等形成稳定程度不同的配离子。AgCl 能较好地溶于浓氨水，而 AgBr 和 AgI 却难溶于氨水。AgBr 易溶于硫代硫酸钠溶液中，而 AgI 易溶于 KCN 溶液中。

配离子有很大实际意义，广泛用于电镀工业等方面。在制造热水瓶的过程中，瓶胆上的镀银就是利用银氨配离子与甲醛或葡萄糖的反应。

$$2[Ag(NH_3)]^++RCHO+2OH^- \longrightarrow RCOONH_4+2Ag+NH_3+H_2O$$

此反应称为银镜反应，主要应用于化学镀银及醛(R-CHO)的鉴定。注意镀银后的银氨溶液不能贮存，因放置时（天热时不到一天）会析出强爆炸性的氮化银沉淀。为了破坏溶液中的银氨离子，可加盐酸，转化为 AgCl 回收。

二、锌族元素

锌族元素包括锌、镉、汞三种元素，是周期系ⅡB族元素。锌族元素的原子最外层和碱土金属一样都只有两个电子，但锌族元素没有碱土金属那么活泼。

铜族与锌族元素的金属活泼性次序为：

$$Zn > Cd > H > Cu > Hg > Ag > Au$$

1. 锌族元素单质

（1）物理性质　游离状态的锌、镉、汞都是银白色金属，其中锌略带蓝色。锌族金属的特点主要表现为低熔点和低沸点，它们的熔、沸点不仅低于铜族金属，而且低于碱土金属，并依 Zn、Cd、Hg 的顺序下降。汞是常温下唯一的液体金属，有流动性，又被称为水银。汞的密度很大，蒸气压低，汞的蒸气在电弧中能导电，并辐射高强度的可见光和紫外光。汞受热时均匀膨胀，并且不浸润玻璃，所以可用于制造温度计。汞具有挥发性，室内空气中即使含有微量的汞蒸气，也会有害于人体健康。一旦水银洒落，应该用锡箔将其沾起（实际上是形成了汞齐），并且还应在可能遗留汞的地方撒上硫黄粉，这样汞会变成难溶的 HgS。

锌、镉、汞之间以及与其他金属容易形成合金。锌的最重要的合金是黄铜，制造黄铜是锌的主要用途之一。大量的锌用于制造白铁皮，将干净的铁片浸在熔化的锌里即可制得，这可防止铁的腐蚀。锌也是制造干电池的重要材料，这种电池以 Ag_2O_2 为正极，Zn 为负极，用 KOH 作电解质，电极反应为

负极：$Zn-2e^-+2OH^- \longrightarrow Zn(OH)_2$

正极：$Ag_2O_2+4e^-+2H_2O \longrightarrow 2Ag+4OH^-$

总反应：$2Zn+Ag_2O_2+2H_2O \longrightarrow 2Ag+2Zn(OH)_2$

铅蓄电池的蓄电量为 $0.29A \cdot min \cdot kg^{-1}$，而银锌电池的蓄电量为 $1.57A \cdot min \cdot kg^{-1}$，所以银锌干电池常被称为高能电池。

汞可溶解许多金属如 Na、K、Ag、Au、Zn、Cd、Sn、Pb 等而形成汞齐，因组成不同，汞齐可以显液态或固态。汞齐在化学、化工和冶金中有重要用途，钠汞齐与水反应缓慢放出氢，有机化学中常用作还原剂。

（2）化学性质　Zn、Cd 相对活泼，易发生化学反应。Hg 相对不活泼，仅能与少数物质反应。

锌在含有 CO_2 的潮湿空气中可生成一层碱式碳酸锌。

$$4Zn+2O_2+3H_2O+CO_2 =\!=\!= ZnCO_3 \cdot 3Zn(OH)_2$$

锌、镉、汞都易溶于硝酸，在过量的硝酸中溶解汞产生硝酸汞（Ⅱ）。

$$3Hg+8HNO_3 =\!=\!= 3Hg(NO_3)_2+2NO\uparrow+4H_2O$$

过量的汞与冷的稀硝酸反应，得到的则是硝酸亚汞。

$$6Hg+8HNO_3 =\!=\!= 3Hg_2(NO_3)_2+2NO\uparrow+4H_2O$$

锌与铝相似，也是两性金属，能溶于强碱溶液中：

$$Zn+2NaOH+2H_2O =\!=\!= Na_2[Zn(OH)_4]+H_2\uparrow$$

锌能溶于氨水形成配离子，但铝不溶于氨水，不能与氨水形成配离子：

$$Zn+4NH_3+2H_2O =\!=\!= [Zn(NH_3)_4]^{2+}+H_2\uparrow+2OH^-$$

2. 锌族的重要化合物

锌和镉在常见化合物中的氧化数表现为+2，汞主要形成+1 和+2 两种氧化数的化合物。与 Hg_2^{2+} 相应的 Cd_2^{2+}、Zn_2^{2+} 极不稳定，仅在熔融的氯化物中溶解金属时生成，Cd_2^{2+}、Zn_2^{2+} 在水中立即歧化。

$$Cd_2^{2+} =\!=\!= Cd^{2+}+Cd$$

它们的稳定顺序为 $Cd_2^{2+}<Zn_2^{2+}<Hg_2^{2+}$。

（1）氧化物和氢氧化物　锌、镉、汞在加热时与氧反应可生成相应的氧化物，把锌、镉的碳酸盐加热也可以得到 ZnO 和 CdO。

$$ZnCO_3 =\!=\!= ZnO+CO_2\uparrow$$

$$CdCO_3 =\!=\!= CdO+CO_2\uparrow$$

这些氧化物几乎都不溶于水，它们常用作颜料，如 ZnO 俗名锌白，用作白色颜料。锌白的优点是遇到 H_2S 气体不变黑，因为 ZnS 也是白色。因 ZnO 有收敛性和一定的杀菌力，在医药上常调制成软膏应用。

ZnO 和 CdO 的生成热较大，较稳定、加热升华而不分解。HgO 加热到 573K 时分解为汞与氧气。

$$2HgO \overset{573K}{=\!=\!=} 2Hg+O_2\uparrow$$

所以 HgS 在空气中焙烧时，可不经过 HgO 而直接得到汞和二氧化硫。

在锌盐和镉盐溶液中加入适量强碱，可得到它们的氢氧化物，如：

$$ZnCl_2+2NaOH =\!=\!= Zn(OH)_2+2NaCl$$

$$CdCl_2+2NaOH =\!=\!= Cd(OH)_2+2NaCl$$

汞盐溶液与碱反应，析出的不是 $Hg(OH)_2$，而是黄色的 HgO。

$$Hg^{2+}+2OH^- =\!=\!= HgO+H_2O$$

氢氧化锌是两性氢氧化物，溶于强酸成锌盐，溶于强碱而成为四羟基配合物。

$$Zn(OH)_2+2H^+ =\!=\!= Zn^{2+}+2H_2O$$

$$Zn(OH)_2+2OH^- \longrightarrow Zn(OH)_4^{2-}$$

与 $Zn(OH)_2$ 不同，$Cd(OH)_2$ 的酸性特别弱，不易溶于强碱中。

氢氧化锌和氢氧化镉还可溶于氨水中，这一点与 $Al(OH)_3$ 不同，能溶解是由于生成了氨配离子。

$$Zn(OH)_2+4NH_3 =\!=\!= [Zn(NH_3)_4]^{2+}+2OH^-$$

$$Cd(OH)_2+4NH_3 =\!=\!= [Cd(NH_3)_4]^{2+}+2OH^-$$

$Zn(OH)_2$ 和 $Cd(OH)_2$ 加热时都容易脱水变为 ZnO 和 CdO。锌、镉、汞的氧化物和氢氧化物都是共价型化合物，共价性按 Zn、Cd、Hg 的顺序而增强。

（2）硫化物　在 Zn^{2+}、Cd^{2+}、Hg^{2+} 溶液中分别通入 H_2S，便会生成相应的硫化物沉淀。

$$M^{2+}+H_2S =\!=\!= MS\downarrow+2H^+$$

298K 时 ZnS、CdS 和 HgS 的溶度积分别为 2.5×10^{-22}、8.0×10^{-27} 和 4.0×10^{-53}，其颜色分别是白色、黄色和黑色（或红色）。

硫化锌不溶于醋酸，但能溶于 $0.1mol\cdot L^{-1}$ 盐酸，因此往中性锌盐溶液中通入硫化氢气体，ZnS 沉淀不完全，因沉淀过程中，不断增加的 H^+ 阻碍了 ZnS 进一步沉淀。

CdS 的溶度积更小，不溶于稀酸，但能溶于浓酸。所以控制溶液的酸度，可使锌、镉分离。

黑色 HgS 变体加热到 659K 转变为比较稳定的红色变体。硫化汞是溶解度最小的金属硫化物，但可溶于硫化钠和王水中。

$$HgS+Na_2S =\!=\!= Na_2[HgS_2]$$

$$3HgS+12HCl+2HNO_3 =\!=\!= 3H_2[HgCl_4]+3S\downarrow+2NO\uparrow+4H_2O$$

ZnS 可用作白色颜料，它同硫酸钡共沉淀所形成的混合晶体 $ZnS\cdot BaSO_4$，叫作锌钡白（立德粉），是一种优良的白色颜料。制造锌钡白的反应如下：

$$ZnSO_4(溶液)+BaS(溶液) =\!=\!= ZnS\cdot BaSO_4$$

ZnS 在 H_2S 气体中灼烧，即转变为晶体。若在晶体 ZnS 中加入微量的 Cu、Mn、Ag 作活化剂，经光照后能发出不同颜色的荧光，这种材料叫荧光粉，可制作荧光屏、夜光表、发光油漆等。

CdS 叫镉黄，用作黄色颜料。镉黄可以使用纯 CdS，也可以是 $CdS\cdot ZnS$ 的共熔体。CdS 主要用于半导体材料、陶瓷、玻璃等的着色，还可用于涂料、塑料和电子材料。

（3）氯化物

① 氯化锌　无水氯化锌为白色固体，在水中的溶解度较大，吸水性很强，有机化学中常用它作去水剂和催化剂。$ZnCl_2$ 在水溶液中容易发生水解而生成碱式盐。

$$ZnCl_2+H_2O \Longrightarrow Zn(OH)Cl+HCl$$

氯化锌的浓溶液中，由于生成配合酸——羟基二氯合锌酸而具有显著的酸性。

$$ZnCl_2+H_2O \Longrightarrow H[ZnCl_2(OH)]$$

羟基二氯合锌酸能溶解金属氧化物，常将这一特性用于电焊除锈，比如用锡焊接金属之前，用 $ZnCl_2$ 浓溶液清除金属表面的氧化物，并且还不会损害金属表面。$ZnCl_2$ 还可用作有机合成工业的脱水剂、缩合剂以及催化剂，也可用作石油净化剂和活性炭活化剂。$ZnCl_2$ 还用于干电池、电镀、医药、木材防腐以及农药等领域。

② 氯化汞（$HgCl_2$）和氯化亚汞（Hg_2Cl_2）　汞生成两种氯化物，即升汞 $HgCl_2$ 和甘汞（Hg_2Cl_2）。通常是将硫酸汞和氯化钠的混合物加热而制得：

$$HgSO_4+2NaCl \overset{\triangle}{\Longrightarrow} HgCl_2+Na_2SO_4$$

$HgCl_2$ 为白色针状晶体，微溶于水，有剧毒，内服 0.2～0.4g 可致死，医院里常用 $HgCl_2$ 的稀溶液作手术刀剪等的消毒剂。

氯化汞熔融时不导电，是共价型分子，熔点较低（549K），易升华，故称升汞。它在水溶液中很少解离，大量以 $HgCl_2$ 分子存在，解离常数很小。氯化汞遇到氨水即析出白色氯化氨基汞沉淀 $Hg(NH_2)Cl$，在水中稍有水解。

$$HgCl_2+H_2O \Longrightarrow Hg(OH)Cl+HCl$$

在酸性溶液中 $HgCl_2$ 是一个较强的氧化剂，同一些还原剂（如 $SnCl_2$）反应可被还原成 Hg_2Cl_2 或 Hg，可用以检验 Hg^{2+} 或 Sn^{2+}。

$HgCl_2$、HgS 等化合物中，汞的氧化数是+2。在 Hg_2Cl_2、$Hg_2(NO_3)_2$ 等化合物中，汞的氧化数是+1，汞的氧化数为+1 的化合物叫亚汞化合物。亚汞化合物中，汞总是以双聚体的形式出现。

亚汞盐多数是无色的，大多微溶于水，只有极少数盐如硝酸亚汞是易溶的。和二价汞离子不同，亚汞离子一般不易形成配离子。

在硝酸亚汞溶液中加入盐酸，就生成氯化亚汞沉淀。

$$Hg_2(NO_3)_2+2HCl \Longrightarrow Hg_2Cl_2+2HNO_3$$

氯化亚汞无毒，是一种不溶于水的白色粉末，因味略甜，俗称甘汞。氯化亚汞在医药上用作轻泻剂，化学上用以制造甘汞电极。在光的照射下，容易分解成汞和氯化汞。

$$Hg_2Cl_2 \Longrightarrow HgCl_2+Hg$$

所以氯化亚汞应贮存在棕色瓶中。

Hg_2^{2+} 和 Hg^{2+} 溶液中存在下列平衡：

$$Hg^{2+}+Hg \Longrightarrow Hg_2^{2+}$$

上述反应的平衡常数 $K^{\ominus}=69.4$，表明在达到平衡时 Hg 与 Hg^{2+} 基本上转变成 Hg_2^{2+}。此反应常用作亚汞盐的制备，如把硝酸汞溶液同汞共同振荡，则生成硝酸亚汞。

$$Hg(NO_3)_2+Hg \rightleftharpoons Hg_2(NO_3)_2$$

$Hg(NO_3)_2$ 和 $Hg_2(NO_3)_2$ 都溶于水,容易水解,配制溶液时需加入稀 HNO_3 以抑制其水解。

$$Hg_2(NO_3)_2+H_2O \rightleftharpoons Hg_2(OH)NO_3+H^++NO_3^-$$

Hg_2Cl_2 可利用 $HgCl_2$ 与 Hg 混合在一起研磨而制备。

$$HgCl_2+Hg \rightleftharpoons Hg_2Cl_2$$

但 $Hg^{2+}+Hg \rightleftharpoons Hg_2^{2+}$ 这个可逆反应的方向在不同条件下是可以改变的。如果加入一种试剂同 Hg^{2+} 形成沉淀或配合物,可降低 Hg^{2+} 的浓度,则会显著加速 Hg_2^{2+} 歧化反应的进行。例如,在 Hg_2^{2+} 溶液中加入强碱或硫化氢时,发生下列反应:

$$Hg_2^{2+}+2OH^- \rightleftharpoons Hg_2(OH)_2 \rightleftharpoons Hg+HgO+H_2O$$

$$Hg_2^{2+}+H_2S \rightleftharpoons Hg_2S+2H^+$$

$$Hg_2S \rightleftharpoons HgS+Hg$$

用氨水与 Hg_2Cl_2 反应,由于 Hg^{2+} 同 NH_3 生成了比 Hg_2Cl_2 溶解度更小的氨基化合物 $Hg(NH_2)Cl$,使 Hg_2Cl_2 发生歧化反应。

$$Hg_2Cl_2+2NH_3 \rightleftharpoons Hg(NH_2)Cl+Hg+NH_4Cl$$

氯化氨基汞是白色沉淀,金属汞为黑色分散的细珠,因此沉淀是灰色的。这个反应可用来区分 Hg_2^{2+} 和 Hg^{2+}。

(4)配合物 由于它们的离子为 18 电子层结构,具有很强的极化力与明显的变形性,因此相比相应主族元素有较强的形成配合物的倾向。

Zn^{2+}、Cd^{2+} 与氨水反应,生成稳定的氨配合物。

$$Zn^{2+}+4NH_3 \rightleftharpoons [Zn(NH_3)_4]^{2+}$$

$$Cd^{2+}+6NH_3 \rightleftharpoons [Cd(NH_3)_6]^{2+}$$

Zn^{2+}、Cd^{2+}、Hg^{2+} 与 CN^-、SCN^-、CNS^-、Cl^-、Br^-、I^- 均生成$[ML_4]^{2-}$ 配离子。

$$2Hg^{2+}+6I^- \rightleftharpoons HgI_2 \downarrow (红色)+[HgI_4]^{2-}$$

$[HgI_4]^{2-}$ 与强碱混合后叫奈氏试剂。微量 NH_4^+ 即可和奈氏试剂生成红棕色沉淀:

$$NH_4^++2[HgI_4]^{2-}+4OH^- \rightleftharpoons [Hg_2ONH_2]I \downarrow (红棕色)+7I^-+3H_2O$$

分析化学中经常应用这一反应鉴定 NH_4^+。

【课堂练习】

1. 解释下列实验现象。

(1)焊接铁皮时,常先用浓 $ZnCl_2$ 溶液处理铁皮表面。

(2)过量的 Hg 与冷 HNO_3 反应的产物是 $Hg_2(NO_3)_2$。

(3)铜器在潮湿空气中会慢慢生成一层绿色物质。

(4)金能溶于王水。

(5)当 SO_2 通入 $CuSO_4$ 与 $NaCl$ 的浓溶液中时析出白色沉淀。

(6)往 $AgNO_3$ 溶液中滴加 KCN 溶液时,先生成白色沉淀而后溶解,再加入 $NaCl$ 溶液时并无 $AgCl$ 沉淀生成,但加入少许 Na_2S 溶液时却析出黑色 Ag_2S 沉淀。

(7)Hg_2Cl_2 是利尿剂,为什么有时服用含 Hg_2Cl_2 的药剂后反而会中毒?

（8）为什么 $AgNO_3$ 要用棕色瓶来储存?

2．选择题

（1）下列离子能与 I^- 发生氧化还原反应的有（　　）。

A．Pb^{2+}　　　　　　B．Hg^{2+}　　　　　　C．Cu^{2+}　　　　　　D．Sn^{4+}

（2）要从含有少量 Cu^{2+} 的 $ZnSO_4$ 溶液中除去 Cu^{2+}，最好的试剂是（　　）。

A．Na_2CO_3　　　　　B．$NaOH$　　　　　　C．HCl　　　　　　D．Zn

（3）能共存于溶液中的一对离子是（　　）。

A．Fe^{3+} 和 I^-　　　B．Pb^{2+} 和 Sn^{2+}　　　C．Ag^+ 和 PO_4^{3-}　　　D．Fe^{3+} 和 SCN^-

【拓展窗】

明星分子

在 19 世纪和 20 世纪上半叶，发现新元素及其化合物是化学研究的前沿之一。从 20 世纪下半叶起，化学的主要任务不再是发现新元素，而是合成新分子。在过去 50 年中，新分子和新化合物的数目从 110 万种增加到 2000 万种以上。

在这些分子中，有许多人们感兴趣的明星分子。例如，诺贝尔在 1864 年用硝酸甘油（TNT）制造出安全炸药，使 TNT 成为 19 世纪 60 年代的明星分子。后来发现 TNT 还有缓解心绞痛的作用。诺贝尔患有严重的心脏病，医生曾建议他试用 TNT，但被诺贝尔拒绝了，因为他无法理解 TNT 有缓解心绞痛的作用。1896 年，他因心脏病发作而逝世。TNT 能缓解心绞痛的机理困惑了医学家、药学家 100 余年，直至 1986 年才被药理学家弗奇戈特（Furchgott R F）、伊格纳罗（Ignarro L J）和穆拉德（Murad F）所发现。原来 TNT 能缓慢释放 NO，而 NO 能使血管扩张，它是一种传递神经信息的"信使分子"。这三位药理学家因而获得 1998 年诺贝尔生理学和医学奖，而 NO 也就成为明星分子。

科学家研究发现人体内有 3 种大同小异的 NO 合成酶，它们分布在人体的不同部位，生成的 NO 在人体中起着不同的作用。NO 能使血管平滑肌松弛、血管扩张及调节血压；NO 是脂溶性的，它不需要任何中介机制就可快速扩散通过生物膜，将一个细胞产生的信息传递到周围细胞中，它是细胞之间传递信息的信使；NO 能抑制血小板聚集黏附于内皮细胞，起到抗凝作用；NO 还对记忆力、肠胃功能以及增进免疫功能都有重要影响。但是 NO 是"双刃剑"，体内生成过多的 NO 会造成炎症，如损害肝脏、伤害分泌胰岛素的细胞。据称老年痴呆症、关节炎等也与 NO 过多有关。NO 是当今生命科学和医学研究的热点之一。

本章小结

一、s 区元素

s 区元素的价电子构型为 $ns^{1\sim2}$，主要指周期系中 ⅠA 族和 ⅡA 族元素。在 s 区元素中，无论同一族元素自上而下，或同一周期从左到右，性质的变化都呈现明显的规律性。

① 锂和铍的原子半径和离子半径分别是碱金属和碱土金属中最小的，这是锂与其他碱金属元素、铍与其他碱土金属元素性质差别较大的主要原因。

② 同一族内，从上到下原子半径依次增大，电离能和电负性依次减小，而金属活泼性依次增加。

二、p 区元素

p 区元素包括周期系ⅢA～ⅦA 族元素。

① 周期系ⅦA 族元素统称卤族元素或卤素，包括氟、氯、溴、碘和砹五种元素。卤素性质递变具有明显的规律性，如共价半径、离子半径、熔点、沸点都随原子序数增大而增大，而电离能、电子亲和能、离子水合能、电负性等随原子序数增大而减小。但半径最小的氟却出现一些"反常"。

② 周期系ⅥA 族元素统称氧族元素，包括氧、硫、硒、碲和钋，钋是放射性元素。本族元素的共价半径、离子半径随原子序数增加而增大，电负性、电离能随原子序数增加而减小。与氟相似，氧原子也因半径特小，某些性质出现"反常"。

③ 周期系ⅤA 族元素包括氮、磷、砷、锑和铋五种元素，统称氮族元素。氮和磷是非金属元素，砷和锑是准金属，铋是金属元素。因此，本族元素在性质递变上表现出从典型的非金属到金属的一个完整的过渡。

④ 周期系ⅣA 族元素包括碳、硅、锗、锡和铅五种元素，统称碳族元素。碳和硅在自然界中分布很广，硅是构成地球上矿物界的主要元素，而碳是组成生物界的主要元素。

⑤ 周期系ⅢA 族元素包括硼、铝、镓、铟和铊五种元素，统称硼族元素。本族元素价电子层有 4 个轨道（1 个 s 轨道和 3 个 p 轨道），但价电子只有 3 个，这种价电子数少于价轨道数的原子称为缺电子原子。当它们与其他原子形成共价键时，价电子层中还留下空轨道，这种化合物称为缺电子化合物。

三、d 区元素

d 区元素包括ⅢB～ⅧB 族所有的元素，d 区元素价电子层结构是 $(n-1)d^{1\sim8}ns^{1\sim2}$。

① d 区元素的最外层电子数一般不超过 2 个，较易失去，所以它们都是金属。

② d 区元素除最外层 s 电子可参与成键外，次外层 d 电子在适当条件下也可部分甚至全部参与成键，因此它们大多具有可变的氧化态。

③ 水合离子大多具有颜色，这与它们离子的 d 轨道有未成对电子有关。

四、ds 区元素

ds 区元素包括ⅠB 族的铜、银、金和ⅡB 族的锌、镉、汞。它们的价电子构型分别为 $(n-1)d^{10}ns^1$ 和 $(n-1)d^{10}ns^2$。

① ⅠB 族元素除能失去 1 个 s 电子形成+1 氧化数外，还可再失去 1 个或 2 个 d 电子形成+2、+3 氧化数的物质。

② ⅡB 族元素 d 轨道的电子已趋于稳定，只能失去最外层的一对 s 电子，因而多表现+2 氧化数。

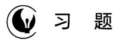 习　题

一、单项选择题

1. 下列金属单质表现两性的是（　　　）。

A. Li　　　　　　　B. Mg　　　　　　　C. Ba　　　　　　　D. Be

2．下列碱土金属氧化物中，硬度最大的是（　　　）。

A．CaO　　　　　　B．BaO　　　　　　C．MgO　　　　　　D．SrO

3．下列物质与 Cl_2 作用能生成漂白粉的是（　　　）。

A．$CaCO_3$　　　　B．$CaSO_4$　　　　C．$Mg(OH)_2$　　　D．$Ca(OH)_2$

4．下列硫酸盐在水中溶解度最小的是（　　　）。

A．$MgSO_4$　　　　B．$CaSO_4$　　　　C．$SrSO_4$　　　　D．$BaSO_4$

5．下列物质热分解温度最高的是（　　　）。

A．$MgCO_3$　　　　B．$CaCO_3$　　　　C．$SrCO_3$　　　　D．$BaCO_3$

6．下列金属氢氧化物显示两性的是（　　　）。

A．$Mg(OH)_2$　　　B．$Be(OH)_2$　　　C．$Sr(OH)_2$　　　D．LiOH

7．下列四种氢氧化物中，碱性最强的是（　　　）。

A．$Be(OH)_2$　　　B．$Mg(OH)_2$　　　C．$Ca(OH)_2$　　　D．LiOH

8．下列碳酸盐中，热稳定性最小的是（　　　）。

A．$BeCO_3$　　　　B．$MgCO_3$　　　　C．$CaCO_3$　　　　D．$BaCO_3$

9．下列各对元素，化学性质最相似的是（　　　）。

A．H、Li　　　　　B．Na、Mg　　　　　C．Al、Be　　　　　D．Al、Si

10．下列物质不会被空气氧化的是（　　　）。

A．$Mn(OH)_2$　　　B．$Fe(OH)_2$　　　C．$[Co(NH_3)_6]^{2+}$　　　D．$[Ni(NH_3)_6]^{2+}$

11．下列物质能共存于同一溶液中的是（　　　）。

A．Fe^{3+} 和 I^-　　　B．Fe^{3+} 和 Fe^{2+}　　　C．MnO_4^{2-} 和 H^+　　　D．Fe^{3+} 和 CO_3^{2-}

12．要配制 Fe^{2+} 的标准溶液，较好的方法是（　　　）。

A．$FeCl_2$ 溶于水　　　　　　　　　B．亚铁铵矾溶于水

C．$FeCl_3$ 溶液加铁屑还原　　　　　D．铁屑溶于稀酸

二、完成并配平下列反应方程式

1．$Li+O_2 \longrightarrow$

2．$KO_2+H_2O \longrightarrow$

3．$Be(OH)_2+NaOH \longrightarrow$

4．$Sr(NO_3)_2 \xrightarrow{\text{加热}}$

5．$CaH_2+H_2O \longrightarrow$

6．$Na_2O_2+CO_2 \longrightarrow$

7．$NaCl+H_2O(电解) \longrightarrow$

8．$Mg(OH)_2+NH_3 \longrightarrow$

三、填空题

1．镁条在空气中燃烧主要产物是＿＿＿＿＿，其次还有＿＿＿＿＿。

2．$BeCl_2$ 的熔点比 $MgCl_2$ 的＿＿＿＿＿，因为＿＿＿＿＿。

3．$CaCO_3$ 的溶解度比 $Ca(HCO_3)_2$ 的溶解度＿＿＿＿＿，Na_2CO_3 的溶解度比 $NaHCO_3$ 的溶解度＿＿＿＿＿。

4．在所有过渡金属中，硬度最大的是＿＿＿＿＿，熔点最高的是＿＿＿＿＿，导电性最好的是＿＿＿＿＿。

5．硅胶干燥剂中含有 $CoCl_2$，硅胶吸水后，逐渐由_____色变为_____色，指示硅胶吸水已达饱和。

6．在配制 Fe^{2+} 溶液时，一般需要加入足够浓度的酸和一些铁钉，其目的是_____，_____。

7．碱性 $BaCl_2$ 溶液与 $K_2Cr_2O_7$ 溶液混合生成_____色的_____沉淀，然后加入稀 HCl 则沉淀溶解，溶液呈_____色，再加入 NaOH 溶液则生成_____色的_____。

第二部分　实验部分

模块一　实训项目

实验项目一　实验室常见仪器的认领和基本操作

一、实验目的

1. 认识实验室常用仪器。
2. 掌握实验室常用玻璃仪器的洗涤和干燥。
3. 初步掌握无机化学实验的基本操作方法及实验步骤。

二、实验原理

玻璃仪器的洗涤是一项必须做的实验前准备工作，因为仪器洗涤得是否符合要求，对实验结果有很大影响。玻璃仪器的洗涤方法有很多，一般来说，应根据实验的要求、污物的性质和沾污程度来选择方法。附着在仪器上的污物既有可溶性物质，也有尘土、不溶物及有机油污等，洗涤玻璃仪器的一般步骤为：用自来水洗→用洗涤剂（液）洗→用自来水洗→用少量蒸馏水淋洗 3 次。

三、实验仪器与试剂

仪器：量筒、试剂瓶、烧杯、研钵、洗瓶、酒精灯、三脚架、石棉网、漏斗、铁架台、铁圈、铁夹、蒸发皿、表面皿、减压过滤装置、移液管、吸量管、洗耳球、容量瓶、滴定管、锥形瓶、碘量瓶、水浴锅、点滴板、干燥器、温度计、毛刷、热过滤漏斗。

其他：蒸馏水、去污粉、洗衣粉。

四、实验步骤

（一）仪器认领

认领无机化学常用的实验仪器，并且清点，检查有无破损。

（二）玻璃仪器的洗涤

1. 水洗

普通玻璃仪器可用水洗涤。方法是：向仪器中注入约 1/3 体积的自来水，振荡，或用毛刷蘸水刷洗仪器，可洗去仪器上附着的灰尘、可溶性物质和易脱落的不溶性杂质。反复洗涤几次，至水倒出后内壁不挂水珠为洗净。

2. 用洗涤剂或去污粉洗

当仪器内壁有油污时，须采用洗涤剂或去污粉洗涤。

用洗涤剂洗涤一般玻璃仪器（如锥形瓶、烧杯、量筒等）时，先用自来水冲洗一下，再用试管刷蘸取少量肥皂、洗衣粉或去污粉刷洗。然后，用自来水清洗，最后用蒸馏水冲洗 3 次。注意在转动或上下移动试管刷时，须用力适当，避免损坏仪器。

洗涤计量玻璃仪器（如滴定管、移液管等）时，也可用肥皂、洗衣粉洗涤，但不能用毛刷刷洗。

3. 用洗液洗

主要用于无法用刷子刷洗或不宜用刷子刷洗的仪器，如冷凝管、滴定管、移液管和容量瓶等，以及无法用洗涤剂洗净的玻璃仪器。若用洗涤剂已洗至不挂水珠，可不用洗液洗涤。

用洗液洗涤时，先装入少量洗液，将仪器倾斜转动，使管壁全部被洗液湿润，转动一会儿后将洗液倒回原洗液瓶中，再用自来水把残留在仪器中的洗液洗去，最后用少量蒸馏水洗 3 次。玷污程度严重的玻璃仪器先用铬酸洗液浸泡一段时间，再依次用自来水、蒸馏水洗涤干净。把洗液微微加热再浸泡仪器，效果会更好。

通常用的洗液是铬酸洗液，具有强的氧化性，去污能力很强。铬酸洗液能洗涤很多类型的污垢，而且洗涤得非常洁净。尽管如此，若能用其他洗涤剂洗涤的，尽量不要使用铬酸洗液。

（1）配制　洗液的配方一般分浓配方和稀配方两种，可按下列配方来配制：

配方：　　重铬酸钾（工业用）　　25g

　　　　　蒸馏水　　　　　　　　50mL

　　　　　浓硫酸（粗）　　　　　450mL

配制方法是称取 25g 工业用重铬酸钾，加入 50mL 蒸馏水中，加热溶解后，冷却，再慢慢地加入 450mL 浓硫酸，边加边搅动。配好后储存于玻璃瓶备用。此液可用多次，每次用后倒回原瓶中储存，直至溶液变成青褐色时才失去效用。

（2）原理　重铬酸钾与硫酸作用后形成铬酸，铬酸的氧化能力极强，因而此液具有极强的去污作用。

（3）注意事项

① 盛洗涤液的容器应始终加盖，以防氧化变质。玻璃器皿投入洗液之前要尽量干燥，避免洗液被稀释。如要加快速度，可将洗液加热至 45～50℃进行洗涤。

② 器皿上有大量的有机物时，不可直接加洗液，应尽可能先行清除，再用洗液，否则会使洗液很快失效。

③ 用洗液洗过的器皿，应立即用水冲至无色为止。

4. 用专用有机溶剂洗

用上述方法不能洗净的油或油类物质，可用适当的有机溶剂溶解去除。

一个洗净的玻璃仪器应该不挂水珠，当倒置仪器时，器壁形成一层均匀的水膜，无成滴水珠，也不成股流下，即已洗净。

（三）玻璃仪器的干燥

不同实验对干燥有不同的要求，有时可以带水，有时则要求干燥。一般定量分析用的烧杯、锥形瓶等仪器洗净即可使用，而用于其他实验仪器很多要求是干燥的，应根据实验不同要求进行干燥。

1. 晾干

不急用的仪器，可在蒸馏水冲洗后在无尘处倒置控去水分，然后自然晾干。可用安有木钉的架子或带有透气孔的玻璃柜放置仪器。

2. 烘干

要求无水的仪器应控去水分，放在烘箱内烘干，烘箱温度为 100～120℃，烘 1h 左右。也可放在红外灯干燥箱中烘干，此法适用于一般仪器。称量瓶等在烘干后要放在干燥器中冷却和保存；带实心玻璃塞的仪器及厚壁仪器烘干时要注意慢慢升温并且温度不可过高，以免破裂；量器类仪器不可放于烘箱中烘。

硬质试管可用酒精灯加热烘干，从底部烤起，管口向下，以免水珠倒流使试管炸裂，烘到无水珠后把试管口向上赶净水气。

3. 热（冷）风吹干

对于急于使用，且要求干燥的仪器或不适于放入烘箱的较大仪器可用吹干的方法。通常用少量乙醇、丙酮（或最后再用乙醚）倒入已控去水分的仪器中摇洗，然后用电吹风机吹，开始用冷风吹 1～2min，当大部分溶剂挥发后，吹入热风至完全干燥，再用冷风吹去残余蒸汽，不要使其又冷凝在容器内。

（四）基本操作训练

1. 酒精灯的使用

酒精灯是实验室常用的加热装置，其火焰温度可达 400～500℃。将前面洗净并干燥过的试管加入不超过试管体积 1/3 的水，用试管架夹住试管，使试管与桌面成 45°角进行加热。

2. 量筒和烧杯的使用

用量筒量取 30mL 蒸馏水，倒入烧杯中。

3. 胶头滴管的使用

用胶头滴管滴加 3～5 滴液体到烧杯中。

4. pH 试纸的使用

将一小片 pH 试纸放在干净的点滴板上，用洗净的玻璃棒蘸取待测溶液滴在试纸上，观察试纸颜色变化，并与标准色板对比，即可测得溶液的 pH 值。

五、思考题

1. 简单阐述玻璃仪器的洗涤方法。
2. 铬酸洗液为什么尽量少用？

实验项目二　粗食盐的提纯

一、实验目的

1. 学会称量（托盘天平）、研磨、溶解、搅拌、pH 试纸使用、过滤、蒸发、浓缩、结晶和干燥等基本化学操作。

2．了解粗食盐提纯原理。

二、实验原理

粗食盐中除含有少量泥砂等不溶性杂质和有机物外，通常还含有 K^+、Ca^{2+}、Mg^{2+}、Fe^{2+}、SO_4^{2-}、CO_3^{2-}、K^+、Br^-、I^-、NO_3^- 等可溶性杂质离子。可通过下列方法依次除去：

1．加热灼烧破坏有机物等杂质。

2．溶解过滤除去泥砂等不溶性杂质。

3．加入化学试剂除去 Ca^{2+}、Mg^{2+}、SO_4^{2-} 等可溶性杂质。

（1）加 $BaCl_2$ 除 SO_4^{2-}

$$Ba^{2+}+SO_4^{2-}\Longrightarrow BaSO_4\downarrow（白色）$$

（2）加 NaOH、Na_2CO_3 除 Ca^{2+}、Mg^{2+}、Ba^{2+}、Fe^{2+}

$$2Mg^{2+}+2OH^-+CO_3^{2-}\Longrightarrow Mg_2(OH)_2CO_3\downarrow（白色）$$

（3）加 HCl 除过量 OH^-、CO_3^{2-}

$$OH^-+H^+\Longrightarrow H_2O$$
$$CO_3^{2-}+2H^+\Longrightarrow CO_2\uparrow+H_2O$$

4．由于钾盐的溶解度比 NaCl 的溶解度大，故在 NaCl 蒸发结晶时，可溶性杂质如 K^+、Br^-、I^-、NO_3^- 留在母液中而与 NaCl 分离。

三、实验仪器与试剂

仪器：托盘天平、烧杯（100mL、200mL 各 1 个）、试管、玻璃棒、酒精灯（两盏）、洗瓶、点滴板、石棉网、三脚架、漏斗（长、短各 1 个）、布氏漏斗、抽滤瓶、蒸发皿、保温漏斗、铁架台、铁夹、铁圈、研钵、药匙、坩埚钳、镊子、真空泵（每室 4 台）等。

试剂：NaOH（$2mol\cdot L^{-1}$）、HCl（$2mol\cdot L^{-1}$）、$BaCl_2$（$1mol\cdot L^{-1}$）、粗食盐、饱和碳酸钠、95%乙醇。

其他：滤纸（中速 9cm、11cm）、pH 试纸、称量纸。

四、实验步骤

（1）称量、研磨和炒盐　称取粗食盐 10.0g，置于研钵中研细后转移至蒸发皿中，用小火炒至无爆裂声，冷却。

（2）溶解和热过滤　将上述粗食盐转移至盛有 40mL 蒸馏水的 100mL 烧杯中，加热并搅拌使其溶解。然后热过滤以除去不溶性杂质，保留滤液。

（3）沉淀和减压过滤　边搅拌边逐滴加入 $1mol\cdot L^{-1}$ $BaCl_2$ 溶液约 1.5～2mL 后，加热并继续搅拌滤液至近沸，停止加热和搅拌，待沉淀沉降溶液变清后，沿烧杯壁加 1 滴 $BaCl_2$ 溶液，观察上清液是否有浑浊。如有浑浊，表明 SO_4^{2-} 尚未除尽，继续滴加 $BaCl_2$ 溶液，直至上层清液再加入 1 滴 $BaCl_2$ 溶液无浑浊为止。沉淀完全后继续加热 5min，使沉淀颗粒长大而易于沉降，减压过滤，除去 $BaSO_4$ 沉淀，滤液转移至干净的烧杯中。

（4）再沉淀和普通过滤　边搅拌边滴加饱和 Na_2CO_3 溶液约 1.5～2mL 后，加热至近沸，使 Ca^{2+}、Mg^{2+}、Fe^{2+} 和过量的 Ba^{2+} 生成沉淀并沉降。用上述检验 SO_4^{2-} 是否除尽的方法检验 Ca^{2+}、Mg^{2+}、Fe^{2+}、Ba^{2+} 沉淀是否完全。在此过程中注意补充蒸馏水，保持原体积，防止 NaCl 晶体析出。加入 $2mol\cdot L^{-1}$ NaOH 调节溶液 pH 值为 10～11。继续煮沸 2～3min，冷却后，采

用普通过滤除去 $CaCO_3$、$BaCO_3$、$Mg_2(OH)_2CO_3$、$Fe(OH)_3$ 等沉淀，滤液转移至蒸发皿中。

（5）中和　在滤液中滴加 $2mol\cdot L^{-1}$ HCl 调节溶液 pH 为 4～5，以除去过量的 OH^- 和 CO_3^{2-}。

（6）蒸发浓缩　加热蒸发浓缩至液面出现一层结晶膜时，改用小火加热并不断搅拌，以免溶液溅出。当蒸发至糊状时，停止加热（切勿蒸干）。冷却后减压抽滤至干，用少量 95% 乙醇淋洗产品 2～3 次。将晶体转移到蒸发皿中，加热炒干（不冒水气，呈粉状，无噼啪响声）。冷却后称重，计算产率。

五、思考题

1. 在除去 Ca^{2+}、Mg^{2+}、SO_4^{2-} 时，为什么要先加 $BaCl_2$ 溶液，然后再加 Na_2CO_3 溶液，最后再加 HCl 呢？能否改变加入的先后次序？

2. 为什么在溶液中加入沉淀剂（$BaCl_2$ 或 Na_2CO_3）后要加热至近沸？

3. 原料中所含的 K^+、Br^-、I^-、NO_3^- 等离子是怎样除去的？

4. 热过滤时要用_____漏斗，它的外壳是金属做的，内放一个_____漏斗，滤纸要折成 _____形，热过滤的优点是_____。

5. 减压过滤的主要仪器有哪些？它有哪些特点？

附：菊花形滤纸的折叠方法

如图：把滤纸折成对半，再折为四分之一，以 2 对 3 叠出 4，以 1 对 3 叠出 5［图 1（a）］；以 2 对 5 叠出 6，以 1 对 4 叠出 7［图 1（b）］；以 2 对 4 叠出 8，以 1 对 5 叠出 9［图 1（c）］。此时滤纸形状如图 1（d）。注意在折叠时不可将滤纸中心压得太紧，以防过滤时滤纸底部发生破裂。再将滤纸执于左手，把 2 与 8 间、8 与 4 间、4 与 6 间以及 6 与 3 间依次朝相反方向折叠，直至叠到 9 与 1 间为止，如同折扇一样。并稍加压紧［图 1（e）］，然后将滤纸打开，注意观察 1 与 2 应有同样的折面［图 1（f）］。再将此两面向内方向对折，使每一面成为两个小折面，比其他折面浅一半［图 1（g）］。最后再将各折叠处重行轻轻压叠，然后打开即可放入漏斗中使用。

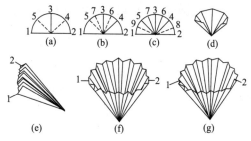

图 1　菊花形滤纸折叠方法

实验项目三　称量练习

一、实验目的

1. 熟练掌握托盘天平和电子天平的基本操作。
2. 掌握样品的称量方法：直接称量法、固定质量称量法和减量称量法等。
3. 掌握容量瓶的标准操作。

二、实验原理

1. 托盘天平

（1）首先将游码归零，检查指针是否在刻度盘的中心位置。若不在，可调节右盘下的平衡螺丝。当指针在刻度盘中心线左右等距离摆动时，则表示天平处于平衡状态（图1）。

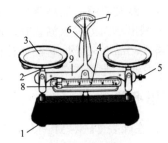

图1　托盘天平

1—底座；2—托盘架；3—托盘；4—标尺；
5—平衡螺母；6—指针；7—分度盘；
8—游码；9—横梁

（2）左物右码，即将被称量物放在左盘，砝码放在右盘。用镊子先加大砝码，再加小砝码，5g以内通过游码添加，直至指针在刻度盘中心线左右等距离摆动。此时，砝码质量和游码质量的和就是被称量物的质量。

2. 电子天平

常用的称量方法有直接称量法、固定质量称量法和减量称量法。

（1）直接称量法　天平零点调定后，将被称物直接放在称量盘上，所得读数即为被称物的质量。这种称量方法适用于洁净干燥的器皿、棒状或块状的金属等。注意不能用手直接取放被称物，而应采用垫纸条、用镊子等方法取放被称物。

（2）固定质量称量法　又称为增量法，适于称量某一固定质量的试剂，例如，直接法配制标准溶液时，需准确称取基准物质的质量，可采用此称量方法。这种称量法的操作速度很慢，适用于不易吸湿的颗粒状或粉末状样品的称量。

（3）减量称量法　该方法用于称量一定质量范围的样品或试剂。这种称量方法适用于一般的颗粒状、粉状及液态样品。由于称量瓶和滴瓶都有磨口瓶塞，适于称量较易吸湿、氧化、挥发的试样。

三、实验仪器与试剂

仪器：托盘天平、电子天平、称量瓶、干燥器、纸条、镊子、洁净干燥的小烧杯、容量瓶。

试剂：练习品碳酸钠。

四、实验步骤

微课扫一扫

（一）电子天平称量练习

1. 电子天平称量步骤

（1）检查电子天平水平仪，若不水平，调节水平调节脚至水平。

（2）接通电源，预热30min。

（3）按天平"POWER"键（或"ON"键），等显示器出现"0.0000"后，方可称量。

（4）将称量物放在称量盘中央，等显示器上数字稳定并出现质量单位g后，即可读数。

2. 称量

（1）直接称量法　采用直接称量法称量一洁净干燥的小烧杯，并记录其质量。

（2）固定质量称量法　准确称量0.1245g无水碳酸钠样品。

① 将一洁净干燥的小烧杯放于称量盘中央，待准确显示读数后，按去皮键"TAR"（或

"O/T"键），天平显示器显示为"0.0000"。

② 用药匙向小烧杯中慢慢加入无水碳酸钠样品，直到天平显示为0.1245g。

（3）减量称量法 采用减量称量法称取三份0.5500～0.6500g的碳酸钠样品。

① 从干燥器中取出装有碳酸钠样品的称量瓶，并准确称其质量，记录为m_1。

② 用纸条套住称量瓶从天平上取出，打开称量瓶盖。用瓶盖轻敲称量瓶口，使碳酸钠样品落入准备好的干净的烧杯中。当倒出的样品接近需要量时，将称量瓶直立，并将粘在瓶盖上的样品敲回称量瓶。

③ 再称量称量瓶，记录为m_2。当m_1-m_2的值在0.5500～0.6500g范围内时，则倒到小烧杯中的碳酸钠即为称量的样品。

④ 按照上述步骤，再称量两份样品。

（二）托盘天平称量练习

1. 称量6.5g粗食盐

（1）调零 首先将游码归零，检查指针是否在刻度盘的中心位置。若不在，可调节右盘下的平衡螺丝。当指针在刻度盘中心线左右等距离摆动时，则表示天平处于平衡状态。

（2）称量

① 左右两盘各放入一张称量纸。

② 先在右盘用镊子放入一个5g的砝码，再将游码移动到1.5g。然后，再逐渐在左盘加入被称量物，直到指针在刻度盘中心线左右等距离摆动。所得物质的质量即为6.5g。

2. 称量小烧杯的质量

① 左右两盘各放入一张称量纸。

② 将小烧杯放入左盘，用镊子在右盘先加大砝码，再加小砝码，5g以内通过游码添加，直至指针在刻度盘中心线左右等距离摆动。此时，砝码和游码质量的和就是被称量物小烧杯的质量。

五、数据记录与结果处理

（一）电子天平称量练习

1. 直接称量法

小烧杯质量为：_____g。

2. 减量称量法

减量称量法结果

项目	1	2	3
称量瓶+试样质量（m_1）/g			
称量瓶+试样质量（m_2）/g			
倾出试样的质量（m_1-m_2）/g			

（二）托盘天平称量练习

小烧杯的质量为：_____g。

六、实验指导

1．实验前打开电子天平的微课预习。
2．为避免手上的油污污染，不能用手直接拿称量瓶，而应用纸条或镊子。
3．称量未知样品应在托盘天平上粗称。
4．天平放样前应先调零。
5．天平应先预热才能使用。
6．一般同一个实验应用同一台天平，以减少测量误差。
7．称取易挥发或易与空气反应的物质时，必须使用称量瓶。
8．天平读数时，应关闭左右门。
9．天平内的干燥剂变色硅胶失效后应及时更换。
10．过冷或过热的物质恢复室温后方可称量。
11．用托盘天平称量时，取放砝码不能用手拿。称量完毕，应将砝码放回砝码盒。

七、思考题

1．何时采用托盘天平称量？何时采用电子天平称量？
2．何时采用直接称量法？何时采用减量称量法？何时采用固定质量称量法？
3．称量时，称量物质为何要放在天平盘的中央？

实验项目四　溶液的配制——0.1000mol·L⁻¹碳酸钠 标准溶液的配制

一、实验目的

1．掌握容量瓶的操作。
2．掌握配制溶液的方法。

二、实验原理

在配制溶液时，首先应根据所需配制溶液的浓度、体积，计算出溶质和溶剂的用量，如固体试剂的质量或液体试剂的体积，然后再进行配制。如果实验对溶液浓度的准确性要求不高，一般利用台秤、量筒、带刻度烧杯等低准确度的仪器配制就能满足需要。如果实验对溶液浓度的准确性要求较高，如定量分析实验，就须使用分析天平、移液管、容量瓶等高准确度的仪器配制溶液。无论是粗配还是准确配制一定体积、一定浓度的溶液，首先要计算所需试剂的用量。

稀释浓溶液时，应根据稀释前后溶质的量不变的原则，计算出所需浓溶液的体积，然后加水稀释。配制溶液时常用到容量瓶，需要熟悉容量瓶的操作。容量瓶由普通玻璃制成，带有吻合的玻璃塞，有无色和棕色两种。其颈部刻有一条环形标线，以示液体定容到此时的体积数。常见容量瓶的规格有 50mL、100mL、250mL、500mL、1000mL 等，为保证瓶和塞配套，常将瓶塞用绳子固定在瓶子上。容量瓶上标有刻度线、温度和容量，用来配置准确物质摩尔浓度的溶液。

1. 容量瓶的检查

使用前应检查是否漏水。其方法是往瓶内加水，塞好瓶塞（瓶口和瓶塞要干），用食指顶住瓶塞，另一只手托住瓶底，把瓶倒立过来，观察瓶塞周围是否有水漏出，如图 1 所示。若不漏水，把瓶塞旋转 180°塞紧，再倒立检查是否漏水。如不漏水，方可使用。

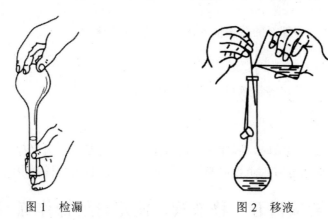

图 1　检漏　　　　　　　　　图 2　移液

2. 容量瓶的洗涤

应先用自来水刷洗几次，倒出水后，内壁不挂水珠，再用蒸馏水荡洗三次后，备用。若内壁挂水珠，就必须用铬酸洗液洗涤。用洗液洗之前，先尽量倒出瓶内残留的水（以免损坏洗液），再加入 10～20mL 洗液，倾斜转动容量瓶，使洗液布满内壁，可放置一段时间，然后将洗液倒回原瓶中，再用自来水充分冲洗容量瓶和瓶塞，洗净后用蒸馏水荡洗三次。

3. 容量瓶使用注意事项

（1）不能直接用火加热。

（2）不能用烘箱烘烤。

（3）注入的液体应是室温，否则影响精度。

（4）只能用来配制溶液，不能久储溶液，更不能长期储存碱液。

（5）不能用刷子之类的东西清洗容量瓶。

三、实验仪器与试剂

仪器：烧杯（50mL、250mL）、容量瓶（100mL、250mL 各 1 个）、量筒（10mL、200mL 各 1 个）、试剂瓶（500mL）、电子天平、玻璃棒、洗瓶。

试剂：Na_2CO_3。

四、实验步骤

配制 250mL 0.1000mol·L^{-1} 碳酸钠标准溶液。

1. 计算

先计算配制 250mL 0.1mol·L^{-1} 碳酸钠溶液所需碳酸钠的质量。

2. 配制

（1）称量　用电子天平称量所需质量的碳酸钠。

（2）溶解　将碳酸钠置于小烧杯中，加入少量蒸馏水搅拌溶解。

（3）转移　用玻璃棒引流将溶液转移至 250mL 容量瓶中，如图 2 所示。再用少量蒸馏水洗涤烧杯和玻璃棒 3~4 次，将洗涤液也转移入容量瓶中。

（4）平摇　加蒸馏水到 3/4 体积，平摇容量瓶初步混匀。

（5）定容　继续加蒸馏水，当加到液面刻度线约 1cm 处，改用胶头滴管滴加至刻度线，摇匀。

（6）装瓶贴标签　将配好的溶液倒入试剂瓶，并贴好标签。

五、实验指导

实验前观看微课，预习容量瓶和电子天平的操作。

六、思考题

1．配制准确浓度的溶液时，固体物质是用托盘天平还是电子天平称量？

2．用容量瓶配制溶液时，是否需要把容量瓶干燥？是否用待稀释溶液润洗？

实验项目五　移液管、滴定管的操作练习

一、实验目的

1．掌握移液管和滴定管的洗涤方法。

2．掌握移液管和滴定管的基本操作。

二、实验仪器与试剂

仪器：烧杯（50mL、250mL）、移液管（10mL）、酸碱两用滴定管（25mL）、锥形瓶、洗耳球、毛刷。

试剂：蒸馏水、HCl（$0.1mol \cdot L^{-1}$）、NaOH（$0.1mol \cdot L^{-1}$）、酚酞指示剂。

其他：去污粉、铬酸洗液和洗瓶。

三、实验步骤

1．移液管操作练习

操作步骤：用铬酸洗液洗涤（有油污时采用铬酸洗液洗涤，尽量避免使用）→用自来水冲洗→用蒸馏水洗三次→用待装溶液润洗三次→吸取溶液→调节液面至刻度线→放液到锥形瓶。

2．滴定管操作练习

操作步骤：试漏→用自来水冲洗→用蒸馏水洗三次→用待装溶液润洗三次→装溶液→排气泡→调"0"→滴定练习（练习一滴、半滴操作）→读数（练习读数）。

3．酸碱滴定练习

用 $0.1mol \cdot L^{-1}$ NaOH 溶液滴定 $0.1mol \cdot L^{-1}$ HCl 溶液，步骤如下：

（1）滴定管准备　试漏→用自来水冲洗→用蒸馏水洗三次→用待装溶液润洗三次→装溶液→排气泡→调"0.00"。

（2）取洗净的 20mL 移液管 1 支，用少量 $0.1mol \cdot L^{-1}$ HCl 溶液润洗 3 次，移取 20.00mL HCl

溶液置于 250mL 锥形瓶中，加蒸馏水 20mL，加酚酞指示剂 2～3 滴。

（3）用 0.1mol·L⁻¹ NaOH 溶液滴定至溶液显微红色，30s 不褪即为终点。记下消耗的 NaOH 溶液体积，平行滴定 3 次。

四、实验指导

（一）移液管的使用

移液管（吸量管）是用来准确量取一定体积液体的量器。移液管是中间有一球状的玻璃管，颈上部刻有一圈标线，常用的有 5mL、10mL、15mL、20mL、25mL、50mL 和 100mL 等规格。吸量管是具有分刻度的玻璃管，常用的有 1mL、2mL、5mL、10mL、25mL 等规格。

1. 洗涤

移液管（吸量管）可先用自来水，再用蒸馏水洗净。较脏时，内壁挂水珠时，可用铬酸洗液洗涤。洗涤方法是：右手拿移液管（吸量管），管的下口插入洗液中，左手拿洗耳球，先把球内空气压出，右手拇指和中指捏住移液管（吸量管）上端，然后把洗耳球尖端接在移液管（吸量管）上口，慢慢松开左手手指，将洗液吸入。当吸入移液管容量 1/3 左右洗液时，用右手食指按住管口，取出，平端，并慢慢旋转，使洗液接触刻度以上部位，并将洗液从上口或下口放回原瓶中，滴尽洗液，用自来水冲洗，再用蒸馏水淋洗三次。洗净的标志是不挂水珠。

2. 用移液管吸取溶液

（1）润洗　将容量瓶中待吸溶液倒入小烧杯中少许，用洗耳球吸取溶液至移液管容量的 1/3 左右，取出，横持，并转动管子，使溶液接触到刻度以上部位，以置换内壁的水分。然后将溶液从下管口放出，同时洗涤小烧杯。如此，反复用待吸溶液润洗 3 次，即可吸取溶液。

（2）吸取溶液　右手拿移液管（吸量管），管的下口插入液面下约 1cm，左手拿洗耳球。先把球内空气压出，右手拇指和中指捏住移液管（吸量管）上端，然后把洗耳球尖端接在移液管（吸量管）上口，慢慢松开左手手指，将液体吸入，如图 1 所示。当液面升到标线以上时，移去洗耳球，立即用右手的食指按住管口，将移液管的下口提出液面，稍稍放松食指使液面下降，直到液体的凹液面与标线相切时，立即用食指压紧管口，取出移液管。并使出口尖端接触容器外壁，以除去尖端外残留溶液。

图 1　用洗耳球吸液操作

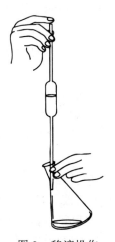

图 2　移液操作

3. 移入容器

如图 2 所示，将移液管移入准备接受溶液的容器中，使其出口尖端接触器壁，容器微倾斜，而移液管直立，然后放松右手食指，使溶液自由地顺壁流下，待溶液停止流出后，一般等待 15s 拿出。

4. 使用移液管的注意事项

（1）实验中移取酒精和纯净水的移液管都是专用的，不能交换使用。

（2）吸液前需用滤纸把管尖口内外的水吸去，然后用欲移取的液体润洗 2～3 次，以确保所移取液体的浓度不变。

（3）将移液管插入液面下约 1cm，不能太深，防止管外壁蘸液体太多；也不能太浅，以免液面下降后而吸空。

（4）液体从移液管里放完后，需等约 15s。

（5）残留在管尖嘴内的一滴液体不能吹入容器里，因为在标定移液管容积时，已把这一滴液体扣除了。

（二）滴定管的使用

滴定管是滴定操作时准确测量标准溶液体积的一种量器，常用滴定管的容积一般为 25mL 或 50mL，管上有刻度线和数值，自上而下数值由小到大，最小刻度为 0.1mL，读数可估计到 0.01mL。

滴定管分酸式滴定管和碱式滴定管两种。酸式滴定管下端有玻璃旋塞，用以控制溶液的流出，只能用来盛装酸性溶液、中性溶液或氧化性溶液，不能盛放碱性溶液；碱式滴定管下端连有一段橡胶管，管内有玻璃珠，用以控制液体的流出，橡胶管下端连一尖嘴玻璃管，碱式滴定管用来装碱性溶液和无氧化性的溶液。近年来出现了酸碱两用滴定管，采用聚四氟乙烯材料制成，这里主要介绍酸碱两用滴定管。

1. 滴定管的准备

（1）检查　酸碱两用滴定管使用前，应检查旋塞转动是否灵活，是否配合紧密，并观察尖嘴处是否完好无损。

（2）试漏　用水充满滴定管至零刻度，安置在滴定管架上直立静置 2min，观察是否有水渗出，并观察刻度线液面是否下降。然后，将活塞旋转 180°，再静置 2min，观察是否有水渗出。若两次均无水渗出，则可使用，否则，旋紧旋塞旁边的小帽，重新试漏。若还是漏水，则更换滴定管。

（3）洗涤　不太脏的滴定管可用自来水冲洗或用洗涤剂泡洗。若有油污不易洗净，可用铬酸洗液洗涤。洗涤时，倒入 10～15mL 洗液，两手横持滴定管，边转动边向管口倾斜，直至洗液布满全管为止。然后，将洗液放回回收瓶，再用自来水冲洗，最后用蒸馏水淋洗 3～4 次。

（4）装溶液和排气泡

① 润洗　装入溶液前，应先用待装溶液将滴定管润洗三次，以除去水分。溶液应直接倒入滴定管中，不得用其他容器（如烧杯、漏斗、滴管等），否则会增加污染的机会。如用小试剂瓶，左手前三指持滴定管上部无刻度处，右手握住瓶身（标签向手心），倾倒溶液于管中。

如用大试剂瓶，可将瓶放在桌沿，手拿瓶颈，使瓶倾斜让溶液慢慢倾入管中。

第一次倒入 10mL，润洗时两手平端滴定管，慢慢转动，使溶液布满全管内壁，大部分可由上口放出，少量从下口放出。第二、第三次润洗各取溶液 5mL 左右，方法同上。每次尽量放净残留液。

② 排出气泡　装溶液到 0.00 刻度以上，检查活塞周围是否有气泡。若有气泡，将影响溶液体积的准确测量，因此应排出气泡。方法是：右手拿滴定管上部无刻度部分，并使滴定管倾斜 30°，左手迅速打开活塞，使溶液冲出管口，反复几次，可排出气泡。

③ 调零　装入溶液，并调初读数为"0.00"刻度，或近"0.00"的任一刻度，以减小体积误差。

2. 滴定管的操作

滴定时，应将滴定管垂直夹在滴定架上，左手无名指和小指向手心弯曲，其余三指，大拇指在前，食指、中指在后，轻扣旋塞，转动。

应注意，不要向外拉旋塞，以免推出旋塞造成漏水。当然也不要过分向里用力，以免造成活塞旋转困难。如图 3 所示，滴定时，左手握住滴定管，右手的拇指、食指和中指持锥形瓶，瓶底离台 2~3cm，滴定管的下端伸入瓶口约 1cm。边滴加溶液，边用右手腕同一方向旋转摇动锥形瓶。此外，滴定也可在烧杯中进行。

3. 滴定管的读数

读数时，将滴定管从滴定管架上取下，保持滴定管垂直。

（1）无色和浅色溶液的读数　视线与凹液面最低点刻度水平线相切。视线若在凹液上方，读数就会偏高；若在凹液下方，读数就会偏低。

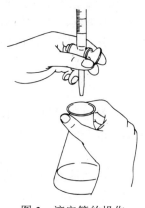

（2）有色溶液的读数　对于有色溶液，例如 $KMnO_4$ 溶液，由于其凹液不够清晰，应读取液面的最高点。

图 3　滴定管的操作

4. 滴定注意事项

（1）滴定时，左手不允许离开活塞，让溶液"放任自流"。

（2）滴定时眼睛注意观察锥形瓶内的颜色变化，不要关注溶液液面变化，而忽视颜色变化。

（3）每个样品要平行滴定三次，每次最好均从 0.00mL 开始。

（4）滴定时注意速度的控制。开始滴定可快些，接近终点时，应改为逐滴滴入，最后，改为每次半滴，滴下后摇几下锥形瓶，直到出现颜色变化。

（5）半滴的控制和吹洗　用酸式滴定管时，可轻轻转动旋塞，使溶液悬挂在出口管嘴上，形成半滴，用锥形瓶内壁将其沾落，再用洗瓶吹洗。对于碱式滴定管，加入半滴溶液时，应先轻挤乳胶管使溶液悬挂在出口管嘴上，再松开拇指与食指，用锥形瓶内壁将其沾落，再用洗瓶吹洗。

（6）滴定也可在烧杯中进行，方法同上，但要用玻璃棒或电磁搅拌器搅拌。

五、思考题

1. 移取溶液时，左手拿洗耳球还是移液管？
2. 移液管和滴定管为什么必须润洗？可以不润洗吗？

实验项目六　缓冲溶液的配制和酸度计的使用

一、实验目的

1. 掌握缓冲溶液的配制方法。
2. 掌握缓冲溶液的性质和缓冲容量的测定方法。
3. 掌握测定溶液 pH 值的方法。
4. 了解复合电极以及酸度计的测定原理。

二、实验原理

1. 缓冲溶液原理

在一定程度上能抵抗外加少量酸、碱或稀释，而保持溶液 pH 值基本不变的作用称为缓冲作用。具有缓冲作用的溶液称为缓冲溶液。缓冲溶液一般是由共轭酸碱对组成的，其中弱酸为抗碱成分，其共轭碱为抗酸成分。当配制缓冲溶液所用的弱酸和其共轭碱的浓度相等时，公式为：

$$pH = pK_a + \lg \frac{V_{B^-}}{V_{HB}}$$

计算出所需的弱酸 HB 溶液和其共轭碱 B^- 溶液的体积，将所需体积的弱酸溶液和其共轭碱溶液混合即得所需缓冲溶液。由上式计算所得的 pH 值为近似值，再利用酸或碱调整溶液 pH 值。

缓冲溶液的缓冲能力用缓冲容量来衡量，缓冲容量越大，其缓冲能力就越大。缓冲容量与总浓度及缓冲比有关，当缓冲比一定时，总浓度越大，缓冲容量就越大；当总浓度一定时，缓冲比越接近 1，缓冲容量就越大（缓冲比等于 1 时，缓冲容量最大）。

2. 酸度计原理

酸度计的电极包括指示电极和参比电极，现常用复合电极，一般由玻璃电极和甘汞电极组成。其中，玻璃电极的电极电势随溶液 pH 值的变化而改变。

25℃时，　　　　　　　　　　　　　$\varphi_{玻} = K - 0.0592pH$

式中，K 是由玻璃电极本性决定的常数。

把复合电极插入待测溶液即可组成完整的原电池，并连接上精密电位计，即可测定电池电动势 E。

在 25℃时，　　$E = \varphi_{正} - \varphi_{负} = \varphi_{银-氯化银} - \varphi_{玻} = \varphi_{银-氯化银} - K + 0.0592pH = K' + 0.0592pH$

整理上式得：　　　　　　　　　　$pH = (E - K')/0.0592$

K' 可用已知 pH 值的缓冲溶液代替待测溶液而求得。为了省去计算手续，酸度计把测得的电极电势直接用 pH 数值表示出来，因而从酸度计上可直接读出溶液的 pH 值。

三、实验仪器与试剂

仪器：试管（6 支）、试管架、玻璃棒、胶头滴管、洗瓶、酸式滴定管（25mL）、吸量管（1mL、10mL、20mL）、100mL 烧杯、洗耳球、塑料小烧杯（50mL，3 个）、精密 pH 试纸、pHS-25 型酸度计、50 mL 塑料小烧杯（3 个）。

试剂：$0.1 mol \cdot L^{-1}$ HAc、$1 mol \cdot L^{-1}$ HAc、$2 mol \cdot L^{-1}$ HAc、$0.1 mol \cdot L^{-1}$ NaAc、$1 mol \cdot L^{-1}$ NaAc、

0.2mol·L^{-1} Na$_2$HPO$_4$、0.2mol·L^{-1} NaH$_2$PO$_4$、2mol·L^{-1} NaH$_2$PO$_4$、1mol·L^{-1} HCl、0.1mol·L^{-1} NaOH、1mol·L^{-1} NaOH、2mol·L^{-1} NaOH、溴酚红指示剂、邻苯二甲酸氢钾标准缓冲溶液（0.05mol·L^{-1}）、混合磷酸盐标准缓冲溶液（0.025mol·L^{-1}）。

四、实验步骤

1. 缓冲溶液的配制

（1）计算配制 20mL pH = 5.00 的缓冲溶液所需 0.1mol·L^{-1} HAc（pK_a = 4.74）溶液和 0.1mol·L^{-1} NaAc 溶液的体积。根据计算用量，用吸量管分别吸取 HAc 溶液和 NaAc 溶液，置于 50mL 烧杯中摇匀。用酸度计测其 pH 值，并用 2mol·L^{-1} NaOH 或 2mol·L^{-1} HAc 调节使其 pH 值为 5.00，保存备用。

（2）计算配制 20mL pH = 7.00 的缓冲溶液所需 0.2mol·L^{-1} NaH$_2$PO$_4$（pK_a = 7.20）溶液和 0.2mol·L^{-1} Na$_2$HPO$_4$ 溶液的体积。根据计算用量，用吸量管分别吸取 NaH$_2$PO$_4$ 溶液和 Na$_2$HPO$_4$ 溶液，置于 50mL 烧杯中摇匀。用酸度计测定其 pH 值，并用 2mol·L^{-1} NaOH 或 2mol·L^{-1} NaH$_2$PO$_4$ 调节使其 pH 值为 7.00，保存备用。

2. 缓冲溶液的性质

（1）缓冲溶液的抗酸作用　取 3 支试管，分别加入 3mL 上述配制的 pH 值为 5.00、7.00 的缓冲溶液和蒸馏水，各加入 2 滴 0.1mol·L^{-1} HCl 溶液，用精密 pH 试纸分别测定其 pH 值。解释上述实验现象。

（2）缓冲溶液的抗碱作用　取 3 支试管，分别加入 3mL 上述配制的 pH 值为 5.00、7.00 的缓冲溶液和蒸馏水，各滴入 2 滴 0.1mol·L^{-1} NaOH 溶液，用精密 pH 试纸分别测定其 pH 值。解释上述实验现象。

（3）缓冲溶液的抗稀释作用　取 2 支试管，分别加入 0.5mL pH 值为 5.00、7.00 的缓冲溶液，各加入 5mL 蒸馏水，振荡试管，用精密 pH 试纸分别测定其 pH 值。与 HCl 溶液和 NaOH 溶液的稀释相比较，解释上述实验现象。

五、实验指导

1. 实验前打开酸度计的微课预习。pHs-3E 型酸度计操作步骤如下：

（1）接通电源，开机，预热 30min。

（2）按"pH/mV"键，调到 pH 挡。

（3）若插入了温度电极，则不需要调温。若没插入温度电极，则需设定温度：按"温度键"→设定溶液的温度（量溶液温度）→按"确认"键。

（4）第一点标定（定位）：用蒸馏水洗电极→用 pH=6.86 的缓冲溶液洗电极→将电极插入 pH=6.86 缓冲溶液中→按"定位"键，显示"Std YES"字样→按"确认"键，摇动烧杯或用玻璃棒搅拌→再按一次"确认"键。（若读数不显示 6.86，手动调节）

（5）第二点标定（调斜率）：蒸馏水洗电极→用 pH=4.01 或 pH=9.18（若待测溶液 pH>7，用 9.18 的；若 pH<7，用 4.01 的）的缓冲溶液洗电极→插入 pH=4.01 或 9.18 的缓冲溶液中→按"斜率"键，显示"Std YES"→按"确认"键（摇动或用玻璃棒搅拌）→再按一次"确认"键。（若读数不显示 6.86，手动调节）

（6）测定待测溶液 pH 值：蒸馏水洗电极→待测溶液洗电极→插入待测溶液（摇动烧杯或用玻璃棒搅动溶液）→稳定后读数。

2. 电极在每次插入溶液中前，要先用蒸馏水洗涤。

六、思考题

1．用酸度计测定 pH 值时为什么必须用标准缓冲液校正仪器？校正时应注意什么？
2．复合电极使用前应该如何处理？使用和安装时，应注意哪些问题？
3．为什么定位时应使用与被测溶液 pH 接近的标准缓冲液？
4．如果被测溶液温度和定位标准缓冲溶液温度不相同时，应如何操作？

实验项目七　乙酸解离度和解离常数的测定

一、实验目的

1．巩固滴定管、移液管和酸度计的使用。
2．学习乙酸解离度和解离常数的测定方法和有关计算。

二、实验原理

弱电解质乙酸在溶液中存在下列解离平衡：

$$HAc \rightleftharpoons H^+ + Ac^-$$

起始浓度　　　　　　　c_{HAc}　　　　　0　　　0
平衡浓度　　　$c_{HAc}-c_{H^+}$　　　c_{H^+}　　c_{Ac^-}

$$K_a = \frac{c_{H^+}c_{Ac^-}}{c_{HAc}-c_{H^+}} \approx \frac{c_{H^+}c_{Ac^-}}{c_{HAc}}$$

式中，K_a 为乙酸的解离常数；c_{HAc} 为 HAc 的初始浓度，可用 NaOH 标准溶液滴定测定；c_{H^+}、c_{Ac^-} 表示平衡时 H^+、Ac^- 的浓度，可通过酸度计测定得到。

则乙酸的解离度 α 可表示为：

$$\alpha = \frac{c_{H^+}}{c_{HAc}} \times 100\%$$

三、实验仪器与试剂

仪器：移液管（25mL）、吸量管（5mL、10mL）、容量瓶（50mL，5 个）、塑料小烧杯（50mL，5 个）、酸度计、滴定管、锥形瓶。

试剂：HAc（0.1mol·L^{-1}）、NaAc（0.1mol·L^{-1}）、NaOH 标准溶液（0.1mol·L^{-1}，已标定）、酚酞指示剂（0.1%）。

四、实验步骤

1. 乙酸溶液浓度的测定

（1）准确移取 25.00mL 0.10mol·L^{-1} HAc 3 份，各加入 2 滴酚酞指示剂。
（2）用 0.1mol·L^{-1} NaOH 标准溶液滴定至溶液呈微红色，且 30s 不褪色即为终点。
（3）计算乙酸溶液的浓度 c_{HAc}。

$$c_{HAc} = \frac{c_{NaOH}V_{NaOH}}{V_{HAc}}$$

2. 配制不同浓度的乙酸溶液

准确移取 5.00mL、10.00mL、25.00mL 0.10mol·L⁻¹ 的醋酸溶液，分别置于 3 个 50mL 容量瓶中，用蒸馏水稀释至刻度，摇匀，计算其准确浓度。连同未稀释的 HAc 溶液可得到 4 种浓度不同的溶液，编号分别为 1、2、3、4。

另取一洁净的 50mL 容量瓶，用移液管移入 25.00mL 0.10mol·L⁻¹ HAc 溶液，再加 5.00mL 0.10mol·L⁻¹ NaAc 溶液，加蒸馏水稀释至刻度，摇匀，编号为 5。

3. 测定不同浓度乙酸溶液的 pH 值

将上述溶液分别转入 5 个干燥的 50mL 塑料烧杯中，由稀到浓分别用酸度计测定其 pH 值。将有关数据填入下表中，计算乙酸的解离常数和解离度。

乙酸解离度和解离常数的测定　室温_____℃

乙酸溶液编号	c_{HAc}	pH	c_{H+}	解离度 α	K_a	K_a 平均值
1						
2						
3						
4						
5						

五、思考题

1. 根据实验结果讨论乙酸解离度与其浓度的关系。
2. 改变乙酸溶液的温度，乙酸解离度和解离常数有无变化？
3. 用酸度计测定乙酸溶液的 pH 值时，为什么要按从稀到浓的顺序测定？

实验项目八　化学反应速率与化学平衡

一、实验目的

1. 掌握温度、浓度、催化剂对化学反应速率的影响。
2. 理解浓度、温度对化学平衡的影响。

二、实验原理

化学反应速率不但和反应物的本性有关，影响化学反应速率的因素还有浓度、温度、催化剂等。

（1）浓度对反应速率的影响　一般，反应物浓度增大，反应速率增大。$Na_2S_2O_3$ 被酸化后生成 H_2SO_3，H_2SO_3 不稳定，分解析出 S，反应为：

$$Na_2S_2O_3+H_2SO_4(稀)=\!=\!=Na_2SO_4+H_2O+SO_2\uparrow+S\downarrow$$

析出的 S 使溶液浑浊，可采用从反应开始到浑浊出现所需的时间来表示反应速率的快慢。

（2）温度对反应速率的影响　对于大多数反应，温度升高，化学反应速率增大。

（3）催化剂对反应速率的影响　催化剂可很大程度地改变反应速率。如 H_2O_2 水溶液在常温下较稳定，而加入少量 $K_2Cr_2O_7$ 或 MnO_2 固体催化剂后，分解加快。

（4）化学平衡　化学平衡是有条件的，当外界条件如温度、浓度等改变时，化学平衡向着削弱这个改变的方向移动。例如，$CuSO_4$ 和 KBr、$FeCl_3$ 和 NH_4SCN 会发生下列可逆反应。

$$Cu^{2+}+4Br^- \Longrightarrow [CuBr_4]^{2-} \text{（黄色）}$$

$$Fe^{3+}+nSCN^- \Longrightarrow [Fe(SCN)_n]^{3-n} \quad (n=1\sim6) \text{（血红色）}$$

通过改变浓度、温度等条件，上述反应化学平衡可发生移动，溶液颜色也会相应改变。

三、实验仪器与试剂

仪器：试管（6 支）、小烧杯（100mL）、量筒（10mL）、秒表、温度计（100℃）、水浴（冷、热）、试管架、试管夹。

试剂：$Na_2S_2O_3$（0.04mol·L^{-1}）、H_2SO_4（0.04mol·L^{-1}、1mol·L^{-1}）、H_2O_2（3%）、$K_2Cr_2O_4$（0.1mol·L^{-1}）、$MnO_2(s)$、$CuSO_4$（1mol·L^{-1}）、KBr（2mol·L^{-1}）、$FeCl_3$（0.1mol·L^{-1}）、NH_4SCN（0.1mol·L^{-1}）。

四、实验步骤

1. 浓度、温度、催化剂对反应速率的影响

（1）浓度对反应速率的影响　取 3 支试管，在 1 号试管中加入 2mL 0.04mol·L^{-1} $Na_2S_2O_3$ 溶液和 4mL 蒸馏水，在 2 号试管中加入 4mL 0.04mol·L^{-1} $Na_2S_2O_3$ 溶液和 2mL 蒸馏水，在 3 号试管中加入 6mL 0.04mol·L^{-1} $Na_2S_2O_3$ 溶液，不加蒸馏水。

再另取 3 支试管，各加入 2mL 0.04mol·L^{-1} H_2SO_4 溶液，并将这 3 支试管中的溶液同时加到上述 1、2、3 号试管中，充分振荡。立即看表，记录下出现浑浊的时间（t）。

浓度对化学反应速率的影响

编号	试管 I		试管 II		混合后		溶液浑浊所需时间 t
	$V(Na_2S_2O_3)$ /mL	$V(H_2O)$ /mL	H_2SO_4		$c(Na_2S_2O_3)$ /mol·L^{-1}	$c(H_2SO_4)$ /mol·L^{-1}	
			$c(H_2SO_4)$ /mol·L^{-1}	$V(H_2SO_4)$ /mL			
1	2	4	0.04	2			
2	4	2	0.04	2			
3	6	0	0.04	2			

（2）温度对反应速率的影响　取 3 支试管，按下表分别加入等量的 0.04mol·L^{-1} $Na_2S_2O_3$ 溶液和等量的蒸馏水；再取 3 支试管，分别加入 2mL 0.04mol·L^{-1} H_2SO_4 溶液。将它们分成 3 组，每组包括盛有 $Na_2S_2O_3$ 和 H_2SO_4 溶液的试管各一支。

温度对化学反应速率的影响

编号	试管 I		试管 II	反应温度	出现浑浊所需时间 t
	$V(Na_2S_2O_3)$/mL	$V(H_2O)$/mL	$V(H_2SO_4)$/mL		
1	2	4	2	室温	
2	2	4	2	比室温高 10℃	
3	2	4	2	比室温高 20℃	

记下室温，将第 1 组两支试管溶液混合，记下开始混合到溶液出现浑浊所需的时间。

将第 2 组两支试管置于高于室温 10℃的水浴中，稍等片刻，将两支试管溶液混合，记下开始混合到溶液出现浑浊所需时间。

将第 3 组两支试管置于高于室温 20℃的水浴中，稍等片刻，将两支试管溶液混合，记下开始混合到溶液出现浑浊所需时间。

根据现象，说明温度对反应速率的影响。

（3）催化剂对反应速率的影响　在 1 试管中加入 2mL 3%H_2O_2 溶液，再滴加 1mol·L^{-1} H_2SO_4 酸化，接着加入 4 滴 $K_2Cr_2O_7$ 溶液。摇动试管，观察气泡产生的速率。

在 1 试管中加入 1mL 3% H_2O_2 溶液，再加入少量 MnO_2 粉末，观察气泡产生的速率。另观察仅盛有 3% H_2O_2 的溶液的试管是否有气泡发生，并与上述两实验比较，说明催化剂对化学反应速率的影响。

2. 浓度、温度对化学平衡的影响

（1）浓度对化学平衡的影响　在小烧杯中加入 10mL 蒸馏水，然后加入 0.1mol·L^{-1} $FeCl_3$ 和 0.1mol·L^{-1} NH_4SCN 溶液各 2 滴，溶液显淡红色。将得到的溶液分装于两支试管中，一支试管中逐渐滴加 0.1mol·L^{-1} $FeCl_3$ 溶液，观察颜色变化，与另一支试管颜色比较并解释。

在 3 支试管中分别加入 1mol·L^{-1} $CuSO_4$ 溶液 5 滴、5 滴和 10 滴，向第 1 支和第 2 支试管中加入 2mol·L^{-1} KBr 溶液 5 滴，再向第 2 支试管中加入少量 KBr 固体，比较 3 支试管溶液的颜色并解释。

（2）温度对化学平衡的影响　在试管中加入 1mL 1mol·L^{-1} $CuSO_4$ 溶液和 2mL 2mol·L^{-1} KBr 溶液，混合均匀，将溶液分装于 3 支试管中。将第 1 支试管加热至近沸，第 2 支试管放入冷水浴中，第 3 支试管保持室温，比较 3 支试管颜色变化并解释。

五、思考题

1. 影响化学反应速率和化学平衡的因素有哪些？
2. 本实验中，为什么温度升高，化学反应速率增大？

实验项目九　解离平衡和沉淀反应

一、实验目的

1. 理解同离子效应及其影响因素。
2. 理解盐类的水解及其影响因素。
3. 理解溶度积的应用和影响沉淀-溶解平衡的因素。
4. 理解沉淀生成和溶解的条件。
5. 理解分步沉淀、沉淀的转化和混合离子的分离。

二、实验原理

1. 同离子效应和盐效应

在弱电解质中加入一种与弱电解含有相同离子的另一强电解质时，弱电解质的解离程度降低，这种效应称为同离子效应。

当加入不含相同离子的强电解质时，弱电解质的解离度将稍有增大，这种效应称为盐效应。

2. 盐的水解

盐的水解是盐的离子与水中的 H^+ 或 OH^- 作用，生成相应的弱酸或弱碱的反应。水解后溶液的酸碱性取决于盐的类型。

弱酸强碱盐，如 NaAc：

$$Ac^- + H_2O \Longleftrightarrow HAc + OH^- \qquad （水解显碱性）$$

弱碱强酸盐，如 NH_4Cl：

$$NH_4^+ + H_2O \Longleftrightarrow NH_3 \cdot H_2O + H^+ \qquad （水解显酸性）$$

弱碱弱酸盐，如 NH_4Ac：

$$NH_4^+ + Ac^- + H_2O \Longleftrightarrow NH_3 \cdot H_2O + HAc$$

（溶液的酸碱性取决于相应弱酸、弱碱的相对强弱）

3. 沉淀的溶解平衡

在难溶电解质的饱和溶液中，未溶解的难溶电解质与溶液中相应的离子之间可建立多相离子平衡，称为沉淀-溶解平衡。可用通式表示为：

$$A_mB_n(s) \Longleftrightarrow m\,A^{n+}(aq) + n\,B^{m-}(aq)$$

溶度积常数为：

$$K_{sp}^{\ominus} = \{[A^{n+}]/c^{\ominus}\}^m \{[B^{m-}]/c^{\ominus}\}^n$$

离子积为：

$$Q = (c_{A^{n+}}/c^{\ominus})^m (c_{B^{m-}}/c^{\ominus})^n$$

① $Q < K_{sp}^{\ominus}$，为不饱和溶液，无沉淀生成。

② $Q = K_{sp}^{\ominus}$，为饱和溶液，处于动态平衡状态。

③ $Q > K_{sp}^{\ominus}$，为过饱和溶液，有沉淀析出，直至饱和。

三、实验仪器与试剂

仪器：试管、离心管、离心机、药匙、烧杯（100mL）、量筒（10mL）、点滴板、pH 试纸等。

试剂：HAc（$0.1mol \cdot L^{-1}$、$2mol \cdot L^{-1}$），HCl（$0.1mol \cdot L^{-1}$、$2mol \cdot L^{-1}$），$NH_3 \cdot H_2O$（$0.1mol \cdot L^{-1}$、$2mol \cdot L^{-1}$），$AgNO_3$（$0.1mol \cdot L^{-1}$），NaOH（$0.1mol \cdot L^{-1}$），HNO_3（$6mol \cdot L^{-1}$），NH_4Ac（s，$0.1mol \cdot L^{-1}$、$1mol \cdot L^{-1}$），NaAc（s，$0.1mol \cdot L^{-1}$、$1mol \cdot L^{-1}$），NaCl（$0.1mol \cdot L^{-1}$、$1mol \cdot L^{-1}$），NH_4Cl（饱和溶液、$0.1mol \cdot L^{-1}$、$1mol \cdot L^{-1}$），$Ca(NO_3)_2$（$0.1mol \cdot L^{-1}$），KNO_3（$0.1mol \cdot L^{-1}$），$MgSO_4$（$0.1mol \cdot L^{-1}$），$MgCl_2$（$1mol \cdot L^{-1}$），$CaCl_2$（$1mol \cdot L^{-1}$），$Pb(NO_3)_2$（$0.1mol \cdot L^{-1}$、$0.001mol \cdot L^{-1}$），K_2CrO_4（$0.1mol \cdot L^{-1}$），$Fe(NO_3)_3 \cdot 9H_2O$（s），$ZnCl_2$（$0.1mol \cdot L^{-1}$），$Pb(Ac)_2$（$0.01mol \cdot L^{-1}$），Na_2S（$0.1mol \cdot L^{-1}$），KI（$0.001mol \cdot L^{-1}$、$0.02mol \cdot L^{-1}$、$0.1mol \cdot L^{-1}$），Na_2CO_3（饱和溶液、$0.1mol \cdot L^{-1}$、$1mol \cdot L^{-1}$），$(NH_4)_2C_2O_4$（饱和溶液），$NaHCO_3$（$0.1mol \cdot L^{-1}$），Na_2HPO_4（$0.1mol \cdot L^{-1}$），NaH_2PO_4（$0.1mol \cdot L^{-1}$），Na_3PO_4（$0.1mol \cdot L^{-1}$），$Al_2(SO_4)_3$（饱和溶液），酚酞指示剂，甲基橙指示剂等。

其他：广泛 pH 试纸。

四、实验步骤

1. 弱电解质溶液的比较

（1）在两支试管中分别加入 5 滴 $0.1mol \cdot L^{-1}$ HCl 溶液和 $0.1mol \cdot L^{-1}$ HAc 溶液，然后再各加入 1mL 蒸馏水，最后各加入 1 滴甲基橙，观察溶液的颜色，并解释。

（2）用广泛 pH 试纸分别测定 $0.1mol \cdot L^{-1}$ HCl 溶液和 $0.1mol \cdot L^{-1}$ HAc 溶液的 pH 值，并与计算值进行比较。

2. 同离子效应

① 向 3 支试管各加入 1mL $0.1mol \cdot L^{-1}$ $NH_3 \cdot H_2O$ 和 1 滴酚酞，在 2 号试管中加入 2 滴 $1mol \cdot L^{-1}$ NH_4Ac 溶液；在 3 号试管中加入 2 滴 $1mol \cdot L^{-1}$ NaCl 溶液，比较 3 支试管的颜色，并进行解释。

② 向 3 支试管中各加入 1mL $0.1mol \cdot L^{-1}$ HAc 和 1 滴甲基橙，在 2 号试管中加入 2 滴 $1mol \cdot L^{-1}$ NH_4Ac 溶液；在 3 号试管中加入 2 滴 $1mol \cdot L^{-1}$ NaCl 溶液，比较 3 支试管中颜色的变化，并进行解释。

3. 盐类的水解及其影响因素

① 测定下列各类盐溶液的 pH 值。

用 pH 试纸测定浓度各为 $0.1mol \cdot L^{-1}$ 的 Na_2CO_3、$NaHCO_3$、NaCl、Na_2S、Na_2HPO_4、NaH_2PO_4、Na_3PO_4、NaAc、NH_4Cl、NH_4Ac 溶液的 pH 值。写出水解反应的离子方程式。

② 取少量 NaAc 固体，溶于少量去离子水中，加 1 滴酚酞，观察溶液的颜色。在小火上将溶液加热，再观察颜色的变化。

③ 取少量 $Fe(NO_3)_3 \cdot 9H_2O$ 固体，用 6mL 去离子水溶解后，观察溶液的颜色。然后分成 3 份，一份加数滴 $6mol \cdot L^{-1}$ HNO_3，另一份在小火上加热煮沸，观察现象并比较。Fe^{3+} 水解生成了各种碱式盐而使溶液呈黄棕色。通过上述现象说明加 HNO_3 和加热对水解平衡的影响。

④ 在一支装有 $Al_2(SO_4)_3$ 饱和溶液的试管中，加入饱和 Na_2CO_3 溶液，有何现象？通过实验证明产生的沉淀是 $Al(OH)_3$ 而不是 $Al_2(CO_3)_3$，并写出反应方程式。

4. 溶度积规则的应用

① 在一试管中加入 0.5mL $0.1mol \cdot L^{-1}$ 的 $Pb(NO_3)_2$ 溶液和 0.5mL $0.1mol \cdot L^{-1}$ 的 KI 溶液，振荡试管，观察有无沉淀生成。用溶度积规则解释。

② 改用 $0.001mol \cdot L^{-1}$ $Pb(NO_3)_2$ 溶液和 $0.001mol \cdot L^{-1}$ KI 溶液，观察有无沉淀生成，用溶度积规则解释。

5. 沉淀的生成和溶解

（1）在试管中加入 1mL $0.1mol \cdot L^{-1}$ $MgSO_4$ 溶液，加入数滴 $2mol \cdot L^{-1}$ 氨水，此时生成的沉淀是什么？再向此溶液中加入 $1mol \cdot L^{-1}$ NH_4Cl 溶液，观察沉淀是否溶解，写出相关反应方程式。

（2）取 2 滴 $0.1mol \cdot L^{-1}$ $ZnCl_2$ 溶液加入试管中，加入 2 滴 $0.1mol \cdot L^{-1}$ Na_2S 溶液，观察沉淀的生成和颜色，再向试管中加入数滴 $2mol \cdot L^{-1}$ HCl，观察沉淀是否溶解？写出相关反应方程式。

（3）酸度对沉淀生成的影响

① 在两支试管中分别加入 0.5mL $(NH_4)_2C_2O_4$ 饱和溶液和 0.5mL $1mol \cdot L^{-1}$ $CaCl_2$ 溶液，观

察白色沉淀的生成。然后在一支试管中加入约 2mL 2mol·L⁻¹HCl 溶液，搅匀，沉淀是否溶解？在另一支试管中加入约 2mL 2mol·L⁻¹HAc 溶液，沉淀是否溶解？解释现象。

② 在两支试管中分别加入 1mL 1mol·L⁻¹MgCl₂ 溶液，并分别滴加 2mol·L⁻¹ NH₃·H₂O 至有白色沉淀生成。在一支试管中加入 2mol·L⁻¹ HCl 溶液，沉淀是否溶解？在另一支试管中加入饱和 NH₄Cl 溶液，沉淀是否溶解？说明加入 HCl 和饱和 NH₄Cl 对沉淀-溶解平衡的影响。

6. 分步沉淀

在试管中加入 1 滴 0.1mol·L⁻¹ 的 AgNO₃ 溶液和 3 滴 0.1mol·L⁻¹ 的 Pb(NO₃)₂ 溶液，加入 2mL 蒸馏水稀释。摇匀后，先加 1 滴 0.1mol·L⁻¹ 的 K₂CrO₄ 溶液，振荡试管，观察沉淀的颜色。再继续滴加 K₂CrO₄ 溶液，观察颜色有何变化。写出离子反应式。根据沉淀颜色的变化和溶度积规则，判断哪一种难溶物质先沉淀。

7. 沉淀的转化

取 10 滴 0.01mol·L⁻¹ Pb(Ac)₂ 溶液于试管中，加入 2 滴 0.02mol·L⁻¹ KI 溶液，振荡，观察沉淀颜色。再向其中加入 0.1mol·L⁻¹ Na₂S 溶液，边加边振荡，直至黄色沉淀消失，黑色沉淀生成。解释观察到的现象，写出相关反应式。

8. 用沉淀法分离混合离子

在离心试管中加入 1 滴 0.1mol·L⁻¹ Pb(NO₃)₂、2 滴 0.1mol·L⁻¹ Ca(NO₃)₂ 和 1 滴 0.1mol·L⁻¹ KNO₃ 溶液，然后滴加 0.1mol·L⁻¹ KI 溶液，产生什么沉淀？离心分离后，在上层清液中加 1 滴 0.1mol·L⁻¹ KI 溶液，如无沉淀出现，表示 Pb²⁺ 已沉淀完全，否则继续滴加 0.1mol·L⁻¹KI 溶液，直到沉淀完全，离心分离。用滴管将清液移到另一离心试管中，滴加 1mol·L⁻¹Na₂CO₃，直至沉淀完全，离心分离。画出分离过程流程图。

五、思考题

1. 如何抑制或促进水解？举例说明。

2. 沉淀生成的条件是什么？等体积混合 0.01mol·L⁻¹ 的 Pb(Ac)₂ 溶液和 0.02mol·L⁻¹ 的 KI 溶液，根据溶度积规则，判断有无沉淀生成。

3. 是否一定要在碱性条件下才能生成氢氧化物沉淀？不同浓度的金属离子溶液，开始生成氢氧化物沉淀时，溶液 pH 值是否相同？

4. 什么是分步沉淀？根据什么判断溶液中离子被沉淀的先后顺序？

5. 沉淀转化的条件是什么？Ag₂CrO₄ 能转化为 AgCl 吗？为什么？

实验项目十　氧化还原反应与电极电势

一、实验目的

1. 理解原电池的原理及有关的电极反应，并掌握原电池电动势的测量。

2. 理解浓度、酸度等对电极电势的影响。

3. 理解氧化还原反应的介质条件。

二、实验原理

任何一个氧化还原反应都可设计成原电池，如：

$$(-)Zn|ZnSO_4(c_1)\|CuSO_4(c_2)|Cu(+)$$

原电池中,化学能转变为电能,产生电流和电动势,电动势可由酸度计测量得到。

氧化剂和还原剂的强弱可由组成电对的电极电势大小来衡量,电极电势 φ 值大的氧化态物质可以氧化 φ 值小的还原态物质。其中 φ 可由能斯特方程式求得:

$$\varphi = \varphi^{\ominus} + \frac{0.0592}{n}\lg\frac{c(\text{氧化态})/c^{\ominus}}{c(\text{还原态})/c^{\ominus}}$$

若氧化剂所对应电对的电极电势与还原剂所对应电对的电极电势之差大于零,则氧化还原反应可自发进行,即可根据电极电势的值判断氧化还原反应的方向。

三、实验仪器与试剂

仪器:酸度计、铜片电极、锌片电极、盐桥(填满琼胶和 KCl 饱和溶液的 U 形管)、烧杯(50mL,4 个)等。

试剂:HCl(浓、$1mol\cdot L^{-1}$),H_2SO_4($2mol\cdot L^{-1}$、$3mol\cdot L^{-1}$),$CuSO_4$($0.01mol\cdot L^{-1}$、$0.5mol\cdot L^{-1}$),$ZnSO_4$($0.5mol\cdot L^{-1}$),KBr($0.1mol\cdot L^{-1}$),$SnCl_2$($0.2mol\cdot L^{-1}$),KI($0.1mol\cdot L^{-1}$),$FeCl_3$($0.1mol\cdot L^{-1}$),H_2O_2(3%、10%),$(NH_4)_2Fe(SO_4)_2$($0.1mol\cdot L^{-1}$),$K_3[Fe(CN)_6]$($0.1mol\cdot L^{-1}$),$K_2Cr_2O_7$($0.02mol\cdot L^{-1}$、$0.1mol\cdot L^{-1}$),MnO_2(s),NH_4SCN($0.1mol\cdot L^{-1}$),$KMnO_4$($0.01mol\cdot L^{-1}$),$Na_2S_2O_3$($0.1mol\cdot L^{-1}$),Na_2SO_3($0.2mol\cdot L^{-1}$),溴水,CCl_4,KI-淀粉试纸,砂纸等。

四、实验步骤

1. 几种常见的氧化还原反应

(1)Fe^{3+} 的氧化性与 Fe^{2+} 的还原性 在试管中加入 5 滴 $0.1mol\cdot L^{-1}$ $FeCl_3$,再逐滴加入 $0.2mol\cdot L^{-1}$ $SnCl_2$,边滴边振荡试管,直至溶液黄色褪去。发生了什么反应?

上述无色溶液中,滴加 4~5 滴 10% H_2O_2,观察溶液颜色变化,并写出有关离子反应方程式。

(2)I^- 的还原性与 I_2 的氧化性 在试管中加入 2 滴 $0.1mol\cdot L^{-1}$ KI、2 滴 $3mol\cdot L^{-1}$ H_2SO_4 和 1mL 蒸馏水,摇匀,再逐滴加入 $0.01mol\cdot L^{-1}$ $KMnO_4$ 至溶液呈淡黄色。产物是什么?

在上述溶液中滴加 $0.1mol\cdot L^{-1}$ $Na_2S_2O_3$ 至黄色褪去。写出有关离子反应方程式。

(3)H_2O_2 的氧化性和还原性

① 氧化性。在试管中加入 2 滴 $0.1mol\cdot L^{-1}$ KI 溶液和 3 滴 $3mol\cdot L^{-1}$ H_2SO_4 溶液,然后加入 2~3 滴 10% H_2O_2 溶液,直至紫红色消失。有气泡放出吗?为什么?写出有关离子反应方程式。

② 还原性。在试管中加入 5 滴 $0.01mol\cdot L^{-1}$ $KMnO_4$ 和 5 滴 $3mol\cdot L^{-1}$ H_2SO_4,然后逐滴加入 10% H_2O_2 溶液,直至紫红色消失。有气泡放出吗?为什么?写出有关离子反应方程式。

(4)$K_2Cr_2O_7$ 的氧化性 在试管中加入 2 滴 $0.1mol\cdot L^{-1}$ $K_2Cr_2O_7$,再加入 2 滴 $3mol\cdot L^{-1}$ H_2SO_4,然后加入 $0.2mol\cdot L^{-1}$ Na_2SO_3,观察溶液由橙红色变绿。写出有关反应方程式。

2. 原电池与电动势

按照图 1 装配铜锌原电池,用酸度计测定其电动势,并写出有关的电极反应。

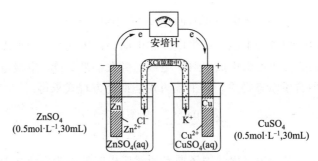

图 1　铜锌原电池装置示意图

3. 浓度对电极电势的影响

将步骤 2 原电池与电动势中的 0.5mol·L⁻¹ CuSO₄ 溶液，换成 0.01mol·L⁻¹ CuSO₄，重新测定电动势，与步骤 2 的实验数据进行比较，并进行解释。

4. 氧化还原反应与电极电势的关系

① 在试管中加入 0.5mL 0.1mol·L⁻¹ KI 溶液和 2 滴 0.1mol·L⁻¹ FeCl₃ 溶液，再加入 10 滴 CCl₄，观察 CCl₄ 层颜色的变化。发生了什么反应？

② 用 0.1mol·L⁻¹ KBr 溶液代替 KI 溶液，进行上述实验，反应能否发生？

根据实验结果，定性比较 φ_{Br_2/Br^-}、φ_{I_2/I^-}、$\varphi_{Fe^{3+}/Fe^{2+}}$ 的相对大小，并指出哪种物质的氧化性最强，哪种物质的还原性最强？

5. 浓度对氧化还原反应的影响

观察 $MnO_2(s)$ 分别与浓 HCl 和 1mol·L⁻¹ HCl 的反应现象（此实验不加热），并检验所产生的气体。写出有关反应方程式，并解释浓度对电极电势的影响。

6. 酸度对氧化还原反应的影响

在试管中加入 0.5mL 0.1mol·L⁻¹ 的 KI 溶液和 0.5mL 0.02mol·L⁻¹ K₂Cr₂O₇ 溶液，混匀后，加入少量 CCl₄ 并振荡，观察现象；再加入 10 滴 2mol·L⁻¹ H₂SO₄ 溶液，观察 CCl₄ 层颜色的变化，写出有关反应方程式，并进行解释。

五、思考题

1. 如何利用电极电势来判断氧化还原反应的方向？
2. 电极电势受哪些因素影响？如何影响？
3. 在氧化还原反应中，为什么一般不用 HNO₃、HCl 作为反应的酸性介质？

实验项目十一　配合物的组成和性质

一、实验目的

1. 掌握配离子的生成和组成。
2. 熟悉配位平衡移动的影响因素。

二、实验原理

配合物一般由中心离子、配体和外界组成。中心离子和配体组成配离子（内界）。

例如，$[Cu(NH_3)_4]SO_4$ 中 $[Cu(NH_3)_4]^{2+}$ 称为配离子（内界），其中 Cu^{2+} 为中心离子，NH_3 为配体，SO_4^{2-} 为外界。

配合物的内界和外界可完全解离，且配离子的解离平衡是动态平衡，能向着生成更难解离或更难溶解的物质的方向移动。

三、实验仪器与试剂

仪器：试管、离心管、离心机、烧杯。

试剂：$CuSO_4$（$0.1mol·L^{-1}$），$NH_3·H_2O$（$6mol·L^{-1}$），H_2SO_4（$3mol·L^{-1}$），$NaOH$（$2mol·L^{-1}$），$AgNO_3$（$0.1mol·L^{-1}$），$Al(NO_3)_3$（$0.1mol·L^{-1}$），$FeCl_3$（$0.1mol·L^{-1}$），KF（$0.1mol·L^{-1}$），$KSCN$（$0.1mol·L^{-1}$），$NaBr$（$0.1mol·L^{-1}$），KI（$0.1mol·L^{-1}$），$NaCl$（$0.1mol·L^{-1}$），$BaCl_2$（$1mol·L^{-1}$），$K_3[Fe(CN)_6]$（$0.1mol·L^{-1}$），$K_4[Fe(CN)_6]$（$0.1mol·L^{-1}$），HCl（$2mol·L^{-1}$），NH_4F（$4mol·L^{-1}$），$Na_2S_2O_3$（$1mol·L^{-1}$），CCl_4，铝试剂，pH 试纸等。

四、实验步骤

1. 配合物的生成和组成

在两支试管中各加入 10 滴 $0.1mol·L^{-1}$ $CuSO_4$ 溶液，然后分别加入 2 滴 $1mol·L^{-1}$ $BaCl_2$ 溶液和 2 滴 $2mol·L^{-1}$ $NaOH$ 溶液。观察生成的沉淀（分别检验 SO_4^{2-} 和 Cu^{2+}）。

另取 10 滴 $0.1mol·L^{-1}$ $CuSO_4$ 溶液，加入 $6mol·L^{-1}$ $NH_3·H_2O$ 至生成深蓝色溶液，然后将深蓝色溶液分于两支试管中，分别加入 2 滴 $1mol·L^{-1}$ $BaCl_2$ 溶液和 2 滴 $2mol·L^{-1}$ $NaOH$ 溶液，观察是否都有沉淀产生。

根据上述实验结果，说明 $CuSO_4$ 和 NH_3 形成的配合物的组成。

2. 简单离子与配离子的比较及配离子的颜色

（1）在一支试管中滴入 5 滴 $0.1mol·L^{-1}$ $FeCl_3$ 溶液，再加入 1 滴 $0.1mol·L^{-1}$ $KSCN$ 溶液（检验 Fe^{3+}），观察现象。将溶液用水稀释，逐滴加入 $4mol·L^{-1}$ NH_4F 溶液，观察现象，并进行解释。

（2）以 $0.1mol·L^{-1}$ 铁氰化钾（$K_3[Fe(CN)_6]$）代替 $0.1mol·L^{-1}$ $FeCl_3$，重复上述实验，观察现象是否与上述相同，并进行解释。

3. 配位平衡与沉淀反应

在试管中加入 5 滴 $0.1mol·L^{-1}$ $AgNO_3$ 溶液，按下列次序进行实验，写出每一步反应方程式。

（1）加 1～2 滴 $0.1mol·L^{-1}$ $NaCl$ 溶液，至生成白色沉淀。

（2）滴加 $6mol·L^{-1}$ $NH_3·H_2O$ 溶液，边滴边振荡，至沉淀刚溶解。

（3）加 1～2 滴 $0.1mol·L^{-1}$ $NaBr$ 溶液，至生成浅黄色沉淀。

（4）滴加 $1mol·L^{-1}$ $Na_2S_2O_3$ 溶液，边滴边振荡，至沉淀刚溶解。

（5）加 1～2 滴 $0.1mol·L^{-1}$ KI 溶液，至生成黄色沉淀。

根据上述实验结果，讨论沉淀-溶解平衡与配位平衡的关系，并比较卤化银 K_{sp} 的大小和相关配离子的稳定性。

4. 配位平衡与氧化还原反应

取两支试管，分别加入 $0.1mol·L^{-1}$ $FeCl_3$ 溶液 5 滴，在其中一支试管中逐滴加入 $0.1mol·L^{-1}$ KF，摇匀，至浅黄色褪去，再多加几滴。

在两支试管中，分别加入 5 滴 $0.1mol·L^{-1}$ KI 和 5 滴 CCl_4，振摇，观察两支试管中 CCl_4

层的颜色并解释，写出相关反应式。

5. 配位平衡与溶液的酸碱性

在试管中加入 1mL 0.1mol·L^{-1} CuSO$_4$ 溶液，逐滴加入 6mol·L^{-1} NH$_3$·H$_2$O，边加边振荡，至沉淀完全溶解。再逐滴加入 3mol·L^{-1} H$_2$SO$_4$，观察现象并解释，写出相关反应式。

6. 混合离子分离与鉴定

取 15 滴 Ag$^+$、Cu^{2+}、Al^{3+}混合溶液，设计并进行分离和鉴定，画出分离和鉴定过程示意图。

五、思考题

1. 通过实验总结简单离子形成配离子后，哪些性质会发生改变？
2. 影响配位平衡的主要因素是什么？
3. Fe^{3+}可以将 I$^-$ 氧化为 I$_2$，而自身被还原成 Fe^{2+}，但[Fe(CN)$_6$]$^{4-}$又可将 I$_2$ 还原成 I$^-$，而自身被氧化成[Fe(CN)$_6$]$^{3-}$，如何解释此现象。

实验项目十二　磺基水杨酸合铁（Ⅲ）配合物的组成及稳定常数的测定

一、实验目的

1. 了解光度法测定配合物的组成和配离子稳定常数的原理和方法。
2. 学习分光光度计的使用方法。

二、实验原理

根据朗伯-比尔定律，$A = \varepsilon bc$，在一定波长下，如液层的厚度 b 不变，吸光度 A 只与有色物质的浓度 c 成正比。

设中心离子（M）和配位体（L）在某种条件下反应，只生成一种配合物 ML$_n$（略去电荷）：

$$M + nL \rightleftharpoons ML_n$$

如果 M 和 L 都是无色的，而 ML$_n$ 有色，则此溶液的吸光度与配合物的浓度成正比。本实验采用等物质的量系列法对配合物的组成和稳定常数进行测定。

所谓等物质的量系列法，就是保持溶液中中心离子浓度和配体浓度之和不变，改变中心离子与配位体的相对量，配制成一系列溶液。其中在一些溶液中中心离子是过量的，还有一些溶液中配位体是过量的。在这两种情况下配离子的浓度都不能达到最大值，只有当溶液中中心离子与配位体的物质的量之比与配离子的组成一致时，配离子的浓度达到最大，吸光度也最大。

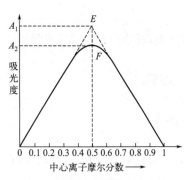

图 1　等物质的量系列法图示

若以吸光度对配体的摩尔分数作图（图1），则从图上最大吸收处可以求得配合物的配位数 n。

如图所示，在摩尔分数为 0.5 处为最大吸收，则

$$\frac{中心离子物质的量}{总物质的量} = 0.5$$

$$\frac{配位体物质的量}{总物质的量} = 0.5$$

$$则：n = \frac{配位体物质的量}{中心离子物质的量} = 1$$

即求出配合物的组成为 ML 型。由图可看出，E 处对应的最大吸光度可认为是 M 和 L 全部形成配合物 ML 时的吸光度，其值为 A_1；在 F 处的吸光度是由于 ML 发生部分解离而剩下的那部分配合物的吸光度，其值为 A_2，因此配合物的解离度 α 为：

$$\alpha = \frac{A_1 - A_2}{A_1}$$

配合物 ML 的稳定常数可由下列平衡关系导出：

$$M \quad + \quad L \quad \Longleftrightarrow \quad ML$$

平衡浓度 $\qquad\qquad c\alpha \qquad\quad c\alpha \qquad\quad c - c\alpha$

$$K_稳 = \frac{[ML]}{[M][L]} = \frac{1-\alpha}{c\alpha^2}$$

其中 c 对应于 E 点的中心离子浓度。

注意：这里求出的 $K_稳$ 是表观稳定常数，欲求得热力学常数，必须根据综合实验条件（离子强度、pH 等）进行校正。

磺基水杨酸（$C_7H_6O_6S$，简写式为 H_3R）与 Fe^{3+} 可以形成稳定的配合物，配合物的组成因 pH 值的改变而有所不同。pH < 4 时，形成 1：1 的螯合物，呈紫红色，配合反应为：

pH 值为 4～9 时生成 1：2 的螯合物，呈红色；pH 值为 9～11.5 时可形成 1：3 的螯合物，呈黄色。本实验选择的测定条件为 pH = 2.0，通过加入 $0.01mol·L^{-1}$ $HClO_4$ 保证测定时所需的 pH 值。

三、实验仪器与试剂

仪器：721 型（或 722 型）分光光度计、比色皿（1cm）、吸量管（10mL）、烧杯（100mL、50mL）、洗耳球。

试剂：$0.01mol·L^{-1}$ $HClO_4$ 溶液（将 4.4mL 70%$HClO_4$ 加入 50mL 水中，再稀释到 5000mL），$0.0010mol·L^{-1}$ 磺基水杨酸溶液（将分析纯磺基水杨酸溶于 $0.01mol·L^{-1}$ 高氯酸中配制而成），$0.0010mol·L^{-1}$ Fe^{3+} 溶液［将分析纯硫酸铁铵$(NH_4)Fe(SO_4)_2·12H_2O$ 晶体溶于 $0.01mol·L^{-1}$ 高氯酸中配制而成］。

其他：擦镜纸、滤纸条。

四、实验步骤

1. 配制磺基水杨酸合铁系列溶液

（1）取 2 个干燥洁净的 100mL 烧杯，编号 1～2 号。各量取约 60mL $0.0010mol·L^{-1}$ Fe^{3+} 溶液和 $0.0010mol·L^{-1}$ 磺基水杨酸溶液，分别加入 1～2 号烧杯中，用于配制磺基水杨酸合铁系列溶液。将两只 10mL 吸量管编号 1～2 号，分别用于量取 $0.0010mol·L^{-1}$ Fe^{3+} 和

0.0010mol·L^{-1}磺基水杨酸溶液（切勿混用!）。

（2）取 9 个干燥洁净的 50mL 烧杯，编号 1～9 号。按照下表所列的用量，用 1～2 号吸量管分别量取上述 0.0010mol·L^{-1} Fe^{3+}和 0.0010mol·L^{-1} 磺基水杨酸（H$_3$R）溶液，依次放入 9 个烧杯中，混合均匀后待用。

2. 测定磺基水杨酸合铁系列溶液的吸光度

以蒸馏水为参比溶液，用 1cm 比色皿，在波长 500nm 处，分别测定各溶液的吸光度 A。

五、数据记录与处理

将实验结果记录在下表中。

Fe^{3+}与磺基水杨酸的配制比例及相应吸光度 A　　　室温_____℃

溶液编号	0.0010mol·L^{-1} Fe^{3+}/mL	0.0010mol·L^{-1} H$_3$R/mL	Fe^{3+}摩尔分数	吸光度 A
1	9.00	1.00		
2	8.00	2.00		
3	7.00	3.00		
4	6.00	4.00		
5	5.00	5.00		
6	4.00	6.00		
7	3.00	7.00		
8	2.00	8.00		
9	1.00	9.00		

以吸光度 A 为纵坐标、Fe^{3+}摩尔分数为横坐标作图，从图中找出最大吸收处，求出配合物的组成及其稳定常数。

六、思考题

1. 在测定溶液的吸光度时，如果未用擦镜纸将比色皿光面外的水擦干，对测定的吸光度值 A 有何影响？取用比色皿时应注意什么问题？

2. 每次测定吸光度后，为什么要随时关上分光光度计的光路闸门？

3. 为什么要用 0.01mol·L^{-1} HClO$_4$溶液作为溶剂来配制 0.0010mol·L^{-1} Fe^{3+}和 0.0010mol·L^{-1} 磺基水杨酸溶液？能否用蒸馏水配制 Fe^{3+}和磺基水杨酸溶液？为什么？

实验项目十三　硫酸钡溶度积的测定（电导率仪法）

一、实验目的

1. 了解利用电导率仪测定难溶电解质溶度积的原理。
2. 学习电导率仪的使用方法。
3. 掌握沉淀的生成、陈化、离心分离、洗涤等基本操作。

二、实验原理

难溶电解质的溶解度很小，其离子浓度很难直接测定，目前的测定方法主要有分光光度法、电导率仪法、离子交换法等，本实验采用电导率仪法测定难溶强电解质硫酸钡的溶度积。首先测定饱和溶液的电导或电导率，根据电导与浓度之间的关系，计算难溶电解质的溶解度，进而计算出溶度积。

电解质溶液的摩尔电导 Λ_m 可由下式计算出：

$$\Lambda_m = \frac{k}{c} \times 10^{-3} (\text{S} \cdot \text{m}^2 \cdot \text{mol}^{-1})$$

当溶液无限稀释时，每种电解质的极限摩尔电导 Λ_0 是每种离子的极限摩尔电导的简单加和：

$$\Lambda_0 = \Lambda_{0,+} + \Lambda_{0,-}$$

离子的极限摩尔电导可从物理化学手册上查到。

由于 $BaSO_4$ 溶解度很小，其饱和溶液可近似地看成无限稀释溶液，故有

$$\Lambda_0 = \Lambda_0(Ba^{2+}) + \Lambda_0(SO_4^{2-}) = 287.28 \times 10^{-4} (\text{S} \cdot \text{m}^2 \cdot \text{mol}^{-1})$$

因此，只需测得 $BaSO_4$ 饱和溶液的电导率或电导，即可计算出 $BaSO_4$ 饱和溶液的浓度。

$$c(BaSO_4) = \frac{k(BaSO_4)}{1000\Lambda_0(BaSO_4)} (\text{mol} \cdot \text{L}^{-1})$$

应该注意的是，测定得到的 $BaSO_4$ 饱和溶液的电导率或电导值，包括了溶剂水解离出的 H^+ 和 OH^-，因此计算时必须减去：

$$k(BaSO_4) \approx k(BaSO_4 溶液) - k(H_2O)$$

在 $BaSO_4$ 饱和溶液中，存在如下平衡：

$$BaSO_4 \Longleftrightarrow Ba^{2+} + SO_4^{2-}$$
$$K_{sp} = c(Ba^{2+})c(SO_4^{2-}) = c^2(BaSO_4)$$
$$= \left[\frac{k(BaSO_4 溶液) - k(H_2O)}{1000\Lambda_0(BaSO_4)} \right]^2$$

三、实验仪器与试剂

仪器：DDS-11A 型电导率仪、离心机、离心试管、烧杯（50mL、100mL）、量筒（100mL）、表面皿、电炉、石棉网。

试剂：H_2SO_4（0.05mol·L^{-1}）、$BaCl_2$（0.05mol·L^{-1}）、$AgNO_3$（0.01mol·L^{-1}）。

四、实验步骤

1. BaSO₄沉淀的制备

量取 30mL 0.05mol·L^{-1} H_2SO_4 溶液加入 100mL 烧杯中，加热至近沸时，一边搅拌一边将 30mL 0.05mol·L^{-1} $BaCl_2$ 溶液逐滴加入 H_2SO_4 溶液中，加完后盖上表面皿，继续加热煮沸 5min（小心溶液溅出！），小火保温 10min，搅拌数分钟后，取下烧杯静置、陈化。当沉淀上层的溶液澄清时，用倾析法倾去上层清液。

将沉淀和少量余液用玻璃棒搅成乳状，分次转移到离心管中，离心分离，弃去上清液。向离心管中加入约 4～5mL 近沸的蒸馏水，用玻棒充分搅拌沉淀，再离心分离，弃去洗涤液。重复洗涤直至洗涤液中无 Cl$^-$为止（一般洗涤至第四次时，就可用 0.01mol·L^{-1} $AgNO_3$ 进行有无 Cl$^-$的检验）。

2. BaSO₄饱和溶液的制备

将上述制得的 $BaSO_4$ 沉淀全部转移到烧杯中，加蒸馏水 60mL，搅拌均匀后，盖上表面

皿，加热煮沸 3~5min。稍冷后，再置于冷水浴中搅拌 5min，重新浸在少量冷水中，静置，冷却至室温。当沉淀上面的溶液澄清时，即可进行电导率的测定。

3．电导率的测定

（1）测定 $BaSO_4$ 饱和溶液的电导率。
（2）测定用于配制 $BaSO_4$ 饱和溶液的蒸馏水的电导率。

五、数据记录与处理

将实验结果填入下表。

实验结果记录表

温度 $T/℃$	$k(BaSO_4$ 溶液$)/S·m^{-1}$	$k(H_2O$ 溶液$)/S·m^{-1}$	$K_{sp}(BaSO_4$ 溶液$)$

六、思考题

1．制备 $BaSO_4$ 时，为什么要洗至无 Cl^-？
2．测定蒸馏水和 $BaSO_4$ 饱和溶液的电导率时，若水的纯度不高，或所用玻璃器皿不够洁净，将对实验结果有何影响？
3．试讨论实验结果与理论值产生偏差的原因。

实验项目十四　硫酸亚铁铵的制备

一、实验目的

1．了解复盐的一般特征和制备方法。
2．掌握加热、减压过滤、蒸发、结晶等操作。

二、实验原理

用废铁屑与稀硫酸作用可得硫酸亚铁，然后将所得硫酸亚铁与等物质的量的硫酸铵在水溶液中相互作用，冷却结晶，即可得到浅绿色含六个结晶水的硫酸亚铁铵晶体。

$$Fe+H_2SO_4 == FeSO_4+H_2 \uparrow$$

$$FeSO_4+(NH_4)_2SO_4+6H_2O == FeSO_4·(NH_4)_2SO_4·6H_2O$$

硫酸亚铁铵，又称摩尔盐，易溶于水，难溶于乙醇，是浅绿色单斜晶体，在空气中比一般亚铁盐稳定，不易被氧化。硫酸亚铁、硫酸铵、硫酸亚铁铵在水中的溶解度见下表。

硫酸亚铁、硫酸铵、硫酸亚铁铵在水中的溶解度　　单位：$g·(100g)^{-1}H_2O$

盐	温度/℃						
	0	10	20	30	40	50	70
$FeSO_4.7H_2O$	15.7	20.5	26.6	33.2	40.2	48.6	56.0
$(NH_4)_2SO_4$	70.6	73.0	75.4	78.0	81.0	84.5	91.9
$FeSO_4·(NH_4)_2SO_4·6H_2O$	12.5	18.1	21.2	24.5	27.8	31.3	38.5

三、实验仪器与试剂

仪器：台秤，烧杯（250mL 1 个），量筒（10mL、100mL 各 1 个），布氏漏斗，吸滤瓶，蒸发皿，表面皿，比色管（25mL 共 4 个），比色管架，电炉，石棉网，刻度移液管（1mL、2mL 各 1 个）。

试剂：Na_2CO_3（10%），H_2SO_4（$3.0mol \cdot L^{-1}$），$(NH_4)_2SO_4$ 固体，Fe^{3+} 标准溶液（$0.10mol \cdot L^{-1}$），KSCN（$1.0mol \cdot L^{-1}$），铁屑。

其他：滤纸，广泛 pH 试纸。

四、实验步骤

1. 铁屑表面油污的去除

用台秤称取 2.0g 碎铁屑（或铁片）放入 250mL 烧杯中，加入 10% Na_2CO_3 溶液约 10mL，在电炉上煮沸。倾析法倾去碱液，用蒸馏水洗至中性，备用。

2. 硫酸亚铁的制备

放有铁屑的烧杯中加入 $3.0mol \cdot L^{-1}$ H_2SO_4 溶液约 18mL，盖上表面皿，小火加热（由于铁屑中的杂质在反应中会产生一些有毒气体，最好在通风橱中进行）使铁屑与稀硫酸反应。在加热过程中应不时补加少量蒸馏水，以补充被蒸发掉的水分（溶液总体积不要超过 150mL），防止 $FeSO_4$ 提前结晶。待反应基本完成（反应完成的程度可通过产生的细碎的氢气气泡来判断，如果几乎没有细碎的气体产生，则反应基本完成，而水本身沸腾的气泡为大气泡，与氢气细碎的气泡显著不同），趁热减压过滤，并用少量热蒸馏水洗涤。过滤后的溶液转移至蒸发皿中，此时溶液应为淡绿色（pH 值约为 1）。若溶液颜色发黄，则可能溶液酸度不足，部分 Fe^{2+} 被氧化，须补加少量硫酸溶液。

3. 硫酸亚铁铵的制备

根据铁屑的质量或生成 $FeSO_4$ 的理论产量，计算出制备硫酸亚铁铵所需 $(NH_4)_2SO_4$ 的量，注意：考虑到硫酸亚铁铵在过滤等过程中的损失，$(NH_4)_2SO_4$ 用量可按理论产量的 80%～90% 计算。按计算量称取 $(NH_4)_2SO_4$ 固体，直接加入硫酸亚铁溶液中，加热搅拌使之溶解。然后小火加热浓缩（硫酸铵固体溶解后，不得再进行搅拌），当溶液表面出现晶体膜时即停止加热。静置，自然冷却至室温，析出淡绿色的 $FeSO_4 \cdot (NH_4)_2SO_4 \cdot 6H_2O$ 晶体（注意观察晶体的生长过程与晶体的形状）。待晶体充分析出，减压抽滤，用滤纸将晶体中母液尽量吸干，在台秤上称重，计算理论产量和产率：

$$产率 = \frac{实际产量(g)}{理论产量(g)} \times 100\%$$

4. 产品检验

（1）标准溶液的配制

① Fe^{3+} 标准溶液的配制：称取 0.8634g $NH_4Fe(SO_4)_2 \cdot 12H_2O$ 固体溶于不含氧并用 2.5mL 浓硫酸酸化了的蒸馏水中，转移至 1000mL 容量瓶中，稀释至刻度（每毫升含 Fe^{3+} 0.1mg）。

② 对照标准溶液的配制：用 2mL 移液管依次量取上述 Fe^{3+} 标准溶液 0.50mL、1.00mL、2.00mL，分别置于三支 25mL 的比色管中，各加 1.0mL $3.0mol \cdot L^{-1}$ H_2SO_4 溶液和 1.00mL $1.0mol \cdot L^{-1}$ KSCN 溶液，用不含氧的蒸馏水稀释至刻度，摇匀。

（2）产品检验 称取 1.0g 产品，置于 25mL 比色管中，加入 1.0mL 3.0mol·L⁻¹ H₂SO₄ 溶液和 20mL 不含氧的蒸馏水，振荡，溶解后加入 1.00mL 1.0mol·L⁻¹ KSCN 溶液，用不含氧的蒸馏水稀释至刻度，摇匀，与对照标准溶液进行颜色比较，确定产品的等级。

不同等级 FeSO₄·(NH₄)₂SO₄·6H₂O 中 Fe³⁺含量

规格	Ⅰ级	Ⅱ级	Ⅲ级
Fe³⁺含量/(mg·g⁻¹样品)	0.050	0.10	0.20

五、思考题

1．为什么硫酸亚铁溶液都要保持较强的酸性？
2．为什么在检验产品中 Fe^{3+} 含量时，要用不含 O_2 的蒸馏水溶解样品？

实验项目十五　明矾的制备

一、实验目的

1．了解由金属铝制备明矾的原理及过程。
2．练习结晶、减压过滤等基本操作。

二、实验原理

硫酸铝钾俗称明矾、铝钾矾，无色透明晶体，化学式为 $K_2SO_4·Al(SO_4)_3·24H_2O$，是工业上十分重要的铝盐，用作填料、媒染剂等。

本实验先将金属铝溶于 KOH 溶液，制得四羟基合铝酸钾：

$$2Al+2KOH+6H_2O \Longrightarrow 2K[Al(OH)_4]+3H_2\uparrow$$

金属铝中的其他金属杂质，如 Fe 等，不能溶于强碱溶液而被除去。生成的四羟基合铝酸钾用硫酸溶液中和，可制得硫酸铝钾晶体。若经重结晶，可制得纯净的明矾晶体。$KAl(SO_4)_2$ 在水中的溶解度见下表。

$KAl(SO_4)_2$ 在水中的溶解度　　　　　　　单位：$g·(100g)^{-1}H_2O$

T/℃	0	10	20	30	40	50	60	70	80	90
溶解度	3.0	4.0	5.9	8.4	11.7	17.0	24.8	40.0	71.0	109.0

三、实验仪器与试剂

仪器：锥形瓶（250mL，1 个），烧杯（100mL，2 个），玻璃漏斗，漏斗架，台秤，抽滤瓶，布氏漏斗，循环水真空泵。

试剂：铝片（可用废弃铝制易拉罐代替）、1∶1 H₂SO₄、KOH 固体。

四、实验步骤

（1）将铝片用剪刀剪碎，备用。

（2）称取 2.5g KOH 固体于 250mL 锥形瓶中，加入 30mL 蒸馏水使之溶解。称取 1g 剪碎的铝片，分次加入溶液中（反应剧烈，防止溶液溅出，最好在通风橱内进行）。待反应趋于缓和时，可用水浴加热，使之进行完全。

（3）反应完毕后，将溶液趁热过滤，滤液转入 100mL 烧杯中，在不断搅拌下，慢慢滴加 10mL 1∶1 H_2SO_4 溶液（注意：反应剧烈，防止溶液溅出）。加完后小火加热，使生成的沉淀完全溶解，冷至室温，再用冰水冷却充分结晶，减压抽滤，称重。

（4）重结晶。如果产品纯度较差，可通过重结晶的方法得到颗粒较大、纯度较好的晶体。将制得的粗明矾晶体，参照溶解度表，用少量水重新加热溶解。先自然冷却，待产生大量晶体时，可用冰水冷却。待充分结晶后，减压抽滤，将晶体用滤纸吸干，称重，计算产率。

五、思考题

1. 本实验为什么用氢氧化钾溶解金属铝，而不直接用硫酸溶解金属铝？
2. 重结晶时，为什么先采取自然冷却的方法，而不直接用冰水冷却？

实验项目十六　硫代硫酸钠的制备

一、实验目的

1. 学习 $Na_2S_2O_3 \cdot 5H_2O$ 的制备方法。
2. 掌握蒸发浓缩、结晶、减压过滤等基本操作。

二、实验原理

硫代硫酸钠（$Na_2S_2O_3 \cdot 5H_2O$）俗称大苏打或海波，无色透明单斜晶体，在 33℃以上的干燥空气中风化，48℃分解。硫代硫酸钠易溶于水，难溶于乙醇，具有较强的配位能力和还原性。硫代硫酸钠的制备一般是将硫粉与亚硫酸钠溶液直接加热反应，然后经过滤、浓缩、结晶，得到 $Na_2S_2O_3 \cdot 5H_2O$ 晶体。

$$Na_2SO_3 + S \Longrightarrow Na_2S_2O_3$$

三、实验仪器与试剂

仪器：台秤、烧杯、150mL 圆底烧瓶、回流冷凝管、真空泵、抽滤瓶、布氏漏斗、蒸发皿等。

试剂：$Na_2SO_3 \cdot 6H_2O$（固体）、硫粉（固体）、乙醇（95%）、氢氧化钠、活性炭、$AgNO_3$ 溶液等。

四、实验步骤

1. 硫代硫酸钠的制备

称取 10g $Na_2SO_3 \cdot 6H_2O$ 于小烧杯中，加入 80mL 蒸馏水（用 NaOH 调节 pH≈10）溶解。在 150mL 圆底烧瓶中放入 3g 研细的硫粉（可加入少量乙醇润湿，使硫粉易于分散到溶液中）。将亚硫酸钠溶液转移到圆底烧瓶中，加装回流冷凝管，加热回流 30min。反应结束后，加少量粉状活性炭至溶液略变黑色，继续煮沸 2min 脱色。趁热过滤除去活性炭和未反应完的硫粉。将滤液在水浴上蒸发浓缩至液面有晶体产生为止，冷却后即有结晶析出。减压过滤，将晶体在 40℃下干燥 30min，称重，计算产率。

2. 产品检验

取少量 $Na_2S_2O_3 \cdot 5H_2O$ 晶体溶于试管中，加入少量 $AgNO_3$ 溶液，观察生成的沉淀白→

黄→棕→黑的过程。$Na_2S_2O_3 \cdot 5H_2O$ 在水中的溶解度见下表。

$Na_2S_2O_3 \cdot 5H_2O$ 在水中的溶解度 单位：g·$(100g)^{-1}H_2O$

$T/℃$	0	10	20	25	35	45	75
溶解度	50.15	59.66	70.07	75.90	91.24	120.9	233.3

五、思考题

1. 为什么硫代硫酸钠不能在高于 40℃ 的温度下干燥？
2. 写出产品检验的反应方程式。

实验项目十七　卤素

一、实验目的

1. 比较卤化物的还原能力强弱，掌握 Cl^-、Br^-、I^- 的鉴定方法。
2. 学习氯的含氧酸及其盐的性质。

二、实验原理

氯、溴、碘是ⅦA族元素，价电子构型为 ns^2np^5，其氧化性的强弱次序为 $Cl_2 > Br_2 > I_2$。卤化氢还原性强弱次序为：$HI > HBr > HCl$。

次氯酸及其盐具有强氧化性。氯酸盐在中性溶液中氧化能力很弱，但在酸性介质中表现出较强的氧化性。

Cl^-、Br^-、I^- 能与 Ag^+ 反应分别生成 AgCl（白）、AgBr（淡黄）、AgI（黄色）沉淀，其溶度积依次减小，且难溶于稀 HNO_3。AgCl 能溶于稀氨水或碳酸铵溶液中，生成配离子 $[Ag(NH_3)_2]^+$，再加入稀 HNO_3，AgCl 会重新沉淀出来。而 AgBr 和 AgI 则难溶于稀氨水或碳酸铵溶液。在酸性介质中，AgBr 和 AgI 能被锌还原为 Ag，使 Br^- 和 I^- 转入溶液中，加入氯水可将其氧化为单质。单质 Br_2 和 I_2 易溶于 CCl_4 中，分别呈现出橙色和紫色，可以鉴定 Br^- 和 I^- 的存在。

三、实验仪器与试剂

仪器：离心机、水浴锅、试管、试管架、试管夹、离心管。

试剂：HNO_3（2mol·L^{-1}）、HCl（浓、2mol·L^{-1}）、H_2SO_4（浓、2mol·L^{-1}、1∶1）、$NH_3 \cdot H_2O$（2mol·L^{-1}）、NaOH（2mol·L^{-1}）、KI（0.1mol·L^{-1}，s）、KBr（0.1mol·L^{-1}，s）、NaCl（0.1mol·L^{-1}，s）、$KClO_3$（饱和，s）、KIO_3（0.1mol·L^{-1}）、$NaHSO_3$（0.1mol·L^{-1}）、$AgNO_3$（0.1mol·L^{-1}）、12%$(NH_4)_2CO_3$ 溶液、锌粒、硫粉、氯水、品红溶液、1%淀粉溶液、CCl_4。

其他：广泛 pH 试纸、淀粉-KI 试纸、Pb(Ac)$_2$ 试纸、铁锤、铁块。

四、实验步骤

1. 卤化氢的还原性

取三支干燥洁净的试管，分别加入黄豆大小的 NaCl、KBr、KI 固体，然后分别加入 3～4 滴浓 H_2SO_4，微热，观察现象，并分别用湿润的 pH 试纸、淀粉-KI 试纸、Pb(Ac)$_2$ 试纸检验试管中产生的气体（应在通风橱内进行实验，并立即清洗试管）。写出反应方程式。

2. 次氯酸盐的氧化性

量取 2mL 氯水，逐滴加入 $2mol·L^{-1}$ NaOH 至溶液呈弱碱性为止（用 pH 试纸检验）。将溶液分盛于 3 支试管中，在第一个试管中加 10 滴 $2mol·L^{-1}$ HCl 溶液，用湿润的淀粉-KI 试纸检验逸出的气体。在第二个试管中加 5 滴 $0.1mol·L^{-1}$ 溶液及 1～2 滴 1%淀粉溶液，观察现象。在第三个试管中加入 3 滴品红溶液，观察现象，写出有关的反应方程式。

3. 氯酸盐的氧化性

（1）在试管中滴入 10 滴饱和 $KClO_3$ 溶液后，加入 2～3 滴浓 HCl，检验逸出的气体，并写出反应方程式。

（2）滴入 2～3 滴 $0.1mol·L^{-1}$ KI 溶液于试管中，加入 3～4 滴饱和 $KClO_3$ 溶液，再逐滴加入 1：1 H_2SO_4 溶液，不断振荡，观察溶液颜色的变化。写出相关的反应方程式。

（3）取绿豆大小的干燥 $KClO_3$ 晶体与硫粉在纸上均匀混合并包好（$KClO_3$ 与 S 的质量比约为 2：3），用铁锤在铁块上捶打，注意捶打时即爆炸（注意：用量要少，混合时要小心）。

4. 碘酸钾的氧化性

在试管中滴入 5 滴 $0.1mol·L^{-1}$ KIO_3 溶液，加几滴 $2mol·L^{-1}$ H_2SO_4 酸化后，加入 1mL CCl_4，再加数滴 $0.1mol·L^{-1}$ $NaHSO_3$ 溶液，振荡，观察 CCl_4 层的颜色。写出离子反应方程式。

5. Cl^-、Br^-、I^- 的鉴定

（1）Cl^- 的鉴定。在试管中滴加 2 滴 $0.1mol·L^{-1}$ NaCl 和 1 滴 $2mol·L^{-1}$ HNO₃ 溶液，加 2 滴 $0.1mol·L^{-1}$ $AgNO_3$ 溶液，观察现象。在沉淀中加入数滴 $2mol·L^{-1}$ 氨水，振荡使沉淀溶解，再加数滴 $2mol·L^{-1}$ HNO₃ 溶液，观察有何变化。写出离子反应方程式。

（2）Br^- 的鉴定。在试管中滴入 2 滴 $0.1mol·L^{-1}$ KBr 溶液，加 1 滴 $2mol·L^{-1}$ H_2SO_4 和 5 滴 CCl_4，再逐滴加入氯水，边加边摇，若 CCl_4 层出现棕色至黄色，确认有 Br^- 存在。写出有关的离子反应方程式。

（3）I^- 的鉴定。用 $0.1mol·L^{-1}$ KI 溶液代替 KBr 溶液重复上述步骤（2），若 CCl_4 层出现紫色，表示有 I^- 存在（若加入过量氯水，紫色又褪去，因为生成了 IO_3^-）。写出有关的离子反应方程式。

6. Cl^-、Br^-、I^- 的分离和鉴定

在试管中各加入 2 滴浓度均为 $0.1mol·L^{-1}$ 的 NaCl、KBr、KI 溶液，混合均匀。设计方法将其分离并鉴定。图示分离和鉴定步骤，并写出现象和有关的反应方程式。

分析方法示例：

在混合溶液中加入 2 滴 $2mol·L^{-1}$ HNO₃ 溶液，再滴加 $0.1mol·L^{-1}$ $AgNO_3$ 溶液至沉淀完全，离心分离，弃去清液，沉淀用蒸馏水洗涤两次。

（1）在上面的沉淀中加入 15～20 滴 12%$(NH_4)_2CO_3$ 溶液，充分振荡后在水浴中加热 1min，离心分离，吸取清液，保留沉淀。在清液中加入 2 滴 $0.1mol·L^{-1}$ KI 溶液，若有黄色沉淀生成，则表示有 Cl^- 存在（或者在清液中加入数滴 $2mol·L^{-1}$ HNO₃ 溶液，有白色沉淀表示有 Cl^- 存在）。

（2）将保留的沉淀用蒸馏水洗涤两次，弃去清液，在沉淀中加 5 滴蒸馏水和少量锌粉，再加入 1～2 滴 $2mol·L^{-1}$ H_2SO_4，加热、搅拌，离心分离。吸取清液于另一试管中，加入 6 滴 CCl_4，再逐滴加入氯水，边加边摇，观察 CCl_4 层颜色从紫红色变为棕黄色，表示有 Br^- 和 I^- 存在。

五、注意事项

1．氯气有毒和刺激性，吸入人体会刺激气管，引起咳嗽和喘息。进行有关氯气的实验时，必须在通风橱内操作。闻氯气时，不能直接对着管口或瓶口。

2．液溴具有很强的腐蚀性，能灼烧皮肤，严重时会使皮肤溃烂。移取液溴时，须戴橡皮手套。溴水的腐蚀性比液溴虽弱，但使用时，也不能直接由瓶内倒出，而应该用滴管移取，以免溴水接触皮肤。如果不慎把溴水溅在手上，可用水冲洗，再用酒精洗涤。

3．氯酸钾是强氧化剂，保存不当容易爆炸，不宜大力研磨、烘干或烤干，如果要烘干，温度一定要严格控制，不能过高。氯酸钾与硫、磷的混合物可用作炸药，绝对不容许把它们混在一起放置。有关氯酸钾的实验，要注意安全，实验结束要把剩下的氯酸钾放入专用的回收瓶内。

六、思考题

1．NaClO 与 KI 反应时，若溶液的 pH 值过高会有何结果？

2．在水溶液中氯酸盐的氧化性与介质有何关系？

3．鉴定 Cl^- 时，为什么要先加稀 HNO_3 溶液？鉴定 Br^- 和 I^- 时，为什么要先加稀 H_2SO_4？

实验项目十八　氧和硫

一、实验目的

1．掌握过氧化氢的主要化学性质。

2．了解硫化氢、硫代硫酸盐的还原性和过二硫酸盐的氧化性以及重金属硫化物的难溶性。

3．学习 H_2O_2、S^{2-}、SO_3^{2-}、$S_2O_3^{2-}$ 的鉴定方法。

二、实验原理

过氧化氢既有氧化性，又有还原性。无论在酸性还是在碱性溶液中，过氧化氢都是强氧化剂，只有当遇到更强的氧化剂时 H_2O_2 才表现出还原性。在酸性溶液中，H_2O_2 能与重铬酸盐反应生成蓝色的过氧化铬 CrO_5，这一反应可用于鉴定 H_2O_2。

H_2S 具有强还原性。在含有 S^{2-} 的溶液中加入稀盐酸，生成的 H_2S 气体使湿润的 $Pb(Ac)_2$ 试纸变黑。

$Na_2S_2O_3$ 常用作还原剂，还能与某些金属离子形成配合物。$S_2O_3^{2-}$ 与 Ag^+ 反应生成白色的 $Ag_2S_2O_3$ 沉淀，$Ag_2S_2O_3$ 能迅速分解为 Ag_2S 和 H_2SO_4，反应方程式如下：

$$2Ag^+ + S_2O_3^{2-} = Ag_2S_2O_3(s)\downarrow$$

$$Ag_2S_2O_3(s) + H_2O = Ag_2S(s) + H_2SO_4$$

这一过程中，沉淀颜色由白色变为黄色、棕色，最后变为黑色。该方法可用于鉴定 $S_2O_3^{2-}$。过二硫酸盐是强氧化剂，在酸性条件下能将 Mn^{2+} 氧化为 MnO_4^-。

三、实验仪器与试剂

仪器：烧杯、试管、水浴锅、离心机、离心试管。

试剂：HNO_3（$6mol \cdot L^{-1}$）、浓硝酸、HCl（$6mol \cdot L^{-1}$、$2mol \cdot L^{-1}$、$1mol \cdot L^{-1}$）、浓盐酸、H_2SO_4

（1mol·L^{-1}）、NH$_3$·H$_2$O（2mol·L^{-1}）、NaOH（2mol·L^{-1}）、3%H$_2$O$_2$、KI（0.1mol·L^{-1}）、Pb(NO$_3$)$_2$（0.1mol·L^{-1}）、饱和 H$_2$S、KMnO$_4$（0.01mol·L^{-1}、0.1mol·L^{-1}）、K$_2$Cr$_2$O$_7$（0.1mol·L^{-1}）、MnSO$_4$（0.1mol·L^{-1}）、ZnSO$_4$（0.1mol·L^{-1}）、CdSO$_4$（0.1mol·L^{-1}）、CuSO$_4$（0.1mol·L^{-1}）、Hg(NO$_3$)$_2$（0.1mol·L^{-1}）、Na$_2$S$_2$O$_3$（0.1mol·L^{-1}）、AgNO$_3$（0.1mol·L^{-1}）、碘水、1%淀粉溶液、戊醇、无水乙醇、氯水、(NH$_4$)$_2$S$_2$O$_8$固体、Na$_2$S（0.1mol·L^{-1}）。

其他：pH 试纸、Pb(Ac)$_2$ 试纸、蓝色石蕊试纸。

四、实验步骤

1. 过氧化氢的性质

（1）酸性

往试管中加入 5 滴 2mol·L^{-1} NaOH 溶液和 10 滴 3% H$_2$O$_2$ 溶液，再加入 10 滴无水乙醇。振荡试管，观察现象。

（2）氧化性

① 在试管中加入 2 滴 0.1mol·L^{-1} KI 溶液和 2 滴 1mol·L^{-1} H$_2$SO$_4$ 溶液，摇匀后再加入 10 滴 3% H$_2$O$_2$ 溶液，观察现象，写出反应方程式。

② 在试管中滴入 5 滴 0.1mol·L^{-1} Pb(NO$_3$)$_2$ 溶液，加入 10 滴饱和 H$_2$S，观察到有棕黑色沉淀产生。待沉淀沉降后，用吸管吸去上清液，然后逐滴加入 3% H$_2$O$_2$ 溶液，观察现象，写出反应方程式。

（3）还原性

在试管中加入 5 滴 3% H$_2$O$_2$ 溶液，滴入 2 滴 1mol·L^{-1} H$_2$SO$_4$ 溶液酸化，再加入 2 滴 0.01mol·L^{-1} KMnO$_4$ 溶液，观察现象，写出反应方程式。

（4）CrO$_5$ 的生成

在试管中加入 5 滴 3% H$_2$O$_2$ 溶液和 5 滴戊醇，加 2 滴 1mol·L^{-1} H$_2$SO$_4$ 溶液酸化，再滴加 1 滴 0.1mol·L^{-1} K$_2$Cr$_2$O$_7$ 溶液，振荡试管，观察现象，写出反应方程式。

2. 硫化氢的还原性

（1）在两支试管中分别加入 3～4 滴 0.1mol·L^{-1} KMnO$_4$ 和 K$_2$Cr$_2$O$_7$ 溶液，加 1 滴 1mol·L^{-1} H$_2$SO$_4$ 溶液酸化，分别滴加饱和 H$_2$S 溶液，观察溶液的变化，写出反应方程式。

（2）在试管中加几滴 0.1mol·L^{-1} Na$_2$S 溶液和几滴 2mol·L^{-1} HCl 溶液，用湿润的 Pb(Ac)$_2$ 试纸检查逸出的气体。写出反应方程式。

3. 难溶硫化物的生成和溶解

取四支试管并编号，依次加入 5 滴 0.1mol·L^{-1} ZnSO$_4$、CdSO$_4$、CuSO$_4$ 和 Hg(NO$_3$)$_2$ 溶液，然后各滴加 10 滴饱和 H$_2$S 溶液，观察现象并写出反应方程式。分别将沉淀离心分离，弃去清液，用蒸馏水洗涤沉淀，留待做下面的实验。

往 1 号试管中加入 10 滴 1mol·L^{-1} HCl，观察沉淀的变化。然后再加 10 滴 2mol·L^{-1} NH$_3$·H$_2$O 以中和 HCl，观察现象并写出反应方程式。

往 2 号试管中加入 10 滴 1mol·L^{-1} HCl，观察沉淀的变化。如不溶解，离心分离，弃去溶液。再往沉淀中加入 10 滴 6mol·L^{-1} HCl，观察现象并写出反应方程式。

往 3 号试管中加入 10 滴 6mol·L^{-1} HCl，观察沉淀的变化。如不溶解，离心分离，弃去溶液。再往沉淀中加入 10 滴 6mol·L^{-1} HNO$_3$ 并水浴加热，观察现象并写出反应方程式。

往 4 号试管中加入 5 滴浓 HNO$_3$，观察沉淀的变化。如不溶解，再往沉淀中加入 15 滴浓

HCl，并搅拌，观察现象并写出反应方程式。

比较四种金属硫化物与酸反应的情况，并加以解释。

4．硫代硫酸钠的性质

（1）在试管中加入几滴 $0.1mol·L^{-1}Na_2S_2O_3$ 溶液和 $2mol·L^{-1}$ HCl，振荡片刻，观察现象，并用湿润的蓝色石蕊试纸检验逸出的气体。写出反应方程式。

（2）在试管中加入几滴碘水，加 1 滴 1%淀粉溶液，逐滴加入 $0.1mol·L^{-1}$ $Na_2S_2O_3$ 溶液，观察现象。写出反应方程式。

（3）在试管中加入几滴氯水，逐滴加入 $0.1mol·L^{-1}$ $Na_2S_2O_3$ 溶液，观察现象并检验是否有 SO_4^{2-} 生成。写出反应方程式（注意：不要放置太久才检验 SO_4^{2-}，否则有少量的 $Na_2S_2O_3$ 分解，从而干扰 SO_4^{2-} 的检验）。

5．过硫酸盐的氧化性

在试管中加入 5 滴 $0.1mol·L^{-1}$ $MnSO_4$ 溶液，用 2mL $1mol·L^{-1}$ H_2SO_4 溶液酸化，然后加入 1 滴 $0.1mol·L^{-1}$ $AgNO_3$ 溶液，再加入少量的$(NH_4)_2S_2O_8$ 固体，在水浴中加热片刻，观察现象并写出有关的反应方程式。

6．鉴别实验

现有五种溶液：Na_2S、Na_2SO_4、Na_2SO_3、$Na_2S_2O_3$、$K_2S_2O_8$，试设计方案通过实验进行鉴别，写出观察到的现象和有关的反应方程式。

五、思考题

1．在硫化氢的相关实验操作中，应注意哪些问题？

2．鉴定 $S_2O_3^{2-}$ 时，$AgNO_3$ 溶液必须过量。若 $AgNO_3$ 溶液未过量，会出现哪些问题？为什么？

实验项目十九　离子交换法分离检测 Fe^{3+}、Co^{2+} 和 Ni^{2+}

一、实验目的

1．了解离子交换树脂的基本原理和在分离混合离子中的应用。
2．熟悉 Fe^{3+}、Co^{2+}、Ni^{2+}的分离检测方法。

二、实验原理

使用合适的阳离子或阴离子交换树脂和合适的洗脱液可以有效地分离某些金属离子。Fe^{3+}、Co^{2+}、Ni^{2+}与 HCl 形成配阴离子的能力有较大差异，本实验使用阴离子交换树脂与配阴离子进行离子交换，以不同浓度的 HCl 溶液为淋洗剂（洗脱液），使金属离子混合物得以分离。

浓的 HCl 溶液(大于 $8mol·L^{-1}$)中，Fe^{3+}和 Co^{2+}分别与 Cl^-形成配阴离子$[FeCl_6]^{3-}$和$[CoCl_4]^{2-}$，而 Ni^{2+}则不会。随 HCl 溶液浓度降低，Fe^{3+}、Co^{2+}与 Cl^-的结合有不同程度的降低。当 HCl 浓度小于 $4mol·L^{-1}$时，$[CoCl_4]^{2-}$几乎完全解离。HCl 浓度小于 $1mol·L^{-1}$时，$[FeCl_6]^{3-}$亦完全解离。所以，当含有$[FeCl_6]^{3-}$、$[CoCl_4]^{2-}$和 Ni^{2+}的浓 HCl 溶液进入阴离子交换柱时，$[FeCl_6]^{3-}$、

$[CoCl_4]^{2-}$与树脂上的阴离子发生交换反应，留在交换柱上，而 Ni^{2+} 则不发生交换反应，可以被浓盐酸溶液洗脱下来，而$[FeCl_6]^{3-}$和$[CoCl_4]^{2-}$随洗脱液渗入下层树脂。改用 $3mol·L^{-1}$ HCl 溶液洗脱，$[CoCl_4]^{2-}$ 逐渐解离，Co^{2+}被洗脱下来。最后 $0.5mol·L^{-1}$ HCl 溶液洗脱，$[FeCl_6]^{3-}$ 也逐渐解离，Fe^{3+}从交换柱上被洗脱下来，从而使 Fe^{3+}、Co^{2+}、Ni^{2+}得以分离。

Co^{2+}和 Fe^{3+}分别与 SCN^-在酸性条件下生成蓝绿色和红色配离子，Ni^{2+}与丁二酮肟在氨存在时形成红色沉淀，这些反应可以在分离后用作离子鉴定。

三、实验仪器与试剂

仪器：移液管，交换柱（1cm×30cm，可用 25mL 滴定管代替）。

试剂：盐酸（$0.5mol·L^{-1}$、$3mol·L^{-1}$、$9mol·L^{-1}$、浓），氨水，Fe^{3+}、Co^{2+}、Ni^{2+}混合液（各 $0.1mol·L^{-1}$），NH_4SCN（饱和），丁二酮肟试纸，丙酮，717 型强碱性阴离子交换树脂。

四、实验步骤

1. 装柱

将交换柱洗净，在交换柱底部垫少许玻璃丝。在柱中加去离子水至近满，排出玻璃丝及柱下部所有空气，然后将阴离子交换树脂与水一起从柱上端加入，同时开启柱下端活塞从柱中放水，使树脂自然下沉堆积，树脂高度约为24cm，在树脂顶部放置一小团玻璃丝（防止淋洗液加入对树脂的搅动），始终保持液面高于树脂和玻璃丝。待液面降至很接近上端玻璃丝时，关闭活塞，加入 10mL $9mol·L^{-1}$ 的 HCl 溶液，开启活塞，控制流速为 $0.5\sim0.8mol·L^{-1}$（整个交换过程保持这个流速），直至液面重新降低到接近上端玻璃丝。

2. 试样的准备

取 2mL 试液，置于小烧杯中，加入 4mL 浓 HCl，混匀后加入交换柱。柱的下端用 250mL 锥形瓶收集流出液。待液面降至接近上端玻璃丝时，即开始 Ni^{2+}的洗脱。

3. Ni^{2+}的洗脱和检验

用 $9mol·L^{-1}$ 的 HCl 作为洗脱液，每次加入 $2\sim5mL$，每次加洗脱液前检查 Ni^{2+}的洗脱情况，根据检查结果，酌量加入洗脱液，直至 Ni^{2+}洗脱完全（洗脱液用量为 $15\sim20mL$）。

取一滴流出液置于丁二酮肟试纸上，将试纸置于氨水上氨熏片刻，湿斑边缘出现鲜红色，说明有 Ni^{2+}存在。

4. Co^{2+}的洗脱和检验

Ni^{2+}洗脱完全后，更换承接瓶，用 $3mol·L^{-1}$ HCl 洗脱，过程控制与上相同（洗脱液用量为 $20\sim30mL$）。取 3 滴流出液置于试管中，加 5 滴饱和 NH_4SCN 溶液，再滴加 10 滴丙酮，溶液变为蓝绿色则表明有 Co^{2+}存在。

5. Fe^{3+}的洗脱和检验

Co^{2+}洗脱完全后，更换承接瓶，用 $0.5mol·L^{-1}$ HCl 作为洗脱液，过程控制与上相同（洗脱液用量为 $40\sim60mL$）。

取 2 滴流出液置于试管中，加 2 滴饱和 NH_4SCN 溶液，溶液变为红色则表明有 Fe^{3+}存在。以上各组的流出液可做定量分析，本实验仅做分离和定性检验回收处理。

6. 离子交换树脂的再生

Fe^{3+}洗脱完全后，将 $9mol·L^{-1}$ 的 HCl 分次加入交换柱内（每次 5mL，共用 $20\sim30mL$），

使离子交换树脂再生。

五、注意事项

1．丁二酮肟试纸的制备：将滤纸条浸入温热的丁二酮肟饱和溶液中，取出自然晾干后备用。用试纸检验 Ni^{2+} 的灵敏度比试管反应约高 10 倍。Ni^{2+} 与丁二酮肟的特征反应不能在强酸性条件下进行。

2．离子交换树脂的用量和高度要足够，否则影响分离效果。

六、思考题

1．为什么交换柱在加入混合液前要先用浓 HCl 淋洗？

2．用铵型阳离子交换树脂分离 Co^{2+} 和 Ni^{2+}，洗脱液为柠檬酸铵 $[(NH_4)_3Cit]$。已知 Co^{2+} 和 Ni^{2+} 与柠檬酸根 Cit^{3-} 形成的配合物的稳定常数分别为 $K(CoCit) = 3.16\times10^{12}$，$K(NiCit) = 1.999\times10^{14}$，试指出哪种离子先被洗脱出来，洗脱液中金属离子的存在形式是什么？

3．根据自己在实验中的体会，你认为本实验成功的关键是什么？

4．根据洗出液中 Fe^{3+}、Co^{2+}、Ni^{2+} 的检查结果，总结试剂显色速率快慢及颜色深浅与离子浓度间的关系。写出洗脱 Co^{2+} 或 Ni^{2+} 时交换柱上所发生的交换反应方程式。

模块二　实训技能考核

实训考核项目　硫酸铜的提纯

一、实验目的

1. 通过考核使学生掌握称量（托盘天平）、溶解、过滤、蒸发、结晶等基本操作和制备实验产率计算等。

2. 检查学生的实训教学效果，使学生做到规范操作。

二、实验原理

粗硫酸铜中的主要杂质是 Fe^{2+} 和 Fe^{3+}，提纯的目的就是去除硫酸铜中的杂质。

$Cu(OH)_2$ 与 $Fe(OH)_3$ 的溶度积不同，可通过调节溶液的 pH 值（即酸碱性）达到提纯的目的。当溶液 pH＝4 时，Fe^{3+} 与溶液中的 OH^- 生成 $Fe(OH)_3$ 沉淀，而 Cu^{2+} 仍然保留在溶液中。通过过滤的方法即可将 Fe^{3+} 除去。

可先用 H_2O_2 将 Fe^{2+} 氧化成 Fe^{3+}，再调节溶液 pH 值为 4，将 Fe^{2+} 和 Fe^{3+} 从溶液中沉淀出来，过滤将 Fe^{2+} 和 Fe^{3+} 除去。反应方程式为：

$$2FeSO_4+H_2SO_4+H_2O_2 =\!=\!= Fe_2(SO_4)_3+2H_2O$$

$$Fe^{3+}+3H_2O =\!=\!= Fe(OH)_3\downarrow +3H^+(pH = 4)$$

三、实验步骤

1. 称量和溶解

称取 5.0g 已经研细的粗硫酸铜，加 20mL 水，搅拌，加热至溶解。

2. 氧化及水解

停止加热，滴加 2mL 3% H_2O_2，不断搅拌，继续加热，逐滴加入 $2mol·L^{-1}$ NaOH 搅拌直至 pH 值约等于 4，再加热片刻，静置，使 $Fe(OH)_3$ 沉淀（若有蓝色沉淀，表明 pH 过高）。

3. 过滤

用倾泻法进行过滤，滤液用洁净的蒸发皿收集，用少量热蒸馏水洗涤烧杯及玻璃棒，洗液也过滤至蒸发皿中。

4. 蒸发、结晶

在滤液中滴加 $1mol·L^{-1}$ H_2SO_4，搅拌使其 pH 值为 1～2。蒸发浓缩至溶液表面出现极薄一层晶体时，停止加热。

5. 减压抽滤

冷却至室温，将晶体转移至布氏漏斗中，抽滤，用滤纸吸干水分，称量，计算产率。

四、考核要求

1. 各种仪器操作要规范化。
2. 实验台面要整齐、清洁。
3. 实训报告符合要求，书写整洁。

基本实训操作考核评分标准

考核项目	技能要求	分数	评分
称量	检查和调节零点	3	
	左盘放称量物，右盘放砝码	3	
	正确选择称量纸、表面皿或烧杯进行称量	3	
	要用镊子夹取砝码，5g 以下用游码	3	
	先在右盘加所需药品质量的砝码	3	
	在左盘加药品	3	
	会判断平衡	3	
	称量完毕，把砝码放回原砝码盒	3	
	游码推回原处，使天平恢复至原状	3	
溶解	称好的固体放在洗干净的小烧杯中	3	
	用量筒量取一定体积的蒸馏水倒入烧杯中	3	
	用酒精灯或电热套加热	3	
	用烧杯加热药品时，烧杯应放在石棉网上	3	
	用玻璃棒轻轻搅动使物质溶解，玻璃棒不能碰壁	3	
氧化水解	停止加热，滴加适量的 H_2O_2	3	
	逐滴加入一定浓度的 NaOH	3	
	会检验溶液的 pH	3	
	调节溶液 pH 值约为 4	3	
过滤	用倾泻法进行过滤	3	
	趁热进行过滤	3	
	滤液用洁净蒸发皿收集	3	
	用少量蒸馏水洗涤烧杯及玻璃棒	3	
	洗液也过滤至蒸发皿中	3	
蒸发结晶	蒸发皿中液体体积不超过蒸发皿容积的 2/3	3	
	用玻璃棒不断搅拌滤液	3	
	浓缩至溶液出现结晶时停止加热	3	
	蒸发皿不能骤冷，以防炸裂	3	
	蒸发皿冷却至室温，使晶体析出	3	
减压抽滤	布氏漏斗斜口对准抽滤瓶支管口	3	
	布氏漏斗中铺上干净滤纸，以少量水将滤纸润湿	3	
	将晶体转移至布氏漏斗中，减压过滤，尽可能抽干	3	
	用滤纸吸干晶体中水分	3	
其他	准确称量晶体，计算产率	2	
	将所用仪器洗涤干净，放回原处，按时完成实验	2	
合计		100	

附　录

附录一　常用缓冲溶液的配制

缓冲溶液的组成	$pK_a^\ominus$	缓冲溶液的 pH	缓冲溶液配制方法
氨基乙酸-HCl	2.35($pK_{a1}^\ominus$)	2.3	称取氨基乙酸 150g 溶于 500mL 水中，加浓盐酸 80mL，用水稀释至 1L
H_3PO_4-柠檬酸盐		2.5	称取 113g $Na_2HPO_4 \cdot 12H_2O$ 溶于 200mL 水中，加 387g 柠檬酸溶解，过滤后，稀释至 1L
一氯乙酸-NaOH	2.86	2.8	称取 200g 一氯乙酸溶于 200mL 水中，加 40g NaOH 溶解，然后稀释至 1L
邻苯二甲酸氢钾-HCl	2.95($pK_{a1}^\ominus$)	2	称取 500g 邻苯二甲酸氢钾溶于 500mL 水中，加 80mL 浓盐酸，稀释至 1L
甲酸-NaOH	3.76	3.7	称取 95g 甲酸和 40g NaOH，溶于 500mL 水中，溶解后稀释至 1L
NaAc-HAc	4.74	4.7	称取 83g 无水 NaAc 溶于水中，加 60mL 冰醋酸，稀释至 1L
		5.0	称取 160g 无水 NaAc 溶于水中，加 60mL 冰醋酸，稀释至 1L
NH₄Ac-HAc		4.5	称取 77g NH_4Ac 溶于 200mL 水中，加 59mL 冰醋酸，稀释至 1L
		5.0	取 250g NH_4Ac 溶于 200mL 水中，加 25mL 冰醋酸，稀释至 1L
		6.0	称取 600g NH_4Ac 溶于 200mL 水中，加 20mL 冰醋酸，稀释至 1L
六次甲基四胺-HCl	5.15	5.4	称取 40g 六次甲基四胺溶于 200mL 水中，加 10mL 浓盐酸，稀释至 1L
NaAc-$Na_2HPO_4 \cdot 12H_2O$		8.0	取 50g 无水 NaAc 和 50g $Na_2HPO_4 \cdot 12H_2O$ 溶于水中，稀释至 1L
NH₃-NH₄Cl	9.26	9.2	称取 54g NH_4Cl 溶于水中，加 63mL 浓氨水，稀释至 1L
		9.5	称取 54g NH_4Cl 溶于水中，加 126mL 浓氨水，稀释至 1L
		10.0	称取 54g NH_4Cl 溶于水中，加 350mL 浓氨水，稀释至 1L

附录二　市售酸碱试剂的浓度、含量及密度

化学试剂	摩尔浓度/mol·L^{-1}	含量/%	密度/g·mL^{-1}
乙酸	6.2~6.4	36.0~37.0	1.04
冰醋酸	17.4	99.8(G.R.)、99.5(A.R.)、99.0(C.P)	1.05
盐酸	11.7~12.4	36~38	1.18~1.19

续表

化学试剂	摩尔浓度/mol·L⁻¹	含量/%	密度/g·mL⁻¹
氨水	12.9～14.8	25～28	0.88
氢氟酸	27.4	40.0	1.13
硝酸	14.4～15.2	65～68	1.39～1.40
硫酸	17.8～18.4	95～98	1.83～1.84
高氯酸	11.7～12.5	70.0～72.0	1.68
磷酸	14.6	85.0	1.69

附录三　常见化合物的分子量

分子式	分子量	分子式	分子量	分子式	分子量
$AgBr$	187.77	$BaCl_2 \cdot 2H_2O$	244.27	H_2SO_4	98.07
$AgCl$	143.22	$BaCO_3$	197.34	Hg_2Cl_2	472.09
AgI	234.77	BaO	155.33	$HgCl_2$	271.50
$AgCN$	133.89	$Ba(OH)_2$	171.34	$KAl(SO_4)_2 \cdot 12H_2O$	474.38
Ag_2CrO_4	331.73	$BaSO_4$	233.39	$C_4H_6O_3$（醋酸酐）	102.09
$AgNO_3$	169.87	BaC_2O_4	225.35	$C_7H_6O_2$（苯甲酸）	122.12
$AgSCN$	165.95	$BaCrO_4$	253.32	FeO	71.85
Al_2O_3	101.96	CaO	56.08	Fe_2O_3	159.69
$Al(OH)_3$	78.00	$CaCO_3$	100.09	Fe_3O_4	231.54
$Al_2(SO_4)_3$	342.14	CaC_2O_4	128.10	$Fe(OH)_3$	106.87
As_2O_3	197.84	$CaCl_2$	110.99	$FeSO_4$	151.90
As_2O_5	229.84	$CaCl_2 \cdot H_2O$	129.00	$FeSO_4 \cdot H_2O$	169.92
As_2S_3	246.02	$CaCl_2 \cdot 6H_2O$	219.08	$FeSO_4 \cdot 7H_2O$	278.01
As_2S_5	310.14	$Ca(NO_3)_2$	164.09	$Fe_2(SO_4)_3$	299.87
$CuSCN$	121.62	CaF_2	78.08	$FeSO_4 \cdot (NH_4)_2SO_4 \cdot 6H_2O$	392.13
$C_6H_{12}O_6 \cdot H_2O$（葡萄糖）	198.18	$Ca(OH)_2$	74.09	H_3BO_3	61.83
$C_{10}H_{10}O_2N_4S$（磺胺嘧啶）	250.27	$CaSO_4$	136.14	$HCOOH$	46.03
$C_{11}H_{12}O_2N_4S$（磺胺甲基嘧啶）	264.30	$Ca_3(PO_4)_2$	310.18	$H_2C_2O_4$	90.04
$C_{11}H_{12}O_3N_4S$（磺胺甲氧嗪）	280.30	CO_2	44.01	$H_2C_2O_4 \cdot 2H_2O$	126.07
$C_7H_{10}O_2N_4S \cdot H_2O$（磺胺脒）	232.26	CCl_4	153.82	$HC_2H_3O_2$（HAc）	60.05
$C_9H_9O_2N_3S_2$（磺胺噻唑）	255.31	Cr_2O_3	151.99	HCl	36.46
$C_6H_7O_3NS$（对氨基苯磺酸）	173.19	CuO	79.55	H_2CO_3	62.03
$C_{15}H_{21}ON_3 \cdot 2H_3PO_4$（磷酸伯氨喹）	455.34	CuS	95.61	$HClO_4$	100.46
$C_{13}H_{20}O_2N \cdot HCl$（盐酸普鲁卡因）	272.77	$CuSO_4$	159.60	HNO_2	47.01
$C_{10}H_{13}O_2N$（非那西丁）	179.22	$CuSO_4 \cdot 5H_2O$	249.68	HNO_3	63.01
$C_{10}H_{15}ON \cdot HCl$（盐酸麻黄碱）	201.70	HI	127.91	H_2O	18.02
$C_6H_5O_7Na_3 \cdot 2H_2O$（柠檬酸钠）	294.10	HBr	80.91	H_2O_2	34.02
$C_8H_9O_2N \cdot H_2O$（对羧基苄胺）	169.18	HCN	27.03	H_3PO_4	98.00
$BaCl_2$	208.24	H_2SO_3	82.07	H_2S	34.08

分子式	分子量	分子式	分子量	分子式	分子量
HF	20.01	K_2O	92.20	$NaNO_2$	69.00
MnO_2	86.94	KOH	56.11	$NaNO_3$	85.00
$Na_2B_4O_7 \cdot 10H_2O$	381.37	KSCN	97.18	NH_3	17.03
NaBr	102.89	K_2SO_4	174.26	NH_4Cl	53.49
$NaBiO_3$	279.97	KNO_2	85.10	$NH_4Fe(SO_4)_2 \cdot 12H_2O$	482.18
Na_2CO_3	105.99	KNO_3	101.10	$NH_3 \cdot H_2O$	35.05
$Na_2C_2O_4$	134.00	$MgCl_2$	95.21	NH_4SCN	76.12
$NaC_2H_3O_2$（NaAc）	82.03	$MgCO_3$	84.31	$(NH_4)_2SO_4$	132.14
$NaC_7H_5O_2$（苯甲酸钠）	144.13	MgO	40.30	$(NH_4)_2C_2O_4 \cdot H_2O$	142.11
KBr	119.00	$Mg(OH)_2$	58.32	$(NH_4)_2HPO_4$	132.06
$KBrO_3$	167.09	$MgNH_4PO_4$	137.32	$(NH_4)_3PO_4 \cdot 12MoO_3$	1876.35
KCl	74.55	$Mg_2P_2O_7$	222.55	P_2O_5	141.95
$KClO_3$	122.55	$MgSO_4 \cdot 7H_2O$	246.47	PbO	223.20
$KClO_4$	138.55	MnO	70.94	PbO_2	239.20
K_2CO_3	138.21	SO_3	80.06	$PbCl_2$	278.11
KCN	65.12	NaCl	58.44	$PbSO_4$	303.26
K_2CrO_4	194.19	NaCN	49.01	$PbCrO_4$	323.19
$K_2Cr_2O_7$	294.18	$Na_2H_2Y \cdot 2H_2O$（EDTA 钠盐）	372.24	$Pb(CH_3COO)_2 \cdot 3H_2O$	379.34
$KHC_2O_4 \cdot H_2O$	146.14	$NaHCO_3$	84.01	SiO_2	60.08
$KHC_2O_4 \cdot H_2C_2O_4 \cdot 2H_2O$	254.19	NaI	149.89	SO_2	64.06
$KHC_8H_4O_4$（邻苯二甲酸氢钾）	204.22	Na_2O	61.98	WO_3	231.85
$KHCO_3$	100.12	NaOH	40.00	SnO_2	150.69
KH_2PO_4	136.09	Na_2S	78.04	$SnCl_2$	189.60
$KHSO_4$	136.16	Na_2SO_3	126.04	$SnCO_3$	178.71
KI	166.00	Na_2SO_4	142.04	ZnO	81.38
KIO_3	214.00	$Na_2S_2O_3$	158.10	$ZnSO_4$	161.44
$KIO_3 \cdot HIO_3$	389.91	$Na_2S_2O_3 \cdot 5H_2O$	248.17	$ZnSO_4 \cdot 7H_2O$	187.55
$KMnO_4$	158.03	$Na_2HPO_4 \cdot 12H_2O$	358.14		

附录四 基态原子（原子序数 1~110）的电子排布

周期	原子序号	元素符号	电子层结构
1	1	H	$1s^1$
	2	He	$1s^2$
2	3	Li	$[He]2s^1$
	4	Be	$[He]2s^2$
	5	B	$[He]2s^22p^1$
	6	C	$[He]2s^22p^2$
	7	N	$[He]2s^22p^3$
	8	O	$[He]2s^22p^4$
	9	F	$[He]2s^22p^5$
	10	Ne	$[He]2s^22p^6$

周期	原子序号	元素符号	电子层结构
3	11	Na	$[Ne]3s^1$
	12	Mg	$[Ne]3s^2$
	13	Al	$[Ne]3s^23p^1$
	14	Si	$[Ne]3s^23p^2$
	15	P	$[Ne]3s^23p^3$
	16	S	$[Ne]3s^23p^4$
	17	Cl	$[Ne]3s^23p^5$
	18	Ar	$[Ne]3s^23p^6$
4	19	K	$[Ar]4s^1$
	20	Ga	$[Ar]4s^2$
	21	Sc	$[Ar]3d^14s^2$
	22	Ti	$[Ar]3d^24s^2$
	23	V	$[Ar]3d^34s^2$
	24	Cr	$[Ar]3d^54s^1$
	25	Mn	$[Ar]3d^54s^2$
	26	Fe	$[Ar]3d^64s^2$
	27	Co	$[Ar]3d^74s^2$
	28	Ni	$[Ar]3d^84s^2$
	29	Cu	$[Ar]3d^94s^2$
	30	Zn	$[Ar]3d^{10}4s^2$
	31	Ga	$[Ar]3d^{10}4s^24p^1$
	32	Ge	$[Ar]3d^{10}4s^24p^2$
	33	As	$[Ar]3d^{10}4s^24p^3$
	34	Se	$[Ar]3d^{10}4s^24p^4$
	35	Br	$[Ar]3d^{10}4s^24p^5$
	36	Kr	$[Ar]3d^{10}4s^24p^6$
5	37	Rb	$[Kr]5s^1$
	38	Sr	$[Kr]5s^2$
	39	Y	$[Kr]4d^15s^2$
	40	Zr	$[Kr]4d^25s^2$
	41	Nb	$[Kr]4d^45s^1$
	42	Mo	$[Kr]4d^55s^1$
	43	Tc	$[Kr]4d^55s^2$
	44	Ru	$[Kr]4d^75s^1$
	45	Rh	$[Kr]4d^85s^1$
	46	Pd	$[Kr]4d^{10}$
	47	Ag	$[Kr]4d^{10}5s^1$
	48	Cd	$[Kr]4d^{10}5s^2$
	49	In	$[Kr]4d^{10}5s^25p^1$
	50	Sn	$[Kr]4d^{10}5s^25p^2$
	51	Sb	$[Kr]4d^{10}5s^25p^3$
	52	Te	$[Kr]4d^{10}5s^25p^4$
	53	I	$[Kr]4d^{10}5s^25p^5$
	54	Xe	$[Kr]4d^{10}5s^25p^6$

周期	原子序号	元素符号	电子层结构
	55	Cs	$[Xe]6s^1$
	56	Ba	$[Xe]6s^2$
	57	La	$[Xe]5d^16s^2$
	58	Ce	$[Xe]4f^15d^16s^2$
	59	Pr	$[Xe]4f^36s^2$
	60	Nd	$[Xe]4f^46s^2$
	61	Pm	$[Xe]4f^56s^2$
	62	Sm	$[Xe]4f^66s^2$
	63	Eu	$[Xe]4f^76s^2$
	64	Gd	$[Xe]4f^75d^16s^2$
	65	Tb	$[Xe]4f^96s^2$
	66	Dy	$[Xe]4f^{10}6s^2$
	67	Ho	$[Xe]4f^{11}6s^2$
	68	Er	$[Xe]4f^{12}6s^2$
	69	Tm	$[Xe]4f^{13}6s^2$
	70	Yb	$[Xe]4f^{14}6s^2$
6	71	Lu	$[Xe]4f^{14}5d^16s^2$
	72	Hf	$[Xe]4f^{14}5d^26s^2$
	73	Ta	$[Xe]4f^{14}5d^36s^2$
	74	W	$[Xe]4f^{14}5d^46s^2$
	75	Re	$[Xe]4f^{14}5d^56s^2$
	76	O_3	$[Xe]4f^{14}5d^66s^2$
	77	Ir	$[Xe]4f^{14}5d^76s^2$
	78	Pt	$[Xe]4f^{14}5d^86s^2$
	79	Au	$[Xe]4f^{14}5d^{10}6s^1$
	80	Hg	$[Xe]4f^{14}5d^{10}6s^2$
	81	Tl	$[Xe]4f^{14}5d^{10}6s^26p^1$
	82	Pb	$[Xe]4f^{14}5d^{10}6s^26p^2$
	83	Bi	$[Xe]4f^{14}5d^{10}6s^26p^3$
	84	Po	$[Xe]4f^{14}5d^{10}6s^26p^4$
	85	Ar	$[Xe]4f^{14}5d^{10}6s^26p^5$
	86	Rn	$[Xe]4f^{14}5d^{10}6s^26p^6$
	87	Fr	$[Rn]7s^1$
	88	Ra	$[Rn]7s^2$
	89	Ac	$[Rn]6d^17s^2$
	90	Th	$[Rn]6d^27s^2$
	91	Pa	$[Rn]5f^26d^17s^2$
	92	U	$[Rn]5f^36d^17s^2$
7	93	Np	$[Rn]5f^46d^17s^2$
	94	Pu	$[Rn]5f^67s^2$
	95	Am	$[Rn]5f^77s^2$
	96	Cm	$[Rn]5f^76d^17s^2$
	97	Bk	$[Rn]5f^97s^2$
	98	Cf	$[Rn]5f^{10}7s^2$
	99	Es	$[Rn]5f^{11}7s^2$

续表

周期	原子序数	元素符号	电子层结构
	100	Fm	$[Rn]5f^{12}7s^2$
	101	Md	$[Rn]5f^{13}7s^2$
	102	No	$[Rn]5f^{14}7s^2$
	103	Lr	$[Rn]5f^{14}6d^17s^2$
	104	Rf	$[Rn]5f^{14}6d^27s^2$
7	105	Db	$[Rn]5f^{14}6d^37s^2$
	106	Sg	$[Rn]5f^{14}6d^47s^2$
	107	Bh	$[Rn]5f^{14}6d^57s^2$
	108	Hs	$[Rn]5f^{14}6d^67s^2$
	109	Mr	$[Rn]5f^{14}6d^77s^2$
	110	Ds	$[Rn]5f^{14}6d^87s^2$

附录五　常见弱酸和弱碱的标准解离平衡常数（298K）

名称	温度/℃	标准解离平衡常数 $K_a^\ominus$（或 $K_b^\ominus$）	$pK_a^\ominus$ 或 $pK_b^\ominus$
砷酸 H_3AsO_4	18	$K_{a1}^\ominus = 5.6\times10^{-3}$ $K_{a2}^\ominus = 1.7\times10^{-7}$ $K_{a3}^\ominus = 3.0\times10^{-12}$	2.25 6.77 11.50
亚砷酸 H_3AsO_3	25	$K_a^\ominus = 6.0\times10^{-10}$	9.23
硼酸 H_3BO_3	20	$K_a^\ominus = 7.3\times10^{-10}$	9.14
醋酸 CH_3COOH	25	$K_a^\ominus = 1.76\times10^{-5}$	4.75
甲酸 $HCOOH$	20	$K_a^\ominus = 1.77\times10^{-4}$	3.75
碳酸 H_2CO_3	25	$K_{a1}^\ominus = 4.30\times10^{-7}$ $K_{a2}^\ominus = 5.61\times10^{-11}$	6.37 10.25
铬酸 H_2CrO_4	25	$K_{a1}^\ominus = 1.8\times10^{-1}$ $K_{a2}^\ominus = 3.2\times10^{-7}$	0.74 6.49
氢氟酸 HF	25	$K_a^\ominus = 3.53\times10^{-4}$	3.45
氢氰酸 HCN	25	$K_a^\ominus = 4.93\times10^{-10}$	9.31
氢硫酸 H_2S	18	$K_{a1}^\ominus = 9.1\times10^{-8}$ $K_{a2}^\ominus = 1.1\times10^{-12}$	7.04 11.96
次溴酸 $HBrO$	25	$K_a^\ominus = 2.06\times10^{-9}$	8.69
次氯酸 $HClO$	18	$K_a^\ominus = 2.95\times10^{-8}$	7.53
次碘酸 HIO	25	$K_a^\ominus = 2.3\times10^{-11}$	10.64
碘酸 HIO_3	25	$K_a^\ominus = 1.69\times10^{-1}$	0.77
高碘酸 HIO_4	25	$K_a^\ominus = 2.3\times10^{-2}$	1.64
亚硝酸 HNO_2	12.5	$K_a^\ominus = 4.6\times10^{-4}$	3.37
磷酸 H_3PO_4	25	$K_{a1}^\ominus = 7.52\times10^{-3}$ $K_{a2}^\ominus = 6.23\times10^{-8}$ $K_{a3}^\ominus = 2.2\times10^{-13}$	2.21 7.21 12.67
硫酸 H_2SO_4	25	$K_a^\ominus = 1.2\times10^{-2}$	1.92
亚硫酸 H_2SO_3	18	$K_{a1}^\ominus = 1.54\times10^{-2}$ $K_{a2}^\ominus = 1.02\times10^{-7}$	1.81 6.91
草酸 $H_2C_2O_4$	25	$K_{a1}^\ominus = 5.9\times10^{-2}$ $K_{a2}^\ominus = 6.4\times10^{-5}$	1.23 4.19

名称	温度/℃	标准解离平衡常数 $K_a^\ominus$ （或 $K_b^\ominus$）	$pK_a^\ominus$ 或 $pK_b^\ominus$
柠檬酸 $H_3C_6H_5O_7$	18	$K_{a1}^\ominus = 7.10\times10^{-4}$ $K_{a2}^\ominus = 1.68\times10^{-5}$ $K_{a3}^\ominus = 6.4\times10^{-6}$	3.14 4.77 6.39
酒石酸 $H_2C_4H_4O_6$	25	$K_{a1}^\ominus = 1.04\times10^{-3}$ $K_{a2}^\ominus = 4.55\times10^{-5}$	2.98 4.34
苯甲酸 C_6H_5COOH	25	$K_a^\ominus = 6.46\times10^{-5}$	4.19
氨水 $NH_3\cdot H_2O$	25	$K_b^\ominus = 1.76\times10^{-5}$	4.75
氢氧化银 $AgOH$	25	$K_b^\ominus = 1.1\times10^{-4}$	3.96
氢氧化钙 $Ca(OH)_2$	25	$K_{b2}^\ominus = 4.55\times10^{-5}$	
氢氧化锌 $Zn(OH)_2$	25	$K_b^\ominus = 9.6\times10^{-4}$	3.02

附录六　常用难溶电解质的溶度积 $K_{sp}^\ominus$（298K）

难溶电解质	$K_{sp}^\ominus$	难溶电解质	$K_{sp}^\ominus$
AgCl	1.77×10^{-10}	$CaCO_3$	3.36×10^{-9}
AgBr	5.35×10^{-13}	CaF_2	3.45×10^{-11}
AgI	8.52×10^{-17}	$CaC_2O_4\cdot H_2O$	2.32×10^{-9}
AgCN	5.97×10^{-17}	$CaSO_4$	4.93×10^{-5}
AgSCN	1.03×10^{-12}	ZnF_2	3.04×10^{-2}
Ag_2CrO_4	1.12×10^{-12}	$\beta\text{-}ZnS$	2.5×10^{-22}
Ag_2SO_4	1.20×10^{-5}	$Mg_3(PO_4)_2$	1.04×10^{-24}
Ag_2S	6.3×10^{-50}	$MgCO_3$	6.82×10^{-6}
$Al(OH)_3$	1.1×10^{-33}	$Mg(OH)_2$	5.61×10^{-12}
$Fe(OH)_2$	4.87×10^{-17}	$PbSO_4$	2.53×10^{-8}
$Fe(OH)_3$	2.79×10^{-39}	PbS	9.04×10^{-29}
CuCl	1.72×10^{-7}	$BaCO_3$	2.58×10^{-9}
CuBr	6.27×10^{-9}	$BaSO_4$	1.08×10^{-10}
CuI	1.27×10^{-12}	HgS	4.0×10^{-53}
CuS	6.3×10^{-36}	$Mn(OH)_2$	2.06×10^{-13}
CuOH	1×10^{-14}	MnS	4.65×10^{-14}

本表数据摘自 Weast R C. CRC Handbood of Chemistry and Physics. 80th ed. CRC Press, 1999—2000.

附录七　标准电极电势（298K）

1. 在酸性溶液中

元素	电极反应	$\varphi^\ominus/V$
Ag	$Ag^+ + e^- \rightleftharpoons Ag$	+0.7996
	$AgCl + e^- \rightleftharpoons Ag + Cl^-$	+0.2223
	$AgBr + e^- \rightleftharpoons Ag + Br^-$	+0.07133
	$AgI + e^- \rightleftharpoons Ag + I^-$	−0.15224
	$Ag_2S + 2e^- \rightleftharpoons 2Ag + S^{2-}$	−0.691

元素	电极反应	$\varphi^{\ominus}/V$
As	$H_3AsO_4+2H^++2e^- \rightleftharpoons HAsO_2+2H_2O$	+0.560
	$H_3AsO_3+3H^++3e^- \rightleftharpoons As+3H_2O$	+0.248
	$As+3H^++3e^- \rightleftharpoons AsH_3$	−0.608
Al	$Al^{3+}+3e^- \rightleftharpoons Al$	−1.662
Br	$Br_2+2e^- \rightleftharpoons 2Br^-$	+1.066
	$BrO_3^-+6H^++5e^- \rightleftharpoons 1/2Br_2+3H_2O$	+1.482
Ca	$Ca^{2+}+2e^- \rightleftharpoons Ca$	−2.868
Cl	$Cl_2+2e^- \rightleftharpoons 2Cl^-$	+1.3583
	$ClO_3^-+3H^++2e^- \rightleftharpoons HClO_2+H_2O$	+1.21
	$ClO_3^-+6H^++6e^- \rightleftharpoons Cl^-+3H_2O$	+1.451
Co	$Co^{3+}+e^- \rightleftharpoons Co^{2+}$	+1.83
Cr	$Cr^{2+}+2e^- \rightleftharpoons Cr$	−0.913
	$Cr^{3+}+3e^- \rightleftharpoons Cr$	−0.744
	$Cr^{3+}+e^- \rightleftharpoons Cr^{2+}$	−0.407
Cu	$Cu^++e^- \rightleftharpoons Cu$	+0.521
	$Cu^{2+}+2e^- \rightleftharpoons Cu$	+0.3419
	$Cu^{2+}+e^- \rightleftharpoons Cu^+$	+0.153
	$Cu^{2+}+I^-+e^- \rightleftharpoons CuI$	+0.86
Fe	$Fe^{2+}+2e^- \rightleftharpoons Fe$	−0.447
	$Fe^{3+}+e^- \rightleftharpoons Fe^{2+}$	+0.771
	$Fe^{3+}+3e^- \rightleftharpoons Fe$	−0.037
H	$2H^++2e^- \rightleftharpoons H_2$	0.0000
Hg	$2Hg^{2+}+2e^- \rightleftharpoons Hg_2^{2+}$	+0.920
	$Hg^{2+}+2e^- \rightleftharpoons Hg$	+0.851
	$Hg_2Cl_2+2e^- \rightleftharpoons 2Hg+2Cl^-$	+0.26808
I	$I_2+2e^- \rightleftharpoons 2I^-$	+0.5355
	$I_3^-+2e^- \rightleftharpoons 3I^-$	+0.536
	$IO_3^-+6H^++6e^- \rightleftharpoons I^-+3H_2O$	+1.805
K	$K^++e^- \rightleftharpoons K$	−2.931
Li	$Li^++e^- \rightleftharpoons Li$	−3.0401
Mg	$Mg^++e^- \rightleftharpoons Mg$	−2.70
	$Mg^{2+}+2e^- \rightleftharpoons Mg$	−2.372
Mn	$Mn^{2+}+2e^- \rightleftharpoons Mn$	−1.185
	$MnO_2+4H^++2e^- \rightleftharpoons Mn^{2+}+2H_2O$	+1.224
	$MnO_4^-+8H^++5e^- \rightleftharpoons Mn^{2+}+4H_2O$	+1.507
Na	$Na^++e^- \rightleftharpoons Na$	−2.71
N	$N_2O_4+2H^++2e^- \rightleftharpoons 2HNO_2$	+1.065
	$NO_3^-+3H^++2e^- \rightleftharpoons HNO_2+H_2O$	+0.934
	$NO_3^-+4H^++3e^- \rightleftharpoons NO+2H_2O$	+0.957
Ni	$Ni^{2+}+2e^- \rightleftharpoons Ni$	−0.257
O	$O_2+2H^++2e^- \rightleftharpoons H_2O_2$	+0.695
	$H_2O_2+2H^++2e^- \rightleftharpoons 2H_2O$	+1.776
	$O_2+4H^++4e^- \rightleftharpoons 2H_2O$	+1.229

元素	电极反应	$\varphi^{\ominus}/V$
P	$H_3PO_2+H^++e^- \Longleftrightarrow P+2H_2O$	−0.508
	$H_3PO_3+2H^++2e^- \Longleftrightarrow H_3PO_2+H_2O$	−0.499
	$H_3PO_4+2H^++2e^- \Longleftrightarrow H_3PO_3+H_2O$	−0.276
Pb	$Pb^{2+}+2e^- \Longleftrightarrow Pb$	−0.1262
	$PbCl_2+2e^- \Longleftrightarrow Pb+2Cl^-$	−0.2675
	$PbO_2+4H^++2e^- \Longleftrightarrow Pb^{2+}+2H_2O$	+1.455
S	$S+2e^- \Longleftrightarrow S^{2-}$	−0.47627
	$S_2O_8^{2-}+2e^- \Longleftrightarrow 2SO_4^{2-}$	+2.010
	$S_4O_6^{2-}+2e^- \Longleftrightarrow 2S_2O_3^{2-}$	+0.08
Sb	$Sb_2O_5+6H^++4e^- \Longleftrightarrow 2SbO^++3H_2O$	+0.581
Sc	$Sc^{3+}+3e^- \Longleftrightarrow Sc$	−2.077
Se	$Se+2e^- \Longleftrightarrow Se^{2-}$	−0.924
Sn	$Sn^{2+}+2e^- \Longleftrightarrow Sn$	−0.1375
	$Sn^{4+}+2e^- \Longleftrightarrow Sn^{2+}$	+0.151
Sr	$Sr^{2+}+2e^- \Longleftrightarrow Sr$	−2.899
Ti	$Ti^{2+}+2e^- \Longleftrightarrow Ti$	−1.630
Zn	$Zn^{2+}+2e^- \Longleftrightarrow Zn$	−0.7618

2. 在碱性溶液中

元素	电极反应	$\varphi^{\ominus}/V$
Ag	$Ag_2O+H_2O+2e^- \Longleftrightarrow 2Ag+2OH^-$	+0.342
	$Ag_2CO_3+2e^- \Longleftrightarrow 2Ag+CO_3^{2-}$	+0.47
Al	$Al(OH)_3+3e^- \Longleftrightarrow Al+3OH^-$	−2.31
	$H_2AlO_3^-+H_2O+3e^- \Longleftrightarrow Al+4OH^-$	−2.33
As	$AsO_2^-+2H_2O+3e^- \Longleftrightarrow As+4OH^-$	−0.68
	$AsO_4^{3-}+2H_2O+2e^- \Longleftrightarrow AsO_2^-+4OH^-$	−0.71
Br	$BrO_3^-+3H_2O+6e^- \Longleftrightarrow Br^-+6OH^-$	+0.61
	$BrO^-+H_2O+2e^- \Longleftrightarrow Br^-+2OH^-$	+0.761
Cl	$ClO^-+H_2O+2e^- \Longleftrightarrow Cl^-+2OH^-$	+0.81
	$ClO_2^-+2H_2O+4e^- \Longleftrightarrow Cl^-+4OH^-$	+0.76
	$ClO_2^-+H_2O+2e^- \Longleftrightarrow ClO^-+2OH^-$	+0.66
	$ClO_3^-+H_2O+2e^- \Longleftrightarrow ClO_2^-+2OH^-$	+0.33
	$ClO_4^-+H_2O+2e^- \Longleftrightarrow ClO_3^-+2OH^-$	+0.36
Co	$Co(OH)_2+2e^- \Longleftrightarrow Co+2OH^-$	−0.73
	$Co(NH_3)_6^{3+}+e^- \Longleftrightarrow Co(NH_3)_6^{2+}$	+0.108
	$Co(OH)_3+e^- \Longleftrightarrow Co(OH)_2+OH^-$	+0.17
Cr	$CrO_2^-+2H_2O+3e^- \Longleftrightarrow Cr+4OH^-$	−1.2
	$CrO_4^{2-}+4H_2O+3e^- \Longleftrightarrow Cr(OH)_3+5OH^-$	−0.13
	$Cr(OH)_3+3e^- \Longleftrightarrow Cr+3OH^-$	−1.48
Cu	$Cu_2O+H_2O+2e^- \Longleftrightarrow 2Cu+2OH^-$	−0.360
Fe	$Fe(OH)_3+e^- \Longleftrightarrow Fe(OH)_2+OH^-$	−0.56
H	$2H_2O+2e^- \Longleftrightarrow H_2+2OH^-$	−0.8277
Hg	$Hg_2O+H_2O+2e^- \Longleftrightarrow 2Hg+2OH^-$	+0.123

元素	电极反应	$\varphi^{\ominus}/\text{V}$
I	$IO_3^-+3H_2O+6e^- \rightleftharpoons I^-+6OH^-$	+0.26
	$IO^-+H_2O+2e^- \rightleftharpoons I^-+2OH^-$	+0.485
Mg	$Mg(OH)_2+2e^- \rightleftharpoons Mg+2OH^-$	−2.690
Mn	$Mn(OH)_2+2e^- \rightleftharpoons Mn+2OH^-$	−1.56
	$MnO_4^-+2H_2O+3e^- \rightleftharpoons MnO_2+4OH^-$	+0.595
N	$NO_3^-+H_2O+2e^- \rightleftharpoons NO_2^-+2OH^-$	+0.01
O	$O_2+2H_2O+4e^- \rightleftharpoons 4OH^-$	+0.401
S	$2S+2H_2O+2e^- \rightleftharpoons 2SH^-+2OH^-$	−0.478
	$2SO_3^{2-}+3H_2O+4e^- \rightleftharpoons S_2O_3^{2-}+6OH^-$	−0.571
	$SO_4^{2-}+H_2O+2e^- \rightleftharpoons SO_3^{2-}+2OH^-$	−0.93
Si	$SiO_3^{2-}+3H_2O+4e^- \rightleftharpoons Si+6OH^-$	−1.697
Zn	$Zn(OH)_2+2e^- \rightleftharpoons Zn+2OH^-$	−1.249
	$ZnO+H_2O+2e^- \rightleftharpoons Zn+2OH^-$	−1.260

本表摘自 Weast Rc.CRC Handbook of Chemistry and Physics.80th ed.CRC Press, 1999—2000.

附录八　一些物质的标准生成焓、标准生成 Gibbs 函数和标准熵（298K，100kPa）

物质	$\Delta_f H_m^{\ominus}/\text{kJ}\cdot\text{mol}^{-1}$	$\Delta_f G_m^{\ominus}/\text{kJ}\cdot\text{mol}^{-1}$	$S_m^{\ominus}/\text{J}\cdot\text{K}^{-1}\cdot\text{mol}^{-1}$
Ag(s)	0	0	42.702
AgBr(s)	−99.50	−95.94	107.11
AgCl(s)	−127.035	−109.721	96.11
AgI(s)	−62.38	−66.32	114.2
$AgNO_3$(s)	−123.14	−32.17	140.72
Ag_2SO_4(s)	−713.4	−615.76	200.0
Al(s)	0	0	28.321
$AlCl_3$(s)	−695.3	−631.18	167.4
Al_2O_3(s, 刚玉)	−1669.79	−1576.41	50.986
Ba(s)	0	0	66.944
$BaCO_3$(s)	−1218.8	−1138.9	112.1
$BaCl_2$(s)	−860.06	−810.9	126
BaO(s)	−558.1	−528.4	70.3
$BaSO_4$(s)	−1465.2	−1353.1	132.2
Br_2(g)	30.71	3.142	245.346
Br_2(l)	0	0	152.3
C(金刚石)	1.8961	2.86604	2.4389
C(石墨)	0	0	5.6940
CO(g)	−110.525	−137.269	197.907
CO_2(g)	−393.514	−394.384	213.639
Ca(s)	0	0	41.63
$CaCO_3$(方解石)	−1206.87	−1128.76	92.88
$CaCl_2$(s)	−795.0	−750.2	113.8

物质	$\Delta_f H_m^{\ominus}/kJ \cdot mol^{-1}$	$\Delta_f G_m^{\ominus}/kJ \cdot mol^{-1}$	$S_m^{\ominus}/J \cdot K^{-1} \cdot mol^{-1}$
CaO(s)	−635.5	−604.2	39.7
Ca(OH)$_2$(s)	−986.59	−896.76	76.1
CaSO$_4$(s)	−1432.69	−1320.30	106.7
Cl(g)	121.386	105.403	165.088
Cl$_2$(g)	0	0	222.949
Co(s)	0	0	28.5
Cr(s)	0	0	23.77
CrCl$_2$(s)	−395.64	−356.27	114.6
Cr$_2$O$_3$(s)	−1128.4	−1046.8	81.2
Cu(s)	0	0	33.30
CuO(s)	−155.2	−127.2	42.7
CuSO$_4$(s)	−769.86	−661.9	113.4
Cu$_2$O(s)	−116.69	−142.0	93.89
F$_2$(g)	0	0	203.3
Fe(s)	0	0	27.15
FeO(s)	−266.5	−256.9	59.4
FeS(s)	−95.06	−97.57	67.4
Fe$_2$O$_3$(赤铁矿)	−822.2	−741.0	90.0
Fe$_3$O$_4$(磁铁矿)	−1117.1	−1014.2	146.4
H(g)	217.94	203.26	114.60
H$_2$(g)	0	0	130.587
HBr(g)	−36.23	−53.22	198.24
HCl(g)	−92.31	−95.265	184.80
HNO$_3$(l)	−173.23	−79.91	155.60
HF(g)	−268.6	−270.7	173.51
HI(g)	25.94	1.30	205.60
H$_2$O(g)	−241.827	−228.597	188.724
H$_3$PO$_4$(l)	−1271.94	−1138.0	201.87
H$_3$PO$_4$(s)	−1283.65	−1139.71	176.2
Hg(l)	0	0	77.4
HgCl$_2$(s)	−223.4	−176.6	144.3
Hg$_2$Cl$_2$(s)	−264.93	−210.66	195.8
HgO(s, 红色)	−90.71	−58.53	70.3
HgS(s, 红色)	−58.16	−48.83	77.8
I$_2$(s)	0	0	116.7
I$_2$(g)	62.250	19.37	260.58
K(s)	0	0	63.6
KBr(s)	−392.17	−379.20	96.44
KCl(s)	−435.868	−408.325	82.68
KI(s)	−327.65	−322.29	104.35
KNO$_3$(s)	−492.71	−393.13	132.93
KOH(s)	−425.34	−374.2	59.41
Mg(s)	0	0.0	32.51
MgCO$_3$(s)	−1113.00	−1029	65.7

物质	$\Delta_f H_m^\ominus/kJ \cdot mol^{-1}$	$\Delta_f G_m^\ominus/kJ \cdot mol^{-1}$	$S_m^\ominus/J \cdot K^{-1} \cdot mol^{-1}$
MgCl$_2$(s)	−641.83	−592.33	89.5
MgO(s)	−601.83	−569.57	26.8
Mg(OH)$_2$(s)	−924.7	−833.75	63.14
Mn(α,s)	880	0	31.76
MnCl$_2$(s)	−482.4	−441.4	117.2
MnO(s)	−384.9	−362.75	59.71
N$_2$(g)	0	0	191.489
NH$_3$(g)	−46.19	−16.636	192.50
α-NH$_4$Cl(s)	−315.38	−203.89	94.6
(NH$_4$)$_2$SO$_4$(s)	−1191.85	−900.35	220.29
NO(g)	90.31	86.688	210.618
NO$_2$(g)	33.853	51.840	240.45
Na(s)	0	0	51.0
NaBr(s)	−359.95	−349.4	91.2
NaCl(s)	−411.002	−384.028	72.38
NaOH(s)	−426.8	−380.7	64.18
Na$_2$CO$_3$(s)	−1133.95	−1050.64	136.0
Na$_2$O(s)	−416.22	−376.6	72.8
Na$_2$SO$_4$(s)	−1384.49	−1266.83	149.49
Ni(α,s)	0	0	29.79
NiO(s)	−538.1	−453.1	79
O$_2$(g)	0	0	205.029
O$_3$(g)	142.3	163.43	238.78
P(红色)	−18.41	8.4	63.2
Pb(s)	0	0	64.89
PbCl(s)	−359.20	−313.97	136.4
PbO(s,黄)	−217.86	−188.49	69.5
S(斜方)	0	0	31.88
SO$_2$(g)	−296.90	−300.37	248.53
SO$_3$(g)	−395.18	−370.37	256.23
Si(s)	0	0	18.70
SiO(石英)	−859.4	−805.0	41.84
Ti(s)	0	0	30.3
TiO$_2$(金红石)	−912	−852.7	50.25
Zn(s)	0	0	41.63
ZnO(s)	−347.98	−318.19	43.9
ZnS(s)	−202.9	−198.32	57.7
ZnSO$_4$(s)	−978.55	−871.57	124.7
CH$_4$(g)	−74.848	−50.794	186.19
C$_2$H$_2$(g)	−226.731	−209.200	200.83
C$_2$H$_4$(g)	52.292	68.178	219.45
C$_2$H$_6$(g)	−84.667	−32.886	229.49
C$_6$H$_6$(g)	82.93	129.076	269.688
C$_6$H$_6$(l)	49.036	124.139	173.264

物质	$\Delta_f H_m^\ominus / kJ \cdot mol^{-1}$	$\Delta_f G_m^\ominus / kJ \cdot mol^{-1}$	$S_m^\ominus / J \cdot K^{-1} \cdot mol^{-1}$
HCHO(g)	−115.9	−110.0	220.1
HCOOH(g)	−362.63	−335.72	246.06
HCOOH(l)	−409.20	−346.0	128.95
CH₃OH(g)	−201.17	−161.88	237.7
CH₃OH(l)	−238.57	−166.23	126.8
CH₃CHO(g)	−166.36	−133.72	265.7
CH₃COOH(l)	−487.0	−392.5	159.8
CH₃COOH(g)	−436.4	−381.6	293,3
C₂H₅OH(l)	−277.63	−174.77	160.7
C₂H₅OH(g)	−235.31	−168.6	282.0

附录九　某些物质的商品名和俗名

商品名或俗名	学名	化学式
钢精	铝	Al
铝粉	铝	Al
刚玉	三氧化二铝	Al_2O_3
矾土	三氧化二铝	Al_2O_3
砒霜，白砒	三氧化二砷	As_2O_3
熟石灰，消石灰	氢氧化钙	$Ca(OH)_2$
漂白粉		$Ca(ClO)_2 + CaCl_2 \cdot Ca(OH)_2 H_2O$
石膏	硫酸钙	$CaSO_4 \cdot 2H_2O$
电石	碳化钙	CaC_2
方解石，大理石	碳酸钙	$CaCO_3$
萤石，氟石	氟化钙	CaF_2
重晶石	硫酸钡	$BaSO_4$
重土	氧化钡	BaO
干冰	二氧化碳（固体）	CO_2
胆矾，蓝矾	硫酸铜	$CuSO_4 \cdot 5H_2O$
绿矾，青矾	硫酸亚铁	$FeSO_4 \cdot 7H_2O$
双氧水	过氧化氢	H_2O_2
水银	汞	Hg
升汞	氯化汞	$HgCl_2$
甘汞	氯化亚汞	Hg_2Cl_2
三仙丹	氧化汞	HgO
朱砂，辰砂	硫化汞	HgS
苦土	氧化镁	MgO
泻盐	硫酸镁	$MgSO_4$
钾碱	碳酸钾	K_2CO_3
红矾钾	重铬酸钾	$K_2Cr_2O_7$
赤血盐	（高）铁氰化钾	$K_3[Fe(CN)_6]$

续表

商品名或俗名	学名	化学式
黄血盐	亚铁氰化钾	$K_4[Fe(CN)_6]$
灰锰氧	高锰酸钾	$KMnO_4$
火硝，土硝	硝酸钾	KNO_3
苛性钾	氢氧化钾	KOH
明矾，钾明矾	硫酸铝钾	$K_2SO_4 \cdot Al_2(SO_4)_3 \cdot 24H_2O$
硼砂	四硼酸钠	$Na_2B_4O_7 \cdot 10H_2O$
苏打，纯碱	碳酸钠	Na_2CO_3
小苏打	碳酸氢钠	$NaHCO_3$
红矾钠	重铬酸钠	$Na_2Cr_2O_7$
烧碱，火碱，苛性碱	氢氧化钠	$NaOH$
水玻璃，泡花碱	硅酸钠	$xNa_2O \cdot ySiO_2$
硫化碱	硫化钠	$Na_2S \cdot 9H_2O$
海波，大苏打	硫代硫酸钠	$Na_2S_2O_3 \cdot 5H_2O$
保险粉	连二亚硫酸钠	$Na_2S_2O_4 \cdot 2H_2O$
芒硝，皮硝，元明粉	硫酸钠	$Na_2SO_4 \cdot 10H_2O$
铬钠矾	硫酸铬钠	$Na_2SO_4 \cdot Cr_2(SO_4)_3 \cdot 24H_2O$
硫铵	硫酸铵	$(NH_4)_2SO_4$
铁铵矾	硫酸铁铵	$(NH_4)_2SO_4 \cdot Fe_2(SO_4)_3 \cdot 24H_2O$
铬铵矾	硫酸铬铵	$(NH_4)_2SO_4 \cdot Cr_2(SO_4)_3 \cdot 24H_2O$
铝铵矾	硫酸铝铵	$(NH_4)_2SO_4 \cdot Al_2(SO_4)_3 \cdot 24H_2O$
铅丹，红丹	四氧化三铅	Pb_3O_4
铬黄，铅铬黄	铬酸铅	$PbCrO_4$
铅白，白铅粉	碱式碳酸铅	$2PbCO_3 \cdot Pb(OH)_2$
锑白	三氧化二锑	Sb_2O_3
天青石	硫酸锶	$SrSO_4$
石英	二氧化硅	SiO_2
金刚砂	碳化硅	SiC
锌白，锌氧粉	氧化锌	ZnO
皓矾	硫酸锌	$ZnSO_4 \cdot 7H_2O$
钛白粉	二氧化钛	TiO_2

附录十 常见配离子的稳定常数 $K_f^{\ominus}$ (298K)

配离子	$K_f^{\ominus}$	配离子	$K_f^{\ominus}$
$[Ag(CN)_2]^-$	1.3×10^{21}	$[CdCl_4]^{2-}$	6.3×10^2
$[Ag(NH_3)_2]^+$	1.1×10^7	$[Cd(NH_3)_4]^{2+}$	1.3×10^7
$[Ag(SCN)_2]^-$	3.7×10^7	$[Cd(SCN)_4]^{2-}$	1.0×10^3
$[Ag(S_2O_3)_2]^{3-}$	2.9×10^{13}	$[Co(NH_3)_6]^{2+}$	1.3×10^5
$[Ag(C_2O_4)_3]^{3-}$	2.0×10^{16}	$[Co(NH_3)_6]^{3+}$	2×10^{35}
AlF_6^{3-}	6.9×10^{19}	$[Co(SCN)_4]^{2-}$	1.0×10^3
$[Cd(CN)_4]^{2-}$	6.0×10^{18}	$[Cu(CN)_2]^-$	1.0×10^{24}

配离子	$K_f^{\ominus}$	配离子	$K_f^{\ominus}$
$[Cu(CN)_4]^{3-}$	2.0×10^{30}	$[HgI_4]^{2-}$	6.8×10^{29}
$[Cu(NH_3)_2]^+$	7.2×10^{10}	$[Hg(NH_3)_4]^{2+}$	1.9×10^{19}
$[Cu(NH_3)_4]^{2+}$	2.1×10^{13}	$[Ni(CN)_4]^{2-}$	2.0×10^{31}
$FeCl_3$	98	$[Ni(NH_3)_4]^{2+}$	9.1×10^7
$[Fe(CN)_6]^{4-}$	1.0×10^{35}	$[Pb(CH_3COO)_4]^{2-}$	3.0×10^8
$[Fe(CN)_6]^{3-}$	1.0×10^{42}	$[Pb(CN)_4]^{2-}$	1.0×10^{11}
$[Fe(C_2O_4)_3]^{3-}$	2×10^{20}	$[Zn(CN)_4]^{2-}$	5.0×10^{16}
$[Fe(SCN)]^{2-}$	2.2×10^3	$[Zn(C_2O_4)_2]^{2-}$	4.0×10^7
FeF_3	1.13×10^{12}	$[Zn(OH)_4]^{2-}$	4.6×10^{17}
$[HgCl_4]^{2-}$	1.2×10^{15}	$[Zn(NH_3)_4]^{2+}$	2.9×10^9
$[Hg(CN)_4]^{2-}$	2.5×10^{41}		

参考文献

［1］王元兰. 无机化学. 2 版. 北京：化学工业出版社，2011.

［2］史文华. 无机化学. 北京：科学出版社，2013.

［3］姜涛，王帅，赵丽娜，等. 无机化学. 2 版. 哈尔滨：哈尔滨工业大学出版社，2021.

［4］周祖新. 无机化学. 2 版. 北京：化学工业出版社，2016.

［5］侯新初. 无机化学. 北京：中国医药科技出版社，1996.

［6］许善锦. 无机化学. 3 版. 北京：人民卫生出版社，2000.

［7］蔡自由，钟国清. 基础化学实训教程. 北京：科学出版社，2009.

［8］李冰. 无机化学. 北京：化学工业出版社，2021.

元素周期表

IUPAC 2013

图例说明：

电子层：K L M N O P Q

氧化态(单质的氧化态为0，未列入；常见的为红色)

以 $^{12}C=12$ 为基准的原子量 (注·的是半衰期最长同位素的原子量)

- s区元素　p区元素
- d区元素　ds区元素
- f区元素　稀有气体

示例：
95 — 原子序数
Am — 元素符号(红色的为放射性元素)
镅 — 元素名称(注·的为人造元素)
$+2,+3,+4,+5,+6$
$5f^7 7s^2$ — 价层电子构型
243.06138(2) — 素的原子量

第1周期
- 1 H 氢 $1s^1$ −1,+1 1.008
- 2 He 氦 $1s^2$ 4.002602(2)

第2周期
- 3 Li 锂 $2s^1$ +1 6.94
- 4 Be 铍 $2s^2$ +2 9.0121831(5)
- 5 B 硼 $2s^2 2p^1$ +3 10.81
- 6 C 碳 $2s^2 2p^2$ −4,+2,+4 12.011
- 7 N 氮 $2s^2 2p^3$ −3,+1,+2,+3,+4,+5 14.007
- 8 O 氧 $2s^2 2p^4$ −2,−1 15.999
- 9 F 氟 $2s^2 2p^5$ −1 18.998403163(6)
- 10 Ne 氖 $2s^2 2p^6$ 20.1797(6)

第3周期
- 11 Na 钠 $3s^1$ +1 22.98976928(2)
- 12 Mg 镁 $3s^2$ +2 24.305
- 13 Al 铝 $3s^2 3p^1$ +3 26.9815385(7)
- 14 Si 硅 $3s^2 3p^2$ +2,+4 28.085
- 15 P 磷 $3s^2 3p^3$ −3,+1,+3,+5 30.973761998(5)
- 16 S 硫 $3s^2 3p^4$ −2,+4,+6 32.06
- 17 Cl 氯 $3s^2 3p^5$ −1,+1,+3,+5,+7 35.45
- 18 Ar 氩 $3s^2 3p^6$ 39.948(1)

第4周期
- 19 K 钾 $4s^1$ +1 39.0983(1)
- 20 Ca 钙 $4s^2$ +2 40.078(4)
- 21 Sc 钪 $3d^1 4s^2$ +3 44.955908(5)
- 22 Ti 钛 $3d^2 4s^2$ +2,+3,+4 47.867(1)
- 23 V 钒 $3d^3 4s^2$ +2,+3,+4,+5 50.9415(1)
- 24 Cr 铬 $3d^5 4s^1$ +2,+3,+6 51.9961(6)
- 25 Mn 锰 $3d^5 4s^2$ +2,+3,+4,+6,+7 54.938044(3)
- 26 Fe 铁 $3d^6 4s^2$ +2,+3 55.845(2)
- 27 Co 钴 $3d^7 4s^2$ +2,+3 58.933194(4)
- 28 Ni 镍 $3d^8 4s^2$ +2,+3 58.6934(4)
- 29 Cu 铜 $3d^{10} 4s^1$ +1,+2 63.546(3)
- 30 Zn 锌 $3d^{10} 4s^2$ +2 65.38(2)
- 31 Ga 镓 $4s^2 4p^1$ +3 69.723(1)
- 32 Ge 锗 $4s^2 4p^2$ +2,+4 72.630(8)
- 33 As 砷 $4s^2 4p^3$ −3,+3,+5 74.921595(6)
- 34 Se 硒 $4s^2 4p^4$ −2,+4,+6 78.971(8)
- 35 Br 溴 $4s^2 4p^5$ −1,+1,+3,+5,+7 79.904
- 36 Kr 氪 $4s^2 4p^6$ +2 83.798(2)

第5周期
- 37 Rb 铷 $5s^1$ +1 85.4678(3)
- 38 Sr 锶 $5s^2$ +2 87.62(1)
- 39 Y 钇 $4d^1 5s^2$ +3 88.90584(2)
- 40 Zr 锆 $4d^2 5s^2$ +4 91.224(2)
- 41 Nb 铌 $4d^4 5s^1$ +3,+5 92.90637(2)
- 42 Mo 钼 $4d^5 5s^1$ +2,+3,+4,+5,+6 95.95(1)
- 43 Tc 锝 $4d^5 5s^2$ +4,+6,+7 97.90721(3)†
- 44 Ru 钌 $4d^7 5s^1$ +2,+3,+4,+6,+8 101.07(2)
- 45 Rh 铑 $4d^8 5s^1$ +2,+3,+4 102.90550(2)
- 46 Pd 钯 $4d^{10}$ +2,+4 106.42(1)
- 47 Ag 银 $4d^{10} 5s^1$ +1,+2,+3 107.8682(2)
- 48 Cd 镉 $4d^{10} 5s^2$ +1,+2 112.414(4)
- 49 In 铟 $5s^2 5p^1$ +3 114.818(1)
- 50 Sn 锡 $5s^2 5p^2$ +2,+4 118.710(7)
- 51 Sb 锑 $5s^2 5p^3$ −3,+3,+5 121.760(1)
- 52 Te 碲 $5s^2 5p^4$ −2,+4,+6 127.60(3)
- 53 I 碘 $5s^2 5p^5$ −1,+1,+3,+5,+7 126.90447(3)
- 54 Xe 氙 $5s^2 5p^6$ +2,+4,+6,+8 131.293(6)

第6周期
- 55 Cs 铯 $6s^1$ +1 132.90545196(6)
- 56 Ba 钡 $6s^2$ +2 137.327(7)
- 57~71 La~Lu 镧系
- 72 Hf 铪 $5d^2 6s^2$ +4 178.49(2)
- 73 Ta 钽 $5d^3 6s^2$ +5 180.94788(2)
- 74 W 钨 $5d^4 6s^2$ +2,+3,+4,+5,+6 183.84(1)
- 75 Re 铼 $5d^5 6s^2$ +2,+4,+6,+7 186.207(1)
- 76 Os 锇 $5d^6 6s^2$ +2,+3,+4,+6,+8 190.23(3)
- 77 Ir 铱 $5d^7 6s^2$ +1,+2,+3,+4,+6 192.217(3)
- 78 Pt 铂 $5d^9 6s^1$ +2,+4 195.084(9)
- 79 Au 金 $5d^{10} 6s^1$ +1,+2,+3 196.966569(5)
- 80 Hg 汞 $5d^{10} 6s^2$ +1,+2 200.592(3)
- 81 Tl 铊 $6s^2 6p^1$ +1,+3 204.38
- 82 Pb 铅 $6s^2 6p^2$ +2,+4 207.2(1)
- 83 Bi 铋 $6s^2 6p^3$ +3,+5 208.98040(1)
- 84 Po 钋 $6s^2 6p^4$ +2,+4 208.98243(2)†
- 85 At 砹 $6s^2 6p^5$ 209.98715(5)†
- 86 Rn 氡 $6s^2 6p^6$ +2 222.01758(2)†

第7周期
- 87 Fr 钫 $7s^1$ +1 223.01974(2)†
- 88 Ra 镭 $7s^2$ +2 226.02541(2)†
- 89~103 Ac~Lr 锕系
- 104 Rf 𬬻 $6d^2 7s^2$ +4 267.122(4)†
- 105 Db 𬭊 $6d^3 7s^2$ 270.131(4)†
- 106 Sg 𬭳 $6d^4 7s^2$ 269.129(3)†
- 107 Bh 𬭛 $6d^5 7s^2$ 270.133(2)†
- 108 Hs 𬭶 $6d^6 7s^2$ 270.134(2)†
- 109 Mt 鿏 $6d^7 7s^2$ 278.156(5)†
- 110 Ds 𫟼 $6d^8 7s^2$ 281.165(4)†
- 111 Rg 𬬭 281.166(6)†
- 112 Cn 鿔 $5d^{10} 7s^2$ 285.177(4)†
- 113 Nh 鿭 286.182(5)†
- 114 Fl 𫓧 289.190(4)†
- 115 Mc 镆 289.194(6)†
- 116 Lv 𫟷 293.204(4)†
- 117 Ts 鿬 293.208(6)†
- 118 Og 鿫 294.214(5)†

镧系 (★)
- 57 La 镧 $5d^1 6s^2$ +3 138.90547(7)
- 58 Ce 铈 $4f^1 5d^1 6s^2$ +3,+4 140.116(1)
- 59 Pr 镨 $4f^3 6s^2$ +3,+4 140.90766(2)
- 60 Nd 钕 $4f^4 6s^2$ +2,+3 144.242(3)
- 61 Pm 钷 $4f^5 6s^2$ +3 144.91276(2)†
- 62 Sm 钐 $4f^6 6s^2$ +2,+3 150.36(2)
- 63 Eu 铕 $4f^7 6s^2$ +2,+3 151.964(1)
- 64 Gd 钆 $4f^7 5d^1 6s^2$ +3 157.25(3)
- 65 Tb 铽 $4f^9 6s^2$ +3,+4 158.92535(2)
- 66 Dy 镝 $4f^{10} 6s^2$ +3 162.500(1)
- 67 Ho 钬 $4f^{11} 6s^2$ +3 164.93033(2)
- 68 Er 铒 $4f^{12} 6s^2$ +3 167.259(3)
- 69 Tm 铥 $4f^{13} 6s^2$ +2,+3 168.93422(2)
- 70 Yb 镱 $4f^{14} 6s^2$ +2,+3 173.045(10)
- 71 Lu 镥 $4f^{14} 5d^1 6s^2$ +3 174.9668(1)

锕系 (★)
- 89 Ac 锕 $6d^1 7s^2$ +3 227.02775(2)†
- 90 Th 钍 $6d^2 7s^2$ +4 232.0377(4)
- 91 Pa 镤 $5f^2 6d^1 7s^2$ +4,+5 231.03588(2)
- 92 U 铀 $5f^3 6d^1 7s^2$ +3,+4,+5,+6 238.02891(3)
- 93 Np 镎 $5f^4 6d^1 7s^2$ +3,+4,+5,+6 237.04817(2)†
- 94 Pu 钚 $5f^6 7s^2$ +3,+4,+5,+6 244.06421(4)†
- 95 Am 镅 $5f^7 7s^2$ +2,+3,+4,+5,+6 243.06138(2)†
- 96 Cm 锔 $5f^7 6d^1 7s^2$ +3 247.07035(3)†
- 97 Bk 锫 $5f^9 7s^2$ +3,+4 247.07031(4)†
- 98 Cf 锎 $5f^{10} 7s^2$ +3 251.07959(3)†
- 99 Es 锿 $5f^{11} 7s^2$ +3 252.0830(3)†
- 100 Fm 镄 $5f^{12} 7s^2$ +3 257.09511(5)†
- 101 Md 钔 $5f^{13} 7s^2$ +2,+3 258.09843(3)†
- 102 No 锘 $5f^{14} 7s^2$ +2,+3 259.1010(7)†
- 103 Lr 铹 $5f^{14} 6d^1 7s^2$ +3 262.110(2)†

（族：IA, IIA, IIIB, IVB, VB, VIB, VIIB, VIII(Ⅷ), IB, IIB, IIIA, IVA, VA, VIA, VIIA, VIIIA(0)；周期 1—7）